代数曲線束の地誌学

Geography of
Fibred Algebraic Surfaces

今野 一宏 著

内田老鶴圃

本書の全部あるいは一部を断わりなく転載または
複写(コピー)することは，著作権および出版権の
侵害となる場合がありますのでご注意下さい．

まえがき

　本書は複素代数曲面に関するモノグラフである．代数幾何学の非専門家や大学 4 年生，修士課程の 1 年目で標準的な代数幾何学のテキストを何とか読了した程度の知識をもつ読者層を想定している．全くの初学者を対象とした入門書のように，非常に丁寧で痒いところに手が届くような工夫がなされているわけではない．しかし，定義を覚えることに振り回されて自分のいる場所を見失なうことなしに，概念が躍動する様をいくらかでも楽しめるよう，心を砕いたつもりである．代数曲面論への入門プラス α を目指すなら，代数好きには [63], [11] を，特にそうでないなら [45], [1] をお勧めする．こういった正統的な本を，消化不良を起こしながらも読んだ経験があれば，本書を無理なく読み進んでいけるだろう．

　曲面論の本は，いわゆる「分類理論」を目標にするのが相場だが，本書はそうではない．代数幾何学関連の和書は，教科書を含めてすでにいくつも出版されているから，多少方向性が異なるものがあってもよいのではないかと考えた．非特異既約な射影代数曲面 S から，非特異既約な射影代数曲線 B への，連結なファイバーをもつ全射正則写像 $f: S \to B$ が興味の対象である．このような 3 つ組 (S, f, B) を代数曲線束と言ったり，ファイバー曲面と言ったりする．代数曲線束の理論は，射影代数曲面の双有理幾何とは少々異なり，いわば代数曲面がもつ有理関数の幾何学である．実際，定数でない有理関数とは，曲面から射影直線（リーマン球面）への支配的有理写像のことだから，不確定点の解消と Stein 分解を経由して，上に言う代数曲線束の形態に至る．珍しい関数がある曲面は，特殊な構造をもつし，逆もまた正しい．しかもそれは曲面の数値的不変量に反映される．代数曲線束の「地誌学」は，こういった信念に基づいて展開される．

代数曲面の歴史

本書の構成に立ち入る前に，まず，20世紀までの代数曲面論の歴史を簡単に振り返っておこう．ただし，著者の浅学のため不正確・不適切な記述があるかも知れない．また，代数曲面論の歴史であって代数幾何学のそれではないことを重ねてお断りしておく．

18世紀末から19世紀半ばにかけては，古典的な射影幾何学の黄金時代である．2次元と3次元の複素射影空間は幾何学図形を描くカンヴァスとしての地位を確固たるものとし，1850年頃には3次元射影空間内の次数が小さい曲面に関する研究が進められていた．非特異3次曲面上には27本の直線があるという有名な事実は，この時期に発見されたものである．Cayley 3次曲面, Kummer 曲面, Steiner 4次曲面など，当時盛んに研究された曲面が今に伝わっている．その後，代数曲面論はイタリアを拠点として著しい発展を遂げる．L. Cremona に始まるイタリア学派の第1世代に属する数学者として，E. Bertini, C. Segre, G. Veronese らを挙げることができる．今日にその名を留める Veronese 曲面や Del Pezzo 曲面は，この時期 (1880–90年) の産物である．偉大な創始者 Riemann 以降，代数曲線論の中心地だったドイツでは，同じ頃 Max Noether が現在では「Noether の公式」として知られる重要な等式を得ている (1870年, 75年)．彼が 1886年に見出した曲面上の曲線に関する「種数公式」は，どうやら証明が不完全だったようで，その後 1896年に F. Enriques が G. Castelnuovo の結果を援用した証明を与えている．この二人，すなわち Castelnuovo と Enriques は，イタリア学派の第2世代を代表する．彼らは，1890年から1910年頃にかけて，双有理幾何学的な視点から代数曲面論を展開して，双有理不変量を用いた代数曲面の分類理論を完成させた．遅れて，第2次世界大戦後の1949年に出版された有名な Enriques の本[30]は，イタリア学派の黄金時代と言うべきこの時代を象徴する秀作である．しかし，時が移り変わり，より高度で緻密な議論が求められるようになると，天才の幾何学的直感に頼り，数多くの具体例で検証・推理する方法には自ずと限界が見え始める．F. Severi らイタリア学派第3世代の頃になると，不明瞭な定式化や正確さに欠ける記述が無視できないほどになってしまったという．議論の根幹を支える確固たる基礎理論の欠如は，もはや明らかである．こう

いう状況を打破すべく，1930–40 年代には van der Waerden, Zariski, Weil らによって代数幾何学の可換代数的基礎付けが行われる．Zariski の本 [89] は，こういった厳密で新しいテクニックを駆使して書かれた意欲作である．一方で，1940–50 年代にかけて de Rham, Hodge, Lefschetz らによって，トポロジー，調和解析や微分形式を用いた超越的な方法も飛躍的な進歩を遂げる．その代数幾何学への決定的な寄与は，Leray に始まる層と層係数コホモロジー理論を通してもたらされた．H. Cartan の連接層の考え方は，岡潔による多変数解析関数の独創的研究（不定域イデアル）を起源とする概念であることは言うまでもない．Serre, Hirzebruch, Grothendieck らによって整備された理論は，イタリア学派やそれ以前に導入された双有理不変量の多くにコホモロジー論的な解釈を与えた．1955 年から 1965 年にかけてのことである．これを基礎として，1960–1970 年ごろ小平邦彦 [48, 49] は必ずしも代数的でない曲面をも包括した2次元コンパクト複素多様体の分類理論の構築に成功する．同じ頃モスクワでは，Igor Shafarevich が代数曲面に関するセミナーを主催し，Manin, Tjurin, Tjurina らと共に，厳密なやり方で代数曲面の分類理論を再構築していた [76]．Enriques の分類は，有理曲面，線織面，超楕円曲面といった，特殊なクラスの曲面に関する深い知識と詳細な研究に基づいている．現代の用語で言えば，小平次元 $-\infty$ や 0 のクラスの一部である．K3 曲面や楕円曲面の理論が進展するのは，ずっと後のことであって，小平，Shafarevich らに負うところが大きい．分類表の中で最も広大なクラスである一般型曲面に関する組織的な研究は，1960 年代後半から 70 年代前半にかけての，小平・Bombieri による多重標準写像の研究から始まる．1970 年代後半になると，堀川穎二 [43] は Noether 直線の近辺に不変量をもつ一般型曲面に対して徹底した研究を行った．また，彼は種数 2 のファイバー曲面の重要性を看破してその基礎理論を築き [44]，浪川・上野 [70] とは異なる観点から特異ファイバーを分類した．時をほぼ同じくして，Gieseker がモジュライ空間の構成を行い，宮岡洋一 [64] が宮岡・Yau の不等式を証明するに至って，一般型曲面を研究する基盤が出来上がったと言える．これらを受けて 1981 年に Ulf Persson [73] が提唱した「一般型代数曲面の地誌学」の考え方は，その後の一般型曲面論の展開における主要な指針となった．曲面の不変量を平面上にプロットして地図を作り，どの辺りにどんな性質の曲面

iv　まえがき

が存在するかを調査するという見方は，単純かつ素朴であるが故に万人に受容され，共通の研究基盤となったのである．曲面を研究するための方法論にも徐々に変化が見え始めた．古典的な線形系の理論は可逆層の大域切断に関するものだが，1970年代以降，より高階数の局所自由層の性質を通して重要な結果が導かれるようになった．Bogomolov の不安定性定理[19]はその典型である．上述の宮岡・Yau の不等式や，1980年代に登場する随伴線形系に関する Reider の定理も，正しくこの流れに沿うものである．1980年代後半には，Xiao Gang が，藤田隆夫による相対標準層の順像の正値性に基礎を置いた一般種数のファイバー曲面論を展開し，一般型代数曲面の地誌学的な研究を強力に推し進めた．20世紀末からは，ヨーロッパを中心に幾何種数0の一般型曲面の分類が着実に進められている．

構成と目的

　第1章には，層係数コホモロジー論と Hodge 理論を除いて，標準的な射影代数幾何学の教科書にある内容を要約した．後の章で，その全てが必要になるわけではないが，初学者にはどんなことを勉強すればよいかを概観する上で役立つだろうし，既習者には簡便なお浚いになるだろう．第2章は，今度は代数曲面論に特化したお浚いである．[17]や[11]を参考にして，非特異射影曲面に対する交点理論や双有理写像の分解について解説する．従って，特に目新しいところはない．森理論に則した現代的な取り扱いは[59]に詳しい．ファイバー上の交点形式が半負定値であるという Zariski の補題は第2.3節で，ファイバー曲面の相対極小モデルについては第2.7節で論じる．第3章は，非特異曲面上の有効因子を相手にする際に重要な「連結性」の解説に充てる．もちろん，代数曲線束の特異ファイバーを念頭に置いている．どんなにたちの悪いファイバーが現れても決して怯まず，勇敢に立ち向かわなければならないから，そのための道具と訓練が必要なのだ．ここで基本的なのは，鎖連結性と数値的連結性である．どちらも有用な概念だが，より定着しているはずの後者ですら，正面から扱った書籍は洋書を含めても珍しい．こういった意味で連結な曲線は，ある部分を既約曲線と大差なく扱うことができる．その証左として，第3.4節では数値的連結曲線の標準環を調べ，生成

元や関係式に関する 1-2-3 定理を証明する．第 4 章は趣向を変え，不安定な局所自由層に対する Bogomolov の定理を目標とする．「代数曲面論の歴史」でも触れたように，これは近々の四半世紀を彩る潮流を形成した画期的な定理であり，現代的な代数曲面論を標榜する上では避けて通れない．ここでは，宮岡[65]のアイディアに従って，[58]に言う $\mathbb{Q}$ ツイストを使って議論を進める．応用としては，定番の Mumford-Ramanujam の消滅定理や Reider の定理を紹介する．以上が言わば第 I 部であり，代数曲面の一般論に相当する．しかし「分類理論」には敢えて立ち入らない．普通に分類すると，本書が扱う曲面のほとんどが「その他大勢」の範疇に入ってしまって，あまり意味がないからである．

第 5 章からが第 II 部で代数曲線束論である．χ_f, K_f^2, e_f という 3 種の数値的不変量を導入し，藤田の定理を基盤として，Arakelov の定理や Xiao のスロープ不等式を証明する．こうして，ファイバー曲面の数値的不変量が存在可能な領域が平面内に確定され，地誌学的考察が可能になる．スロープ不等式の顕著な応用例として，Pardini による Severi 予想の解決を紹介する．第 6 章は，堀川に始まり Xiao が整備した，超楕円曲線束論の解説に充てる．より精密なスロープ等式を確立し，スロープの下限からのズレを測る解析的な局所不変量（堀川指数）を導入する．併せて，スロープの上限をファイバー種数の関数として与える．これらは[88]に準拠した．また，向き付けられた実 4 次元コンパクト多様体の位相的な不変量である符号数が，特異ファイバーに集中し局在化する現象を観察する．位相幾何学と代数幾何学の接点のひとつである．第 7 章では，非超楕円曲線束に関する話題からいくつかを選んで解説する．主目的は，超楕円曲線束とは対極に位置する，モジュライの意味で一般な曲線を一般ファイバーとする代数曲線束に対して，スロープ等式を証明することにある．こちらのスロープ等式や堀川指数から導かれる局所符号数についても，超楕円曲線束と同様の位相幾何学的研究が期待される（[57]）．

付録 A には，Gorenstein 射影代数曲線上の（非特殊）線形系に関する話題をまとめた．本書で使う程度の曲線論は，ここを見れば十分である．とても基本的なのに，思いのほか，和書には見当たらない事柄が多いので，付録だけでも独立に読めるように配慮した．付録 B は藤田の定理の証明に充てる．

いくつかの話題は，全体のまとまりや紙数を考慮して割愛した．例えば，種

数 1 の代数曲線束（楕円曲面）は，標準束公式を示す程度に留めた．今もなお原典 [48, II] にあたるのが最良だと思うからである．それから，ファイバー空間を扱う書物としては落第かも知れないが，相対双対定理や半安定還元定理の証明も省略した．また，相対不正則数については，必ずしも成立しない不等式 $q_f \leq (g+1)/2$ を巡るあれこれがあって興味深いのだが，準備を要するため断念した．ファイバー芽の分裂変形（いわゆる，モース化）についても省略せざるを得ない．[3] や [79] を見よ．

　代数曲線束の研究は，位相幾何学，代数幾何学，複素解析学など複数の分野が交錯する場であり，様々な切り口によって語られる性質が互いを刺激しながら発展している（[7], [9], [8], [6]）．待望の [61] が出版され，コンパクト・リーマン面の退化を位相幾何学の側面から学ぶための王道が整備された．複素解析学には [46] という優れた和書がある．本書が代数幾何学的側面からの一助になればと願っている．

謝　辞

　本書を出版するにあたって，内田老鶴圃の内田学さんには，計画段階からいろいろ無理を聞いて頂きお世話になった．共通の知人の披露宴で出会って世間話をしているうちに，執筆を勧めて頂いたのがそもそもの始まりである．途中，2011 年 3 月 11 日には故郷が信じられない規模の地震・津波に襲われ，甚大な被害を受けた．それを境に遅い筆がますます進まなくなって，予定を大幅に狂わせてしまったのだが，それにも関らず，大阪まで何度も足を運び，辛抱強く付き合って下さった内田さんに，この場を借りて深く謝意を表したい．

　数学的には，良き先輩であり共同研究者である足利正さんと，恩師である難波誠先生に心から感謝したい．細々ながら何とかここまで研究を継続して来られたのは，彼らの暖かい励ましに依るところが大きい．

2012 年 12 月　　　　　　　　　　　　　　　　　　待兼山にて

今野　一宏

目　次

まえがき ………………………………………………………… i

謝　辞 …………………………………………………………… vii

第1章　射影代数多様体　　1

1.1　射影多様体 …………………………………………………… *1*
1.2　正規化と Stein 分解 ………………………………………… *4*
1.3　因子，直線束，可逆層 ……………………………………… *7*
1.4　交点数と数値的同値性 ……………………………………… *9*
1.5　線形系とアンプル因子 ……………………………………… *13*
1.6　Chern 類と Riemann-Roch の定理 ………………………… *17*
1.7　Serre 双対定理 ……………………………………………… *22*
1.8　Albanese 写像 ……………………………………………… *23*

第2章　代数曲面の双有理幾何学　　27

2.1　交点数と算術種数 …………………………………………… *27*
2.2　可約曲線 ……………………………………………………… *31*
2.3　Hodge 指数定理 ……………………………………………… *37*
　　 2.3.1　正凸錐 ………………………………………………… *39*
　　 2.3.2　ファイバー上の交点形式 …………………………… *40*
2.4　ブローアップ ………………………………………………… *44*
2.5　有理写像の分解 ……………………………………………… *49*

ix

x 目次

2.6 Castelnuovoの縮約定理 ··· 54
2.7 相対極小モデル ··· 58

第3章 曲面上の曲線　　65

3.1 鎖連結曲線 ·· 65
 3.1.1 鎖連結成分への分解 ··· 65
 3.1.2 デルタ不等式 ··· 69
 3.1.3 重要な例（数値的連結曲線および基本サイクル） ·········· 72
 3.1.4 極小モデル ··· 78
 3.1.5 線形系の基点 ··· 81
3.2 数値的連結曲線 ··· 85
3.3 Koszul コホモロジー ··· 93
3.4 標準環に対する 1-2-3 定理 ··· 99

第4章 安定性とBogomolovの定理　　109

4.1 代数曲線上の局所自由層 ·· 109
 4.1.1 飽和部分層とフィルトレーション ····························· 109
 4.1.2 安定性 ··· 113
 4.1.3 $\mathbb{Q}$ ツイスト ··· 119
 4.1.4 安定性と正値性 ·· 120
 4.1.5 標準核層の安定性 ·· 124
4.2 Bogomolovの不等式 ·· 126
 4.2.1 Bogomolov不安定性定理 ·· 126
 4.2.2 応用 ··· 135

第5章 代数曲線束のスロープ　　139

5.1 数値的不変量 ··· 139
5.2 楕円曲面 ·· 146
5.3 Arakelovの定理 ·· 150

5.4	スロープ不等式 ··	*156*
5.5	不正則数とスロープ ···	*161*
	5.5.1 相対不正則数 ···	*161*
	5.5.2 Severi-Pardini の定理 (Severi 予想) ·····················	*164*
5.6	注意—半安定還元とスロープの下限 ·····························	*167*
5.7	ファイバー曲面の世界の白地図 ··································	*168*

第 6 章　超楕円曲線束　　　　　　　　　　　　　　　　　*171*

6.1	有限分岐 2 重被覆 ···	*171*
6.2	超楕円的対合と分岐跡の特異点 ··································	*173*
6.3	特異点指数とスロープ ··	*181*
6.4	符号数の局在化 ···	*189*

第 7 章　非超楕円曲線束　　　　　　　　　　　　　　　　*193*

7.1	相対 Koszul 複体 ···	*193*
	7.1.1 相対標準写像と付随する層 ·································	*193*
	7.1.2 2 項係数の交代和 ···	*197*
	7.1.3 相対 Koszul コホモロジー ··································	*201*
7.2	Clifford 指数とスロープ ··	*204*
	7.2.1 ゴナリティーと Clifford 指数 ······························	*205*
	7.2.2 Clifford 指数が最大のファイバー曲面 ···················	*208*
	7.2.3 種数が小さい場合 ···	*211*
7.3	対合付き代数曲線束 ··	*216*

付録 A　Gorenstein 曲線上の線形系　　　　　　　　　　　*223*

A.1	正規化とコンダクター ··	*223*
A.2	線形系と基点 ··	*230*
A.3	直線束に付随する次数付き環 ·····································	*234*
A.4	Castelnuovo の種数上限 と Clifford の定理 ····················	*237*

A.5　標準写像と標準環 ………………………………… *243*

付録 B　藤田の定理　　　　　　　　　　　　　　　　*249*

B.1　準備 ……………………………………………… *249*
B.2　定理 5.15 の証明 ………………………………… *250*

参考文献 ……………………………………………… *257*

索　　引 ……………………………………………… *265*

第1章
射影代数多様体

本章は，代数幾何学の一般論のお浚いで，射影代数多様体に関する基本事項をほとんど証明なしに説明する．粗雑で曖昧な点は，例えば Hartshorne [38] や Griffith-Harris [36] などの定評のあるテキストで補ってほしい．本書が扱う範囲では GAGA の原理によって，代数的に考えても複素解析的に考えても大差ないので，考える対象によって蝙蝠のように都合よく立場を変えることがある．

1.1 射影多様体

X を $\mathbb{C}$ 上定義された**射影代数多様体** (projective algebraic variety) とする．すなわち，何変数かの多項式環 $\mathbb{C}[Z_0,\ldots,Z_N]$ とその斉次素イデアル I によって

$$X = \mathrm{Proj}(\mathbb{C}[Z_0,\ldots,Z_N]/I)$$

と表示され得るものである．複素解析的な立場を好むなら，コンパクト複素多様体から複素射影空間への正則写像による像だと思って差し支えない．

閉点 $p \in X$ における局所環 $\mathcal{O}_{X,p}$ が正則局所環であるとき，p は X の**正則点** (非特異点, regular point) であると言う．つまり，$\mathfrak{m}_{X,p}$ を $\mathcal{O}_{X,p}$ の極大イデアルとするとき，生成系 $x_1,\ldots,x_n \in \mathfrak{m}_{X,p}$ で，$\mathbb{C}$ 代数 $\mathrm{Gr}_{\mathfrak{m}_{X,p}}\mathcal{O}_{X,p} =$

$\bigoplus_{i=0}^{\infty} \mathfrak{m}_{X,p}^i / \mathfrak{m}_{X,p}^{i+1}$ が $x_1, \ldots, x_n$ を変数とする $\mathbb{C}$ 上の n 変数多項式環と同一視できるようなものが存在するときに p を正則点と言う．このとき $(x_1, \ldots, x_n)$ は, p の周りの局所座標だと思える．正則点でない点を**特異点** (singular point) と言う．特異点全体のなす集合を $\mathrm{Sing}(X)$ と記す．任意の閉点が正則点であるとき, X は**非特異** (non-singular, regular) であると言う．X の正則点全体 $X_{\mathrm{reg}} = X \setminus \mathrm{Sing}(X)$ は空でない Zariski 開集合をなし, X の既約性から上のような n は $p \in X_{\mathrm{reg}}$ のとり方によらず決まる．これを X の**次元** (dimension) と言って $\dim_{\mathbb{C}} X = n$ と書く．$\dim_{\mathbb{C}} X = 1, 2$ のとき, X をそれぞれ**射影曲線** (projective curve), **射影曲面** (projective surface) と呼ぶ．

◁ **ノート1.1.** 本稿では，可換環論の知識を必要とする場面はほとんどないが，念のために少し復習する．局所環 $\mathcal{O}_{X,p}$ の高さ (height) すなわち極大イデアル $\mathfrak{m}_{X,p}$ に含まれる素イデアルの減少列 $\mathfrak{m}_{X,p} = \mathfrak{p}_0 \supset \mathfrak{p}_1 \supset \cdots \supset \mathfrak{p}_h$ の長さ (今の場合 h) の最大値を $\mathcal{O}_{X,p}$ の次元（Krull 次元）といって $\dim \mathcal{O}_{X,p}$ と書く．X の p における次元を $\dim_p X = \dim \mathcal{O}_{X,p}$ で定義する．$\dim X = \max_{p \in X} \dim_p X$ である．$\mathfrak{m}_{X,p}$ が $n = \dim \mathcal{O}_{X,p}$ 個の元 $x_1, \ldots, x_n$ で生成されるとき $\mathcal{O}_{X,p}$ は正則局所環であると言う．このとき $x_1, \ldots, x_n \in \mathfrak{m}_{X,p}$ は長さ n の正則列である．つまり, $i = 1, 2, \ldots, n$ に対して x_i の積が誘導する写像 $\mathcal{O}_{X,p}/(x_1, \ldots, x_{i-1}) \to \mathcal{O}_{X,p}/(x_1, \ldots, x_{i-1})$ は単射であり，かつ全射でない．ちなみに，一般に正則列の長さの最大値を $\mathcal{O}_{X,p}$ の**深さ** (depth) と言い, $\dim \mathcal{O}_{X,p} = \mathrm{depth} \mathcal{O}_{X,p}$ となるとき, $\mathcal{O}_{X,p}$ を Cohen-Macaulay 環と言う．正則局所環は Cohen-Macaulay 環である．

非特異射影多様体 X 上の $\mathcal{O}_X$ 加群層 $\mathcal{F}$ が**連接的** (coherent) とは，次の2つの条件がみたされるときに言う．

- $\mathcal{F}$ は X 上局所的に有限生成である．すなわち, X の任意の点に対して，その開近傍 U, 正整数 k および全射準同型写像 $\mathcal{O}_X^{\oplus k}|_U \to \mathcal{F}|_U$ が存在する．

- 開集合 U と準同型写像 $\mathcal{O}_X^{\oplus l}|_U \to \mathcal{F}|_U$ に対し，その核は U 上局所的に有限生成である．

連接的な $\mathcal{O}_X$ 加群層を単に連接層と呼ぶ．連接層 $\mathcal{F}$ に係数をもつ i 次コホ

モロジー群を $H^i(X,\mathcal{F})$ と書く．考えている多様体が明らかなときは $H^i(\mathcal{F})$ というように略記することも多い．$H^i(X,\mathcal{F})$ は $\mathbb{C}$ 上の有限次元ベクトル空間である．その次元 $\dim_{\mathbb{C}} H^i(X,\mathcal{F})$ をしばしば $h^i(X,\mathcal{F})$ や $h^i(\mathcal{F})$ のように書く．

連接層 $\mathcal{F}$ が階数 r の**局所自由層** (locally free sheaf of rank r) であるとは，X 上局所的に $\mathcal{F} \simeq \mathcal{O}_X^{\oplus r}$ が成立することである．階数 1 の局所自由層を**可逆層** (invertible sheaf) と呼ぶ．一般に，連接層 $\mathcal{F}$ は，ある空でない Zariski 開集合 $U \subset X$ 上で局所自由であり，X の既約性から階数は U 上一定である．それを $\mathcal{F}$ の**階数**と呼び $\mathrm{rk}(\mathcal{F})$ と書く．$\mathrm{Supp}(\mathcal{G}) \neq X$ となる非零な連接的部分層 $\mathcal{G}$ をもたない連接層 $\mathcal{F}$ を**捩れのない層** (torsion free sheaf) と呼ぶ．捩れのない層は，余次元 1 で（すなわち，ある余次元 2 以上の閉集合を X からとり除いた開集合上で）局所自由になる．連接層 $\mathcal{F}$ に対して，$\mathcal{F}^* = \mathcal{H}om_{\mathcal{O}_X}(\mathcal{F},\mathcal{O}_X)$ を $\mathcal{F}$ の**双対層** (dual sheaf) と呼ぶ．$\mathcal{F}^*$ は捩れのない層である．一般に，捩れのない層 $\mathcal{F}$ は，自然に自身の二重双対層 $\mathcal{F}^{**} = (\mathcal{F}^*)^*$ の部分層になる．$\mathcal{F} = \mathcal{F}^{**}$ が成立するとき，$\mathcal{F}$ を**反射層** (reflexive sheaf) と呼ぶ．反射層は余次元 2 で局所自由である．捩れのない層 $\mathcal{F}$ の $\mathcal{O}_X$ 部分加群層 $\mathcal{G}$ は，商層 $\mathcal{F}/\mathcal{G}$ が捩れのない層であるとき，**飽和部分層** (saturated subsheaf) と呼ばれる．

n 次元非特異射影多様体 X に対し，直積 $X \times X$ から第 i 成分 X への自然な射影を pr_i とする．$X \times X$ の対角線集合は pr_i によって X と同一視できる．X の局所座標を $(x_1,\ldots,x_n)$ とし，$y_i = pr_1^* x_i, z_i = pr_2^* x_i$ とおけば，対角線集合の定義イデアル $\mathcal{I}$ は局所的に $y_i - z_i$ $(i=1,\ldots,n)$ で生成される．このとき階数 n の局所自由層 $\Omega_X^1 = pr_{1*}(\mathcal{I}/\mathcal{I}^2)$ を（正則）**余接層** (cotangent sheaf) と言う．微分 $d: \mathcal{O}_X \to \Omega_X^1$ が $d = pr_{1*} \circ (pr_2^* - pr_1^*)$ によって定義され，$dx_1,\ldots,dx_n$ が Ω_X^1 の局所的な基底を与える．$\mathcal{T}_X = \mathcal{H}om_{\mathcal{O}_X}(\Omega_X^1, \mathcal{O}_X)$ が（正則）**接層** (tangent sheaf) である．また，$0 \leq p \leq n$ をみたす整数 p に対して，$\Omega_X^p = \bigwedge^p \Omega_X^1$ は p 次正則微分形式の芽のなす層に他ならない．特に，可逆層 $\bigwedge^n \Omega_X^1$ を X の**標準束** (canonical sheaf, canonical bundle) といい，K_X（あるいは ω_X）と書く．

1.2　正規化と Stein 分解

　射影多様体の正規化を解説する．正規化は特異点を減らす操作であるが，特異点解消に比べると代数的な記述が容易である．また，Zariski 主定理や後に有用となる Stein 分解も紹介する．X は必ずしも非特異とは限らない射影多様体とする．

　X, Y を射影多様体とし，X の空でない Zariski 開集合 U と正則写像 $f: U \to Y$ の組 (U, f) を考える．このような 2 組 $(U, f), (V, g)$ が同値であるということを，空でない Zariski 開集合 $W \subseteq U \cap V$ が存在して $f|_W = g|_W$ となることと定め，この同値関係による同値類を X から Y への**有理写像** (rational map) と呼ぶ．(U, f) が代表する有理写像をしばしば $f: X \dashrightarrow Y$ と書く．$\overline{f(U)} = Y$ となるとき，対応する有理写像は**支配的** (dominant) であると言う．有理写像 $f: X \dashrightarrow Y$ が**双有理写像** (birational map) であるとは，有理写像としての逆写像 $f^{-1}: Y \dashrightarrow X$ が存在するときを言う．すなわち，双有理写像は，X のある空でない Zariski 開集合と Y のある空でない Zariski 開集合の間の双正則写像で代表される類である．

▷ **定義 1.2.** X が点 $p \in X$ において**正規** (normal) とは，局所環 $\mathcal{O}_{X,p}$ が正規環（商体において整閉）であるときを言う．各点で正規のとき，X は正規であると言う．

▷ **定義 1.3.** 正規多様体 X' と有限な双有理正則写像 $f: X' \to X$ の組 (X', f) を X の**正規化** (normalization) と呼ぶ．

♡ **定理 1.4.** 射影多様体 X に対して，その正規化 (X', f) が存在して，X' も射影的である．

《証明》 Step 1. $U \subset X$ をアフィン開集合とする．座標環 $R(U)$ は Noether 環で，その商体における整閉包 R' は有限生成 $R(U)$ 加群である．従って $R' = \mathbb{C}[Z_1, \ldots, Z_n]/I'$ の形になる．イデアル I' はアフィン多様体 U' を定義し，$R(U) \hookrightarrow R'$ は正則写像 $U' \to U$ を定める．これは定義から有限であり，$R(U)$ と R' の商体は等しいので双有理である．

　Step 2. 射影多様体 X の斉次座標環を $R[X] = \mathbb{C}[Z_0, \ldots, Z_N]/I$ とし，関数体 $\mathbb{C}(X)$ における整閉包を R' とする．このとき，R' はある斉次イデアル I'

により $R' = \mathbb{C}[Z_0, \ldots, Z_N]/I'$ と表示される. I' は正規射影多様体 X' を定義し, 包含写像 $R[X] \subset R'$ は正則写像 $X' \to X$ を定める. $i = 0, \ldots, N$ に対し, Z_i による局所化を考え $R_i = R[X]_{(Z_i)}$, $R'_i = R'_{(Z_i)}$ とおく. 局所化と整閉包をとる操作は可換なので, R'_i は R_i の商体における整閉包に他ならない. よって $X'_i = \mathrm{Spec}(R'_i) \to X_i = \mathrm{Spec}(R_i)$ は Step 1 で構成したアフィン多様体の正規化である. このことから, 先に構成した $X' = \bigcup_{i=0}^{N} X'_i \to X = \bigcup_{i=0}^{N} X_i$ が有限な双有理正則写像であることが従う. □

◇ **命題 1.5.** 射影多様体の間の正則写像 $f: X \to Y$ に対して, 自然な写像 $\mathcal{O}_Y \to f_*\mathcal{O}_X$ は同型であるとする. このとき f のファイバーは空でない連結集合である.

《証明》 X, Y を複素解析空間とみなし, Zariski 位相ではなく通常の位相で考える. $y \in Y$ 上のファイバーを $X_y := f^{-1}(y)$ とおく. X_y が空集合ならば, $\mathcal{O}_{Y,y} \to (f_*\mathcal{O}_X)_y$ は明らかに単射にならない. よって, $X_y \neq \emptyset$ である. X_y が連結でないとする. f は固有なので, y の小近傍 V を $f^{-1}(V)$ が連結でないようにとれる. 実際, X_y を連結成分 A およびそれと交わらない B の和集合として表示すると, A も B もコンパクトだから, X_y の近傍 $W = U \cup U'$ を $A \subset U, B \subset U'$ かつ $U \cap U' = \emptyset$ となるようにとれる. よって V が y の十分小さな近傍ならば $f^{-1}(V) \subset W$ としてよく, $f^{-1}(V)$ は連結でない. しかしこのとき, $\mathcal{O}_{Y,y} \to (f_*\mathcal{O}_X)_y$ は全射になり得ない. □

♡ **定理 1.6** (Zariski の主定理). $f: X \to Y$ を射影多様体の間の双有理正則写像とする. Y が正規ならば f のファイバーは連結である.

《証明》 $f_*\mathcal{O}_X \simeq \mathcal{O}_Y$ であることを示せばよい. 問題は局所的だから, Y はアフィンであるとしてよい. $R[Y]$ を Y の座標環とする. $f_*\mathcal{O}_X$ は連接層だから, $A = \Gamma(Y, f_*\mathcal{O}_X)$ は有限生成 $R[Y]$ 加群である. $R[Y]$ と A は同じ商体をもつ整域であって, 仮定より $R[Y]$ は整閉である. よって $A = R[Y]$ でなければならない. すなわち $f_*\mathcal{O}_X = \mathcal{O}_Y$ である. □

$f: X \dashrightarrow Y$ を射影多様体の間の有理写像とし, $\Gamma_f \subset X \times Y$ をそのグラフ (の閉包) とする. 自然な射影を $p_X: \Gamma_f \to X$ および $p_Y: \Gamma_f \to Y$ とする.

6 第1章 射影代数多様体

♠ 系 1.7. 上の状況で，X が正規ならば各点 $x \in X$ に対して $f(x) := p_Y(p_X^{-1}x)$ は連結集合である．

《証明》 p_X は双有理正則写像なので Zariski の主定理から $p_X^{-1}x$ は連結集合である．よって，その連続写像による像として $f(x)$ も連結である． □

♠ 系 1.8. $f : X \to Y$ を射影多様体の間の正則写像とする．$(X', g), (Y', h)$ をそれぞれ X, Y の正規化とすると，正則写像 $f' : X' \to Y'$ で $h \circ f' = f \circ g$ をみたすものが存在する．

$$\begin{array}{ccc} X' & \xrightarrow{f'} & Y' \\ {\scriptstyle g}\downarrow & & \downarrow{\scriptstyle h} \\ X & \xrightarrow{f} & Y \end{array}$$

《証明》 $f' = h^{-1} \circ f \circ g$ とおく．h は有限な正則写像なので，任意の点 $x \in X'$ に対して $h^{-1}(f \circ g)(x)$ は有限個の点からなる．よって $f'(x)$ はその部分集合として有限である．他方，系 1.7 より $f'(x)$ は連結であるから，結局，$f'(x)$ は 1 点でなければならない．従って，f' は x で定義される． □

♡ 定理 1.9. $f : X \to Y$ を射影多様体の間の全射正則写像とする．このとき，射影多様体 Y' と有限な全射正則写像 $g : Y' \to Y$ および，連結なファイバーをもつ正則写像 $f' : X \to Y'$ が存在して，$f = f' \circ g$ となる．

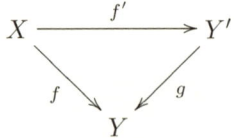

さらに，もし X が正規ならば，Y' も正規である．

《証明》 f^* を通じて $\mathbb{C}(X)$ は $\mathbb{C}(Y)$ の拡大体である．正規化の場合と同様に，$\mathbb{C}(X)$ における $\mathbb{C}(Y)$ の代数的閉包を関数体とするような射影多様体 Y' と有限な正則写像 $g : Y' \to Y$ を構成できる．また，自然な正則写像 $f' : X \to Y'$ は $f = f' \circ g$ をみたす．$\mathcal{O}_{Y'}$ と $f'_*\mathcal{O}_X$ は同型になるから，命題 1.5 より f' のファイバーは連結である．X が正規ならば，f' は Y' の正規化 Y'' までリ

フトされる．しかし，f' のファイバーは連結であり，$Y'' \to Y$ は有限なので，$Y'' \simeq Y'$ でなければならない． □

このような分解を $f : X \to Y$ の **Stein 分解** (Stein factorization) と呼ぶ．

♠ **系 1.10.** 射影多様体の間の全射正則写像 $f : X \to Y$ において，Y が正規で f の一般ファイバーは連結であるとする．このとき，f の任意のファイバーは連結である．

《証明》 まず $X \to Y' \xrightarrow{g} Y$ を $f : X \to Y$ の Stein 分解とする．仮定から $\deg g = 1$ でなければならず，g は双有理かつ有限である．Zariski の主定理から g のどのファイバーも 1 点なので，g は同型である． □

1.3 因子，直線束，可逆層

非特異射影多様体 X において，$\mathcal{K}_X = \mathbb{C}(X)$ で有理関数体のつくる定数層を表す．$\mathcal{K}_X^\times$ は 0 でない有理関数のなす乗法群の層であり，0 でない正則関数の芽のなす層 $\mathcal{O}_X^\times$ を部分層として含む．$\mathcal{K}_X^\times$ の $\mathcal{O}_X^\times$ による商層の大域切断を Cartier 因子と呼び，その全体を $\mathrm{Div}(X) = \Gamma(X, \mathcal{K}_X^\times/\mathcal{O}_X^\times)$ とおく．ただし，$\mathrm{Div}(X)$ における演算は，乗法ではなく加法を用いるのが慣例である．また，X 上の直線束の同型類を分類する空間 $H^1(X, \mathcal{O}_X^\times)$ を **Picard 群** (Picard group) といって $\mathrm{Pic}(X)$ と表す．層の短完全列

$$1 \to \mathcal{O}_X^\times \to \mathcal{K}_X^\times \to \mathcal{K}_X^\times/\mathcal{O}_X^\times \to 1$$

から生じるコホモロジー長完全列において，連結準同型写像

$$\delta : H^0(\mathcal{K}_X^\times/\mathcal{O}_X^\times) \to H^1(X, \mathcal{O}_X^\times)$$

はこれら 2 つの重要な群を結びつけ，Cartier 因子 D から直線束 $\mathcal{O}_X(D)$ を構成する方法を与えている．さらに ($\mathcal{K}_X^\times$ は脆弱なので) $H^1(\mathcal{K}_X^\times)$ は自明だから，δ は全射である．つまり，X 上のどんな直線束も Cartier 因子で定義されるのである．

X の適当な開被覆 $\{U_\alpha\}_{\alpha \in A}$ をとって，写像 $\delta : \mathrm{Div}(X) \to \mathrm{Pic}(X)$ を具体的に記述しておこう．まず $D \in \mathrm{Div}(X)$ の代表元を $\{(U_\alpha, f_\alpha)\}_{\alpha \in A}$ で

表す.すると,D の局所方程式 f_α は零でない有理関数である.空でない $U_{\alpha\beta} := U_\alpha \cap U_\beta$ では,商 $g_{\alpha\beta} = f_\alpha/f_\beta$ は 0 にならない正則関数であり $\Gamma(U_{\alpha\beta}, \mathcal{O}_X^\times)$ の元を定める.このとき,関数族 $\{g_{\alpha\beta}\}$ は $g_{\alpha\alpha} = 1$, $g_{\alpha\beta} = g_{\beta\alpha}^{-1}$, $g_{\alpha\gamma} = g_{\alpha\beta}g_{\beta\gamma}$ をみたすから,$\mathcal{O}_X^\times$ に値をもつ Čech 1 コサイクルであり,$H^1(X, \mathcal{O}_X^\times)$ の元を定める.これが $\delta(D)$ に他ならない.$(p, \zeta_\alpha) \in U_\alpha \times \mathbb{C}$ と $(q, \zeta_\beta) \in U_\beta \times \mathbb{C}$ を $p = q$ かつ $\zeta_\alpha = g_{\alpha\beta}(p)\zeta_\beta$ なるときに同一視することにより貼り合わせて,多様体 $[D]$ を構成できる.写像 $[D] \to X$ を $(p, \zeta_\alpha) \mapsto p$ により定義すれば,これは全射正則写像で,ファイバーは複素直線 $\mathbb{C}$ である.容易に確かめられるように,$\delta(D)$ は X 上の正則ベクトル束としての $[D]$ の同型類を表している.U_α に対して $1/f_\alpha$ を基底とする階数 1 の $\mathcal{O}_X(U_\alpha)$ 自由加群を対応させる前層を考えれば,これは X 上の可逆層 $\mathcal{O}_X(D)$ を定め,$\{(U_\alpha, f_\alpha)\}$ はその有理切断を与える.また,$\mathcal{O}_X(D)$ は,$[D]$ の局所正則切断の芽のなす $\mathcal{O}_X$ 加群層と同型である.

このように,直線束 $[D]$,その同型類 $\delta(D)$,可逆層 $\mathcal{O}_X(D)$ の間には自然な対応があるので,これらを区別しないで混同して用いることが多い.例えば,標準束 K_X に対して $K_X = \mathcal{O}_X(D)$ となる Cartier 因子 D を**標準因子** (canonical divisor) と呼ぶが,これも同じ記号 K_X を用いて表すのが普通である.

2 つの Cartier 因子 D_1, D_2 がそれぞれ $\{(U_\alpha, f_{1,\alpha})\}_{\alpha \in A}$, $\{(U_\alpha, f_{2,\alpha})\}_{\alpha \in A}$ で代表されるとき,$\{(U_\alpha, f_{1,\alpha}f_{2,\alpha})\}_{\alpha \in A}$ が D_1+D_2 を定める.対応する可逆層 $\mathcal{O}_X(D_1+D_2)$ は,$\mathcal{O}_X(D_1)$ と $\mathcal{O}_X(D_2)$ のテンソル積 $\mathcal{O}_X(D_1) \otimes_{\mathcal{O}_X} \mathcal{O}_X(D_2)$ に他ならない.

定数でない有理関数 $f \in \Gamma(X, \mathcal{K}_X^\times)$ が定める Cartier 因子を $\mathrm{div}(f)$ と書き,**主因子** (principal divisor) と呼ぶ.主因子全体のなす $\mathrm{Div}(X)$ の部分群は (定義より) δ の核である.2 つの Cartier 因子 D_1, D_2 が**線形同値** (linearly equivalent) とは,差 $D_1 - D_2$ が主因子であることと定め,$D_1 \sim D_2$ と書く.準同型定理より,$\mathrm{Pic}(X) \simeq \mathrm{Div}(X)/\sim$ が成り立ち,$D_1 \sim D_2$ であることと $\mathcal{O}_X(D_1) \simeq \mathcal{O}_X(D_2)$ であることは同値である.

X の k 次元閉部分多様体が生成する自由アーベル群を $Z_k(X)$ で表し,その元を **k サイクル**と呼ぶ.また,余次元 i の閉部分多様体が生成する自由アーベル群を $Z^i(X)$ で表す.$Z^1(X)$ の元を X 上の Weil 因子と呼ぶ.Cartier 因

子 $D \in \mathrm{Div}(X)$ は局所的には有理関数なので，余次元 1 の既約閉部分多様体 V に沿った位数 $\mathrm{ord}_V(D) \in \mathbb{Z}$ が意味をもつ．すなわち，$\mathrm{ord}_V(D) > 0$ とは，D が V に沿って $\mathrm{ord}_V(D)$ 位の零点をもつことであり，$\mathrm{ord}_V(D) < 0$ は V に沿って $-\mathrm{ord}_V(D)$ 位の極をもつことを表す．与えられた D に対して $\mathrm{ord}_V(D) \neq 0$ となる V を D の**既約成分** (irreducible component) と言う．このような V は高々有限個であるから，

$$D \mapsto \sum \mathrm{ord}_V(D) V$$

（和はすべての余次元 1 既約閉部分多様体 V に渡る）は，加法群の準同型写像 $\mathrm{Div}(X) \to Z^1(X)$ を定める．この対応自体は，X が余次元 1 で正則ならば考えることができるが，X が正規なら単射であり，X が非特異ならば同型である．X が非特異な場合には，Cartier 因子 D とそれに対応する Weil 因子 $\sum \mathrm{ord}_V(D) V$ を区別せずに同一視する．

どんな V についても $\mathrm{ord}_V(D) \geq 0$ が成り立つとき，D を**有効因子** (effective divisor) と呼び $D \succeq 0$ （あるいは $0 \preceq D$）と書く．2 つの因子 D_1, D_2 に対して，$D_1 \preceq D_2$ は $D_2 - D_1$ が有効因子であることを表す．D が零でない有効因子のとき，X の適当な開被覆 $\{U_\alpha\}$ をとれば，D の U_α 上の局所方程式 f_α は U_α 上正則としてよい．従って，$\mathcal{O}_X(-D)$ は局所的に f_α で生成される $\mathcal{O}_X$ の単項イデアル層になり，$\mathcal{O}_X/\mathcal{O}_X(-D)$ を構造層とする余次元 1 の閉部分スキームが定まる．有効因子 D は，こうして定まる部分スキーム（超曲面）と同一視される．

1.4 交点数と数値的同値性

解析的な立場に立てば指数関数 $2\pi\sqrt{-1}\exp(\cdot)$ があるので，完全列

$$0 \to \mathbb{Z} \to \mathcal{O}_X \xrightarrow{\exp} \mathcal{O}_X^\times \to 1$$

を考えることができる．連結準同型写像 $\mathrm{Pic}(X) = H^1(X, \mathcal{O}_X^\times) \to H^2(X, \mathbb{Z})$ による可逆層 $\mathcal{L}$ の像を $c_1(\mathcal{L})$ と書き，$\mathcal{L}$ の第 1 Chern 類と呼ぶ．また，$\mathrm{Pic}(X)$ そのものの像を $\mathrm{NS}(X)$ で表し，X の Néron-Severi 群と言う．$\mathrm{NS}(X)$ は有限生成アーベル群だが，その階数 $\rho(X)$ を X の **Picard 数**と呼ぶ．

可逆層 $\mathcal{L}_1,\ldots,\mathcal{L}_k$ および k 次元既約閉部分多様体 V に対して, **交点数** $(\mathcal{L}_1\cdots\mathcal{L}_k\cdot V)$ を
$$c_1(\mathcal{L}_1)\cdots c_1(\mathcal{L}_k)[V]$$
によって定める. すなわち $c_1(\mathcal{L}_1),\ldots,c_1(\mathcal{L}_k)$ のカップ積 $c_1(\mathcal{L}_1)\cdots c_1(\mathcal{L}_k)\in H^{2k}(X,\mathbb{Z})$ を V のホモロジー類 $[V]\in H_{2k}(X,\mathbb{Z})$ で値をとったもの (キャップ積) である. あるいは, $c_1(\mathcal{L}_i)$ を C^∞ $(1,1)$ 形式で代表させたときの積分値
$$\int_V c_1(\mathcal{L}_1)\wedge\cdots\wedge c_1(\mathcal{L}_k)$$
だと了解してもよい. $(\mathcal{L}_1\cdots\mathcal{L}_k\cdot V)$ は, $\mathcal{L}_1,\ldots,\mathcal{L}_k$ に関して対称な多重線形形式である. $V=X$ の場合には $(\mathcal{L}_1\cdots\mathcal{L}_n\cdot X)$ を $\mathcal{L}_1\cdots\mathcal{L}_n$ と略記する. Cartier 因子 $D_1,\ldots,D_k$ に対して, 交点数 $(D_1\cdots D_k\cdot V)$ を $(\mathcal{O}_X(D_1)\cdots\mathcal{O}_X(D_k)\cdot V)$ によって定める.

交点数は双一次形式 $\mathrm{Div}(X)\times Z_1(X)\to\mathbb{Z}$ を定義する. Cartier 因子 D は, 任意の 1 サイクル $C\in Z_1(X)$ に対して $(D\cdot C)=0$ となるとき, **数値的に自明** (numerically trivial) であると言う. 同様に, 1 サイクル $C\in Z_1(X)$ は, 任意の Cartier 因子 D に対して $(D\cdot C)=0$ となるとき, 数値的に自明であると言う. 2 つの Cartier 因子 D_1,D_2 (resp. 1 サイクル C_1,C_2) が **数値的に同値** (numerically equivalent) とは, 差 D_1-D_2 (resp. C_1-C_2) が数値的に自明なときを言い, $D_1\equiv D_2$ (resp. $C_1\equiv C_2$) と書く.

$$N^1_\mathbb{Z}(X)=\mathrm{Div}(X)/\equiv,\quad N_1^\mathbb{Z}(X)=Z_1(X)/\equiv$$

とおけば, 交点数は非退化双一次形式 $N^1_\mathbb{Z}(X)\times N_1^\mathbb{Z}(X)\to\mathbb{Z}$ を導く. 特に $N^1_\mathbb{Z}(X)$ は自由加群であるが, 実は $N^1_\mathbb{Z}(X)\simeq\mathrm{NS}(X)/tor$ である.

$N^1(X)=\mathbb{R}\otimes N^1_\mathbb{Z}(X), N_1(X)=\mathbb{R}\otimes N_1^\mathbb{Z}(X)$ とおく. $C\in\mathbb{R}\otimes Z_1(X)$ は, 既約曲線 C_i の実数係数の有限和 $\sum a_iC_i$ である. すべての a_i が 0 以上であるとき, $C=\sum a_iC_i\in\mathbb{R}\otimes Z_1(X)$ を **有効 1 サイクル**と言う. $[C]\in N_1(X)$ が **有効** (effective) とは, その数値的同値類が有効 1 サイクルを含むときを言う. 有効 1 サイクルの全体 $\mathrm{NE}(X)\subset N_1(X)$ を **有効錐** (effective cone) と言う. これは実際に凸錐である. $\mathrm{NE}(X)$ の閉包 $\overline{\mathrm{NE}}(X)$ に属する実 1 サイクルを **擬有効** (pseudo-effective) と呼ぶ. $N^1(X)$ についても同様に有効因子の

なす有効錐 $\mathrm{Eff}(X)$ およびその閉包である擬有効因子の錐 $\mathrm{PE}(X)$ が定義される.

▷ **例1.11** (射影空間). 射影代数多様体の最も重要な例は, **射影空間** (projective space) である. W を $n+1$ 次元複素ベクトル空間とし, $\{z_0, z_1, \ldots, z_n\}$ をそのひと組の基底とする. W 上の対称代数

$$\mathrm{Sym}(W) = \bigoplus_{m=0}^{\infty} \mathrm{Sym}^m(W), \quad \mathrm{Sym}^0(W) = \mathbb{C}$$

は, 自然に $z_0, z_1, \ldots, z_n$ を不定元とする多項式環 $\mathbb{C}[z_0, z_1, \ldots, z_n]$ と同一視される. 射影空間 $\mathbb{P}W$ は W の双対空間 W^* の一次元部分ベクトル空間の集合である. W は $(W^*)^* = \mathrm{Hom}_{\mathbb{C}}(W^*, \mathbb{C})$ と自然に同一視できるので, $p \in \mathbb{P}W$ に対して, 比 $z_0(p) : z_1(p) : \cdots : z_n(p)$ が確定する. $(z_0 : z_1 : \cdots : z_n)$ を $\mathbb{P}W$ 上の**斉次座標系** (system of homogeneous coordinates) と言う. 各 $i = 0, 1, \ldots, n$ に対し,

$$U_i = \mathbb{P}W \setminus \{p \in \mathbb{P}W \mid z_i(p) = 0\}$$

とおく. $p \in U_i$ に対して $\zeta_i^{\alpha}(p) := z_{\alpha}(p)/z_i(p)$ は well-defined な函数であり, $\{\zeta_i^{\alpha}\}_{\alpha=0, \alpha \neq i}^{n}$ を用いて $\zeta_i : U_i \to \mathbb{C}^n$ を

$$U_i \ni p \mapsto \zeta_i(p) = (\zeta_i^0(p), \ldots, \check{\zeta_i^i}(p), \ldots, \zeta_i^n(p)) \in \mathbb{C}^n$$

によって定義すれば, これは全単射である. ζ_i を U_i 上の**アフィン座標系** (system of affine coordinates) と言う. ζ_i によって U_i と $\mathbb{C}^n$ を同一視することにより, $\mathbb{P}W$ は U_i たちを貼り合せて作った多様体とみなせる. $U_i \cap U_j$ における貼り合わせは自明な規則 $\zeta_i^{\alpha} = z_{\alpha}/z_i = (z_j/z_i)(z_{\alpha}/z_j) = (\zeta_j^i)^{-1}\zeta_j^{\alpha}$ による.

非自明な係数をもつ斉次1次式 $h(z) = a_0 z_0 + a_1 z_1 + \cdots + a_n z_n$ に対して, 解空間 $H = \{p \in \mathbb{P}W \mid h(p) = 0\}$ を $\mathbb{P}W$ の**超平面** (hyperplane) と言う. 超平面 H は $n-1$ 次元射影空間であり, そのホモロジー類は $H_{2n-2}(\mathbb{P}W, \mathbb{Z}) \simeq \mathbb{Z}$ を生成する. H の U_i における定義方程式は $h_i(\zeta_i) = \sum_{\alpha=0}^{n} a_{\alpha} \zeta_i^{\alpha} = 0$ である. よって Cartier 因子 $\{(U_i, h_i)\}_{i=0}^{n}$ が Weil 因子 H に対応する. $U_i \cap U_j$

では $h_i = (\zeta_j^i)^{-1} h_j$ である．変換函数系 $\{h_{ij} = (\zeta_j^i)^{-1}\}$ によって決まる直線束を $\mathbb{P}W$ 上の**超平面束** (hyperplane bundle) と言う．超平面 H' を定義する斉次 1 次式を h' とすれば，h'/h は $\mathbb{P}W$ 上の有理関数なので $H' \sim H$ であり，$\mathcal{O}_{\mathbb{P}W}(H') \simeq \mathcal{O}_{\mathbb{P}W}(H)$ となる．$\mathcal{O}_{\mathbb{P}W}(H)$ を通常のように $\mathcal{O}_{\mathbb{P}W}(1)$ で表す．($\mathbb{P}W = \text{Proj}(\text{Sym}(W))$ だと考えたときの $\mathcal{O}(1)$ である．）これは超平面束の局所正則切断の芽のなす層に他ならない．各 α について，$U_i \cap U_j$ 上 $z_\alpha/z_i = h_{ij} z_\alpha/z_j$ なので関数族 $\{z_\alpha/z_i\}_{i=0}^n$ は超平面束 $\mathcal{O}_{\mathbb{P}W}(1)$ の大域的な正則切断を定める．これを z_α と同一視することにより自然な同型 $H^0(\mathbb{P}W, \mathcal{O}_{\mathbb{P}W}(1)) \simeq W$ を得る．$\mathcal{O}_{\mathbb{P}W}(1)$ は $\text{Pic}(\mathbb{P}W) \simeq \mathbb{Z}$ の生成元である．整数 d に対し，$\mathcal{O}_{\mathbb{P}W}(d)$ は $\mathcal{O}_{\mathbb{P}W}(1)$ の d 回のテンソル積を表す（$d < 0$ のときには双対束 $\mathcal{O}_{\mathbb{P}W}(-1)$ の $-d$ 回のテンソル積という意味である）．

k 次元閉部分多様体 $V \subset \mathbb{P}W$ に対して超平面 $H_1, \ldots, H_k$ をとるとき，交点数

$$(H_1 \cdots H_k \cdot V) = (H^k \cdot V) = (\mathcal{O}_{\mathbb{P}W}(1)^k \cdot V)$$

は，V の**次数**に他ならない．

♣ **補題 1.12.** 次のような，$\mathbb{P}W$ 上の完全系列がある．

$$0 \to \Omega^1_{\mathbb{P}W} \otimes \mathcal{O}_{\mathbb{P}W}(1) \to W \otimes \mathcal{O}_{\mathbb{P}W} \to \mathcal{O}_{\mathbb{P}W}(1) \to 0$$

ここに $\Omega^1_{\mathbb{P}W}$ は $\mathbb{P}W$ 上の正則余接層である．

《証明》 U を $\mathbb{P}W$ の開集合とする．まず $\Phi : W \otimes \mathcal{O}_{\mathbb{P}W} \to \mathcal{O}_{\mathbb{P}W}(1)$ を $U \cap U_i$ 上

$$\sum_{\alpha=0}^n z_\alpha \otimes \varphi_\alpha \mapsto \sum_{\alpha=0}^n \zeta_i^\alpha \varphi_\alpha \left(= \sum_{\alpha=0}^n \frac{z_\alpha}{z_i} \varphi_\alpha \right) \quad (\varphi_\alpha \in \mathcal{O}_{\mathbb{P}W}(U), 0 \leq \alpha \leq n)$$

で定める．$U \cap U_i \cap U_j$ では $\sum_{\alpha=0}^n \zeta_i^\alpha \varphi_\alpha = (\zeta_j^i)^{-1} (\sum_{\alpha=0}^n \zeta_j^\alpha \varphi_\alpha)$ なので，well-defined である．もし $\sum_{\alpha=0}^n z_\alpha \otimes \varphi_\alpha \mapsto 0$ ならば $\varphi_i = -\sum_{\alpha \neq i} \zeta_i^\alpha \varphi_\alpha$ であることに注意せよ．次に $\Psi : \Omega^1_{\mathbb{P}W} \otimes \mathcal{O}_{\mathbb{P}W}(1) \to W \otimes \mathcal{O}_{\mathbb{P}W}$ を与える．$\Omega^1_{\mathbb{P}W} \otimes \mathcal{O}_{\mathbb{P}W}(1)(U)$ の元 ψ は $U \cap U_i$ 上 $\psi_\alpha^i \in \mathcal{O}_{\mathbb{P}W}(U \cap U_i)$ を用いて $\sum_{\alpha \neq i} \psi_\alpha^i d\zeta_i^\alpha$ と表示され，$U \cap U_i \cap U_j$ 上 $\sum_{\alpha \neq i} \psi_\alpha^i d\zeta_i^\alpha = (\zeta_j^i)^{-1} (\sum_{\beta \neq j} \psi_\beta^j d\zeta_j^\beta)$ なる変換規則をみたすものである．$\zeta_i^\alpha = (\zeta_j^i)^{-1} \zeta_j^\alpha$ より

$$dζ_i^j = (ζ_j^i)^{-2}dζ_j^i, \quad dζ_i^α = (ζ_j^i)^{-1}dζ_j^α - (ζ_j^i)^{-2}ζ_j^α dζ_j^i \quad (α \neq j)$$

だから，これを用いて書き換えると

$$\begin{aligned}\sum_{α\neq i}ψ_α^i dζ_i^α &= (ζ_j^i)^{-1}\sum_{α\neq i}(ψ_α^i dζ_j^α - ψ_α^i ζ_j^α(ζ_j^i)^{-1}dζ_j^i) \\ &= (ζ_j^i)^{-1}\left(\sum_{α\neq i,j}ψ_α^i dζ_j^α - \sum_{α\neq i}ψ_α^i ζ_i^α dζ_j^i\right)\end{aligned}$$

となるので，

$$ψ_β^j = \begin{cases} ψ_β^i, & (β \neq i), \\ -\sum_{α\neq i}ψ_α^i ζ_i^α, & (β = i) \end{cases}$$

である．従って $α \in \{0,1,\ldots,n\}$ に対し $U \cap U_i$ 上

$$ψ_α = \begin{cases} ψ_α^i, & (α \neq i) \\ -\sum_{β=0,β\neq i}^{n}ψ_β^i ζ_i^β, & (α = i) \end{cases}$$

とおけば，$ψ_α \in \mathcal{O}_{\mathbb{P}W}(U)$ である．そこで $Ψ$ を $U \cap U_i$ 上

$$\sum_{α\neq i}ψ_α^i dζ_i^α \mapsto \sum_{α=0}^{n}z_α \otimes ψ_α = \sum_{α\neq i}z_α \otimes ψ_α^i - z_i \otimes \sum_{α\neq i}ψ_α^i ζ_i^α$$

で定める．$Φ$ と $Ψ$ の作り方から，完全性は明らかである． □

♠ 系1.13. n 次元射影空間 $\mathbb{P}W$ の標準束は，$K_{\mathbb{P}W} = \mathcal{O}_{\mathbb{P}W}(-n-1)$ である．

《証明》 $\bigwedge^{n+1}(W \otimes \mathcal{O}_{\mathbb{P}W}) \simeq \mathcal{O}_{\mathbb{P}W}$ であり，他方，前補題の完全列より，

$$\bigwedge^{n+1}(W \otimes \mathcal{O}_{\mathbb{P}W}) \simeq (\bigwedge^{n}Ω_{\mathbb{P}W}^1(1)) \otimes \mathcal{O}_{\mathbb{P}W}(1) \simeq K_{\mathbb{P}W} \otimes \mathcal{O}_{\mathbb{P}W}(n+1)$$

となるからである． □

1.5 線形系とアンプル因子

再び一般の非特異射影多様体 X に話を戻して X 上の可逆層 $\mathcal{L}$ を考える．零でない線形部分空間 $V \subseteq H^0(X,\mathcal{L})$ に対して，$|V| = \mathbb{P}(V^*)$ とおいて V が定める**線形系** (linear system) と呼ぶ．特に $V = H^0(X,\mathcal{L})$ の場合は $|V|$ を $|\mathcal{L}|$ と書き**完備線形系** (complete linear system) と呼ぶ．Cartier 因子 D

に対し，$|D|$ は完備線形系 $|\mathcal{O}_X(D)|$ を表す．これは D と線形同値な有効因子全体と同一視できる．$s \in H^0(X, \mathcal{L})$ は層準同型写像 $s: \mathcal{O}_X \to \mathcal{L}$ とみなすことができるので，値をとる写像

$$\mathrm{eval}: V \otimes_{\mathbb{C}} \mathcal{O}_X \to \mathcal{L} \qquad ((s,t) \mapsto s(t))$$

が自然に定まる．誘導される準同型写像 $V \otimes \mathcal{L}^{-1} \to \mathcal{O}_X$ の像を $\mathfrak{b}(|V|)$ と書き，$|V|$ の**基点イデアル**と呼ぶ．$\mathfrak{b}(|V|)$ が定める部分スキームを $|V|$ の**基点スキーム**といい，そのサポート $\mathrm{Bs}|V|$ を**基点集合** (base locus) と呼ぶ．基点スキーム $\mathfrak{B}$ の純 $n-1$ 次元部分 $\mathfrak{B}_0$ を $|V|$ の**固定部分** (fixed part) と言う．V の零でない任意の元が定める有効因子 D に対して $D - \mathfrak{B}_0$ は有効である．固定部分は，このような性質をもつ有効因子のうち ($\preceq$ に関して) 最大の有効因子である．また $|V| - \mathfrak{B}_0 = \{D - \mathfrak{B}_0, D \in |V|\}$ を $|V|$ の**可動部分** (movable part, variable part) と言う．$\mathrm{Bs}|V| = \emptyset$ であるとき，線形系 $|V|$ は基点をもたない，あるいは，$|V|$ は**自由** (free) であると言う．$\mathrm{Bs}|\mathcal{L}| = \emptyset$ のときには，$\mathcal{L}$ を自由な可逆層と呼ぶこともある．あるいは $\mathcal{L}$ は大域切断で生成される（大域生成的である）とも言う．

$\dim_{\mathbb{C}} V = N + 1 \geq 2$ と仮定する．このとき $|V|$ は正則写像

$$\Phi_{|V|}: X \setminus \mathrm{Bs}|V| \to \mathbb{P}V$$

(あるいは，Zariski 開集合 $X \setminus \mathrm{Bs}|V|$ で定義された有理写像 $\Phi_{|V|}: X \dashrightarrow \mathbb{P}V$) を定める．実際，$V$ の基底 $s_0, \ldots, s_N$ をとり，$x \in X \setminus \mathrm{Bs}|V|$ に対して

$$\Phi_{|V|}(x) = (s_0(x): \cdots : s_N(x)) \in \mathbb{P}V$$

とおけばよい．$|V|$ が自由ならば，$\Phi_{|V|}$ は X から $\mathbb{P}V$ への正則写像である．

逆に，ある射影空間 $\mathbb{P}V$ への正則写像 $\Phi: X \to \mathbb{P}V$ で，像 $\Phi(X)$ がどんな超平面にも含まれていないものが与えられたとき，$\mathcal{L} = \Phi^* \mathcal{O}_{\mathbb{P}V}(1)$ とおけば，Φ による引き戻しで $V = H^0(\mathbb{P}V, \mathcal{O}(1)) \subset H^0(X, \mathcal{L})$ とみなすことができ，Φ は自由な線形系 $|V|$ が定める正則写像 $\Phi_{|V|}$ と同一視できる．

固定部分がない線形系の一般元については，次が知られている．

♡ **定理 1.14** (Bertini の定理)．$|V|$ を非特異射影多様体 X 上の固定部分がない線形系とし，$\dim |V| = r$ とおく．$r \geq 1$ のとき，次が成立する．

(1) $\dim \Phi_{|V|}(X) \geq 2$ ならば $|V|$ の一般元は既約（素因子）である．また，$\dim \Phi_{|V|}(X) = 1$ のとき $|V|$ の一般元は d 個の異なる素因子の和であり，$d \geq r$．

(2) 一般元 $D \in |V|$ に対して $\mathrm{Sing}(D) \subseteq \mathrm{Bs}|V|$ である．

◇ **命題 1.15.** 非特異射影多様体 X 上の可逆層 $\mathcal{L}$ が定める有理写像 $\Phi_{|\mathcal{L}|}$ について，以下が成り立つ．

(1) $H^1(X, \mathfrak{m}_x \cdot \mathcal{L}) = 0$ ならば，$x \notin \mathrm{Bs}|\mathcal{L}|$ で，$\Phi_{|\mathcal{L}|}$ は x で定義される．

(2) $H^1(X, \mathfrak{m}_x \mathfrak{m}_y \cdot \mathcal{L}) = 0$ ならば，2 点 x, y は $\Phi_{|\mathcal{L}|}$ によって異なる点に写る．

(3) $H^1(X, \mathfrak{m}_x^2 \cdot \mathcal{L}) = 0$ ならば，$\Phi_{|\mathcal{L}|}$ の微分は x において単射である．

《証明》 点 x における極大イデアルを $\mathfrak{m}_x$ とし，完全列

$$0 \to \mathfrak{m}_x \cdot \mathcal{L} \to \mathcal{L} \to L_x \to 0$$

を考える．ここに，L_x は x 上のファイバーである．$x \notin \mathrm{Bs}|\mathcal{L}|$ であるための必要十分条件は，制限写像 $H^0(\mathcal{L}) \to L_x$ が非零なことである．よって，$H^1(\mathfrak{m}_x \cdot \mathcal{L}) = 0$ ならば $x \notin \mathrm{Bs}|\mathcal{L}|$ である．

2 点 $x, y \in X$ をとるとき，$\Phi_{|\mathcal{L}|}(x) \neq \Phi_{|\mathcal{L}|}(y)$ であるためには，$s(x) = 0$ かつ $s(y) \neq 0$，および $s'(x) \neq 0$ かつ $s'(y) = 0$ をみたすような $\mathcal{L}$ の大域切断 s, s' が存在しなければならない．そのための条件は，完全列

$$0 \to \mathfrak{m}_x \mathfrak{m}_y \mathcal{L} \to \mathcal{L} \to L_x \oplus L_y \to 0$$

より，$H^1(X, \mathfrak{m}_x \mathfrak{m}_y \mathcal{L}) = 0$ である．

さらに $\Phi_{|\mathcal{L}|}$ の微分が $x \in X$ において単射であるための条件は，その双対写像が全射であること，すなわち，x における任意の余接ベクトル v^* に対して $ds(x) = v^*$ となるような $s \in H^0(X, \mathcal{L})$ が存在することである．完全列

$$0 \to \mathfrak{m}_x^2 \cdot \mathcal{L} \to \mathfrak{m}_x \cdot \mathcal{L} \xrightarrow{d_x} L_x \otimes \Omega_{X,x}^1 \to 0 \quad (d_x(s) := ds(x))$$

より，そのための十分条件は $H^1(X, \mathfrak{m}_x^2 \cdot \mathcal{L}) = 0$ である． □

この命題において，コホモロジーに関する条件 (1), (2), (3) がすべての $x, y \in X$ に対して成立すれば，$\Phi_{|\mathcal{L}|}$ は X の射影空間への閉埋込みを与える．

▷ **定義 1.16.** 可逆層 $\mathcal{L}$ は，（それが自由であって）$\Phi_{|\mathcal{L}|}$ が X の射影空間への閉埋め込みを与えるとき，**非常にアンプル** (very ample) であると言う．$\mathcal{O}_X(mD)$ が非常にアンプルになるような正整数 m が存在するとき，$\mathcal{O}_X(D)$ を**アンプル可逆層**といい，D を**アンプル因子**と呼ぶ．特に，アンプル因子 D は $D^{\dim X} > 0$ をみたす．

次の定理はアンプル可逆層のコホモロジー的な特徴付けを与えている．

♡ **定理 1.17** (Cartan, Serre, Grothendiek)**.** X 上の可逆層 $\mathcal{L}$ に対して，以下の 4 条件は同値である．

(1) $\mathcal{L}$ はアンプルである．

(2) 任意の連接層 $\mathcal{F}$ に対して，$H^i(X, \mathcal{F} \otimes \mathcal{L}^{\otimes m}) = 0$ が任意の正整数 i と任意の整数 $m \geq m_1$ に対して成立するような正整数 $m_1 = m_1(\mathcal{F})$ が存在する．

(3) 任意の連接層 $\mathcal{F}$ に対して，$\mathcal{F} \otimes \mathcal{L}^{\otimes m}$ が任意の整数 $m \geq m_2$ に対して大域生成的になるような正整数 $m_2 = m_2(\mathcal{F})$ が存在する．

(4) $\mathcal{L}^{\otimes m}$ が任意の整数 $m \geq m_3$ に対して非常にアンプルになるような正整数 m_3 が存在する．

$\mathbb{R}$ 因子 $D \in \mathbb{R} \otimes \mathrm{Div}(X)$ は，アンプルな因子 D_i の正数係数の和で書けるとき，**アンプル**であると言う．アンプルな $\mathbb{R}$ 因子全体は凸錐 $\mathrm{Amp}(X) \subset N^1(X)$ をなす．これを**アンプル錐** (ample cone) と言う．アンプル錐の閉包 $\mathrm{Nef}(X)$ に属する元を代表する $\mathbb{R}$ 因子を**ネフ因子** (nef divisor) と呼ぶ．

♡ **定理 1.18** (Kleiman [47])**.** アンプル錐 $\mathrm{Amp}(X)$ は $N^1(X)$ の開集合であり，ネフ錐 $\mathrm{Nef}(X)$ の内点全体である．また，$\overline{\mathrm{NE}}(X)$ と $\mathrm{Nef}(X)$ は，次の意味で互いに双対である．

$$\mathrm{Nef}(X) = \{D \in N^1(X) \mid 任意の\ C \in \overline{\mathrm{NE}}(X)\ に対して\ (D, C) \geq 0\},$$
$$\overline{\mathrm{NE}}(X) = \{C \in N_1(X) \mid 任意の\ D \in \mathrm{Nef}(X)\ に対して\ (D, C) \geq 0\}.$$

D をネフ因子とすれば，任意のアンプル因子 A と正数 ϵ に対して，$D + \epsilon A$ はアンプルである．よって $(D + \epsilon A)^{\dim X} > 0$ なので $\epsilon \downarrow 0$ として $D^{\dim X} \geq 0$ を得る．

1.6 Chern類とRiemann-Rochの定理

n次元非特異射影多様体Xとその上の階数rの局所自由層$\mathcal{E}$を考える. $\mathrm{Sym}^i(\mathcal{E})$で$\mathcal{E}$の$i$次対称積を表す. 直和$\mathrm{Sym}(\mathcal{E}) := \bigoplus_{i=0}^{\infty} \mathrm{Sym}^i(\mathcal{E})$はテンソル積から誘導される演算によって, 自然な$\mathcal{O}_X$代数の構造をもつ. このとき, $\mathbb{V}(\mathcal{E}^*) = \mathrm{Spec}_{\mathcal{O}_X}(\mathrm{Sym}(\mathcal{E}))$は, X上の(幾何学的な意味での)ベクトル束であり, その局所正則切断のなす層は$\mathcal{E}^*$と同型になる. また, $\mathbb{P}(\mathcal{E}) = \mathrm{Proj}_{\mathcal{O}_X}(\mathrm{Sym}(\mathcal{E}))$は, 自然な射影$\pi: \mathbb{P}(\mathcal{E}) \to X$によって$X$上の$\mathbb{P}^{r-1}$束になる. これを$\mathcal{E}$に付随する射影空間束と言う. より幾何学的な構成法は

$$\mathbb{P}(\mathcal{E}) = (\mathbb{V}(\mathcal{E}^*) \setminus 零切断)/\mathbb{C}^\times,$$

である. ここに, $\mathbb{C}^\times$はファイバー毎にスカラー倍として作用する. $\mathbb{P}(\mathcal{E})$上の**同義可逆層** (tautological line bundle) $\mathcal{O}_{\mathbb{P}(\mathcal{E})}(1)$は, $\pi^*\mathcal{E}$の可逆商層で$\pi_*\mathcal{O}_{\mathbb{P}(\mathcal{E})}(1) \simeq \mathcal{E}$をみたす. πのファイバーは$r-1$次元射影空間で, $\mathcal{O}_{\mathbb{P}(\mathcal{E})}(1)$のファイバーへの制限は超平面束だから, 任意の非負整数mに対して

$$\pi_*\mathcal{O}_{\mathbb{P}(\mathcal{E})}(m) \simeq \mathrm{Sym}^m\mathcal{E}, \quad R^i\pi_*\mathcal{O}_{\mathbb{P}(\mathcal{E})}(m) = 0, \ (i \geq 1)$$

が成り立つ. よって, Leray スペクトル系列を使えば, X上の局所自由層$\mathcal{V}$に対して

$$H^p(\mathbb{P}(\mathcal{E}), \mathcal{O}_{\mathbb{P}(\mathcal{E})}(m) \otimes \pi^*\mathcal{V}) \simeq H^p(X, \mathrm{Sym}^m\mathcal{E} \otimes \mathcal{V})$$

となることがわかる. また, $\Omega^1_{\mathbb{P}(\mathcal{E})/X}$を相対余接層とすれば, 補題1.12と同様にして完全列

$$0 \to \Omega^1_{\mathbb{P}(\mathcal{E})/X}(1) \to \pi^*\mathcal{E} \to \mathcal{O}_{\mathbb{P}(\mathcal{E})}(1) \to 0$$

が得られる. 従って特に$\pi^* \bigwedge^r \mathcal{E} \simeq \mathcal{O}_{\mathbb{P}(\mathcal{E})}(r) \otimes \bigwedge^{r-1} \Omega^1_{\mathbb{P}(\mathcal{E})/X}$である. これと, 完全列

$$0 \to \pi^*\Omega^1_X \to \Omega^1_{\mathbb{P}(\mathcal{E})} \to \Omega^1_{\mathbb{P}(\mathcal{E})/X} \to 0$$

より得られる同型$K_{\mathbb{P}(\mathcal{E})} \simeq \pi^*K_X \otimes \bigwedge^{r-1} \Omega^1_{\mathbb{P}(\mathcal{E})/X}$によって,

$$K_{\mathbb{P}(\mathcal{E})} \simeq \mathcal{O}_{\mathbb{P}(\mathcal{E})}(-r) \otimes \pi^*(K_X \otimes \bigwedge^r \mathcal{E}) \tag{1.6.1}$$

がわかる.

同義可逆層の第 1 Chern 類を $\xi \in H^2(\mathbb{P}(\mathcal{E}); \mathbb{Z})$ とおく. コホモロジー環 $H^\bullet(\mathbb{P}(\mathcal{E}))$ は $H^\bullet(X)$ 上 $1, \xi, \ldots, \xi^{r-1}$ で生成される自由加群なので, 唯一の関係式

$$\xi^r + (\pi^* a_1)\xi^{r-1} + \cdots + (\pi^* a_{r-1})\xi + (\pi^* a_r) = 0, \quad (a_i \in H^{2i}(X))$$

が見つかる. このとき, $c_i(\mathcal{E}) := (-1)^i a_i \ (i = 0, 1, \ldots, r)$ を, $\mathcal{E}$ の第 i **Chern 類**と呼ぶ. 定義から $c_0(\mathcal{E}) = 1$ である. また, $r = 1$ ならば, 先に導入した Chern 類と一致する. 正則写像 $f : Y \to X$ に対しては $c_i(f^*\mathcal{E}) = f^* c_i(\mathcal{E})$ が成立する. $c_n(\mathcal{E})$ などの $H^{2n}(X)$ に属する類 c について, その次数を X のホモロジー類 $[X] \in H_{2n}(X)$ とのキャップ積を用いて, $\deg c = c \cdot [X] = \int_X c \in \mathbb{Z}$ と定める. しばしば c と $\deg c$ を同一視する.

正則接層 $\mathcal{T}_X$ の Chern 類を X の Chern 類と言い, $c_i(X)$ と書く. Gauss-Bonnet の定理から $c_n(X)$ は X の Euler-Poincaré 標数

$$e(X) = \sum_{i=0}^{2n} (-1)^i b_i(X)$$

に等しい. ただし $b_i(X) = \mathrm{rk}\, H_i(X)$ は X の第 i Betti 数である.

階数 r の局所自由層 $\mathcal{E}$ に対して,

$$c(\mathcal{E}) = 1 + c_1(\mathcal{E}) + \cdots + c_{r-1}(\mathcal{E}) + c_r(\mathcal{E})$$

を $\mathcal{E}$ の**全 Chern 類** (total Chern class) と言う. 完全列

$$0 \to \mathcal{E}' \to \mathcal{E} \to \mathcal{E}'' \to 0,$$

に対して $c(\mathcal{E}) = c(\mathcal{E}')c(\mathcal{E}'')$ が成り立つ. また, T に関する多項式

$$c_T(\mathcal{E}) = \sum_{i=0}^r c_i(\mathcal{E}) T^i = 1 + c_1(\mathcal{E})T + \cdots + c_{r-1}(\mathcal{E})T^{r-1} + c_r(\mathcal{E})T^r$$

1.6 Chern 類と Riemann-Roch の定理

を $\mathcal{E}$ の **Chern 多項式** (Chern polynomial) と言う．これを形式的に因数分解し

$$c_T(\mathcal{E}) = \prod_{i=1}^{r}(1+\rho_i(\mathcal{E})T)$$

と表示したとき, $\rho_i = \rho_i(\mathcal{E})$ を **Chern 根** (Chern root) と呼ぶ．明らかに $c_T(\mathcal{E}^*) = c_{-T}(\mathcal{E}) = \prod(1-\rho_i T)$ であり，

$$c_T(\mathrm{Sym}^p\mathcal{E}) = \prod_{1\leq i_1 \leq \cdots \leq i_p \leq r}(1+(\rho_{i_1}+\cdots+\rho_{i_p})T),$$

$$c_T(\bigwedge^p \mathcal{E}) = \prod_{1\leq i_1 < \cdots < i_p \leq r}(1+(\rho_{i_1}+\cdots+\rho_{i_p})T)$$

が成り立つ．特に, $c_1(\mathcal{E}) = c_1(\bigwedge^r \mathcal{E})$ である．また，階数 s の局所自由層 $\mathcal{F}$ の Chern 根を τ_i $(i=1,\ldots,s)$ とすれば，

$$c_T(\mathcal{E} \otimes \mathcal{F}) = \prod_{i,j}(1+(\rho_i+\tau_j))T),$$

となる．

♣ 補題 1.19. 非特異射影多様体 X 上の階数 r の局所自由層 $\mathcal{E}$ に対して次の等式が成立する．

(1) $\mathrm{rk}(\bigwedge^p \mathcal{E}) = \binom{r}{p}$, $c_1(\bigwedge^p \mathcal{E}) = \binom{r-1}{p-1}c_1(\mathcal{E})$,

(2) $\mathrm{rk}(\mathrm{Sym}^p\mathcal{E}) = \binom{r+p-1}{p}$, $c_1(\mathrm{Sym}^p\mathcal{E}) = \binom{r+p-1}{r}c_1(\mathcal{E})$,

《証明》 (1), (2) とも階数に関する主張は明らかである．第 1 Chern 類の等式を (2) についてのみ証明する．$\mathrm{Sym}^p\mathcal{E}$ の Chern 多項式の形から

$$c_1(\mathrm{Sym}^p\mathcal{E}) = \sum_{1\leq i_1 \leq \cdots \leq i_p \leq r}(\rho_{i_1}+\cdots+\rho_{i_p})$$

だが，右辺を $c_1(\mathcal{E}) = \rho_1 + \cdots + \rho_r$ を用いて表示するためには，各 ρ_j が右辺に何度現れるかを数えればよい．ρ_j の重複度 i $(i=1,\ldots,p)$ に従って項 $\rho_{i_1}+\cdots+\rho_{i_p}$ を分類することでそれを実行すれば，

$$c_1(\mathrm{Sym}^p\mathcal{E}) = \left\{\sum_{i=1}^{p} i \binom{r-2+p-i}{p-i}\right\} c_1(\mathcal{E})$$

が得られる．ここで，2 項係数についての Pascal の関係式

$$\binom{n+1}{k} = \binom{n}{k} + \binom{n}{k-1}$$

を繰り返し使えば，

$$\begin{aligned}
\sum_{i=1}^{p} i \binom{r-2+p-i}{p-i} &= \sum_{i=1}^{p} i \left\{\binom{r-1+p-i}{p-i} - \binom{r-2+p-i}{p-1-i}\right\} \\
&= \sum_{i=1}^{p} \binom{r-1+p-i}{p-i} \\
&= \sum_{i=1}^{p} \left\{\binom{r+p-i}{p-i} - \binom{r+p-1-i}{p-1-i}\right\} \\
&= \binom{r+p-1}{p-1}
\end{aligned}$$

となるので，主張が示された． $\square$

Chern 根を用いれば，全 Chern 指標 $\mathrm{ch}(\mathcal{E})$ および全 Todd 類 $\mathrm{td}(\mathcal{E})$ を次で定義することができる．

$$\mathrm{ch}(\mathcal{E}) = \sum_{i=1}^{r} e^{\rho_i(\mathcal{E})}, \quad \mathrm{td}(\mathcal{E}) = \prod_{i=1}^{r} \frac{\rho_i(\mathcal{E})}{1 - e^{-\rho_i(\mathcal{E})}}.$$

ただし，$\rho = \rho_i$ に対して

$$e^\rho = 1 + \rho + \frac{1}{2}\rho^2 + \cdots + \frac{1}{i!}\rho^i + \cdots$$

とおいた（十分大きな m に対して $\rho^m = 0$ だから，収束を問題にする必要はない）．実際に展開してみると，

$$\begin{aligned}
\mathrm{ch}(\mathcal{E}) = {}& r + c_1 + \frac{1}{2}(c_1^2 - 2c_2) + \frac{1}{6}(c_1^3 - 3c_1c_2 + 3c_3) \\
& + \frac{1}{24}(c_1^4 - 4c_1^2 c_2 + 4c_1 c_3 + 2c_2^2 - 4c_4) + \cdots
\end{aligned}$$

$$\mathrm{td}(\mathcal{E}) = 1 + \frac{1}{2}c_1 + \frac{1}{12}(c_1^2 + c_2) + \frac{1}{24}c_1 c_2$$
$$- \frac{1}{720}(c_1^4 - 4c_1^2 c_2 - 3c_2^2 - c_1 c_3 + c_4) + \cdots$$

となる．ただし，$c_i = c_i(\mathcal{E})$ とした．Chern 指標は，短完全列に関しては乗法的に，テンソル積については加法的に振舞う．

♡ **定理 1.20** (Hirzebruch Riemann-Roch Theorem). n 次元非特異射影多様体 X とその上の局所自由層 $\mathcal{E}$ に対して，

$$\chi(\mathcal{E}) = \chi(X, \mathcal{E}) = \sum_{i=0}^{n} (-1)^i \dim_{\mathbb{C}} H^i(X, \mathcal{E})$$

とおくとき，

$$\chi(\mathcal{E}) = \deg(\mathrm{ch}(\mathcal{E}) \cdot \mathrm{td}(\mathcal{T}_X))_n$$

が成立する．ただし，$\mathcal{T}_X$ は X の正則接層であり，$(\alpha)_n$ は α の n 次部分を表す．

▷ **例 1.21.** X が非特異射影曲線（コンパクト・リーマン面）の場合，その種数を g とすれば，$c_1(X) = e(X) = 2 - 2g$ なので，

$$\chi(\mathcal{E}) = c_1(\mathcal{E}) + \frac{r}{2}c_1(X) = \deg \mathcal{E} + r(1 - g)$$

となる．ただし，$\deg \mathcal{E} := \deg c_1(\mathcal{E}) = c_1(\mathcal{E}) \cdot [X]$ である．

▷ **例 1.22.** X が非特異射影曲面の場合は $c_1(\mathcal{T}_X) = -K_X$ を用いると，

$$\chi(\mathcal{E}) = \frac{1}{2}c_1(\mathcal{E})(c_1(\mathcal{E}) + K_X) - c_2(\mathcal{E}) + \frac{r}{12}(K_X^2 + c_2(X))$$

である．$\mathcal{E} = \mathcal{O}_X$ とおくと，

$$12\chi(\mathcal{O}_X) = K_X^2 + e(X) \tag{1.6.2}$$

が得られる．これを **Noether の公式**と言う．

1.7 Serre 双対定理

Grothendieck の双対化層に関する事項と Serre の双対定理を振り返る．純 n 次元射影スキーム Z に対して，Z 上の連接層 ω_Z が**双対化層** (dualizing sheaf) であるとは，

(i) トレース写像と呼ばれる写像 $t : H^n(Z, \omega_Z) \to \mathbb{C}$ があり，

(ii) Z 上の任意の連接層 $\mathcal{F}$ に対して，自然な双線形写像

$$\mathrm{Hom}_Z(\mathcal{F}, \omega_Z) \times H^n(Z, \mathcal{F}) \to H^n(Z, \omega_Z) \xrightarrow{t} \mathbb{C}$$

が，同型 $\mathrm{Hom}_Z(\mathcal{F}, \omega_Z) \simeq H^n(Z, \mathcal{F})^*$ を誘導するときを言う．

Z が非特異射影多様体 P の閉部分スキームのときには，$j : Z \to P$ を閉埋入として

$$\omega_Z = j^* \mathcal{E}xt^{\dim P - n}_{\mathcal{O}_P}(j_* \mathcal{O}_Z, \Omega_P^{\dim P})$$

が Z の双対化層を与える．実際，これは連接 $\mathcal{O}_Z$ 加群層であって，埋込み $Z \subset P$ によらないことが証明できる．また，Z の非特異点の近傍では，$\omega_Z = \Omega_Z^n$ である．より一般に，Z が Cohen-Macaulay のとき（例えば Z が正規射影曲面のとき），ω_Z が点 $z \in Z$ の周りで可逆であるための必要十分条件は，局所環 $\mathcal{O}_{Z,z}$ が Gorenstein であることである．

♡ **定理 1.23** (Grothendieck-Serre 双対定理)．Z を n 次元 Cohen-Macaulay 射影多様体とするとき，任意の連接 $\mathcal{O}_Z$ 加群層 $\mathcal{F}$ に対して，非退化双一次形式

$$\mathrm{Ext}^p(\mathcal{F}, \omega_Z) \times H^{n-p}(Z, \mathcal{F}) \to \mathbb{C}$$

が存在し，同型 $\mathrm{Ext}^p(\mathcal{F}, \omega_Z) \simeq H^{n-p}(Z, \mathcal{F})^*$ を誘導する．特に $\mathcal{F}$ が局所自由層ならば，$H^p(Z, \mathcal{F}^* \otimes \omega_Z)$ と $H^{n-p}(Z, \mathcal{F})$ は互いに双対である．

$Z \subset P$ のイデアル層を $\mathcal{I}$ とすれば完全列

$$0 \to \mathcal{I}/\mathcal{I}^2 \to \Omega_P^1 \otimes j_* \mathcal{O}_Z \to j_* \Omega_Z$$

より，次が得られる．

◇ **命題 1.24.** Z が非特異射影多様体 P の純余次元 r の局所完全交叉であるとき，自然な同型

$$\mathcal{E}xt^r_{\mathcal{O}_P}(j_*\mathcal{O}_Z, \omega_P) \simeq \omega_P \otimes j_*\mathcal{O}_Z \otimes \bigwedge^r (\mathcal{I}/\mathcal{I}^2)^*$$

があり，双対化層 ω_Z を定める．

これを**添加公式** (adjunction formula) と言う．

1.8 Albanese 写像

非特異射影多様体 X はコンパクト Kähler 多様体なので，$H^1(X, \mathbb{C})$ は Hodge 分解

$$H^1(X, \mathbb{C}) = H^0(\Omega^1_X) \bigoplus \overline{H^0(\Omega^1_X)}$$

をもつ．$q = q(X) = \dim H^0(\Omega^1_X)$ とおけば，第 1 Betti 数は

$$b_1(X) = \dim_{\mathbb{C}} H^1(X, \mathbb{C}) = 2q$$

である．$H^0(\Omega^1_X)$ と $H_1(X, \mathbb{Z})/\text{torsion}$ の基底をそれぞれ $\{\omega_1, \ldots, \omega_q\}$, $\{\gamma_1, \ldots, \gamma_{2q}\}$ とする．このとき，$2q \times q$ 行列

$$\begin{pmatrix} \int_{\gamma_1} \omega_1 & \cdots & \int_{\gamma_1} \omega_q \\ \vdots & \ddots & \vdots \\ \int_{\gamma_{2q}} \omega_1 & \cdots & \int_{\gamma_{2q}} \omega_q \end{pmatrix}$$

を正則 1 形式に関する**周期行列** (period matrix) と言う．$2q$ 個の行ベクトルは $\mathbb{R}$ 上一次独立である．実際，これらに一次関係式

$$\sum_{i=1}^{2q} a_i \left(\int_{\gamma_i} \omega_1, \cdots, \int_{\gamma_i} \omega_q \right) = \mathbf{0}, \quad a_i \in \mathbb{R} \quad (i = 1, \ldots, 2q)$$

があれば，任意の正則 1 形式 ω に対して $\sum_i a_i \int_{\gamma_i} \omega = 0$ だから，$\sum_i a_i \int_{\gamma_i} \bar{\omega} = 0$ も成立する．すると，H^1 の Hodge 分解より，$H^1(X, \mathbb{C})$ 上の線形汎関数 $\sum_i a_i \int_{\gamma_i}$ は零である．コホモロジーとホモロジーの双対性

(Kronecker pairing) から，これは $\sum_i a_i \gamma_i = 0$ を意味し，従って $a_i = 0$ が $i = 1, \ldots, 2q$ に対して成立する．

周期行列の $2q$ 個の行ベクトルは $\mathbb{C}^q$ の格子を生成するから，商をとって q 次元複素トーラス

$$\mathrm{Alb}(X) = H^0(X, \Omega_X^1)^* / \mathrm{Im}\, H_1(X, \mathbb{Z})$$

が得られる．ただし，$H_1(X, \mathbb{Z})$ の元 γ に対して，γ に沿った積分が定める $H^0(\Omega_X^1)$ 上の線形関数を対応させる写像 $H_1(X, \mathbb{Z}) \to H^0(X, \Omega_X^1)^*$ の像を $\mathrm{Im}\, H_1(X, \mathbb{Z})$ と書いた．$\mathrm{Alb}(X)$ を X の **Albanese 多様体**と言う．

X に 1 点 x_0 をとり固定する．対 $(\omega, x) \in H^0(X, \Omega_X^1) \times X$ に線積分 $\int_{x_0}^x \omega \in \mathbb{C}$ を対応させる．これは X 上の多価関数であるが，x の周りの局所座標をとって考えることにより，x に関して正則であることが容易に確かめられる．x_0 から x に至る積分経路を取り替えると値が変わってしまうから，x が直ちに $H^0(X, \Omega_X^1)^*$ の元を定めるわけではない．積分の多価性は，x_0 を始点および終点とするループに沿った積分値だけの不定性に起因するものだから，それを法とすれば well-defined な正則写像

$$\alpha : X \to \mathrm{Alb}(X)$$

が得られる．これを X の **Albanese 写像**と言う．作り方から明らかに $\alpha^* : H^0(\Omega_{\mathrm{Alb}(X)}^1) \to H^0(\Omega_X^1)$ は同型である．

組 $(\mathrm{Alb}(X), \alpha)$ は次のような普遍性をもつ．X から複素トーラス T への正則写像 $f : X \to T$ を与えるとき，$f = a(f) \circ \alpha$ をみたす正則写像 $a(f) : \mathrm{Alb}(X) \to T$ が存在する．実際，$f^* : H^0(\Omega_T^1) \to H^0(\Omega_X^1)$ と $(\alpha^*)^{-1}$ との合成によって写像 $H^0(\Omega_T^1) \to H^0(\Omega_{\mathrm{Alb}(X)}^1)$ が定まるが，その双対写像は $\mathrm{Alb}(X)$ および T の普遍被覆空間の間のアフィン線形写像であり，$a(f)$ を誘導する．

$\dim_{\mathbb{C}} X = 1$ の場合，Albanese 多様体は Jacobi 多様体であり，Albanese 写像は Abel-Jacobi 写像に他ならない (cf. [4])．

♣ **補題 1.25.** Albanese 写像 $\alpha : X \to \mathrm{Alb}(X)$ の像 $C = \alpha(X)$ が曲線であると仮定する．このとき，α のファイバーは連結で，C は種数 $q(X)$ の非特異射影曲線である．

《証明》 Albanese 写像の Stein 分解 (命題 1.9) を考えると，可換図式

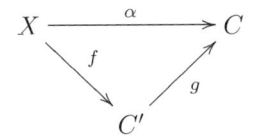

$$\begin{array}{ccc} X & \xrightarrow{\alpha} & C \\ {\scriptstyle f}\searrow & \nearrow {\scriptstyle g} & \\ & C' & \end{array}$$

が得られる．X は非特異なので特に正規だから，C' は正規である．従って C' は非特異射影曲線である．$\alpha' : C' \to \mathrm{Jac}(C')$ を Abel-Jacobi 写像とする．Albanese 写像の普遍性から，$g : C' \to C \subset \mathrm{Alb}(X)$ は $\mathrm{Jac}(C')$ を，$\alpha' \circ f$ は $\mathrm{Alb}(X)$ をそれぞれ経由し，次の可換図式が得られる．

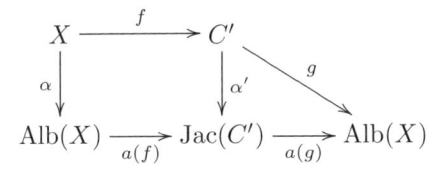

$$\begin{array}{ccccc} X & \xrightarrow{f} & C' & & \\ {\scriptstyle \alpha}\downarrow & & \downarrow{\scriptstyle \alpha'} & \searrow{\scriptstyle g} & \\ \mathrm{Alb}(X) & \xrightarrow{a(f)} & \mathrm{Jac}(C') & \xrightarrow{a(g)} & \mathrm{Alb}(X) \end{array}$$

f は全射だから，$a(f)$ も全射である．さらに $a(g) \circ a(f) \circ \alpha = g \circ f = \alpha$ なので，α の普遍性から $a(g) \circ a(f)$ は恒等写像である．以上より，$a(f)$ は同型写像であって，$a(g)$ はその逆写像であることがわかる．Abel-Jabobi 写像 α' は埋込だから (cf. [4])，$g : C' \to C$ は同型写像でなければならない．すなわち，C は非特異射影曲線で，その種数は $\dim \mathrm{Jac}(C') = \dim \mathrm{Alb}(X) = q(X)$ である．また，f のファイバーは連結なので，α のファイバーも連結である．□

第2章
代数曲面の双有理幾何学

代数曲面論はその上の曲線の交点理論がすべてであると言っても過言ではない．交点形式は Minkowski 内積であり，さながら特殊相対性理論の世界である．アンプル因子は時間的なベクトルであって現世に干渉する．

2.1 交点数と算術種数

X を非特異で既約な射影曲面とする．第 1 章で見たように，X 上の 2 つの可逆層 $\mathcal{L}$ と $\mathcal{M}$ に対して，交点数 $\mathcal{L} \cdot \mathcal{M}$ は，第 1 Chern 類のカップ積 $c_1(\mathcal{L}) \cdot c_1(\mathcal{M})$ で定義された．しかし，実際に計算するには，より直感的に把握しやすいやり方のほうが好ましい．そこで，局所交点数を用いた方法を解説する．以下では，被約かつ既約な曲線を単に既約曲線と呼ぶ．

Riemann-Roch 定理より

$$\begin{aligned}\chi(-\mathcal{L}-\mathcal{M}) &= \frac{1}{2}c_1(\mathcal{L}+\mathcal{M})(K_X+c_1(\mathcal{L}+\mathcal{M}))+\chi(\mathcal{O}_X) \\ &= \frac{1}{2}c_1(\mathcal{L})(K_X+c_1(\mathcal{L}))+\frac{1}{2}c_1(\mathcal{M})(K_X+c_1(\mathcal{M})) \\ &\quad + c_1(\mathcal{L})c_1(\mathcal{M})+\chi(\mathcal{O}_X)\end{aligned}$$

なので，

$$c_1(\mathcal{L}) \cdot c_1(\mathcal{M}) = \chi(\mathcal{O}_X) - \chi(-\mathcal{L}) - \chi(-\mathcal{M}) + \chi(-\mathcal{L} - \mathcal{M})$$

となる．2つの異なる既約曲線 C と C' に対して，交点数 CC' は $c_1(\mathcal{O}_X(C)) \cdot c_1(\mathcal{O}_X(C'))$ で定義されるから

$$CC' = \chi(\mathcal{O}_X) - \chi(\mathcal{O}_X(-C)) - \chi(\mathcal{O}_X(-C')) + \chi(\mathcal{O}_X(-C-C')) \quad (2.1.1)$$

となる．ここで，s, s' をそれぞれ C, C' を定義する $\mathcal{O}_X(C), \mathcal{O}_X(C')$ の大域正則切断とすると，$\mathcal{O}_{C \cap C'} = \mathcal{O}_X/(\mathcal{O}_X(-C) + \mathcal{O}_X(-C'))$ の Koszul 分解

$$0 \to \mathcal{O}_X(-C-C') \xrightarrow{(s',-s)} \mathcal{O}_X(-C) \bigoplus \mathcal{O}_X(-C')$$
$$\xrightarrow{(s,s')} \mathcal{O}_X \to \mathcal{O}_{C \cap C'} \to 0$$

より，(2.1.1) の右辺は $\dim H^0(\mathcal{O}_{C \cap C'})$ に等しいことがわかる．すなわち $CC' = \dim H^0(\mathcal{O}_{C \cap C'})$ である．従って，$p \in C \cap C'$ における C と C' の**局所交点数** (local intersection number) を

$$I(C \cap C', p) := \dim_{\mathbb{C}} \mathcal{O}_{X,p}/(s, s') \quad (2.1.2)$$

によって定義すれば

$$CC' = \sum_{p \in C \cap C'} I(C \cap C', p) \quad (2.1.3)$$

が成立し，CC' は素朴な意味で 2 曲線 C, C' の交点を数えていることがわかる．実際，組 (s, s') が $p \in C \cap C'$ の周りの局所座標を与えているとき，直感的には 2 つの座標軸が 1 点で直交している様子が想起されるが，他方で，定義より明らかに $I(C \cap C', p) = 1$ が成立する．また，逆も正しい．よって $I(C \cap C', p) = 1$ は，C と C' がどちらも点 p において非特異で横断的に交わっていることを意味する．点 p で正規交叉するとも言う．

任意の因子 D_1, D_2 の交点数は，既約曲線の交点を直感的に数え上げることによって，次のように計算できる．十分にアンプルな因子 H をとれば，$|D_i + H|$ は自由で $(D_i + H)^2 > 0$ となる．よって Bertini の定理より，一般元 $A_i \in |D_i + H|$ は非特異既約曲線である．また，A_1 と A_2 は各交点で横断的に交わるとしてよい．H は十分にアンプルなので，2 つの一般元 $B_1, B_2 \in |H|$

を B_1 と B_2 が横断的に交わるようにとれる．さらに A_1 と B_2, A_2 と B_1 も横断的に交わるとしてよい．こうすると，A_1A_2, B_1B_2, A_1B_2, A_2B_1 はそれぞれの交点を単純に数え上げることで計算される．このとき，D_i と $A_i - B_i$ は線形同値なので，D_1 と D_2 の交点数は，数え上げた結果を用いて

$$D_1 D_2 = (A_1 - B_1)(A_2 - B_2) = A_1 A_2 - A_1 B_2 - A_2 B_1 + B_1 B_2$$

のように計算される．特に $D \cdot D$ を D^2 と書いて，D の**自己交点数** (self intersection number) と呼ぶ．同様の考え方で，次がわかる．

♣ **補題 2.1.** 既約曲線 C と可逆層 $\mathcal{L}$ に対して

$$C \cdot \mathcal{L} = \deg(\mathcal{L}|_C)$$

が成立する．ただし，$\deg \mathcal{L}|_C$ は，正規化 $\nu : C' \to C$ によって $\mathcal{L}$ を C' に引き戻した可逆層 $\nu^* \mathcal{L}$ の次数である．

《証明》 十分アンプルな因子 H をとり，2つの非特異既約曲線 $A \in |\mathcal{L} + H|$ と $B \in |H|$ を，A と C, B と C がそれぞれ C の非特異点で横断的に交わるようにとる．また $A \cap B \cap C = \emptyset$ としてよい．このとき，$C \cdot \mathcal{L} = C(A - B)$ である．他方，$A - B$ が C 上に定める因子は，$\mathcal{L}|_C$ の有理切断が定める因子とみなせる．この解釈によれば，AC は有理切断の零点の位数の総和であり，BC は極の位数の総和である．従って，その差 $C(A - B)$ は $\deg \mathcal{L}|_C$ に等しい． □

交点形式については，それが可換な $\mathbb{Z}$ 双線形写像であることの他に，次が基本的であるが，もはや明らかであろう．

♣ **補題 2.2.** 2つの異なる既約曲線 C_1, C_2 に対して交点数 $C_1 C_2$ は非負である．また，$C_1 C_2 = 0$ であるための必要十分条件は，$C_1 \cap C_2 = \emptyset$ である．

零でない有効因子は，素因子（既約曲線）の正整数係数の有限和であり，

$$D = \sum_{i=1}^{n} m_i C_i \quad (C_i \text{ は既約}, \ m_i \in \mathbb{Z}_{>0}, \ C_i \neq C_j \ (i \neq j))$$

のように表示され，**正因子** (positive divisor) や**正サイクル** (positive cycle) と呼ばれることも多い．集合 $\mathrm{Supp}(D) = \bigcup_{i=1}^n C_i$ を D の**台**あるいは**サポート** (support) と呼ぶ．X の適当なアフィン開被覆 $\{U_\lambda\}_{\lambda \in \Lambda}$ をとり，U_λ における C_i の局所方程式を $f_{i,\lambda} \in \mathcal{O}_X(U_\lambda)$ とし $f_\lambda = \prod_{i=1}^n f_{i,\lambda}^{m_i} \in \mathcal{O}_X(U_\lambda)$ とおけば，$\{f_\lambda \cdot \mathcal{O}_X(U_\lambda)\}_{\lambda \in \Lambda}$ は $\mathcal{O}_X$ のイデアル層を定義する．これを $\mathcal{I}_D$ とすれば，$\mathcal{O}_X(-D)$ と同型な可逆層である．D はイデアル層 $\mathcal{I}_D$ が定める X の1次元部分スキームと同一視することができる．零でない有効因子 D を1次元部分スキームと考える場合には，D を単に**曲線**と呼ぶことにする．上のように素因子の一次結合として D を表示したとき，$C = \sum_{i=1}^n k_i C_i$, ($k_i \in \mathbb{N} \cup \{0\}, k_i \leq m_i$) なる曲線 C を D の**部分曲線**と呼び，$D \succeq C$ と書く（形式的に $C = D$ の場合も含める）．すべての k_i が1であるような部分曲線を D_{red} と書く．これは，D に付随する被約スキームに他ならない．

♣**補題 2.3.** 曲線 D と既約曲線 C に対して $CD < 0$ ならば，$C \preceq D$ である．2つの曲線 D_1, D_2 に対して $D_1 D_2 = 0$ のとき，次のどちらかが成り立つ．

(1) $\mathrm{Supp}(D_1) \cap \mathrm{Supp}(D_2) = \emptyset$.

(2) D_1 と D_2 は共通成分をもつ．

《証明》 まず，前半を示す．$C \npreceq D$ ならば，D の各既約成分 C_i に対して $C \neq C_i$ だから，$CC_i \geq 0$ である．D は曲線，すなわち有効因子なので，$CD \geq 0$ を得る．次に後半を示す．$\mathrm{Supp}(D_1) \cap \mathrm{Supp}(D_2) \neq \emptyset$ であると仮定する．もし D_1 と D_2 に共通成分がなければ，D_1 の任意の既約成分 C_i に対して，前半で見たことから，$C_i D_2 \geq 0$ が成り立つ．D_1 は有効因子だから，従って $D_1 D_2 \geq 0$ である．他方，$\mathrm{Supp}(D_1) \cap \mathrm{Supp}(D_2) \neq \emptyset$ なので，共有点を含む C_i は必ず存在し，この C_i については $C_i D_2 > 0$ でなければならない．よって $D_1 D_2 > 0$ となり，矛盾が生じた． □

D 上の直線束

$$K_D = (K_X + [D])|_D$$

は D の標準直線束，$\omega_D = \mathcal{O}_D(K_D)$ は双対化層である．K_D と ω_D は，しばしば混同して用いられる．完全列

$$0 \to \mathcal{O}_X(-D) \to \mathcal{O}_X \to \mathcal{O}_D \to 0$$

から $\chi(\mathcal{O}_D) = \chi(\mathcal{O}_X) - \chi(\mathcal{O}_X(-D))$ が得られ，一方，Riemann-Roch 定理から

$$\chi(\mathcal{O}_X(-D)) = \frac{1}{2}D(K_X + D) + \chi(\mathcal{O}_X)$$

が成り立つ．よって，

$$\chi(\mathcal{O}_D) = -\frac{1}{2}D(K_X + D)$$

である．左辺は整数なので，右辺も必然的に整数となるから $D(K_X + D)$ はいつも偶数である．

$$p_a(D) = \frac{1}{2}D(K_X + D) + 1$$

を D の**算術種数** (arithmetic genus) あるいは**仮想種数** (virtual genus) と呼ぶ．

$$\deg K_D = 2p_a(D) - 2, \quad \chi(\mathcal{O}_D) = 1 - p_a(D)$$

である．もし，D が素因子（被約かつ既約）ならば，$h^0(D, \mathcal{O}_D) = 1$ なので，$p_a(D) = 1 - \chi(\mathcal{O}_D) = h^1(D, \mathcal{O}_D)$ となり，算術種数は非負整数である．特に，非特異既約な射影曲線をコンパクト Riemann 面とみなせば，算術種数は通常の種数（穴の数）と一致する．しかし，一般の D に対して算術種数が負になり得ることには，十分に注意しなければならない．

2.2 可約曲線

曲線 D が素因子でなければ，$D = D_1 + D_2$ のように D は 2 つの部分曲線 D_1, D_2 の和に分解できる．これを D の**有効分解** (effective decomposition) と呼ぶ．有効分解 $D = D_1 + D_2$ について，交点形式の双線形性より $D(K_X + D) = D_1(K_X + D_1) + D_2(K_X + D_2) + 2D_1D_2$ が成り立つので，算術種数に関する等式

$$p_a(D) = p_a(D_1) + p_a(D_2) - 1 + D_1 D_2 \tag{2.2.1}$$

を得る．

D の真の部分曲線 $C \prec D$ が与えられたとき,制限写像 $\mathcal{O}_D \twoheadrightarrow \mathcal{O}_C$ は完全列

$$0 \to \mathcal{O}_{D-C}(-C) \to \mathcal{O}_D \to \mathcal{O}_C \to 0 \qquad (2.2.2)$$

を誘導する.これを**分解列** (decomposition sequence) と言う.証明は以下の通り.$\mathcal{O}_D \twoheadrightarrow \mathcal{O}_C$ の核を ker と表すと,次のような完全列による可換図式が得られる.

$$\begin{array}{ccccccccc}
& & 0 & & 0 & & & & \\
& & \uparrow & & \uparrow & & & & \\
0 & \to & \ker & \to & \mathcal{O}_D & \to & \mathcal{O}_C & \to & 0 \\
& & & & \uparrow & & \uparrow & & \\
& & & & \mathcal{O}_X & = & \mathcal{O}_X & & \\
& & & & \uparrow & & \uparrow & & \\
0 & \to & \mathcal{I}_D & \to & \mathcal{I}_C & \to & \mathcal{I}_C/\mathcal{I}_D & \to & 0 \\
& & \uparrow & & \uparrow & & & & \\
& & 0 & & 0 & & & &
\end{array}$$

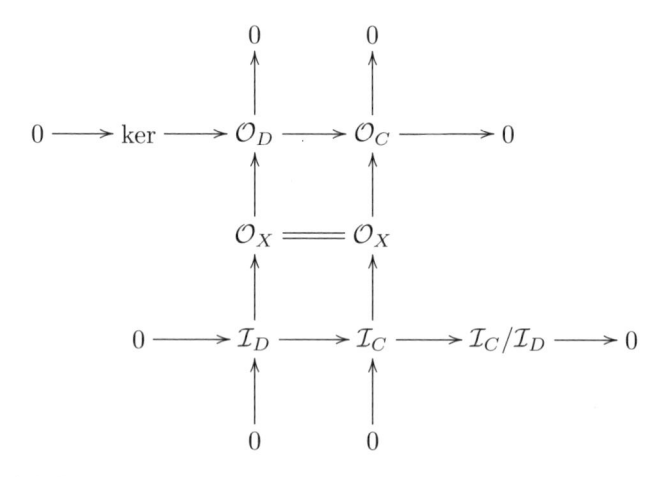

これを追跡することで,$\ker \simeq \mathcal{I}_C/\mathcal{I}_D \simeq \mathcal{O}_{D-C}(-C)$ がわかる.

♡ **定理 2.4** (Riemann-Roch 定理). 曲線 $D = \sum m_i C_i$ 上の直線束 L に対して,

$$h^0(D, L) - h^1(D, L) = \deg L + 1 - p_a(D)$$

である.ただし,$\deg L = \sum m_i \deg L|_{C_i}$ である.

《証明》 重複度も込めた既約成分の数に関する帰納法を用いる.まず,D が素因子のときは既知とする(定理 A.2).D の既約成分 C をとる.$D-C$ に対しては Riemann-Roch 定理が成立すると仮定する.完全列

$$0 \to \mathcal{O}_{D-C}(L-C) \to \mathcal{O}_D(L) \to \mathcal{O}_C(L) \to 0$$

より,$\chi(D,L) = \chi(D-C, L-C) + \chi(C, L)$ である.他方,$\chi(D-C, L-C) = \deg(L-C) + 1 - p_a(D-C) = \deg L|_{D-C} - C(D-C) + 1 - p_a(D-C)$ と

$\chi(C,L) = \deg L|_C + 1 - p_a(C)$ より, $\chi(D,L) = \deg L|_{D-C} + \deg L|_C + 2 - C(D-C) - p_a(D-C) - p_a(C)$ を得る. ここで $\deg L|_{D-C} + \deg L|_C = \deg L$, $p_a(D) = p_a(D-C) + p_a(C) - 1 + C(D-C)$ だから, $\chi(D,L) = \deg L + 1 - p_a(D)$ が成立する. □

♣ **補題 2.5.** 曲線 D 上の任意の直線束 L と部分曲線 C に対して, $h^1(C,L) \leq h^1(D,L)$ が成立する. 特に $h^1(C, \mathcal{O}_C) \leq h^1(D, \mathcal{O}_D)$ である.

《証明》 $C \neq D$ としてよい. 分解列

$$0 \to \mathcal{O}_{D-C}(-C) \to \mathcal{O}_D \to \mathcal{O}_C \to 0$$

に L を掛けることによって, 完全系列

$$0 \to \mathcal{O}_{D-C}(L-C) \to \mathcal{O}_D(L) \to \mathcal{O}_C(L) \to 0$$

を得る. $D - C$ は 1 次元だから $H^2(D-C, L-C) = 0$ であり, コホモロジー長完全列に現れる写像 $H^1(D,L) \to H^1(C,L)$ は全射である. □

素因子でない曲線 D 上の直線束 L の大域正則切断を考えると, その零点は必ずしも 0 次元とは限らない. どんな大域切断をとっても, ある既約成分で恒等的に零になってしまう可能性がある.

▷ **定義 2.6.** 曲線 $D = \sum m_i C_i$ 上の直線束 L が**ネフ**とは, D の任意の既約成分 C_i に対して $\deg L|_{C_i} \geq 0$ が成り立つことである. どの C_i に対しても $\deg L|_{C_i} > 0$ が成り立つときに, L は**アンプル**であると言う. $-L$ がネフのとき, L を**反ネフ**と言う. 任意の既約成分 C_i に対して $\deg L|_{C_i} = \deg M|_{C_i}$ が成り立つとき, 2 つの直線束 L, M は D 上**数値的同値** (numerically equivalent) であると言い, $L \equiv M$ と書く.

♡ **定理 2.7.** L を曲線 D 上の直線束とし, $s \in H^0(D, L)$ を非零元とする.
(1) s が D のどの既約成分でも恒等的に零ではないとき, L はネフである. さらに $\deg L = 0$ ならば $\mathcal{O}_D(L) \simeq \mathcal{O}_D$ である.
(2) s が D のある既約成分で恒等的に零になるとする. s がその上で恒等的に零になるような D の部分曲線のうちで最大のものを $Z = Z_s$ とすると, $\mathcal{O}_{D-Z}(L-Z)$ はネフである. 特に

$$\deg L|_{D-Z} \geq Z(D-Z)$$

が成り立ち,等号が成立すれば $\mathcal{O}_{D-Z}(L-Z) \simeq \mathcal{O}_{D-Z}$ である.

《証明》 (1) C を D の任意の既約成分とする.仮定から $s|_C$ は C 上の有効因子を定める.従って $\deg L|_C \geq 0$ だから,L は D 上ネフである.$\deg L = 0$ ならば s は零点をもたないので,s を掛けることで定まる単射 $\mathcal{O}_D \hookrightarrow \mathcal{O}_D(L)$ は全射になり,従って同型写像である.

(2) 分解列に L を掛けて得られる完全列

$$0 \to \mathcal{O}_{D-Z}(L-Z) \to \mathcal{O}_D(L) \to \mathcal{O}_Z(L) \to 0$$

から

$$0 \to H^0(D-Z, \mathcal{O}_{D-Z}(L-Z)) \to H^0(D,L) \to H^0(Z,L)$$

は完全だが,s は制限写像 $H^0(D,L) \to H^0(Z,L)$ の核に入るので,非零元 $s' \in H^0(D-Z,(L-Z)|_{D-Z})$ で $s = s'\zeta$ となるものが存在する.ここに $\zeta \in H^0(X,[Z])$ は $(\zeta) = Z$ となる切断である.Z のとり方から,s' は $D-Z$ のどの既約成分でも恒等的に零になることはないから,(1) より $L-Z$ は $D-Z$ 上ネフである.特に $0 \leq \deg(L-Z)|_{D-Z} = \deg L|_{D-Z} - Z(D-Z)$ が成立する. □

♠ **系 2.8.** 曲線 D とその上の直線束 L に対して,$H^1(D,L) \neq 0$ ならば D の部分曲線 Δ で $\mathcal{O}_\Delta(K_\Delta - L)$ がネフであるようなものが存在する.このとき特に L が Δ 上ネフならば,K_Δ もネフであり $p_a(\Delta) \geq 1$ である.

《証明》 $H^1(D,L) \neq 0$ なので,Serre 双対定理より $H^0(D, K_D - L) \neq 0$ である.非零元 $s \in H^0(D, K_D - L)$ をとる.s がその上で恒等的に零になるような最大の部分曲線 Z_s をとり,$\Delta = D - Z_s$ とおく.もちろん $Z_s = 0$ の場合もあり得る.このとき $\mathcal{O}_\Delta(K_D - L - Z_s) \simeq \mathcal{O}_\Delta(K_\Delta - L)$ だから,定理 2.7 より $\mathcal{O}_\Delta(K_\Delta - L)$ はネフである.このときさらに L がネフならば K_Δ もネフであり,特に $0 \leq \deg K_\Delta = 2p_a(\Delta) - 2$ が成立する. □

♠ **系 2.9.** 曲線 D に対する次の 2 条件は同値である.

(1) $H^1(D, \mathcal{O}_D) = 0$.
(2) D 自身を含めた任意の部分曲線 Δ に対して $p_a(\Delta) \leq 0$ が成立する.

D が同値条件 (1), (2) をみたすとき, 任意のネフ直線束 L に対して $H^1(D, L) = 0$ であり, $h^0(D, L) = \deg L + h^0(D, \mathcal{O}_D)$ が成立する.

《証明》 (1) $\Rightarrow$ (2) は補題 2.5 より $p_a(\Delta) \leq h^1(\mathcal{O}_\Delta) \leq h^1(\mathcal{O}_D)$ なので明らか. (2) $\Rightarrow$ (1) は $L = \mathcal{O}_D$ の場合に系 2.8 適用すればよい. □

$H^1(D, \mathcal{O}_D) = 0$ である曲線を**有理的な曲線**と呼ぶ. このとき D のどんな部分曲線も有理的であり, 特に既約成分は $\mathbb{P}^1$ である.

♣ **補題 2.10.** L を曲線 D 上の直線束とし, 既約成分 $A \preceq D$ をとる. また, $A \preceq \Delta$ かつ制限写像 $H^0(D, L) \to H^0(\Delta, L)$ が全射であるような極小な部分曲線 $\Delta \preceq D$ をとる. このとき, 次の (1), (2) のうちどちらかが成立する.
(1) $K_\Delta - L$ は Δ 上ネフである.
(2) A は Δ の重複度 1 の成分で, $K_\Delta - L$ は $\Delta - A$ 上ネフであり, $\deg(L - (\Delta - A))|_A > \deg K_A$ が成立する. さらに, 制限写像 $H^0(D, L) \to H^0(A, L)$ の像は自然な単射 $H^0(A, L - (\Delta - A)) \to H^0(A, L)$ の像を含む.

《証明》 $D = A$ のときは, 明らかなので, D が素因子でない場合を考える.

任意に既約成分 $B \preceq \Delta - A$ をとる. このとき $A \preceq \Delta - B$ なので, Δ の極小性から $H^0(D, L) \to H^0(\Delta - B, L)$ は全射ではない. よって $H^0(\Delta, L) \to H^0(\Delta - B, L)$ も全射ではない. 従って, 完全列

$$0 \to \mathcal{O}_B(L - (\Delta - B)) \to \mathcal{O}_\Delta(L) \to \mathcal{O}_{\Delta - B}(L) \to 0$$

から得られるコホモロジー長完全系列を考えると, $H^1(B, L - (\Delta - B)) \neq 0$ である. 特に $\deg(L - (\Delta - B))|_B \leq \deg K_B$ である. すなわち $\deg(K_\Delta - L)|_B \geq 0$ なので, $K_\Delta - L$ は $\Delta - A$ 上ネフである. もし Δ における A の重複度が 2 以上ならば, $B = A$ に対しても上の議論が適用でき, $K_\Delta - L$ は Δ 上ネフである.

$K_\Delta - L$ がネフでないと仮定すれば, A は Δ の非重複成分である. また, $0 > \deg(K_\Delta - L)|A$ より $\deg(L - (\Delta - A))|_A > \deg K_A$ を得る. 最後の主張は可換図式

$$H^0(A, L-(\Delta-A)) \longrightarrow H^0(\Delta, L) \longrightarrow H^0(\Delta-A, L)$$
$$\searrow \quad \downarrow$$
$$H^0(A, L)$$

より明らかである. □

▷ **注意 2.11.** 上の補題 (2) において, $H^0(A, L-(\Delta-A)) \to H^0(A, L)$ の像は, $H^0(A, L)$ の元のうち, $\Delta - A$ が A に定める有効因子で零になるもの全体がなす部分空間である. 従って, $A \cap \mathrm{Supp}(\Delta - A) \not\subset \mathrm{Bs}|L|$ ならば, 評価式

$$\mathrm{rank}\{H^0(\Delta, L) \to H^0(A, L)\} \geq h^0(A, L-(\Delta-A)) + 1$$

が成立する.

♣ **補題 2.12.** L を曲線 D 上の直線束とする. $H^1(D, \mathfrak{m}_p \mathcal{O}_D(L)) \neq 0$ である点 $p \in D$ に対して, 部分曲線 $\Delta \preceq D$ と $\mathcal{O}_\Delta$ 加群層の単射準同型写像 $s: \mathfrak{m}_p \mathcal{O}_\Delta(L) \hookrightarrow \omega_\Delta$ が存在する. もし s が同型ならば, p は Δ の非特異点であり, $\mathcal{O}_\Delta(L) \simeq \omega_\Delta \otimes \mathcal{O}_\Delta(p)$ である.

《証明》 Serre 双対定理より $H^1(D, \mathfrak{m}_p \mathcal{O}_D(L))^\vee \simeq \mathrm{Hom}(\mathfrak{m}_p \mathcal{O}_D(L), \omega_D)$ だから, 非零元 $\tilde{s} \in \mathrm{Hom}(\mathfrak{m}_p \mathcal{O}_D(L), \omega_D)$ が存在する. $\tilde{s}$ がその上で零写像になるような最大の部分曲線 Z をとり, $\Delta = D - Z$ とおく. $\tilde{s}$ は, 準同型 $s \in \mathrm{Hom}(\mathfrak{m}_p \mathcal{O}_\Delta(L), \omega_D - Z) = \mathrm{Hom}(\mathfrak{m}_p \mathcal{O}_\Delta(L), \omega_\Delta)$ を定め, 作り方から s は単射である.

$$\begin{array}{ccc} \mathfrak{m}_p \mathcal{O}_D(L) & \xrightarrow{\tilde{s}} & \omega_D \\ \downarrow & & \uparrow \\ \mathfrak{m}_p \mathcal{O}_\Delta(L) & \xrightarrow{s} & \omega_\Delta \end{array}$$

特に, Δ の任意の部分曲線 Γ について, $\deg \mathfrak{m}_p \mathcal{O}_\Gamma(L) \leq \deg \omega_\Delta \otimes \mathcal{O}_\Gamma$ が成立するから,

$$\deg(L - K_D)|_\Gamma + (D-\Delta)\Gamma \leq 1$$

である. □

♣ **補題 2.13.** L を曲線 D 上の反ネフ直線束で $H^0(D,L) \neq 0$ であるものとする．次の (1), (2) のうちどちらかが成立すれば，少なくとも 1 つの既約成分上で恒等的に零になるような $H^0(D,L)$ の非零元が存在する．

(1) $L|_C \not\simeq \mathcal{O}_C$ となる既約成分 C が存在する．

(2) $h^0(D,L) \geq 2$ である．

《証明》 (1) 仮定より $\deg L|_C \leq 0$ かつ $L|_C$ は自明でないから $H^0(C,L) = 0$ である．従って $H^0(D,L)$ のどんな元も C 上恒等的に零になる．

(2) 一次独立な 2 つの非零元 $s_1, s_2 \in H^0(D,L)$ があったとしよう．(1) より D の既約成分 C に対して，$L|_C \simeq \mathcal{O}_C$ と仮定でき，$s_1|_C$ と $s_2|_C$ はどちらも非零定数であるとしてよい．よって零でない複素数 a を適当にとれば $s_2|_C = as_1|_C$ となる．このとき，$s_2 - as_1 \in H^0(D,L)$ は s_1, s_2 の一次独立性から零ではないが C 上恒等的に零になる． □

2.3　Hodge 指数定理

♣ **補題 2.14.** X 上の因子 D が $D^2 > 0$ をみたせば，次のいずれか一方が成立する．

(1) 任意のアンプル因子 H に対して $DH > 0$ となる．

(2) 任意のアンプル因子 H に対して $DH < 0$ となる．

《証明》 Riemann-Roch 定理より

$$h^0(nD) + h^0(K_X - nD) \geq \frac{D^2}{2}n^2 - \frac{K_X D}{2}n + \chi(\mathcal{O}_X)$$

だが，$D^2 > 0$ なので，$n \to \pm\infty$ のとき $h^0(nD) \to \infty$ または $h^0(K_X - nD) \to \infty$ となる．

$\lim_{n\to\infty} h^0(nD) = \infty$ ならば，十分大きな整数 n に対して $h^0(nD) > 1$ だから，任意のアンプル因子 H に対して $nDH > 0$ となる．従って $DH > 0$ である．

$\lim_{n\to\infty} h^0(nD) \neq \infty$ だとすれば，$\lim_{n\to\infty} h^0(K_X - nD) = \infty$ である．よって $h^0(K_X + nD) \leq h^0(K_X + nD + K_X - nD) = h^0(2K_X)$ より，

$\lim_{n\to\infty} h^0(K_X + nD) = \lim_{n\to-\infty} h^0(K_X - nD) \neq \infty$ となる. このとき $\lim_{n\to-\infty} h^0(nD) = \infty$ だから, 任意のアンプル因子 H に対して $DH < 0$ である. □

♣ **補題 2.15.** H を X 上のアンプル因子とする. 因子 D に対して, $DH = 0$ ならば $D^2 \leq 0$ が成り立つ. さらにもし, $D^2 = 0$ ならば $D \equiv 0$ である.

《証明》 前半は, 補題 2.14 から明らかである. $DH = D^2 = 0$ とする. D が数値的に自明でないと仮定して矛盾を導く. 数値的に自明でないから $DE \neq 0$ なる因子 E が存在する. 必要ならば D を $-D$ で置き換えることによって, $DE > 0$ としてよい. また, $E' = (H^2)E - (EH)H$ とおけば, E' は $E'H = 0$, $DE' = (H^2)DE > 0$ をみたすので, 最初から $EH = 0$ としてよい.

正整数 n に対し $D_n = nD + E$ とおく. このとき $D_n^2 = n^2 D^2 + 2nDE + E^2 = 2nDE + E^2$ かつ $DE > 0$ だから, 十分大きな n をとれば $D_n^2 > 0$ となる. 他方, $D_n H = nDH + EH = 0$ なので, 補題 2.14 に矛盾する. よって $D \equiv 0$ である. □

交点数が定める $\mathrm{NS}(X) \otimes \mathbb{Q}$ 上の非退化な対称双一次形式を交点形式と言う.

♡ **定理 2.16** (Hodge 指数定理). $\mathrm{NS}(X) \otimes \mathbb{Q}$ 上の交点形式の符号数は $(1, \rho - 1)$ である. $D^2 > 0$ である因子 D に対して $DE = 0$ となる因子 E は, $E^2 \leq 0$ をみたす. しかも $E^2 = 0$ ならば $E \equiv 0$ である.

《証明》 アンプル因子のクラスを h とし, それを延長して $\mathrm{NS}(X) \otimes \mathbb{Q}$ の基底 $h_1 = h, h_2, \ldots, h_\rho$ を構成する. 必要ならば h_i を $h_i - a_i h$ (ただし $a_i = h_i h / h^2$) で置き換えることにより, $i \geq 2$ のとき $h_1 h_i = 0$ としてよい. すると前補題より $h_i^2 < 0$ $(i = 2, \ldots, \rho)$ である. 従って交点形式の符号数は $(1, \rho - 1)$ である. 後半は, いわゆる Sylvester の慣性法則から従う. □

♠ **系 2.17.** D_1, D_2 を X 上の因子とする. $D_1^2 > 0$ ならば

$$D_1^2 D_2^2 \leq (D_1 D_2)^2$$

が成立する. 等号成立は, $(D_1)^2 D_2 \equiv (D_1 D_2) D_1$ のときに限る.

《証明》 $t_0 = (D_1 D_2)/D_1^2$ とおけば，$D_1(t_0 D_1 - D_2) = 0$ となる．このとき $(t_0 D_1 - D_2)^2 \leq 0$ である．$(tD_1 - D_2)^2 = D_1^2 t^2 - 2(D_1 D_2)t + D_2^2$ を t の 2 次関数だと思えば，従って，最小値は非正である．よって判別式は非負であり，$(D_1 D_2)^2 - D_1^2 D_2^2 \geq 0$ が成り立つ．等号が成立すれば $(t_0 D_1 - D_2)^2 = 0$ なので $t_0 D_1 - D_2 \equiv 0$，すなわち $D_2 \equiv t_0 D_1$ となる． □

▼ 2.3.1 正凸錐

非特異射影代数曲面 X とその上のアンプル因子 H の組 (X, H) を偏極曲面と呼ぶ．(X, H) を偏極曲面とし，アンプル因子 H の数値的同値類を $h \in N^1(X)$ とする．補題 2.14 で見たように $\{x \in N^1(X) \mid x^2 > 0\}$ は，互いに交わらない 2 つの領域の和集合である．

$$\mathcal{C}_{++} = \{x \in N^1(X) \mid x^2 > 0,\ xh > 0\}$$

とおき，**正凸錐** (positive cone) と呼ぶ．補題 2.14 より，これはアンプル因子 H のとり方によらない．また，

$$\mathcal{C}_+ = \{x \in N^1(X) \mid 任意の\ y \in \mathcal{C}_{++}に対して\ xy > 0\}$$

とおく．明らかに $\mathcal{C}_{++}$ も $\mathcal{C}_+$ も $\rho(X)$ 次元の実ベクトル空間 $N^1(X)$ 内の凸錐 $(x, y \in \mathcal{C}, t > 0 \Rightarrow x + y, tx \in \mathcal{C})$ である．

♣ 補題 2.18. $x \in N^1(X)$ とする．$x^2 \geq 0$ かつ $xh > 0$ ならば，$x \in \mathcal{C}_+$ である．特に $\mathcal{C}_{++} \subseteq \mathcal{C}_+$ が成り立つ．

《証明》 ある $y \in \mathcal{C}_{++}$ に対して $xy \leq 0$ となったとする．もし $xy = 0$ ならば，$y^2 > 0$ と Hodge 指数定理より，$x^2 \leq 0$ である．仮定から $x^2 \geq 0$ なので，$x^2 = 0$ となる．すると，再び Hodge 指数定理より $x = 0$ となるが，これは $xh > 0$ に矛盾する．よって $xy < 0$ としてよい．このとき，$xh > 0$ かつ $xy < 0$ より，$(h + ty)x = 0$ であるような正数 t が存在する．$(h + ty)^2 > 0$ だから，Hodge 指数定理より $x^2 \leq 0$ が得られ，先と同様に矛盾が生じる．よって $x \in \mathcal{C}_+$ である． □

♣ 補題 2.19. $\mathcal{C}_{++} = \{x \in N^1(X) \mid 任意の\ y \in \mathcal{C}_+に対して\ xy > 0\}$

《証明》 $\mathcal{C} = \{x \in N^1(X) \mid$ 任意の $y \in \mathcal{C}_+$ に対して $xy > 0\}$ とおく．$\mathcal{C}_{++} \subset \mathcal{C}$ は明白である．任意に $x \in \mathcal{C}$ をとる．$h \in \mathcal{C}_{++} \subseteq \mathcal{C}_+$ なので，$xh > 0$ が成立する．よって，$x^2 > 0$ であることを示せばよい．

$h^2 > 0$ なので，適当な正数 t をとれば $(x - th)h = 0$ が成り立つようにできる．$z = x - th$ とおく．すると Hodge 指数定理より $z^2 \leq 0$ である．もし $z^2 = 0$ ならば，$x(x - th) = 0$ より $x^2 = txh > 0$ がわかる．よって $z^2 < 0$ としてよい．$(sh + z)^2 = s^2 h^2 + z^2 = 0$ をみたす正数 s をとり，$y = sh + z$ とおく．すると，$y^2 = 0$ かつ $yh = sh^2 > 0$ である．よって，前補題から $y \in \mathcal{C}_+$ であることがわかり，特に $xy > 0$ である．

$$0 < xy = x(sh + z) = sth^2 + z^2 = sth^2 - s^2 h^2 = s(t - s)h^2$$

より，$t > s$ でなければならない．すると，

$$x^2 = (z + th)^2 = z^2 + t^2 h^2 = (t^2 - s^2)h^2 = (t - s)(t + s)h^2 > 0$$

である．以上より，$x \in \mathcal{C}_{++}$ が示された． $\square$

▼ 2.3.2 ファイバー上の交点形式

有限個の既約曲線 A_i ($i = 1, 2, \ldots, n$) が与えられたとき，A_i と A_j の交点数 $A_i A_j$ を (i, j) 成分とする n 次正方行列を考えることができる．これを**交点行列**と呼ぶ．交点行列は，整数を成分とする対称行列である．

◇ **命題 2.20.** 非特異射影代数曲面上の，有限個の既約曲線 A_i からなる連結集合 $\mathcal{A} = \bigcup_{i=1}^n A_i$ を考える．このとき，次の 2 条件は同値である．

(1) 正サイクル $Z = \sum_{i=1}^n a_i A_i$ ($a_i \in \mathbb{Z}_{>0}$) で，任意の A_j に対して $A_j Z \leq 0$ となるようなものが存在する．

(2) 交点行列 $(A_i A_j)_{1 \leq i, j \leq n}$ は半負定値である．

《証明》 $i \neq j$ のとき $A_i A_j \geq 0$ である．また，$\mathcal{A}$ の連結性から，どのような非自明な分割 $\{1, \ldots, n\} = I \cup J$, $I \cap J = \emptyset$ をとっても，$A_i A_j > 0$ となるような $i \in I$ と $j \in J$ を見つけることができる．

(1) を仮定する．$\tilde{A}_j = a_j A_j$ とおけば $Z = \sum_j \tilde{A}_j$ である．任意の $B = \sum_j b_j A_j$ ($b_j \in \mathbb{R}$) に対して，$\tilde{b}_j := b_j / a_j$ とおけば $B = \sum_j \tilde{b}_j \tilde{A}_j$ であって，

$$
\begin{aligned}
B^2 &= \sum_i \tilde{b}_i^2 \tilde{A}_i^2 + 2\sum_{i<j} \tilde{b}_i \tilde{b}_j \tilde{A}_i \tilde{A}_j \\
&\le \sum_i \tilde{b}_i^2 \tilde{A}_i^2 + \sum_{i<j} (\tilde{b}_i^2 + \tilde{b}_j^2) \tilde{A}_i \tilde{A}_j \\
&= \sum_{i,j} \tilde{b}_i^2 \tilde{A}_i \tilde{A}_j \\
&= \sum_i \tilde{b}_i^2 \tilde{A}_i Z \le 0.
\end{aligned}
$$

よって，交点形式は半負定値である．

逆に，$(A_i A_j)$ が半負定値だとする．$B = \sum_i b_i A_i$ に対して，$B_+ = \sum_i |b_i| A_i$ とおけば

$$
\begin{aligned}
B^2 &= \sum_i b_i^2 A_i^2 + 2\sum_{i<j} b_i b_j A_i A_j \\
&\le \sum_i |b_i|^2 A_i^2 + 2\sum_{i<j} |b_i||b_j| A_i A_j \\
&= B_+^2 \le 0.
\end{aligned}
$$

が成り立つ．交点行列の最大固有値を α とし，固有値 α に属する固有空間を V_α とおく．$\sum_i b_i^2 = \sum_i |b_i|^2$ だから，今示したことより $B \in V_\alpha$ ならば $B_+ \in V_\alpha$ であることがわかる．

$\alpha = 0$ とし，$B \in V_0$ とする．このとき任意の i に対して $\sum_{j=1}^n A_i A_j |b_j| = 0$ が成り立つ．$I = \{i \mid b_i \ne 0\}$ とおく．$i \notin I$ と仮定する．$j \in I$ ならば，$A_i A_j \ge 0$ より $A_i A_j |b_j| \ge 0$ であり，$j \notin I$ ならば明らかに $A_i A_j |b_j| = 0$ である．よって $i \notin I$ のとき，任意の $j \in I$ に対して $A_i A_j = 0$ が成り立つことになる．すなわち，$\bigcup_{i \in I} A_i$ と $\bigcup_{i \notin I} A_i$ は交わらないから，I と $\{1,\ldots,n\} \setminus I$ のいずれか一方が空集合でない限り $\mathcal{A}$ の連結性に矛盾する．$I \ne \emptyset$ なので，結局 $I = \{1,\ldots,n\}$ である．すなわち，V_0 に属する非零ベクトルはどの成分も零でない．このことから $\dim V_0 = 1$ も従う．何故なら，もし $\dim V_0 \ge 2$ なら $V_0 \cap \{b_i = 0\}$ は非自明な線形部分空間になってしまうからである．V_0 はすべての成分が正のベクトル B_+ で生成される．交点行列の成分はすべて整数だから，B_+ の成分 $|b_i|$ は整数となるようにとれる．よって B_+ を (1) に言う Z とすればよい．

$\alpha < 0$ のときは，対称行列 $(A_i A_j) - \alpha I$ に上の議論を適用することで $\dim V_\alpha = 1$ を示すことができ，V_α は成分がすべて正のベクトル B_+ で生成されることがわかる．このとき，$B_+ \in V_\alpha$ より，任意の i に対して $A_i B_+ = \alpha |b_i| < 0$ となるから，$|b_i|$ に十分近い正の有理数 q_i をとって $B' = \sum_{i=1}^N q_i A_i$ とおけば，$A_i B' < 0 \ (i = 1,\ldots,N)$ が成り立つようにできる．B' に適当な

正整数を掛けて各 q_i の分母を払えば，(1) をみたす正サイクル Z が得られる． □

♠ 系 2.21. $\mathcal{A} = \cup_{i=1}^{n} A_i$ を命題 2.20 と同じものとするとき，次の 2 条件は同値である．

(1) 正サイクル $Z = \sum_{i=1}^{n} a_i A_i \, (a_i \in \mathbb{Z}_{>0})$ で，任意の A_j に対して $A_j Z \leq 0$ となり，$Z^2 < 0$ であるものが存在する．

(2) 交点行列 $(A_i A_j)_{1 \leq i,j \leq n}$ は負定値である．

《証明》 付け足された条件 $Z^2 < 0$ は，ある j に対して $A_j Z < 0$ となることを意味する．従って，命題 2.20 の証明より (1) と (2) は同値である． □

♣ 補題 2.22. 非特異射影曲面上にある有限個の既約曲線 A_i からなる連結集合 $\bigcup_{i=1}^{n} A_i$ について，交点行列 $(A_i A_j)$ が半負定値であるとする．このとき，命題 2.20 (1) のような正サイクル全体の集合には最小元が存在する．

《証明》 命題 2.20 (1) のような正サイクル $Z = \sum_{i=1}^{n} a_i A_i, \, Z' = \sum_{i=1}^{n} b_i A_i$ をとり，$Z'' = \gcd(Z, Z') = \sum_{i=1}^{n} \min\{a_i, b_i\} A_i$ とおく．このとき $C = Z - Z'', C' = Z' - Z''$ とおけば，C と C' は共通因子をもたない有効因子である．任意に A_i をとる．仮定から $A_i Z \leq 0$ かつ $A_i Z' \leq 0$ が成立している．$A_i \not\preceq C$ ならば $A_i C \geq 0$ だから，$A_i Z'' = A_i Z - A_i C \leq 0$ となる．$A_i \preceq C$ ならば $A_i \not\preceq C'$ なので，$A_i Z'' = A_i Z' - A_i C' \leq 0$ が成立する．つまり Z'' も命題 2.20 (1) をみたす． □

この補題で存在が保証された最小元を $\mathcal{A} = \bigcup_{i=1}^{n} A_i$ 上の**数値的基本サイクル** (numerical fundamental cycle) と呼ぶ．

◇ 命題 2.23 (Zariski). $f : X \to B$ を非特異射影代数曲面 X から非特異射影代数曲線 B への全射正則写像で連結なファイバーをもつものとする．f のファイバー F の既約分解を $F = \sum_{i=1}^{n} m_i A_i$ とする．このとき，$\mathrm{Supp}(F) = \bigcup_{i=1}^{n} A_i$ 上の交点形式は半負定値であり，もし $\mathrm{Supp}(F)$ にサポートをもつ $\mathbb{Q}$ 因子 E が $E^2 = 0$ をみたせば，E は F の有理数倍である．また，$\mathrm{Supp}(F)$ 上の数値的基本サイクルを D とすれば，ある正整数 m によって $F = mD$ と表示される．

《証明》 任意の i に対して明らかに $FA_i = 0$ が成立する．よって，命題 2.20 より交点行列 $(A_i A_j)$ は半負定値である．また，命題 2.20 の (2) $\Rightarrow$ (1) の証明から，固有値 0 に属する固有空間は F によって生成される 1 次元部分空間なので，$E^2 = 0$ ならば E は F の有理数倍である．最後に数値的基本サイクルに対する主張を示す．F や D における各 A_i の係数はすべて正整数である．命題 2.20 の (1) $\Rightarrow$ (2) の証明で $B = F, Z = D$ とすれば，任意の i について $A_i D = 0$ であることがわかる．よって $D^2 = 0$ だから，D も固有値 0 の固有空間を生成する．$D \preceq F$ かつ D は有効 $\mathbb{Z}$ 因子なので $F = mD$ ($m \in \mathbb{Z}_{>0}$) の形になる． □

▷ **定義 2.24.** 上の命題のように，ファイバー F を数値的基本サイクル D と正整数 m を用いて $F = mD$ と表示する．$m \geq 2$ のとき，F は f の **重複ファイバー** (multiple fibre) であると呼び，m を F の **重複度** (multiplicity) と言う．

◇ **命題 2.25** (Mumford)．$\sigma : X \to W$ を非特異代数曲面 X から正規曲面 W への双有理正則写像とする．$w \in W$ に対し，$\sigma^{-1}(w)$ が既約曲線の和集合として $\bigcup_{i=1}^n A_i$ のように表示されるとき，交点行列 $(A_i A_j)$ は負定値である．

《証明》 $w \in W$ の近傍 U で正則な有理関数 h で $h(w) = 0$ なるものをとる．$\sigma^* h$ は $\sum_i m_i A_i + D$ なる形の因子を定め，どの A_i も D の既約成分ではないとしてよい．$Z = \sum_i m_i A_i$ とおけば，$\bigcup_{i=1}^n A_i$ 上の正サイクルである．このとき任意の i に対して $A_i D \geq 0$ だから，$0 = A_i \mathrm{div}(\sigma^* h) = A_i Z + A_i D$ より $A_i Z \leq 0$ が成立する．また，$\sigma^{-1}(w)$ の近傍における $\mathrm{div}(\sigma^* h)$ のサポートは連結なので，$A_j D > 0$ なる A_j が存在する．すると $A_j Z < 0$ なので，特に $Z^2 < 0$ である．よって交点行列は負定値である． □

逆に，非特異複素曲面 X 上の既約曲線 A_i からなる連結集合 $\mathcal{A} = \bigcup_{i=1}^n A_i$ において交点形式が負定値ならば，$\mathcal{A}$ を正規特異点 $o \in V$ に縮約できることが知られている（Grauert の定理 [33]）．Z を $\mathcal{A}$ 上の数値的基本サイクルとするとき，$p_f(V, o) = p_a(Z)$ とおいて 2 次元正規特異点 (V, o) の **基本種数** (fundamental genus) と呼ぶ．交点行列は負定値なので，特に正則行列だから，$i = 1, \ldots, n$ に対し $-Z_K A_i = K_X A_i$ が成立するような $\mathbb{Q}$ 因子 $Z_K = \sum_{i=1}^n k_i A_i$ ($k_i \in \mathbb{Q}$) が唯ひとつ定まる．Z_K を **標準サイクル**

(canonical cycle) と呼ぶ. $\mathcal{A}$ にサポートをもつ正サイクル D に対して

$$2p_a(D) - 2 = K_X D + D^2 = D^2 - Z_K D$$
$$= \left(D - \frac{Z_K}{2}\right)^2 - \frac{Z_K^2}{4} \leq -\frac{Z_K^2}{4}$$

なので (小山), $p_a(D)$ は上に有界である.

$$p_a(V, o) = \max\{p_a(D) \mid D \text{ は正サイクル}, \mathrm{Supp}(D) \subseteq \mathcal{A}\}$$

を (V, o) の**算術種数** (arithmetic genus) と言う. 2 次元正規特異点については, [39], [74] を見よ.

2.4 ブローアップ

非特異代数曲面上の既約曲線の特異点は, 曲面を何度かブローアップすることによって解消できる. 以下はその概略であるが, 特異点解消は本来局所的なものなので, ここで紹介するような算術種数の如き大域的不変量に頼った証明は邪道である. きちんとした証明は, 例えば [45] を見よ.

非特異曲面 X の 1 点 p とその近傍は, $\mathbb{C}^2$ の原点およびその近傍 U と同一視できる. 原点における U のブローアップは

$$U \times \mathbb{P}^1 \supset \widetilde{U} = \{x\zeta_1 = y\zeta_0\} \xrightarrow{\sigma} U, \qquad (x, y) \times (\zeta_0 : \zeta_1) \mapsto (x, y)$$

で与えられる. ただし, x, y は U 上の複素座標であり, $(\zeta_0 : \zeta_1)$ は $\mathbb{P}^1$ 上の斉次座標である. $(x, y) \neq (0, 0)$ ならば, $\sigma : \widetilde{U} \to U$ による点 (x, y) の逆像は 1 点 $(x, y) \times (x : y)$ のみである. 一方, $(x, y) = (0, 0)$ なら, 逆像は $E = (0, 0) \times \mathbb{P}^1 \simeq \mathbb{P}^1$ である. 従って, $\widetilde{U}$ は U から原点を取り除き, その代わりに $\mathbb{P}^1$ を挿入したものだと考えることができる. この挿入された非特異射影直線 E を**第 1 種例外曲線** (exceptional curve of first kind) あるいは (-1) **曲線**と呼ぶ. 原点を通る直線 $\ell = \{a_1 x = a_0 y\}$ の $\widetilde{U}$ における逆像は, $\hat{\ell} = \ell \times (a_0 : a_1)$ と E の和集合であり, $\hat{\ell}$ と E の交点の座標 $(a_0 : a_1)$ はちょうど ℓ の傾きに対応している. ℓ の傾きを変化させれば, $\hat{\ell}$ はその傾きに相当する点で E と交わりながら $\widetilde{U}$ 内を動く.

$U \times \mathbb{P}^1$ は 2 つの開集合 $U \times U_0, U \times U_1$ で覆われている．ただし，$U_i = \{\zeta_i \neq 0\} \subset \mathbb{P}^1$ である．$V_i = \widetilde{U} \cap (U \times U_i)$ とおく．$U \times U_0$ 上の座標は $z = \zeta_1/\zeta_0$ とおけば，(x, y, z) である．V_0 は $y = xz$ によって与えられるので，V_0 上の座標として (x, z) をとることができる．同様に，$U \times U_1$ 上の座標 $(x, y, w = \zeta_0/\zeta_1)$ について，V_1 上の座標として (y, w) がとれる．V_0 と V_1 の間の座標変換は $x = yw, z = 1/w$ である．また，第 1 種例外曲線 E の方程式は

$$E \cap V_0 = \{x = 0\}, \qquad E \cap V_1 = \{y = 0\}$$

である．従って，E が定める直線束 $[E]$ の変換関数は $V_0 \cap V_1$ 上 $e_{0,1} = x/y = w$ である．w は $E \cap V_1$ のアフィン座標なので，$\mathcal{O}_E([E]) \simeq \mathcal{O}_{\mathbb{P}^1}(-1)$ となる．特に，$E^2 = -1$ であり，これが (-1) 曲線という名前の由来である．

▷ **定義 2.26.** n を正整数とする．$C \simeq \mathbb{P}^1$ かつ $C^2 = -n$ をみたす曲線 C を $(-n)$ 曲線と呼ぶ．

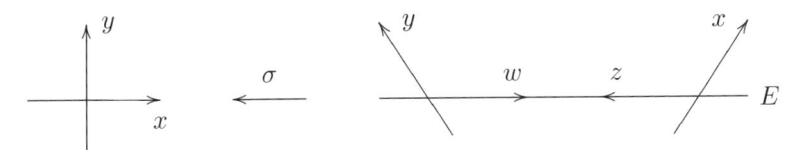

写像 $\sigma : \widetilde{U} \to U$ を座標を用いて与えれば，

$$V_0 \ni (x, z) \mapsto (x, xz) = (x, y) \in U, \quad V_1 \ni (y, w) \mapsto (yw, y) = (x, y) \in U$$

となる．X を開集合の貼り合わせとして構成する際に，U の代わりに $\widetilde{U} = V_0 \cup V_1$ を貼り合わせてできる非特異曲面を $\widetilde{X}$ と書く．自然な写像 $\sigma : \widetilde{X} \to X$ を p を中心とする X の**ブローアップ** (blowing up) と言う．逆に，$\widetilde{X}$ の立場で X を眺めると，曲線 E が 1 点 $p \in X$ に潰れているように見える．このように考えるとき，σ を E の**ブローダウン**と呼ぶこともある．

上記のような p を中心とする局所座標 (x, y) によって X 上の曲線 C が点 p の近傍において方程式 $f(x, y) = 0$ で定義されているとする．$f(0, 0) = \partial f/\partial x(0, 0) = \partial f/\partial y(0, 0) = 0$ のとき，$p = (0, 0)$ は C の特異点と言うのだった．$f(x, y)$ の原点の周りの Taylor 展開を $f = f_0 + f_1 + \cdots$ としよう．ここに，f_k は x, y の k 次斉次部分を表す．$f_m \neq 0$ となる最初の m を C の

p における**重複度** (multiplicity) と言う．$m = 0$ であることと C が p を通らないことは同値である．また，$m = 1$ であることと C が p を通り，かつ p を特異点としないことは同値である．実際，$m = 1$ ならば，$f_1 = 0$ で定義される p を通る「直線」が，C の p における接線である．$\sigma^{-1}(C \setminus \{p\})$ は，$C \setminus \{p\}$ と同型である．その $\widetilde{X}$ における閉包 $\overline{\sigma^{-1}(C \setminus \{p\})}$ を，C の**固有変換** (proper transform) と呼び $\widetilde{C}$ と書く．これに対して，$\sigma^* C$ を C の**全変換** (total transform) と呼ぶ．

♣ 補題 2.27. 上の状況で，$\sigma^* C = \widetilde{C} + mE$ が成り立つ．

《証明》 実際，V_0 上の $\sigma^* C$ の方程式は $\sigma^* f = f(x, xz)$ であり，展開が m 次から始まることより $f(x, xz)$ は x^m で割り切れ，x^{m+1} では割り切れない．$f(x, xz) = x^m g(x, z)$ とすれば，$\widetilde{C} \cap V_0$ は $g(x, z) = 0$ で定義される．同様に V_1 上の $\sigma^* C$ の方程式は $\sigma^* f = f(yw, y)$ であり，$f(yw, y) = y^m h(y, w)$ と書け，$h(y, w) = 0$ が $\widetilde{C} \cap V_1$ の方程式である．よって，どちらの場合でも

$$\sigma^* C \text{ の方程式} = (E \text{ の方程式})^m \times (\widetilde{C} \text{ の方程式})$$

なので，$\sigma^* C = mE + \widetilde{C}$ である． □

♡ 定理 2.28. 非特異射影曲面 X の点 p を中心とするブローアップを $\sigma : \widetilde{X} \to X$ とし，$E = \sigma^{-1}(p)$ とおく．このとき，

$$\mathrm{Pic}(\widetilde{X}) \simeq \sigma^* \mathrm{Pic}(X) \bigoplus \mathbb{Z}[E]$$

であり，$K_{\widetilde{X}} = \sigma^* K_X + E$ が成り立つ．また，$E^2 = -1$ であり，$D_1, D_2 \in \mathrm{Pic}(X)$ に対して

$$(\sigma^* D_1)(\sigma^* D_2) = D_1 D_2, \quad (\sigma^* D_1) E = 0$$

が成立する．

《証明》 まず最初に，後半部分の主張を示す．$E^2 = -1$ はすでに示した．交点数は，対象となる因子を線形同値なものに取り替えても変わらない．そこで，十分にアンプルな因子 H をとり，$|D_i + H|$ と $|H|$ からそれぞれ一

般元 C_i, C_i' ($i=1,2$) を選ぶ．C_i と C_i' はどちらも p を通らないと仮定してよい．このとき，$D_i \sim C_i - C_i'$ であって，明らかに $\sigma^*(C_1 - C_1') \cdot \sigma^*(C_2 - C_2') = (C_1 - C_1')(C_2 - C_2')$ が成立する．従って，$(\sigma^*D_1)(\sigma^*D_2) = \sigma^*(C_1 - C_1')\sigma^*(C_2 - C_2') = (C_1 - C_1')(C_2 - C_2') = D_1 D_2$ を得る．また，$\sigma^*(C_1 - C_1')$ は E と交わらないので，$(\sigma^*D_1)E = (\sigma^*(C_1 - C_1'))E = 0$ である．

Picard 群の間の準同型写像 $\varphi : \mathrm{Pic}(X) \oplus \mathbb{Z} \to \mathrm{Pic}(\widetilde{X})$ を $(\mathcal{O}_X(D), n) \mapsto \mathcal{O}_{\widetilde{X}}(\sigma^*D + nE)$ によって定める．$\widetilde{X}$ 上の既約曲線 $\widetilde{C}$ を任意にとる．$\sigma(\widetilde{C}) = p$ ならば $\widetilde{C} = E$ であり，そうでなければ $C = \sigma(\widetilde{C})$ は X 上の既約曲線で，明らかに $\widetilde{C}$ は C の固有変換である．従って，φ は全射である．もし $\sigma^*D + nE$ が 0 に線形同値ならば，特に $(\sigma^*D + nE)E = 0$ となるが，一方で上で示したことから $(\sigma^*D)E = 0$, $E^2 = -1$ なので，$(\sigma^*D + nE)E = -n$ が成立する．従って $n = 0$ であり，$\sigma^*D \sim 0$ である．X と $\widetilde{X}$ は双有理同値で σ^* は関数体の同型を導くから，$D \sim 0$ を得る．以上より φ は単射でもあるから，結局，同型である．

$\sigma^*(\mathrm{d}x \wedge \mathrm{d}y)$ は，V_0 上では $\mathrm{d}x \wedge \mathrm{d}(xz) = x \mathrm{d}x \wedge \mathrm{d}z$ であり，V_1 上では $\mathrm{d}(yw) \wedge \mathrm{d}y = y \mathrm{d}w \wedge \mathrm{d}y$ なので，$\widetilde{X}$ の標準束は $K_{\widetilde{X}} = \sigma^* K_X + E$ で与えられる．この事実は，次のように示すこともできる．$K_{\widetilde{X}} = \sigma^* K_X + kE$ となる整数 k がある．$E \simeq \mathbb{P}^1$ なので，算術種数は零だから添加公式より $(K_{\widetilde{X}} + E)E = 2 \times 0 - 2 = -2$ である．他方，左辺を上で示した事柄を用いて計算すると $(\sigma^*K_X + (k+1)E)E = -k - 1$ となるから，$k = 1$ である． □

先の曲線 C に話を戻す．点 p における C の重複度を m とする．添加公式と上で示したことより，$\widetilde{C}$ の標準束は

$$K_{\widetilde{X}} + [\widetilde{C}] = \sigma^* K_X + [E] + [\sigma^*C - mE] = \sigma^*(K_X + [C]) - (m-1)[E]$$

を $\widetilde{C}$ に制限したものである．すなわち，

$$\omega_{\widetilde{C}} = \sigma^* \omega_C \otimes \mathcal{O}_{\widetilde{C}}(-(m-1)E)$$

である．$E^2 = -1$, $E\sigma^*D = 0$ に注意して次数を計算すると

$$2p_a(\widetilde{C}) - 2 = (\sigma^*(K_X + C) - (m-1)E)(\sigma^*C - mE)$$
$$= (K_X + C)C - m(m-1)$$
$$= 2p_a(C) - 2 - m(m-1)$$

となる．従って
$$p_a(\widetilde{C}) = p_a(C) - \frac{1}{2}m(m-1)$$

である．すなわち，C に特異点があるとき，その点を中心とするブローアップを施して固有変換を考えれば，必ず算術種数が減少する．既約曲線の算術種数は構造層の第 1 コホモロジー群の次元に等しく 0 以上なので，結局，特異点を中心とするブローアップを有限回繰り返していけば，固有変換の上に特異点は存在し得なくなる．

以上より，次の定理が得られた．

♡ **定理 2.29.** 非特異射影曲面 X 上の既約な射影曲線 C に対して，有限回のブローアップの合成 $\rho : \widetilde{X} = X_n \to X_{n-1} \to \cdots \to X_0 = X$ が存在して，ρ による C の固有変換 $\widetilde{C}$ は非特異になる．各 $X_i \to X_{i-1}$ が点 p_i を中心とするブローアップであり，C の X_{i-1} における固有変換の p_i における重複度が m_i ならば，$\widetilde{C}$ の種数は

$$g(\widetilde{C}) = p_a(C) - \frac{1}{2}\sum_{i=1}^{n} m_i(m_i - 1)$$

で与えられる．

♡ **定理 2.30.** $\sigma : \widetilde{X} \to X$ を点 $p \in X$ を中心とするブローアップとするとき，$\sigma_* \mathcal{O}_{\widetilde{X}} \simeq \mathcal{O}_X$ であり，$i > 0$ に対して $R^i\sigma_* \mathcal{O}_{\widetilde{X}} = 0$ である．

《証明》 $\widetilde{X}$ も X も非特異なので正規であり，σ のファイバーは連結なので，$\mathcal{O}_X \xrightarrow{\sim} \sigma_*\mathcal{O}_{\widetilde{X}}$ は同型である．形式的関数の理論より，

$$\widehat{(R^i\sigma_*\mathcal{O}_{\widetilde{X}})_p} \xrightarrow{\sim} \varprojlim H^i(nE, \mathcal{O}_{nE})$$

である．分解列

$$0 \to \mathcal{O}_E(-nE) \to \mathcal{O}_{(n+1)E} \to \mathcal{O}_{nE} \to 0$$

を考えると，$\mathcal{O}_E(-nE) \simeq \mathcal{O}_{\mathbb{P}^1}(n)$，および $H^1(E, \mathcal{O}_E) = 0$ より，帰納的に $i > 0$ に対して $H^i(nE, \mathcal{O}_{nE}) = 0$ が証明される．よって $R^i\sigma_*\mathcal{O}_{\widetilde{X}} = 0$ である． □

$q(X) = h^1(X, \mathcal{O}_X)$ とおき，X の**不正則数** (irregularity) と言う．また，$p_g(X) := h^0(X, K_X) = h^2(X, \mathcal{O}_X)$ を X の**幾何種数** (geometric genus) と言う．より一般に，2以上の整数 m に対して $P_m(X) := h^0(X, mK_X)$ を**第 m 多重種数** (m-th pluri-genera) と呼ぶ．

♠ **系 2.31.** 非特異射影曲面の不正則数，幾何種数，多重種数は，ブローアップで不変である．

《証明》 $\sigma: \widetilde{X} \to X$ を1点のブローアップとして，$\widetilde{X}$ と X の不正則数等が等しいことを示せばよい．前定理と Leray スペクトル系列より，$h^i(\mathcal{O}_{\widetilde{X}}) = h^i(\mathcal{O}_X)$ なので，不正則数と幾何種数は等しい．また，正整数 m について，完全列

$$0 \to \mathcal{O}_{\widetilde{X}}(m\sigma^*K_X) \to \mathcal{O}_{\widetilde{X}}(mK_{\widetilde{X}}) \to \mathcal{O}_{mE}(mE) \to 0$$

と $H^0(mE, \mathcal{O}(mE)) = 0$ より，$h^0(mK_{\widetilde{X}}) = h^0(m\sigma^*K_X) = h^0(X, mK_X)$ となる．よって $P_m(\widetilde{X}) = P_m(X)$ である． □

2.5 有理写像の分解

非特異射影曲面の間の双有理写像は，ブローアップおよびその逆変換であるブローダウンを有限回合成することで実現できる．この節の目的は，代数曲面の双有理幾何学の根幹をなすこの事実を示すことである．

代数多様体 X, Y の間の有理写像 $\phi: X \dashrightarrow Y$ とは，X の空でない Zariski 開集合 U から Y への正則写像のことであった．このような U のうち，もっとも広いものが ϕ の定義域 (domain) である．X が非特異曲面の場合には $X \setminus U$ は有限な点集合である．従って，Y 上の因子 D に対し（サポートが $X \setminus U$ に含まれてしまうことはないから）D の ϕ による引き戻し ϕ^*D が意味をもつ．

♡ **定理 2.32.** 非特異射影曲面 X から射影多様体 Y への有理写像 $\phi: X \dashrightarrow Y$ に対して，$f = \phi \circ \eta$ となるような非特異射影曲面 X' および有限回のブロー

アップの合成 $\eta: X' \to X$ と正則写像 $f: X' \to Y$ が存在する.

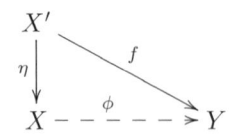

$$\begin{array}{ccc} X' & & \\ \eta \downarrow & \searrow f & \\ X & \overset{\phi}{\dashrightarrow} & Y \end{array}$$

《証明》 Y は射影多様体なので，ある射影空間 $\mathbb{P}^m$ の部分多様体として実現される. ϕ と包含写像 $Y \hookrightarrow \mathbb{P}^m$ の合成を考えることによって，最初から $Y = \mathbb{P}^m$ としても一般性を失わない. さらに，$\phi(X)$ は非退化（どんな超平面にも含まれない）と仮定してよい. すると，ϕ は，固定成分をもたないような m 次元の線形系 $\Lambda \subset |D|$ に対応する. もし Λ が基点をもたなければ，ϕ は正則写像なので，$X' = X$, $\eta = id$, $f = \phi$ として証明は終了である. よって Λ は基点 x をもつとしてよい.

$\sigma: X_1 \to X$ を x におけるブローアップとし，$E = \sigma^{-1}(x)$ とする. このとき E は線形系 $\sigma^*\Lambda \subset |\sigma^*D|$ の固定成分である. よって適当な正整数 k をとれば，$\Lambda_1 \subset |\sigma^*D - kE|$ は E を固定成分としない. ただし，Λ_1 は $\sigma^*\Lambda$ の各元から kE を引いてできる有効因子全体のなす線形系である. Λ は固定成分をもたなかったので，Λ_1 もそうであるから，Λ_1 は有理写像 $\phi_1: X_1 \dashrightarrow \mathbb{P}^m$ を引き起こす. 明らかに $\phi_1 = \phi \circ \sigma$ である. ϕ_1 が正則写像（すなわち Λ_1 が基点をもたない）ならば，$X' = X_1$, $f = \phi_1$ として証明終了である. そうでなければ，基点でのブローアップを行う. 操作が終了しない限り，E_n を例外曲線とする Λ_{n-1} の基点のブローアップ $\sigma_n: X_n \to X_{n-1}$ と，X_n 上の固定成分をもたない線形系 $\Lambda_n \subset |D_n|$（ただし $D_n = \sigma_n^* D_{n-1} - k_n E_n$）およびそれに付随する有理写像 $\phi_n: X_n \dashrightarrow \mathbb{P}^m$ が帰納的に得られる.

さて，このプロセスが有限回で終了することを示そう. 今，Λ_n は固定成分をもたないので，$D_n^2 \geq 0$ でなければならない. 他方，k_n は正整数なので，$D_n^2 = (\sigma_n^* D_{n-1} - k_n E_n)^2 = D_{n-1}^2 - k_n^2 < D_{n-1}^2$ だから，D_n^2 は n について狭義単調減少な非負整数値関数である. よって，高々 D^2 回繰り返せば，このプロセスは終了する. すなわち，Λ_n が基点をもたなくなるような n があるので，それを用いて $X' = X_n$, $f = \phi_n$ とすればよい. □

♠ **系 2.33.** 非特異射影曲面 X から種数が正の非特異射影曲線 B への有理写

像は，不確定点をもたず正則写像である．

《証明》 支配的な有理写像 $\phi: X \dashrightarrow B$ の不確定点を除去するブローアップの合成のうち，ブローアップの回数が最も少ないものを 1 つ選び $\sigma: X' \to X$ とする．このとき $f = \phi \circ \sigma: X' \to B$ は正則写像であり，σ の最短性から，最後のブローアップで生じた X' 上の (-1) 曲線 E は f のファイバーに含まれない．よって $f|_E: E \to B$ は全射である．一方，$E \simeq \mathbb{P}^1$ であり，仮定から B の種数は正なので，Tsen の定理あるいは Hurwitz の公式より，これは起こり得ない．従って，ϕ は不確定点をもたない． □

♣ **補題 2.34.** 必ずしも非特異ではない既約曲面 X から非特異曲面 Y への双有理正則写像 $f: X \to Y$ において，有理写像 f^{-1} が点 $p \in Y$ で定義されないと仮定する．このとき $f^{-1}(p)$ は X 上の曲線である．

《証明》 f^{-1} は p で定義されないので，$f^{-1}(p)$ は少なくとも相異なる 2 点を含む．一方，Zariski の主定理から f のファイバーは連結でなければならない．よって $f^{-1}(p)$ は曲線である． □

♠ **系 2.35.** 非特異射影曲面の間の双有理写像 $\phi: X \dashrightarrow Y$ に対し，ϕ^{-1} が $p \in Y$ で定義されないとする．このとき，$\phi(C) = p$ となるような X 上の既約曲線 C が存在する．

《証明》 有理写像 ϕ の定義域を $U \subset X$ とし，ϕ を代表する正則写像を $f: U \to Y$ とする．f のグラフ $\{(x, f(x)) \mid x \in U\} \subset U \times Y$ の $X \times Y$ における閉包を X_1 とおく．これは特異点をもつかも知れないが，既約曲面である．$X \times Y$ から第 1 成分，第 2 成分への射影を X_1 に制限した正則写像をそれぞれ $\psi_1: X_1 \to X$, $\psi_2: X_1 \to Y$ とすれば，これらは双有理正則写像であって $\psi_2 = \phi \circ \psi_1$ である．仮定から，ϕ^{-1} は $p \in Y$ で定義されないので，ψ_2^{-1} もそうである．

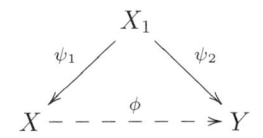

$$\begin{array}{ccc} & X_1 & \\ \psi_1 \swarrow & & \searrow \psi_2 \\ X & \dashrightarrow[\phi] & Y \end{array}$$

よって，前補題から既約曲線 $C_1 \subset X_1$ で $\psi_2(C_1) = p$ となるものが存在する．もし $\psi_1(C_1)$ が 1 点 $x \in X$ だとすると，$C_1 \subset \psi_1^{-1}(x) \subset \{x\} \times Y$ となり，$\psi_2(C_1) = p$ に矛盾する．よって $C = \psi_1(C_1)$ は X 上の曲線で，$\phi(C) = p$ となる． □

◇ **命題 2.36.** 非特異射影曲面間の双有理正則写像 $f : X \to Y$ に対し，有理写像 f^{-1} が正則写像ではなく点 $p \in Y$ で定義されていないとする．このとき点 p における Y のブローアップを $\sigma : \widetilde{Y} \to Y$ とすれば，f は $\widetilde{Y}$ への双有理正則写像 $\tilde{f} : X \to \widetilde{Y}$ にリフトされ，$f = \sigma \circ \tilde{f}$ となる．

《証明》 $\tilde{f} = \sigma^{-1} \circ f : X \dashrightarrow \widetilde{Y}$, $\phi = \tilde{f}^{-1} : \widetilde{Y} \dashrightarrow X$ とおく．$\tilde{f}$ が X 全体で定義されることを示せばよい．

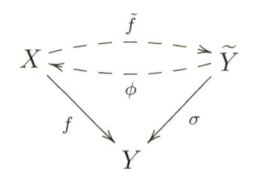

$$\begin{array}{ccc} & \tilde{f} & \\ X & \dashleftarrow\!\!\!\dashrightarrow & \widetilde{Y} \\ & \phi & \\ {}_{f}\searrow & & \swarrow_{\sigma} \\ & Y & \end{array}$$

$\tilde{f} = \phi^{-1}$ が点 $q \in X$ で定義されないと仮定する．このとき，前補題より $\phi(C) = q$ なる既約曲線 $C \subset \widetilde{Y}$ が存在する．すると $\sigma(C) = f(q)$ である．σ は p におけるブローアップなので，その例外曲線を E とすれば $\widetilde{Y} \setminus E \simeq Y \setminus \{p\}$ であるから，$C = E$ かつ $f(q) = p$ でなければならない．

(x, y) を p を中心とする Y の局所座標とする．$f^*y \in \mathfrak{m}_q$ である．もし $f^*y \notin \mathfrak{m}_q^2$ ならば，f^*y は $f^{-1}(p)$ に沿って位数 1 の零点をもち，q の周りで $f^{-1}(p)$ の局所定義方程式になる．よって $f^*x = u \cdot f^*y$ と書けるような $u \in \mathcal{O}_{X,q}$ が存在する．今，$t = x - u(q)y$ とおけば，(x, t) は p の周りの局所座標であって，

$$f^*t = f^*x - u(q)f^*y = uf^*y - u(q)f^*y = (u - u(q))f^*y \in \mathfrak{m}_q^2$$

となる．よって最初から $f^*y \in \mathfrak{m}_q^2$ であるとしてよい．

ϕ が定義されている点 $e \in E$ をとれば，$\phi^*f^*y = (f \circ \phi)^*y = \sigma^*y \in \mathfrak{m}_e^2$ となる．これは E から有限個の点を除いた開集合の各点で成立する．しかし，σ^*y は $E \setminus \{1 \text{ 点}\}$ で局所座標を与えるので，これは矛盾である． □

2.5 有理写像の分解

♡ **定理 2.37.** 非特異射影曲面の間の双有理正則写像 $f: X \to X_0$ に対して, $f = \sigma_1 \circ \cdots \circ \sigma_n \circ u$ となるようなブローアップの有限列 $\sigma_k: X_k \to X_{k-1}$ $(k = 1, \ldots, n)$ および同型写像 $u: X \to X_n$ が存在する.

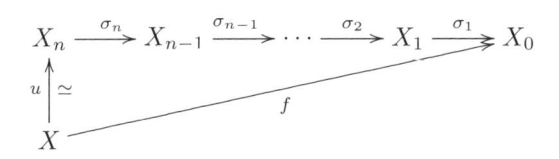

$$X_n \xrightarrow{\sigma_n} X_{n-1} \xrightarrow{\sigma_{n-1}} \cdots \xrightarrow{\sigma_2} X_1 \xrightarrow{\sigma_1} X_0$$

《証明》 f 自身が同型写像の場合は $n = 0$, $u = f$ と考えればよい. よって f は同型写像ではないと仮定する. このとき f^{-1} が定義されない点 $p \in X_0$ が存在するから, $\sigma_1: X_1 \to X_0$ を p におけるブローアップとする. このとき, 前補題から f のリフト $f_1: X \to X_1$ がとれて $f = \sigma_1 \circ f_1$ となる. f_1 が同型写像ならば, $u = f_1$ として証明終了である. f_1 が同型写像でなければ, 上の操作を繰り返す. これが永遠に続くとすれば, 任意の正整数 k に対して帰納的に, f_{k-1}^{-1} の不確定点におけるブローアップ $\sigma_k: X_k \to X_{k-1}$, $\sigma_k \circ f_k = f_{k-1}$ をみたす双有理正則写像 $f_k: X \to X_k$ が得られる.

ここで, f_k によって点に縮約される X 上の既約曲線の数を $\nu(f_k)$ とおく. $\sigma_k \circ f_k = f_{k-1}$ なので, 明らかに $\nu(f_{k-1}) \geq \nu(f_k)$ が成立する. 他方, f_k によって σ_k の例外曲線 E_k にうつる既約曲線 $C \subset X$ が存在する. このような C について $f_{k-1}(C)$ は 1 点なので $\nu(f_{k-1}) > \nu(f_k)$ がわかる. $\nu(f) < +\infty$ なので, k が十分大きいとき $\nu(f_k) < 0$ となってしまうから, 矛盾である. □

♠ **系 2.38.** 非特異射影曲面の間の双有理写像 $\phi: X \dashrightarrow Y$ に対し, 有限回のブローアップの合成 $\sigma: \widetilde{X} \to X$ を適当にとれば, $\tilde{\phi} = \phi \circ \sigma$ をみたす双有理正則写像 $\tilde{\phi}: \widetilde{X} \to Y$ が存在する. $\tilde{\phi}$ は有限回のブローアップと同型写像の合成である.

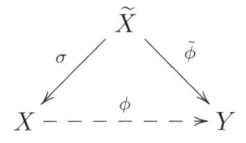

$$\widetilde{X}$$
$$\sigma \swarrow \quad \searrow \tilde{\phi}$$
$$X \dashrightarrow[\phi] Y$$

双有理写像は, ブローアップとブローダウンの合成で実現できる.

2.6 Castelnuovo の縮約定理

(-1) 曲線は非特異曲面の 1 点をブローアップすることで生じた．逆に，(-1) 曲線は必ずこうして得られることを主張するのが Guido Castelnuovo (1865–1952) の縮約定理である．

♡ **定理 2.39** (Castelnuovo)．非特異射影曲面上の (-1) 曲線は，ブローアップの逆操作によって非特異点に縮約される．

《証明》 非特異射影曲面 X 上の (-1) 曲線を E とする．$H^1(X, H) = 0$ であるような非常にアンプルな因子 H をとり，$L = H + mE$ とおく．ただし，$m = HE$ である．$|L| \supseteq |H| + mE$ かつ H は自由なので，$|L|$ の基点は高々 E 上にしかない．また，H は非常にアンプルだから，Φ_L が $X \setminus E$ を埋め込むこともわかる．E の近傍での Φ_L の挙動を調べる．$LE = HE + mE^2 = 0$ かつ $E \simeq \mathbb{P}^1$ なので，$\mathcal{O}_X(L) \otimes \mathcal{O}_E = \mathcal{O}_E$ だから

$$0 \to \mathcal{O}_X(H + (m-1)E) \to \mathcal{O}_X(L) \to \mathcal{O}_E \to 0$$

という完全列がある．

まず，$i = 1, \ldots, m$ に対して $H^1(X, H + iE) = 0$ となることを示す．$(H + iE)E = m - i \geq 0$ より $H^1(E, \mathcal{O}_E(m-i)) = 0$ なので，完全列

$$0 \to \mathcal{O}_X(H + (i-1)E) \to \mathcal{O}_X(H + iE) \to \mathcal{O}_E(m-i) \to 0$$

から $H^1(X, \mathcal{O}_X(H + (i-1)E)) \to H^1(X, H + iE)$ は全射である．よって $H^1(H + (i-1)E) = 0$ から $H^1(H + iE) = 0$ が従う．$H^1(X, H) = 0$ なので，帰納的に $H^1(H + iE) = 0$ $(i = 1, \ldots, m)$ が証明される．

特に，$H^1(H + (m-1)E) = 0$ なので，制限写像 $H^0(X, L) \to H^0(E, \mathcal{O}_E)$ は全射になる．特に，$H^0(X, L)$ は E 上で零でない定数となるような元 s_0 を含む．よって $|L|$ は E 上に基点をもたず，Φ_L は正則であって，E を 1 点 p に写す．

$e \in H^0(X, E)$ を $(e) = E$ となる切断とする．$x, y \in H^0(X, H+(m-1))$ を制限写像により $H^0(E, \mathcal{O}_E(1))$ を張るようにとり，$s_1 = ex, s_2 = ey$ とおく．とり方から，(x) と E は 1 点 $0 \in E$ で横断的に交わり，また (y) と E も $\infty \in E$

2.6 Castelnuovo の縮約定理 55

で横断的に交わる. また, E 上で恒等的に 1 になる $s_0 \in H^0(X, L)$ をとる. このとき s_0, s_1, s_2 と $e^2 H^0(X, H+(m-2)E)$ は $H^0(X, L)$ を張る. $s_3, \ldots, s_N$ を $e^2 H^0(X, H+(m-2)E)$ の基底とすれば, Φ_L は $(s_0 : s_1 : \cdots : s_N)$ によって与えられ, $p = (1 : 0 : \cdots : 0)$ である. また, 点 p で零になる $\Phi_L(X)$ 上の有理関数の引き戻し $s_1/s_0, s_2/s_0$ が定める線形系の E の近傍における固定スキームは $E = \gcd((s_1/s_0), (s_2/s_0))$ である.

X_0 を $\Phi_L(X)$ の正規化とすると, Φ_L は正則写像 $f : X \to X_0$ にリフトされ, $f(E) = p_0$ は 1 点である. また, $X \setminus E \simeq \Phi_L(X) \setminus \{p\} \simeq X_0 \setminus \{p_0\}$ である. 以下, p_0 が非特異点であることを示す. まず, X_0 は正規なので $f_* \mathcal{O}_X = \mathcal{O}_{X_0}$ である. また, 上で見たことより $\mathfrak{m}_{p_0} \mathcal{O}_X = \mathcal{O}_X(-E)$ なので,

$$X \times_{X_0} \mathrm{Spec}(\mathcal{O}_{X_0, p_0} / \mathfrak{m}_{p_0}^n) = nE$$

である. $\widehat{(f_* \mathcal{O}_X)}_{p_0} \simeq \widehat{\mathcal{O}}_{X_0, p_0} \xrightarrow{\sim} \varprojlim H^0(nE, \mathcal{O}_{nE})$ を用いて $\widehat{\mathcal{O}}_{X_0, p_0} \simeq \mathbb{C}[[x, y]]$ を示す. そのためには, 帰納法を用いて, 任意の正整数 n に対して

$$H^0(nE, \mathcal{O}_{nE}) \simeq \mathbb{C}[[x, y]]/(x, y)^n \simeq \mathbb{C}[x, y]/(x, y)^n$$

であることを示せばよい. まず $n = 1$ のときは $H^0(E, \mathcal{O}_E) = \mathbb{C}$ より成立する. 分解列

$$0 \to \mathcal{O}_E(-nE) \to \mathcal{O}_{(n+1)E} \to \mathcal{O}_{nE} \to 0$$

を考える. $\mathcal{O}_E(-nE) \simeq \mathcal{O}_{\mathbb{P}^1}(n)$ なので, 完全列

$$0 \to H^0(E, -nE) \to H^0((n+1)E, \mathcal{O}_{(n+1)E}) \to H^0(nE, \mathcal{O}_{nE}) \to 0$$

が得られる. $H^0(E, -E) = H^0(\mathcal{O}_{\mathbb{P}^1}(1))$ の基底を x, y とする. 上の完全列で $n = 1$ の場合を考えると $H^0(\mathcal{O}_{2E}) \simeq \mathrm{Span}_{\mathbb{C}} \langle 1, x, y \rangle = \mathbb{C}[[x, y]]/(x, y)^2$ であることがわかる. さて, 2 以上の n に対して $H^0(\mathcal{O}_{nE}) \simeq \mathbb{C}[[x, y]]/(x, y)^n$ と仮定する. $H^0(E, -nE) = H^0(\mathcal{O}_{\mathbb{P}^1}(n))$ は $x^n, x^{n-1} y, \ldots, y^n$ を基底とする $\mathbb{C}$ ベクトル空間だから, 上の完全列より $H^0(\mathcal{O}_{(n+1)E}) \simeq \mathbb{C}[[x, y]]/(x, y)^{n+1}$ であることが従う. 以上より, $\widehat{\mathcal{O}}_{X_0, p_0} \simeq \varprojlim \mathbb{C}[[x, y]]/(x, y)^n = \mathbb{C}[[x, y]]$ となるから, p_0 は X_0 の非特異点である.

$f : X \to X_0$ は非特異射影曲面の間の双有理正則写像であり, $f^{-1}(p_0) = E$ なので, 定理 2.37 より, f は p_0 におけるブローアップと同一視できる. □

▷ **定義 2.40.** 非特異射影曲面 X が**極小** (minimal) であるとは，非特異射影曲面 Y への双有理正則写像 $f: X \to Y$ が同型写像に限ることである．X が非特異射影曲面 X' の**極小モデル** (minimal model) であるとは，X と X' が同じ双有理同値類に属し，X が極小であることである．

♠ **系 2.41.** 非特異射影曲面が極小であるための必要十分条件は，(-1) 曲線を含まないことである．従って特に任意の非特異射影曲面に対してその極小モデルが存在する．

《証明》 X を非特異射影曲面とする．

X は極小であると仮定する．もし X が (-1) 曲線を含めば，Castelnuovo の縮約定理より，それを非特異点に縮約する双有理正則写像 $f: X \to Y$ が存在する．Y は非特異で f は同型写像ではないから，X が極小であることに矛盾する．よって X は (-1) 曲線をもたない．

逆に，X 上には (-1) 曲線が 1 つもないと仮定する．もし X が極小でなければ，非特異射影曲面 Y への同型でない双有理正則写像 $f: X \to Y$ が存在する．定理 2.37 から，f は同型写像と有限回のブローアップの合成であるが，同型ではないことがわかっているので，少なくとも 1 回はブローアップを含む．すると X には (-1) 曲線が存在することになり，矛盾である．よって X は極小である．

最後に，非特異射影曲面 X には極小モデルが存在することを示す．X が極小ならば，X は自分自身の極小モデルである．X が極小でなければ，すでに示したように (-1) 曲線 E_1 をもつ．このとき，Castelnuovo の縮約定理から，その縮約写像 $f_1: X \to X_1$ が存在する．このとき，Picard 数を比較すれば，定理 2.28 より $\rho(X) = \rho(X_1) + 1$ である．X_1 が極小ならば，X の極小モデルである．そうでなければ (-1) 曲線の縮約を繰り返して，縮約写像の列 $f_i: X_{i-1} \to X_i$ ができる．$\rho(X_i) = \rho(X) - i$ だが，$\rho(X_i) > 0$ なので，この操作は有限回で終了する．すなわち，適当な非負整数 n があって X_n は最早 (-1) 曲線を含まず，従って，極小になる．明らかに X_n は X の極小モデルである． □

E が (-1) 曲線ならば，$K_X E = E^2 = -1$ である．従って K_X がネフならば (-1) 曲線は存在せず，X は極小である．よって，非特異射影曲面の極

小モデル X は，標準束がネフか否かで 2 種類に大別することができる．K_X がネフでなければ $K_X C < 0$ となる既約曲線が存在する．C は (-1) 曲線ではないので $C^2 \geq 0$ である．このとき C は X 上ネフだから $K_X C < 0$ より任意の正整数 n に対して第 n 多重種数は $P_n(X) = 0$ でなければならない．K_X がネフのとき $K_X^2 \geq 0$ なので，さらに $K_X^2 = 0$ と $K_X^2 > 0$ の 2 つの場合に分けることができる．$K_X^2 = 0$ のとき，もし十分大きな n に対して $\dim P_n(X) \geq 2$ ならば $|nK_X|$ に付随する有理写像を考えることができ，そうでない場合は K_X は数値的に自明になる．おおよそこのような筋で射影曲面の分類が進行するのだが，本書の目的とは異なるので，詳細は他書に譲る．結論から言えば「K_X がネフかつ $K_X^2 > 0$」でない場合は稀で，その分だけ曲面の構造はよくわかる．

◁ **ノート 2.42.** 射影曲面の双有理同値類の分類は，20 世紀初頭に遡る．

G. Castelnuovo, Sulle superficie di genere zero, Mem. Soc. It. delle Scienze, (3) 10 (1896), 103–126. or Mem. Scelte 307–334, Zanichelli, Bologna, 1937

における双有理不変量による有理曲面の特徴付け

$$X \text{ が有理曲面} \iff q(X) = P_2(X) = 0$$

を出発点として，Federigo Enriques (1871–1946) によって完成された．多重種数による 4 クラスへの分類結果が初めて発表されたのは

F. Enriques, Sulla classificazione delle superficie algebriche, I. Rend. Lincei XXIII (1914), 206–214

においてのようである．また，同時期の

G. Castelnuovo and F. Enriques, Die algebraischen Flächen von Gesichtspunkte der birationalen Transformationen aus, Enzykl. Math. Wiss. II, 1, Teubner, Leipzig (1915)

は，そのサーベイらしい．分類は極小モデル X の $P_{12}(X)$, 線形種数 $p^{(1)}(X)$ (現代の記号では $K_X^2 + 1$)，算術種数 $p_a(X) = p_g(X) - q(X)$ を用いて行われた．分類結果はおおよそ次のようである (cf. [30]).

P_{12}	$p^{(1)}$	名称
0		有理曲面，線織曲面
1	1	K3 曲面，Enriques 曲面，超楕円曲面，アーベル曲面
>1	1	楕円曲面
>1	>1	一般型曲面

ただし，呼称は現代のものである．ちなみに，幾何種数 p_g は Alfred Clebsch (1833–72) が，算術種数 p_a は Arthur Cayley (1821–95) が導入した．

2.7 相対極小モデル

非特異複素射影曲面 X から非特異射影曲線 B への，連結なファイバーをもつ全射正則写像 $f: X \to B$ を考える．f の臨界値全体は B の（代数的）閉部分集合なので有限集合である．よって，f の一般ファイバー（B の一般点上のファイバー）は非特異射影曲線（コンパクト・リーマン面）である．一般ファイバーが 1 次元なので，どのファイバーも 1 次元以上であるが，他方 $\dim X = 2$ なので，ファイバーの次元は一定で 1 次元である．このことから $f: X \to B$ は，B の点をパラメーターとしてファイバーである曲線が動いているような対象だと考えられる．このように見たとき，3 つ組 (X, f, B) あるいは f を **代数曲線束** (pencil of curves) と言う．写像 f よりも曲面 X に重きをおく場合には，**ファイバー曲面** (fibred surface) とも言う．

♣ **補題 2.43.** 代数曲線束 $f: X \to B$ に対して，次が成立する．

(1) f の任意のファイバー F に対して，$\mathcal{O}_F(F) \simeq \mathcal{O}_F$ である．

(2) f が重複度 m の重複ファイバー F をもつとき，D を $\mathrm{Supp}(F)$ 上の数値的基本サイクルとすれば $\mathcal{O}_F(D)$ は $\mathrm{Pic}(F)$ において位数 m の捩れ元である．また，$\mathcal{O}_D(D)$ も位数 m の捩れ元である．

《証明》 (1) $p = f(F) \in B$ とおく．点 p と異なる点 p' と十分大きい正整数 d をとり，$\delta_0 = p + dp'$ とおく．このとき，p' 上のファイバーは F と交わらないので，$\mathcal{O}_F(f^*\delta_0) \simeq \mathcal{O}_F(F)$ である．他方，d は十分に大きいから $|\delta_0|$ は基点をもたないとしてよく，一般元 $\delta \in |\delta_0|$ は p とは異なる $d+1$ 点からな

る．このとき F は $f^*\delta$ と交わらないから，$\mathcal{O}_F(f^*\delta) \simeq \mathcal{O}_F$ である．$\delta \sim \delta_0$ だったから $\mathcal{O}_F(f^*\delta) \simeq \mathcal{O}_F(f^*\delta_0)$ なので，結局 $\mathcal{O}_F(F) \simeq \mathcal{O}_F$ が成立する．
[別証明] $\mathbb{C}$ の開円盤と双正則な p の小開近傍 U をとれば $H^1(U, \mathcal{O}_U) = H^2(U, \mathbb{Z}) = 0$ なので，U 上の任意の可逆層は自明である．従って特に $\mathcal{O}_U(p) \simeq \mathcal{O}_U$ である．すると $\mathcal{O}_{f^{-1}U}(F) \simeq \mathcal{O}_{f^{-1}U}$ だから，$\mathcal{O}_F(F) \simeq \mathcal{O}_F$ となる．

(2) $F = mD$ である．(1) より $\mathcal{O}_F(F)$ は自明なので，$\mathcal{O}_F(D)$ の位数を k とすれば $0 < k \le m$ である．$k < m$ と仮定して矛盾を導けばよい．

点 $p = f(F)$ のすぐ近くの点を中心とする小開円盤 Δ をとる．$\Delta = \{z \in \mathbb{C} \mid |z| < 1\}$ であり，$p \ne 0$ かつ原点 $z = 0$ 上のファイバーは非特異であるとしてよい．分岐 2 重被覆 $\tau : \widetilde{\Delta} \to \Delta$ を $z \mapsto z^2$ で定め，(f, τ) によるファイバー積を $\widetilde{X} = X \times_\Delta \widetilde{\Delta}$ とする．

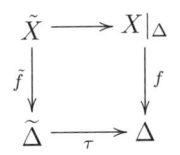

$$\begin{array}{ccc} \widetilde{X} & \longrightarrow & X|_\Delta \\ \tilde{f} \downarrow & & \downarrow f \\ \widetilde{\Delta} & \stackrel{\tau}{\longrightarrow} & \Delta \end{array}$$

このとき，$\tilde{f} : \widetilde{X} \to \widetilde{\Delta}$ は F と近傍まで込めて同型な 2 つのファイバー $F_1 = mD_1$, $F_2 = mD_2$ を 2 点 $\tau^{-1}(p)$ 上にもつ．$i = 1, 2$ に対して $\mathcal{O}_{F_i}(kD_i) \simeq \mathcal{O}_{F_i}$ である．$\mathcal{L} = \mathcal{O}_{\widetilde{X}}(kD_1 - kD_2)$ とおく．$\mathcal{L}$ は $\tilde{f}$ のどのファイバーに制限しても自明なので，$\widetilde{\Delta}$ 上の可逆層の引き戻しである．今の場合，$\widetilde{\Delta}$ は小開円盤なので，$\mathcal{L} = \tilde{f}^*\mathcal{O}_{\widetilde{\Delta}}$ となる．これは $\mathcal{L} \simeq \mathcal{O}_{\widetilde{X}}$ を意味するから $\mathcal{O}_{\widetilde{X}}(kD_1) \simeq \mathcal{O}_{\widetilde{X}}(kD_2)$ であり，すなわち kD_1 と kD_2 は線形同値である．従って，中への正則写像 $\varphi : \widetilde{X} \to \mathbb{P}^1$ があって $kD_1 = \varphi^{-1}(0)$, $kD_2 = \varphi^{-1}(\infty)$ となるが，$\tilde{f}$ の任意のファイバー $\widetilde{F}$ は $\widetilde{F}D_1 = 0$ より φ で 1 点に写される．従って，特に $\widetilde{F}_1 \preceq kD_1$ でなければならないが，$k < m$ と仮定したから，これは不可能である．以上より $\mathcal{O}_F(D)$ の位数は m である．

$H^1(F, \mathbb{Z}) = H^1(D, \mathbb{Z})$ なので，可換図式

$$\begin{array}{ccccc} H^1(F, \mathbb{Z}) & \longrightarrow & H^1(F, \mathcal{O}_F) & \longrightarrow & H^1(F, \mathcal{O}_F^\times) \\ \simeq \downarrow & & \downarrow & & \downarrow \\ H^1(D, \mathbb{Z}) & \longrightarrow & H^1(D, \mathcal{O}_D) & \longrightarrow & H^1(D, \mathcal{O}_D^\times) \end{array}$$

を追跡すれば，$\mathcal{O}_F(D)$ と $\mathcal{O}_D(D)$ の位数が等しいことがわかる． □

◇ **命題 2.44.** $f: X \to B$ を代数曲線束とし，点 $p \in B$ 上の f のファイバーを F_p とする．このとき，$h^0(F_p, \mathcal{O}_{F_p}) = 1$ であり，$h^1(F_p, \mathcal{O}_{F_p})$ は p によらず一定である．

《証明》 $F = F_p$ とおく．$h^0(F, \mathcal{O}_F) > 1$ と仮定して矛盾を導く．非零元 $s \in H^0(F, \mathcal{O}_F)$ で，F のある既約成分上で恒等的に零になるものが存在する．Z_s を s がその上で恒等的に零になるような F の部分曲線のうちで最大のものとする．定理 2.7 より $\mathcal{O}_{F-Z_s}(-Z_s)$ はネフである．よって $0 \leq (F - Z_s)(-Z_s) = Z_s^2$ となる．他方，交点形式は $\mathrm{Supp}(F)$ 上では半負定値なので $Z_s^2 \leq 0$ だから，$Z_s^2 = 0$ を得る．すると命題 2.23 より，$\mathrm{Supp}(F)$ 上の数値的基本サイクルを D とするとき，ある正整数 k によって $Z_s = kD$ となる．このとき，$F = mD$ と書けば，$k < m$ であって $F - Z_s = (m-k)D$ である．定理 2.7 からは $\mathcal{O}_{F-Z_s}(-Z_s) \simeq \mathcal{O}_{F-Z_s}$ も従うので $\mathcal{O}_{(m-k)D}(-kD) \simeq \mathcal{O}_{(m-k)D}$ を得る．よって $\mathcal{O}_D(kD) \simeq \mathcal{O}_D$ である．ところが，これは $\mathcal{O}_D(D)$ の位数が m であることに矛盾する．以上より，$h^0(F, \mathcal{O}_F) = 1$ である．

$\chi(F, \mathcal{O}_F) = -F(K_X + F)/2$ であり，これは F の数値的同値類にしか依存しないので，$h^1(F_p, \mathcal{O}_{F_p}) = 1 - \chi(F_p, \mathcal{O}_{F_p})$ は $p \in B$ によらず一定である． □

▷ **定義 2.45.** $f: X \to B$ を代数曲線束とする．

(1) 一般ファイバーの種数が g のとき，f を種数 g の代数曲線束（あるいはファイバー曲面）と呼ぶ．このとき，f の任意のファイバーに対して，その算術種数は g である．

(2) f のどのファイバーも (-1) 曲線を含まないとき，f は **相対極小** (relatively minimal) であると言う．

$f_0: X_0 \to B$ を代数曲線束とする．もし f_0 のファイバーに含まれる (-1) 曲線 E_0 があれば，それを縮約して新たな非特異射影曲面 X_1 と代数曲線束 $f_1: X_1 \to B$ で $f_0 = f_1 \circ \sigma_0$ をみたすものが得られる．ただし，$\sigma_0: X_0 \to X_1$ は E_0 の縮約である．もし f_1 のファイバーに含まれる (-1) 曲線 E_1 があれば，それを縮約する．こうして帰納的に，f_i のファイバーに含まれる (-1)

曲線 E_i の縮約 $\sigma_i : X_i \to X_{i+1}$ と $f_i = f_{i+1} \circ \sigma_i$ をみたす代数曲線束 $f_{i+1} : X_{i+1} \to B$ が得られる．最終的には，どのファイバーも (-1) 曲線を含まない代数曲線束 $f_n : X_n \to B$ に到達する．これを f_0 の**相対極小モデル** (relatively minimal model) と呼ぶ．

◇ **命題 2.46.** $f : X \to B$ と $f' : Y \to B$ を種数 g の代数曲線束とし，f は相対極小であるとする．$g > 0$ ならば，B 上の双有理写像 $\varphi : Y \dashrightarrow X$ は不確定点をもたず正則である．

《証明》 φ が不確定点をもつと仮定して矛盾を導く．φ の不確定点を除去するブローアップの合成のうち，長さが最短のものを

$$\widetilde{Y} = Y_n \xrightarrow{\sigma_n} Y_{n-1} \xrightarrow{\sigma_{n-1}} \cdots \xrightarrow{\sigma_2} Y_1 \xrightarrow{\sigma_1} Y_0 = Y$$

とし，$\sigma = \sigma_1 \circ \cdots \circ \sigma_n$ とおく．また，φ から得られる双有理正則写像を $\psi : \widetilde{Y} \to X$ とおく．$\psi = \varphi \circ \sigma$ である．最後のブローアップ σ_n で生じる $\widetilde{Y}$ 上の (-1) 曲線を E とする．ψ による E の像が 1 点ならば，σ_n は不要なブローアップなので σ の最短性に矛盾する．よって $\psi(E) = C$ は曲線である．C は f のファイバーに含まれるので，命題 2.23 より $C^2 \leq 0$ が成立する．他方，ψ はブローアップの合成であり，E は C の固有変換であるから $-1 = E^2 \leq C^2$ となる．よって $C^2 = -1$ または $C^2 = 0$ である．

$C^2 = -1$ ならば，C 上の点は ψ によってブローアップされず $\psi|_E : E \to C$ は同型である．しかしこれは C が (-1) 曲線であることを意味するので，f が相対極小であるという仮定に矛盾する．

$C^2 = 0$ ならば ψ は C の非特異点を 1 度だけブローアップしている．よって，このときも $\psi|_E : E \to C$ は同型なので $C \simeq \mathbb{P}^1$ であることがわかる．他方，$C^2 = 0$ だから，C を含む f のファイバーはある自然数 m によって mC と書ける．しかしこのとき $2g - 2 = m(2p_a(C) - 2) = -2m < 0$ となって，$g > 0$ に矛盾する． □

♠ **系 2.47.** 種数 g の代数曲線束 $f : X \to B$ において，$g > 0$ ならば f の相対極小モデルは (B 上の同型を法として) 唯一である．

《証明》 $f_i : X_i \to B$ $(i = 1, 2)$ を f の相対極小モデルとすれば，X から X_i への縮約写像は B 上の双有理写像 $\varphi : X_1 \dashrightarrow X_2$ を誘導する．$f_2 : X_2 \to B$

は相対極小なので前命題から φ は不確定点をもたない．全く同様に双有理写像 φ^{-1} も不確定点をもたないことがわかる．すなわち φ は同型射である．□

実は，種数 0 の場合には，相対極小モデルは唯一でないどころか無数に存在する．しかし，その一方で次の命題が示すように，相対極小モデル自体は非常にわかりやすい構造をもっている．

◇ **命題 2.48.** 相対極小な種数 0 の代数曲線束は，底曲線上の正則 $\mathbb{P}^1$ 束である．

《証明》 $f: X \to B$ を相対極小な種数 0 の代数曲線束とする．任意のファイバーが素因子であることを背理法によって示す．素因子でないファイバーを F とする．命題 2.44 より $p_a(F) = h^1(F, \mathcal{O}_F) = 0$ なので，系 2.9 より F の任意の既約成分は $\mathbb{P}^1$ である． $\deg K_F = -2$ なので， $\deg K_F|_C < 0$ となる既約成分が存在する． $FC = 0$ なので， $K_X C < 0$ となる．また， F は可約なので $C^2 < 0$ である．実際，もし $C^2 = 0$ ならば $F = mC$ なる正整数 m が存在するが，このとき， $-1 = p_a(F) - 1 = m(p_a(C) - 1) = -m$ より $F = C$ となるから矛盾である．よって $C^2 < 0$ である．ここで， $C \simeq \mathbb{P}^1$ に注意すると $K_X C + C^2 = -2$ が成立するから， $K_X C = C^2 = -1$ でなければならない．すなわち， f は (-1) 曲線 C をもつことになって矛盾である．よって f の任意のファイバーは $\mathbb{P}^1$ である．

次に $LF = 1$ となる直線束 L が存在することを示す．まず， $H^2(X, \mathcal{O}_X) = 0$ に注意する．実際，Serre 双対定理より $H^2(X, \mathcal{O}_X)^* \simeq H^0(X, K_X)$ であるが，もし K_X が有効因子なら $K_X F \geq 0$ になるので $K_X F = -2$ である事実に矛盾する．よって $H^2(\mathcal{O}_X) = 0$ なので，Chern 類をとる写像 $\mathrm{Pic}(X) \to H^2(X, \mathbb{Z})$ は全射である．我々の目的のためには $c_1(F)\ell = 1$ となるコホモロジー類 $\ell \in H^2(X, \mathbb{Z})$ を見つければよい．Poincaré 双対定理から，カップ積は $H = H^2(X, \mathbb{Z})/\mathrm{torsion}$ の上で完全ペアリングである．すなわち $H \to \mathrm{Hom}(H, \mathbb{Z})$ を $x \mapsto (y \mapsto y \cdot x)$ で定めれば，これは同型になる．集合 $\{x \cdot c_1(F) \mid x \in H\} \subset \mathbb{Z}$ は零でないイデアルを成すから，ある正整数 d によって生成される．すると， $x \mapsto (1/d)x \cdot c_1(F)$ は H 上の線形関数を定めるから，ある $\ell_0 \in H$ があって任意の $x \in H$ に対して $(1/d)x \cdot c_1(F) = x \cdot \ell_0$ が

成り立つことになる. このとき H において $c_1(F) = d\ell_0$ である. よって, ℓ_0 は F/d と数値的に同値な直線束からくる. $K_X F = -2$ より $K_X \ell_0 = -2/d$ だから $d = 1$ または 2 でなければならないが, $d = 2$ ならば $K_X \ell_0 + \ell_0^2$ が奇数となり不適である. よって $d = 1$ だから, 自然な写像 $H^2(X, \mathbb{Z}) \to H$ で ℓ_0 にうつる元 $\ell \in H^2(X, \mathbb{Z})$ をとれば, $\ell \cdot c_1(F) = 1$ をみたす. そこで, ℓ を第 1 Chern 類とする直線束を L とすれば $LF = 1$ となる.

B 上の十分アンプルな因子 δ をとれば $D = L + f^*\delta$ は非常にアンプルである. $DF = 1$ より $\mathcal{O}_F(D) \simeq \mathcal{O}_{\mathbb{P}^1}(1)$ である. よって $f_* \mathcal{O}_X(D)$ は階数 2 の局所自由層である. 自然な全射準同型写像 $f^* f_* \mathcal{O}_X(D) \to \mathcal{O}_X(D)$ は B 上の正則写像 $\Phi: X \to \mathbb{P}(f_* \mathcal{O}_X(D))$ を定めるが, これは明らかに同型写像である. □

▷ **例 2.49.** ファイバーの種数が 0 のときには, 相対極小モデルは無数にある. 非負整数 n をとる. $\mathbb{P}^1$ 上の階数 2 の局所自由層 $\mathcal{E}_n := \mathcal{O}_{\mathbb{P}^1} \oplus \mathcal{O}_{\mathbb{P}^1}(n)$ に付随する $\mathbb{P}^1$ 束 (の全空間) $\Sigma_n := \mathbb{P}(\mathcal{E}_n)$ を, n 次 Hirzebruch 曲面と言う. 言うまでもなく, 自然な射影 $\pi_n : \Sigma_n \to \mathbb{P}^1$ は, 相対極小な種数 0 のファイバー曲面である. $n > 0$ のとき, π_n の切断 $\Delta_0 \simeq \mathbb{P}^1$ で $\Delta_0^2 = -n$ をみたすものが存在する. これを極小切断と呼ぶ. Picard 数 $\rho(\Sigma_n)$ が 2 である事実を使えば, Σ_n $(n > 0)$ 上にある自己交点数が負の既約曲線は極小切断に限ることが容易にわかる. 特に, m, n が異なる正整数ならば, Σ_m と Σ_n は同型ではない.

さて, π_n のファイバー $\Gamma \simeq \mathbb{P}^1$ と点 $p \in \Gamma$ をとる. 点 p におけるブローアップを $\sigma : W \to \Sigma_n$ とし, $E = \sigma^{-1}(p)$ を (-1) 曲線とする. Γ の固有変換を Γ_0 とすれば, $\sigma^* \Gamma = \Gamma_0 + E$ である. $(\sigma^*\Gamma)E = 0$, $E^2 = -1$ より $\Gamma_0 E = 1$ だから, $0 = \Gamma^2 = (\rho^*\Gamma)^2 = \Gamma_0^2 + 2\Gamma_0 E + E^2$ より $\Gamma_0^2 = -1$ となる. $\Gamma_0 \simeq \mathbb{P}^1$ だったので, Γ_0 は (-1) 曲線である. 従って, Castelnuovo の縮約定理から, Γ_0 を非特異点に縮約する双有理正則写像 $\tau : W \to W_0$ が存在する. $\pi_n \circ \sigma : W \to \mathbb{P}^1$ から誘導される正則写像 $\pi : W_0 \to \mathbb{P}^1$ によって, W_0 は $\mathbb{P}^1$ 上の $\mathbb{P}^1$ 束である. 実際, 点 p が Δ_0 上にあれば $W_0 \simeq \Sigma_{n+1}$ であり, そうでなければ $W_0 \simeq \Sigma_{n-1}$ であることが, 容易に確かめられる. 以上より, Σ_n $(n \geq 0)$ はすべて双有理同値だが双正則ではなく, 種数 0 の相対極

小モデルの無限系列を与えている．

この例のように，非特異曲線上の $\mathbb{P}^1$ 束に対して，そのファイバー上の 1 点をブローアップした後，ファイバーの固有変換である (-1) 曲線を縮約することで，新たな $\mathbb{P}^1$ 束が得られる．この操作を $\mathbb{P}^1$ 束に対する**基本変換** (elementary transformation) と言う．$g = 0$ の場合，2 つの相対極小モデルは基本変換を有限回施すことで互いに移りあう．

第3章

曲面上の曲線

この章では，非特異曲面上にある必ずしも既約でも被約でもない曲線を扱うための一般的な手段を解説する．そのために，数値的連結性および鎖連結性 (cf. [56]) という応用上重要な2つの連結性概念を導入する．

3.1 鎖連結曲線

D を非特異射影曲面 X 上の曲線（零でない有効因子）とする．

▼ 3.1.1 鎖連結成分への分解

▷ **定義 3.1.** (1) 曲線 D の有効分解 $D = D_1 + D_2$ において，順序対 (D_1, D_2) が D の鎖非連結分割であるとは，$\mathcal{O}_{D_2}(-D_1)$ がネフであること，すなわち D_2 の任意の既約成分 C に対して $CD_1 \leq 0$ が成り立つことである．

(2) 曲線の増大列 $D_0 \prec D_1 \prec \cdots \prec D_m$ が D_0 と D_m を繋ぐ連結鎖であるとは，$i = 1, \ldots, m$ に対して差 $D_i - D_{i-1}$ が既約曲線 C_i であり，$C_i D_{i-1} > 0$ が成立することである．

◇ **命題 3.2.** 次の3つの命題は同値である．

(1) D は鎖非連結分割をもたない．

(2) D の任意の真部分曲線 D_0 に対して，D_0 と D を繋ぐ連結鎖が存在する．

(3) D のある既約成分 D_0 に対して，D_0 と D を繋ぐ連結鎖が存在する．

《証明》 まず，(1) $\Rightarrow$ (2) を示す．D_i が得られたとき，$D_i \neq D$ なる限り $(D_i, D - D_i)$ は鎖非連結分割ではないので，$D - D_i$ の既約成分 C_{i+1} で $C_{i+1} D_i > 0$ となるものがあるから，$D_{i+1} = D_i + C_{i+1}$ とおく．こうして，$i = 0$ から始めて帰納的に，D_0 と D を繋ぐ連結鎖を構成することができる．(2) $\Rightarrow$ (3) は明らかである．既約成分 D_0 と D を繋ぐ連結鎖を $D_0 \prec \cdots \prec D_m = D$ とし，(3) $\Rightarrow$ (1) を m に関する帰納法を用いて示す．$m = 0$ ならば主張は明らかである．D_{m-1} が鎖非連結分割をもたないと仮定する．D_m が鎖非連結分割 (A, B) をもつとして矛盾を導く．$C_m = D_m - D_{m-1}$ は既約曲線である．$C_m D_{m-1} > 0$ なので，$A = C_m$ でも $B = C_m$ でもない．もし $C_m \prec B$ ならば，$(A, B - C_m)$ が D_{m-1} の鎖非連結分割になるので，C_m は B の既約成分ではない．このとき，$\mathcal{O}_B(C_m)$ はネフなので，$\mathcal{O}_B(-(A - C_m))$ もネフである．$C_m \prec A$ だから，これは $(A - C_m, B)$ が D_{m-1} の鎖非連結分割であることを意味し，矛盾である．よって D_m は鎖非連結分割をもたない． □

▷ **定義 3.3.** 上の命題の同値条件 (1), (2), (3) のいずれかを（従ってすべてを）みたす曲線 D を**鎖連結曲線** (chain-connected curve) と言う．

次の補題が示すように，鎖連結曲線は「連結」と呼ぶに相応しい性質をもっている．

♣ **補題 3.4.** 鎖連結曲線 D に対して次が成り立つ．

(1) $H^0(D, \mathcal{O}_D) \simeq \mathbb{C}$ である．

(2) D 上のネフ直線束 L に対して，$H^0(D, -L) \neq 0$ であることと $\mathcal{O}_D(L) \simeq \mathcal{O}_D$ は同値である．

《証明》 (1) $h^0(D, \mathcal{O}_D) > 1$ ならば，補題 2.13 より D のある既約成分で恒等的に 0 になるような非零切断 $s \in H^0(D, \mathcal{O}_D)$ がある．定理 2.7 で見たように，Z_s をその上で s が恒等的に 0 になるような D の最大の部分曲線とすれば，$\mathcal{O}_{D-Z_s}(-Z_s)$ はネフである．しかしこのとき，$(Z_s, D - Z_s)$ が D の鎖非連結分割を与え，D が鎖連結であることに矛盾する．以上より $h^0(D, \mathcal{O}_D) = 1$ でなければならない．

(2) $H^0(D, -L) \neq 0$ とし，非零元 $s \in H^0(D, -L)$ をとる．s が恒等的に零になる既約成分が存在するとき，(1) と同様に，Z_s をその上で s が恒等的に 0 になるような D の最大の部分曲線とすれば，$\mathcal{O}_{D-Z_s}(-L-Z_s)$ はネフである．すると，L がネフであることから $\mathcal{O}_{D-Z_s}(-Z_s)$ がネフであることが従うので，D の鎖連結性に矛盾する．よって，s はどの既約成分上でも恒等的に零にはならないから，$-L$ はネフである．仮定より L はネフだったので，結局 $-L$ は数値的に自明である．すると s は全く零点をもたない $-L$ の正則大域切断だから，s が定める単射 $\cdot s : \mathcal{O}_D \to \mathcal{O}_D(-L)$ は全射になる．つまり $\mathcal{O}_D(-L)$ は自明である．逆に，$L \simeq \mathcal{O}_D$ ならば $H^0(D, -L) \neq 0$ であることは，明らかである． □

♠ **系 3.5.** D が鎖連結ならば，$p_a(D)$ は非負整数であり，$p_a(D) = h^0(D, K_D)$ が成り立つ．特に，鎖連結曲線 D の部分曲線 C に対して，$p_a(C) \leq h^1(C, \mathcal{O}_C) \leq p_a(D)$ が成り立つ．

《証明》 $h^0(\mathcal{O}_D) = 1$ なので，$p_a(D) = 1 - \chi(\mathcal{O}_D) = 1 - h^0(\mathcal{O}_D) + h^1(\mathcal{O}_D) = h^1(\mathcal{O}_D)$ である．また，Serre 双対定理より $h^1(D, \mathcal{O}_D) = h^0(D, \omega_D)$ である．後半は補題 2.5 の不等式 $h^1(C, \mathcal{O}_C) \leq h^1(D, \mathcal{O}_D)$ から明らかである． □

♣ **補題 3.6.** 非特異曲面上の曲線 D に対して以下が成立する．

(1) D が鎖連結曲線のとき，曲線 Δ に対して $\mathcal{O}_D(-\Delta)$ がネフならば，$\mathrm{Supp}(D) \cap \mathrm{Supp}(\Delta) = \emptyset$ または $D \preceq \Delta$ が成立する．

(2) D が鎖連結曲線で C が $CD > 0$ であるような既約曲線ならば，$D' = D + C$ も鎖連結である．

(3) D をサポートが連結な曲線とする．このとき，D には最大の鎖連結部分曲線 D_1 がある．さらに，$\mathrm{Supp}(D_1) = \mathrm{Supp}(D)$ が成立し，$-D_1$ は $D - D_1$ 上ネフである．

《証明》 (1) $\mathrm{Supp}(D) \cap \mathrm{Supp}(\Delta) \neq \emptyset$ と仮定する．このとき $D\Delta \leq 0$ より，D と Δ は共通成分をもつ．$A = \gcd(D, \Delta)$, $B = D - A$, $\Gamma = \Delta - A$ とおく．B と Γ は共通成分をもたない．$B \neq 0$ とする．$\mathcal{O}_D(-\Delta)$ はネフだから，

$\mathcal{O}_B(-\Delta)$ もネフである. B と Γ は共通成分をもたないから, $\mathcal{O}_B(\Gamma)$ はネフである. 従って, $\mathcal{O}_B(-A) = \mathcal{O}_B(-\Delta + \Gamma)$ はネフである. これは D が鎖連結であることに矛盾である. よって $B = 0$, すなわち $D \preceq \Delta$ が成立する.

(2) 既約成分 $D_0 \preceq D$ をとる. $D_0, \ldots, D_m = D$ を連結鎖とするとき, $D_{m+1} = D + C$ とおけば, $D_0, \ldots, D_{m+1}$ は D_0 と D' を繋ぐ連結鎖である.

(3) D_1, D_2 を D の極大な鎖連結部分曲線とする. $\mathrm{Supp}(D)$ の連結性と (2) から, $-D_i$ は $D - D_i$ 上ネフであり $\mathrm{Supp}(D_i) = \mathrm{Supp}(D)$ であることが従う. $D_1 = D_2$ を示す. $A = \gcd(D_1, D_2)$ とおく. 明らかに A は零でない. $B_i = D_i - A$ $(i = 1, 2)$ とおく. すると B_1, B_2 は共通成分をもたず, $A + B_1 + B_2 \preceq D$ となる. 特に $B_2 \preceq D - D_1$ なので, 先に見たことから $-D_1$ は B_2 上ネフである. 従って, $-A = -D_1 + B_1$ は B_2 上ネフである. D_2 は鎖連結なので, $B_2 = 0$ でなければならない. よって $D_2 \preceq D_1$ だが, D_2 の極大性より $D_2 = D_1$ であることが従う. □

曲線 D に対して, サポートの連結成分を 1 つとる. このとき, 補題 3.6 (3) によれば, その集合にサポートをもつような D の鎖連結部分曲線のうちで最大のものが存在する. この曲線を D の**鎖連結成分** (a chain-connected component) と呼ぶ. 鎖連結成分はサポートの連結成分の数だけある.

♡ **定理 3.7.** 非特異曲面上の曲線 D に対して, 次の (1) から (4) までをみたすような D の鎖連結部分曲線の列 $D_1, \ldots, D_r$ および正整数の列 $m_1, \ldots, m_r$ が存在する.

(1) $D = m_1 D_1 + \cdots + m_r D_r$ である.

(2) $i < j$ ならば $-D_i$ は D_j 上ネフである.

(3) もし $m_i \geq 2$ ならば, $-D_i$ は D_i 上ネフである.

(4) $i < j$ のとき, $\mathrm{Supp}(D_i) \cap \mathrm{Supp}(D_j) = \emptyset$ または $D_j \prec D_i$ が成立する.

さらに, このような列は, 連結成分を選ぶ順番に対応する添字 $1, \ldots, r$ の置換を除いて一意的であり, $n(D) := \sum_{i=1}^r m_i$ は D に対して一意に定まる.

《証明》 まず, D の 1 つの鎖連結成分 D_1 をとり, $m_1 = \max\{k \in \mathbb{N} \mid kD_1 \preceq D\}$ とおくと, $k < m_1$ に対して D_1 は $D - kD_1$ の鎖連結成分である. $D = m_1 D_1$ ならば終了し, $D \neq m_1 D_1$ ならば $D - m_1 D_1$ の 1 つの鎖連結成

分 D_2 をとり,同様に $m_2 = \max\{k \in \mathbb{N} \mid kD_2 \preceq D - m_1 D_1\}$ とおく.この操作を有限回継続すれば (1), (2), (3) をみたす列 $D_1, \ldots, D_r$ と $m_1, \ldots, m_r$ が得られる.性質 (4) は前補題 (1) から従う.

$D = m_1 D_1 + \cdots + m_r D_r$ を (1) から (4) までをみたす分解とする.これが添字の適当な置換を法として唯一であることを,鎖連結成分の個数に関する帰納法を用いることにより示す.まず,$r = 1$ ならば主張は明らかである.$r \geq 2$ とする.(4) より D_1 は鎖連結曲線の集合 $\{D_i\}_{i=1}^r$ の極大元であり,(2) と (3) から D の 1 つの鎖連結成分であることがわかる.実際,D_1 を選ぶことは $\mathrm{Supp}(D)$ の連結成分を選ぶことと同じである.$D - m_1 D_1 = m_2 D_2 + \cdots + m_r D_r$ は $D - m_1 D_1$ に対して (4) までの条件をみたす分解である.よって帰納法の仮定より,添字 $2, \ldots, r$ の適当な付け替えを法として唯一なので,D に対しても主張は正しい.   □

この定理のような順序付きの分解 $D = m_1 D_1 + \cdots + m_r D_r$ を D の **鎖連結成分分解** (chain-connected component decomposition) と呼ぶ.$\sum_{k<j} m_k < i \leq \sum_{k \leq j} m_k$ なる i に対し $\Gamma_i := D_j$ とおいて $(j = 1, \ldots, r)$,分解の表示を

$$D = \Gamma_1 + \cdots + \Gamma_n \qquad (n := n(D) = \sum_{k=1}^r m_k) \tag{3.1.1}$$

とするほうが便利な場合も多い.すると,$i < j$ のとき $\mathcal{O}_{\Gamma_j}(-\Gamma_i)$ はネフで,$\Gamma_j \preceq \Gamma_i$ または $\mathrm{Supp}(\Gamma_i) \cap \mathrm{Supp}(\Gamma_j) = \emptyset$ が成り立つ.

▼ 3.1.2 デルタ不等式

既約曲線 C とその上の非負次数の直線束 L に対して,デルタ種数 $\Delta(C, L) = \deg L + 1 - h^0(C, L)$ の値は非負であることが知られている.また $\deg L > 0$ かつ $\Delta(C, L) = 0$ ならば $C \simeq \mathbb{P}^1$ となる.まず,鎖連結曲線に対してこの事実がどのように拡張されるかを見ておこう.

◇ **命題 3.8** (デルタ不等式).鎖連結曲線 D 上のネフ直線束 L に対して,不等式

$$h^0(D, L) \leq \deg L + 1$$

が成立する.$\deg L > 0$ かつ $h^0(D, L) = \deg L + 1$ とする.このとき,$\mathrm{Bs}|L| = \emptyset$ であって,次数付き環 $R(D, L) = \bigoplus_{n \geq 0} H^0(D, nL)$ は 1 次の元

で生成される．また，D は次の (1), (2), (3) をみたすような分解 $D = A + B$ をもつ．

(1) $0 \prec A$ で $0 \preceq B$ である．

(2) $L|_A$ はアンプルで $H^1(A, \mathcal{O}_A) = 0$ である．特に A の既約成分はすべて $\mathbb{P}^1$ である．

(3) $L|_B \simeq \mathcal{O}_B$ で $H^1(B, \mathcal{O}_B) \simeq H^1(D, \mathcal{O}_D)$ である．

《証明》 $\deg L > 0$ としてよい．$D = \sum_{i=1}^N \mu_i A_i$ を既約分解とする．$d_i = \deg L|_{A_i} > 0$ であるような i について，A_i から一般の d_i 個の非特異点 $p_{i,1}, \ldots, p_{i,d_i}$ を選び，$\eta = \sum_i \mu_i(p_{i,1} + \cdots + p_{i,d_i})$ とおく．このとき η は D 上の有効 Cartier 因子であって $L \equiv \mathcal{O}_D(\eta)$ である．D は鎖連結なので，$h^0(D, L-\eta) \leq 1$ であり，等号が成り立てば $L = \mathcal{O}_D(\eta)$ である．すると Riemann-Roch 定理より $h^1(D, L-\eta) = h^0(D, L-\eta) + p_a(D) - 1 \leq p_a(D)$ なので，Serre 双対定理から $h^0(D, K_D+\eta-L) \leq p_a(D)$ である．η は有効因子だから $h^0(D, K_D-L) \leq h^0(D, K_D+\eta-L)$ なので，結局 $h^0(D, K_D-L) \leq p_a(D)$ となる．Serre 双対定理より $h^0(D, K_D - L) = h^1(D, L)$ なので，Riemann-Roch 定理より $h^0(D, L) = h^1(D, L) + \deg L + 1 - p_a(D) \leq \deg L + 1$ を得る．

$\deg L > 0$, $h^0(D, L) = \deg L + 1$ ならば，$L = \mathcal{O}_D(\eta)$ で $H^0(D, K_D - L) \simeq H^0(D, K_D)$ である．η を定義した点 $p_{i,j}$ は上の要請をみたす限り任意にとれるから，$p'_{i,j} \neq p_{i,j}$ なる一般点を用いて η と同様に η' を構成しても $L = \mathcal{O}_D(\eta')$ となる．すなわち，サポートが全く異なる η, η' に対して $\eta \sim \eta'$ (線形同値) だから，$\mathrm{Bs}|L| = \emptyset$ である．掛算写像 $\mu_{n-1} : H^0(D, L) \otimes H^0(D, (n-1)L) \to H^0(D, nL)$ が全射であることを n に関する帰納法を用いて示す．$n = 1$ のときは明らかである．$\mathrm{div}(s) = \eta$ となる切断 $s \in H^0(D, L)$ をとり，完全列

$$0 \to \mathcal{O}_D((n-1)L) \xrightarrow{\cdot s} \mathcal{O}_D(nL) \to \mathcal{O}_\eta(nL) = \mathcal{O}_\eta \to 0$$

を考える．$h^0(D, L) = \deg L + 1$ であり $\dim \mathbb{C}_\eta = \deg L$ なので，制限写像 $H^0(D, L) \to \mathbb{C}_\eta$ は全射である．$\mathrm{Bs}|L| = \emptyset$ なので $H^0(D, nL) \to \mathbb{C}_\eta$ も全射になるから

$$0 \to H^0(D, (n-1)L) \to H^0(D, nL) \to \mathbb{C}_\eta \to 0$$

は，完全である．$H^0(D, L) \otimes \mathbb{C}_\eta \to \mathbb{C}_\eta$ は全射なので，μ_{n-1} の全射性から μ_n のそれが従う．以上より，$R(D, L)$ は 1 次の元で生成される.

(1), (2), (3) を示す．$A \preceq D$ を $L|_A$ がアンプルとなるような最大の部分曲線とし，$B = D - A$ とおく．すると上の切断 s は B に零点をもたないから，$L|_B \simeq \mathcal{O}_B$ である．$H^0(D, K_D - \eta) \simeq H^0(D, K_D)$ であり，η は A 上を動くので，制限写像 $H^0(D, K_D) \to H^0(A, K_D)$ は零写像でなければならない．このとき，完全列

$$0 \to \mathcal{O}_B(K_B) \to \mathcal{O}_D(K_D) \to \mathcal{O}_A(K_D) \to 0$$

から得られるコホモロジー長完全列より $H^0(B, K_B) \simeq H^0(D, K_D)$ だから，双対定理より $H^1(B, \mathcal{O}_B) \simeq H^1(D, \mathcal{O}_D)$ である．一方，A は $|K_D|$ の固定成分であり $\gcd(A, B) = 0$ だから，制限写像 $H^0(D, K_D) \to H^0(B, K_D)$ は単射である．実際，もし $x \in H^0(D, K_D)$ が B 上で恒等的に零になっていれば，もともと x は A 上では恒等的に零なので，$D = A + B$ かつ $\gcd(A, B) = 0$ より，D 上で恒等的に零になってしまう．よって $H^0(D, K_D) \to H^0(B, K_D)$ の核 $H^0(A, K_A) \simeq H^1(A, \mathcal{O}_A)^*$ は零である． □

一般の曲線は鎖連結成分の和に分解するので，次を示すことができる.

♠ 系 3.9. 曲線 D の鎖連結成分分解を (3.1.1) のように $D = \Gamma_1 + \cdots + \Gamma_n$ とする．各 Γ_i は鎖連結で，$i < j$ ならば $\mathcal{O}_{\Gamma_j}(-\Gamma_i)$ はネフである．このとき，D 上のネフ直線束 L に対して

$$h^0(D, L) \leq \deg L + n - \sum_{i<j} \Gamma_i \Gamma_j$$

が成立する.

《証明》 鎖連結成分の数に関する帰納法を用いる．D 自身が鎖連結ならばデルタ不等式より正しい．$n > 1$ のとき $D' = D - \Gamma_1$ とおいて完全列

$$0 \to \mathcal{O}_{D'}(L - \Gamma_1) \to \mathcal{O}_D(L) \to \mathcal{O}_{\Gamma_1}(L) \to 0$$

を考えれば，$h^0(D,L) \leq h^0(D', L-\Gamma_1) + h^0(\Gamma_1, L)$ を得る．Γ_1 は鎖連結なので，デルタ不等式から $h^0(\Gamma_1, L) \leq \deg L|_{\Gamma_1} + 1$ となる．$\mathcal{O}_{D'}(L-\Gamma_1)$ はネフなので，帰納法の仮定から

$$h^0(D', L-\Gamma_1) \leq \deg L|_{D'} - D'\Gamma_1 + n - 1 - \sum_{2 \leq i < j} \Gamma_i \Gamma_j$$

が成立する．よって $h^0(D,L) \leq \deg L + n - \sum_{i<j} \Gamma_i \Gamma_j$ となる． □

▼ 3.1.3 重要な例（数値的連結曲線および基本サイクル）

この節では，曲面論において重要な役割を果たす連結な可約曲線が鎖連結であることを確認する．そのために，まず数値的連結性を導入しよう．これは 2 曲線が「繋がっている」という状態を「交点数が正である」ことだと解釈する立場をとる．D がこの意味で「繋がっている」ならば，D を 2 つの曲線 D_1, D_2 の和に分解したとき，必ず $D_1 D_2 > 0$ が成立しなければならない．

▷ **定義 3.10.** k を整数とする．曲線 D の任意の有効分解 $D = D_1 + D_2$ に対して $D_1 D_2 \geq k$ が成立するとき，D は**数値的 k 連結** (numerically k-connected) であると言う．

k が大きいほど連結性が強いと考えられる．任意の整数 k について定義してはあるが，実際には k が 0 以上の場合が重要である．数値的 1 連結曲線を単に**数値的連結曲線** (numerically connected curve) と呼ぶことも多い．位相的に連結な被約曲線は，明らかに数値的 1 連結だが，被約でない場合には位相的連結性と数値的 1 連結性は必ずしも一致しないので注意を要する．

▷ **例 3.11.** 異なる 2 つの既約曲線 C_1, C_2 をとると，$C_1 C_2 \geq 0$ であり「$C_1 C_2 = 0 \Leftrightarrow C_1 \cap C_2 = \emptyset$」である．従って，$D = C_1 + C_2$ とおくと D は数値的 0 連結であり，数値的連結でないことと $C_1 \cap C_2 = \emptyset$ は同値である．すなわちこの場合には，数値的連結性は位相的な意味での連結性を主張する．一方，$D = 2C_1$ とおくと，D は数値的 C_1^2 連結であって数値的 $C_1^2 + 1$ 連結ではない．この場合 D のサポートは C_1 なので，D は位相的な意味ではいつも連結だが，$C_1^2 \leq 0$ のときには数値的連結ではない．

次は定義から明らかである．

3.1 鎖連結曲線　73

♣ **補題 3.12.** 数値的連結曲線は鎖連結である．

《証明》 D が数値的連結ならば，任意の有効分解 $D = D_1 + D_2$ に対して $D_1 D_2 > 0$ だから，(D_1, D_2) は鎖非連結分割ではない． □

逆は成立しない．

▷ **例 3.13.** $0 < a < b$ かつ $a+b$ が偶数であるような整数 a, b をとる．$A^2 = -a$, $B^2 = -b$, $AB = (a+b)/2$ をみたすような既約曲線 A, B をとり，正整数 m に対して $\Gamma_m = m(A+B)$ とおく．このとき $(\Gamma_m - A - B)(A+B) = (m-1)(A+B)^2 = 0$ だから，$m \geq 2$ のとき Γ_m は数値的連結ではない．他方，$0 < a < b$ だから「非負整数 l, k に対して，$(kA + lB)A \leq 0$ かつ $(kA + lB)B \leq 0$ ならば $k = l = 0$」が成立するので，Γ_m はどんな正整数 m に対してでも鎖連結である．

具体例は 2 つの平面曲線を適当にブローアップすることによって，いくらでも作れる．例えば，$\mathbb{P}^2$ に直線 A' と既約 2 次曲線 B' をとり，$A' \cap B'$ とは異なる点を A' 上に 2 点，B' 上に 7 点とる．そして $\mathbb{P}^2$ をそれら 9 点を中心としてブローアップする．A', B' の固有変換を A, B とすれば，$A^2 = -1$, $B^2 = -3$, $AB = 2$ である．このとき，$2A + 2B$ は鎖連結だが数値的連結ではない．

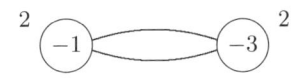

図 3.1 $(a, b, m) = (1, 3, 2)$

図 3.1 において，2 つの○は既約成分 A, B を表し，○の中の数字はその既約成分の自己交点数である．また○の外の数字は重複度である．2 つの○が 2 本の線で結ばれているのは，A, B が 2 点で横断的に交わることを示している．こういう図を曲線 $2A + 2B$ の **双対グラフ** (dual graph) と言う．

♣ **補題 3.14.** 曲線 D がネフで $D^2 > 0$ なるとき，D は数値的連結である．

《証明》 D の真部分曲線 D_1 をとる．D はネフなので，$DD_1 \geq 0$ である．もし $DD_1 = 0$ ならば，$D^2 > 0$ と Hodge 指数定理から $D_1^2 < 0$ となるか

ら $D_1(D - D_1) > 0$ である．よって，$DD_1 > 0$ としてよい．D の代わりに $D - D_1$ を考えれば，同様に $D(D - D_1) > 0$ としてよい．

$D_1(D - D_1) \leq 0$ と仮定して矛盾を導く．このとき $D_1^2 \geq DD_1 > 0$ だから，$D_1(qD - D_1) = 0$ となるような有理数 $q \geq 1$ がある．すると，$D_1^2 > 0$ と Hodge 指数定理から $(qD - D_1)^2 \leq 0$ である．一方，

$$\begin{aligned}(qD - D_1)^2 &= qD(qD - D_1) - D_1(qD - D_1) \\ &= qD(qD - D_1) \\ &= q(q-1)D^2 + qD(D - D_1)\end{aligned}$$

であり，$q \geq 1$, $D^2 > 0$, $D(D - D_1) > 0$ なので $(qD - D_1)^2 > 0$ となり，矛盾が生じた． □

特に，アンプルな曲線は数値的連結であり，必然的に鎖連結である．他方，Néron-Severi 群の負部分にも重要な連結曲線がある．基本サイクルである．

♣ **補題 3.15.** $\mathcal{A} = \bigcup_{i=1}^{N} A_i$ を既約曲線 A_i の成す連結集合とし，交点形式は半負定値だと仮定する．このとき，$\mathcal{A}$ 上の数値的基本サイクルは鎖連結である．逆に，$\mathcal{O}_D(-D)$ がネフであるような鎖連結曲線 D は，自身のサポート上の数値的基本サイクルである．

《証明》 数値的基本サイクル D は $-D$ が $\mathcal{A}$ 上ネフであるような最小の曲線だった．よって D のどんな真部分曲線 D_0 に対しても $A_i D_0 > 0$ となる既約成分 A_i が存在する．このとき $A_i(D - D_0) < 0$ なので $A_i \preceq D - D_0$ である．よって，$(D_0, D - D_0)$ は決して鎖非連結分割にはならないから，D は鎖連結である．逆に，鎖連結曲線 D に対して $\mathcal{O}_D(-D)$ がネフだとする．このとき $\mathrm{Supp}(D)$ 上の交点形式は半負定値である．D の任意の真部分曲線 D_0 に対して $(D_0, D - D_0)$ は鎖非連結分割ではないから，$CD_0 > 0$ となる $D - D_0$ の既約成分 C が存在する．すなわち $-D_0$ は $\mathrm{Supp}(D)$ 上でネフではない．よって D は $\mathrm{Supp}(D)$ 上で $-D$ がネフとなる最小の曲線であるから，数値的基本サイクルである． □

特異点論では，1 つの既約成分と基本サイクルを繋ぐ連結鎖は **計算列** (computation sequence) と呼ばれている．

基本サイクルは必ずしも数値的連結ではない．

▷ **例 3.16.** A, B, C を既約曲線とする．正整数 a に対し，$A^2 = -2a-2$，$B^2 = -a-2$，$C^2 = -6$，$AB = a+1$，$AC = 1$，$BC = 2$ が成立するとき，$D = 2A+2B+C$ とおけば D は自身のサポート上の基本サイクルであり，鎖連結である．一方，$(D-A-B)(A+B) = (A+B+C)(A+B) = 1-a \leq 0$ なので，D は数値的連結でない．a を大きくすれば，D の数値的連結性はどんどん悪くなる．

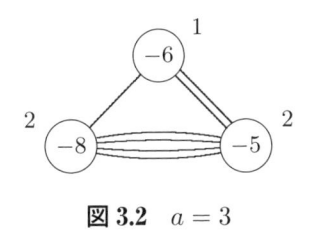

図 3.2　$a = 3$

♣ **補題 3.17.** D は自身のサポート上の数値的基本サイクルとする．$D^2 \geq -1$ ならば，D は数値的連結である．

《証明》 D が既約ならば明らかなので，可約であると仮定して真の部分曲線 $D_1 \prec D$ をとる．

まず，$D^2 = -1$ の場合を考える．このとき，交点形式は D のサポート上で負定値だから，$D_1^2 < 0$ かつ $(D-D_1)^2 < 0$ である．よって $-1 = D^2 = D_1^2 + (D-D_1)^2 + 2D_1(D-D_1) \leq -2 + 2D_1(D-D_1)$ だから，$D_1(D-D_1) \geq 1$ となり，D は数値的連結である．

次に $D^2 = 0$ とする．$\mathcal{O}_D(-D)$ はネフで $D^2 = 0$ だから，任意の既約成分 A に対して $AD = 0$ である．よって $D_1 D = 0$ より $D_1(D-D_1) = -D_1^2$ を得る．交点形式は D のサポートで半負定値だから，$D_1^2 \leq 0$ である．よって $D_1(D-D_1) \geq 0$ だが，もし等号が成立すれば $D_1^2 = 0$ でなければならない．しかしこのとき D_1 は D の有理数倍である．従って，適当な互いに素な自然数 n, m によって $nD_1 = mD$ と書けることになる．これは $-D_1$ が $\mathrm{Supp}(D)$ 上ネフであることを意味するが，他方 D は数値的サイクルなので，このような

性質をもつ曲線のうち最小なのだから $D \preceq D_1$ でなければならない．これは $D_1 \prec D$ に矛盾である．従って $D_1^2 = 0$ とはならないから，$D_1(D - D_1) > 0$ が成立する． □

♣ **補題 3.18.** D を非特異曲面 X 上の鎖連結曲線とする．点 $p \in D$ をとり

$$\nu = \min\{\mathrm{mult}_p(A) \mid A \text{ は } p \text{ を通る } D \text{ の既約成分}\}$$

とおく．p を中心とするブローアップを $\rho : \tilde{X} \to X$ とし，$E = \rho^{-1}(p)$ を例外曲線とするとき，$\rho^*D - \nu E$ は鎖連結である．特に，$\rho^*D - E$ と ρ^*D は鎖連結である．

《証明》 まず A を $\mathrm{mult}_p(A) = \nu$ をみたす既約成分とし，A と D を繋ぐ連結鎖を $D_0 = A, D_1, \ldots, D_m = D$ とする．A の固有変換を $\overline{A}$ とすれば $\rho^*A = \overline{A} + \nu E$ である．$\overline{D_i} = \rho^*D_i - \nu E$ とおく．$\overline{D_0} = \overline{A}$ であり，$i > 0$ なら $\overline{D_i} - \overline{D_{i-1}} = \rho^*D_i - \rho^*D_{i-1} = \rho^*C_i$ なので，$\overline{D_i}$ は曲線である．$\overline{D_0}$ と $\overline{D_m} = \rho^*D - \nu E$ を繋ぐ連結鎖を構成したい．もし ρ^*C_i が既約ならば $\overline{D_{i-1}}, \overline{D_i}$ をその一部として採用する．ρ^*C_i が可約なときに，$\overline{D_{i-1}}$ と $\overline{D_i}$ を繋ぐ連結鎖を構成すれば十分である．さて，ρ^*C_i が可約ならば $p \in C_i$ なので，$\mu_i = \mathrm{mult}_p(C_i)$ とおけば $\mu_i \geq \nu$ である．$\overline{C_i}$ を C_i の固有変換とすれば $\rho^*C_i = \overline{C_i} + \mu_i E$ となる．さて，$\Gamma_j = \overline{D_{i-1}} + jE$ $(j = 0, \ldots, \nu)$，$\Gamma_{\nu+1} = \Gamma_\nu + \overline{C_i}$，$\Gamma_{\nu+1+k} = \Gamma_{\nu+1} + kE$ $(k = 0, \ldots, \mu_i - \nu)$ とおく．このとき，$\Gamma_j - \Gamma_{j-1}$ はすべて既約曲線で，$j \leq \nu$ ならば $E\Gamma_{j-1} = E(\rho^*D_{i-1} - (\nu - j + 1)E) = \nu + 1 - j > 0$，$\overline{C_i}\Gamma_\nu = \overline{C_i}\rho^*D_{i-1} = C_iD_{i-1} > 0$ であり，$0 \leq k < \mu_i - \nu$ ならば $E\Gamma_{\nu+1+k} = E(\rho^*D_{i-1} + \overline{C_i} + kE) = \mu_i - k > \nu > 0$ となる．すなわち $\overline{D_{i-1}}$ と $\overline{D_i}$ を繋ぐ連結鎖 $\Gamma_0, \ldots, \Gamma_{\mu_i+1}$ が構成できた．

$\nu \geq 1$ であり $E(\rho^*D - \nu E) = \nu$ なので，補題 3.6 (2) より $\rho^*D - (\nu-1)E$ は鎖連結である．全く同じ論法で，$\rho^*D - kE$ は $0 \leq k \leq \nu$ に対して鎖連結であることが示される． □

次の命題は，2 次元正規特異点の例外集合上の基本サイクルに対してはよく知られている．

◇ **命題 3.19.** D を $\mathcal{O}_D(-D)$ がネフな鎖連結曲線とする．

(1) $p \in D$ を中心とするブローアップを ρ とすれば, $\rho^* D$ は自身のサポート上の数値的基本サイクルである.

(2) $p_a(D) \leq 1$ のとき, $\mathrm{Supp}(D)$ にサポートをもつ任意の曲線 Γ に対して $p_a(\Gamma) \leq p_a(D)$ が成立する.

《証明》 (1) $-D$ が $\mathrm{Supp}(D)$ 上ネフなので, $-\rho^* D$ も $\mathrm{Supp}(\rho^* D)$ 上ネフである. 補題 3.18 より $\rho^* D$ は鎖連結だから, 補題 3.15 より $\rho^* D$ は自身のサポート上の数値的基本サイクルである.

(2) $\Gamma = \sum_{i=1}^n \Gamma_i$ を Γ の鎖連結成分への分解とする. ここに Γ_i は鎖連結で $i < j$ ならば $\mathcal{O}_{\Gamma_j}(-\Gamma_i)$ はネフである. すると,

$$p_a(\Gamma) - 1 = \sum_{i=1}^n (p_a(\Gamma_i) - 1) + \sum_{i<j} \Gamma_i \Gamma_j \leq \sum_{i=1}^n (p_a(\Gamma_i) - 1)$$

である. Γ_i は鎖連結で $\mathrm{Supp}(\Gamma_i) \subseteq \mathrm{Supp}(D)$ であり, $\mathcal{O}_{\Gamma_i}(-D)$ はネフなので, 補題 3.6 (1) より $\Gamma_i \preceq D$ となる. よって $p_a(\Gamma_i) \leq p_a(D)$ が $i = 1, \ldots, n$ に対して成立する. 上の算術種数に関する不等式を使えば, $p_a(D) = 0$ のとき $p_a(\Gamma_i) = 0$ より $p_a(\Gamma) \leq 1 - n \leq 0$ が得られ, $p_a(D) = 1$ のとき $p_a(\Gamma_i) \leq 1$ なので $p_a(\Gamma) \leq 1$ となる. □

◇ **命題 3.20.** D を $p_a(D) = 0$ かつ $D^2 = -1$ をみたし $\mathcal{O}_D(-D)$ がネフな鎖連結曲線とする. このとき, ブローダウンを繰り返すことによって, D を非特異点に縮約できる.

《証明》 D の既約成分数に関する帰納法による. $h^1(D, \mathcal{O}_D) = 0$ なので, 系 2.9 より, D の任意の既約成分は $\mathbb{P}^1$ である. $D^2 = -1$ かつ $\mathcal{O}_D(-D)$ がネフであることから, 重複度 1 の既約成分 A で $AD = -1$ となるものが唯ひとつ存在し, A を除く既約成分と D の交点数は 0 である. もし $D = A$ ならば D は (-1) 曲線なので, Castelnuovo の縮約定理より非特異点にブローダウンされる. よって $D \neq A$ としてよい. $\deg K_D = -2$ なので, A とは異なる既約成分 C で $\deg K_D|_C < 0$ となるものが存在する. 実際, $D \neq A$ なので D の鎖連結性より $A(D - A) > 0$ が成立し, $\deg K_D|_A = \deg K_A + A(D - A) \geq -1$ となるからである. 全く同じ議論を C に適用して $\deg K_D|_C < 0$ より

$C(D-C) = 1$ を得る．$CD = 0$ なので $C^2 = -1$ となるから，Castelnuovo の縮約定理によって C は非特異点にブローダウンされる．それを $\rho : X \to X'$ とする．このとき，X' 上の曲線 D' と整数 k によって $D = \rho^* D' + kC$ と表示できるが，$0 = CD = C\rho^* D + kC^2 = -k$ なので，結局 $D = \rho^* D'$ である．また，ρ は双有理正則写像なので，$-1 = D^2 = (\rho^* D')^2 = (D')^2$ である．これと

$$-1 = K_X D = (\rho^* K_{X'} + C)\rho^* D' = (\rho^* K_{X'})(\rho^* D') = K_{X'} D'$$

より，$p_a(D') = 0$ が従う．また，$\mathcal{O}_{D'}(-D')$ がネフであることは容易にわかる．従って，補題 3.17 より D' は数値的連結であり，帰納法の仮定より D' は非特異点に縮約される．ρ と合成すれば，D を非特異点に縮約できたことになる． □

▼ 3.1.4 極小モデル

既約曲線の場合，算術種数が正ならば標準束の次数は 0 以上であった．可約曲線に対して「次数が 0 以上」という条件の言い換えは「ネフ」である．それでは，$p_a(D) > 0$ であるような鎖連結曲線 D に対して，K_D はネフだろうか？ そうでないなら，どうすれば標準束をネフにできるか．この節では，このような K_D の数値的性質に関連する問題を考察する．

▷ **定義 3.21.** D を非特異曲面 X 上の曲線とする．
(1) 次の 2 条件をみたす D の部分曲線 $D_{\min}$ を D の **極小モデル** (minimal model) と呼ぶ．

  (a) $\chi(D_{\min}, \mathcal{O}_{D_{\min}}) = \chi(D, \mathcal{O}_D)$,
  (b) $K_{D_{\min}} = (K_X + D_{\min})|_{D_{\min}}$ はネフ．

(2) D が可約曲線のとき，$E \simeq \mathbb{P}^1$ かつ $E(D - E) = m$ をみたす D の既約成分 E を $(-m)_D$ **曲線** と呼ぶ．

♣ **補題 3.22.** D を可約曲線とする．D の既約成分 E をとり $D' = D - E$ とおく．

(1) $ED' > 0$ ならば $\deg K_D|_E \geq -1$ かつ $\chi(D', \mathcal{O}_{D'}) \geq \chi(D, \mathcal{O}_D)$ が成立し，さらに以下の 4 条件は同値である．

(a) $\deg K_D|_E = -1$.

(b) E は $(-1)_D$ 曲線である.

(c) $\chi(D', \mathcal{O}_{D'}) = \chi(D, \mathcal{O}_D)$.

(d) $p = 0, 1$ のとき,制限写像 $H^p(D, \mathcal{O}_D) \to H^p(D', \mathcal{O}_{D'})$ は同型である.

(2) D が鎖連結曲線で E が $(-1)_D$ 曲線であるとき,次が成立する.

(i) E' を E とは異なる $(-1)_D$ 曲線とする.$D \neq E + E'$ ならば,E と E' は交わらず E' は $(-1)_{D'}$ 曲線である.

(ii) D' も鎖連結である.

《証明》 (1) 添加公式から,$\deg K_D|_E = \deg K_E + E(D-E) = 2p_a(E) - 2 + ED' \geq -2 + ED' \geq -1$ となる.特に (a) と (b) は同値である.また,完全列

$$0 \to \mathcal{O}_E(-D') \to \mathcal{O}_D \to \mathcal{O}_{D'} \to 0$$

と $ED' > 0$ より,$\chi(D', \mathcal{O}_{D'}) = \chi(D, \mathcal{O}_D) + h^1(E, -D') \geq \chi(D, \mathcal{O}_D)$ が得られる.これより,条件 (c) と (d) はどちらも $H^1(E, -D') = 0$ と同値であることがわかる.一方,$ED' > 0$ のとき $H^1(E, -D') = 0$ と (b) すなわち「$E \simeq \mathbb{P}^1$ かつ $ED' = 1$」は同値である.以上で 4 条件の同値性が示された.

(2) D が鎖連結とする.$D - E$ が鎖非連結分割 (A, B) をもったとする.このとき $-A$ は B 上ネフであるが,D は鎖連結なので,$-A$ は $B + E$ 上ネフではない.よって $AE > 0$ である.E は B の成分ではないから $EB \geq 0$ である.他方 $1 \leq EA = E(D - E - B) = 1 - EB$ より $EB \leq 0$ だから,$EB = 0$ となり E と B は交わらない.よって $\mathcal{O}_B(-A - E)$ はネフで,$(A + E, B)$ が D の鎖非連結分割になってしまう.よって $D' = D - E$ も鎖連結である.

C が E と異なる既約成分のとき,D' の鎖連結性から $D' \neq C$ である限り $(D' - C)C > 0$ となる.また,$CE \geq 0$ より $\deg K_{D'}|_C = \deg K_D|_C - CE \leq \deg K_D|_C$ を得る.従って,$D \neq E + E'$ のとき (1) より $(-1)_D$ 曲線 E' は必然的に $(-1)_{D'}$ 曲線になる.また $EE' = 0$ でなければならない. □

♠ 系 3.23. D を $p_a(D) > 0$ であるような鎖連結曲線とする.このとき D の極小モデル $D_{\min}$ が唯ひとつ存在する.さらに $D_{\min}$ は次の性質をもつ.

(1) $D_{\min}$ は鎖連結である.

(2) K_Δ がネフであるような D の部分曲線 Δ について, $\Delta \preceq D_{\min}$ である.

(3) $\chi(\Delta, \mathcal{O}_\Delta) = \chi(D, \mathcal{O}_D)$ であるような D の部分曲線 Δ に対して, $D_{\min} \preceq \Delta$ である.

《証明》 $p_a(D) > 0$ なので, D が既約であるか, または $(-1)_D$ 曲線をもたないならば K_D はネフであり $D = D_{\min}$ となる. D が可約で $(-1)_D$ 曲線 E をもつとき, 補題より $D - E$ は鎖連結で $p_a(D - E) = p_a(D) > 0$ である. 従って既約成分の数に関する帰納法より, (1) をみたす極小モデル $D_{\min}$ の存在が従う. 極小モデルが唯一であることを示すためには, 我々のモデル $D_{\min}$ が性質 (2), (3) をもつことを示せば十分である.

性質 (2), (3) を既約成分の数に関する帰納法で証明する.

(2) 部分曲線 Δ について K_Δ はネフであるとする. もし K_D がネフならば $D_{\min} = D$ なので, 明らかに $\Delta \preceq D_{\min}$ が成立する. K_D がネフでなければ $(-1)_D$ 曲線 E が存在する. $E \prec \Delta$ ならば, K_Δ はネフなので $0 \leq \deg K_\Delta|_E = -2 + E(\Delta - E)$ が成立する. 一方 $E(D-E) = 1$ なので, $E(D - \Delta) = E(D - E) - E(\Delta - E) < 0$ となり, $E \preceq D - \Delta$ である. もちろん $E \not\prec \Delta$ なら $E \preceq D - \Delta$ である. よって, いずれにせよ $\Delta \preceq D - E$ であり, Δ も $D_{\min}$ も鎖連結曲線 $D - E$ の部分曲線なので, 帰納法の仮定より $\Delta \preceq D_{\min}$ が成立する.

(3) Δ を部分曲線とすれば, D の鎖連結性から, Δ と D を繋ぐ連結鎖 $\Delta = D_0, D_1, \ldots, D_m = D$ がある. $E_i = D_i - D_{i-1}$ は既約曲線である. もし $m = 0$ ならば $\Delta = D$ であって主張は自明である. $m > 0$ とする. $\chi(\Delta, \mathcal{O}_\Delta) = \chi(D, \mathcal{O}_D)$ なので, 補題 3.22 から E_m は $(-1)_D$ 曲線でなければならない. よって Δ も $D_{\min}$ も $D - E_m$ の部分曲線だから, 帰納法の仮定より $D_{\min} \preceq \Delta$ である. □

▷ **例 3.24.** 鎖連結でない場合には, 極小モデルは存在するとしても唯一とは限らない. 例えば非特異楕円曲線 $C \subset X$ で $\mathcal{O}_C(C)$ が $\mathrm{Pic}^0(C)$ の無限位数の元を定めるとする. このとき, 正整数 m に対して K_{mC} は C 上ネフ (次数零) であり, 制限写像 $H^p(mC, \mathcal{O}_{mC}) \to H^p(C, \mathcal{O}_C)$ は $p = 0, 1$ に対して同

型である．2以上の整数 n をとれば $D = nC$ は鎖連結ではなく，$1 \leq m \leq n$ なる任意の整数 m に対して，mC は D の極小モデルである．

鎖連結な D であっても $p_a(D) = 0$ なら極小モデルは唯一とは限らない．例えば，2つの $\mathbb{P}^1$ が1点でのみ横断的に交わっているものを考えれば，どちらの既約成分も $(-1)_D$ 曲線だから，ひとつを取り除いて残った成分が極小モデルとなる．よって極小モデルは2つある．

代数曲面の極小モデルから類推すれば，鎖連結曲線 D に対しても $D - D_{\min}$ は「有理的」で $\mathbb{P}^1$ の樹木 (tree) になるものと想像される．しかし，次の例が示すように，一般には $h^1(D - D_{\min}, \mathcal{O}_{D - D_{\min}}) = 0$ は成り立たない．

▷ **例 3.25.** D を例 3.16 の基本サイクルとする．$D = 2A + 2B + C$ であり，既約成分 A, B, C は正整数 a に対して

$$A^2 = -2a - 2,\ B^2 = -a - 2,\ C^2 = -6,\ AB = a+1,\ AC = 1,\ BC = 2$$

をみたしていた．A と B が $\mathbb{P}^1$ だとすると，$(D-A)A = (A + 2B + C)A = -2(a+1) + 2(a+1) + 1 = 1$，$(D - A - B)B = (A + B + C)B = a + 1 - (a + 2) + 2 = 1$ なので，A は $(-1)_D$ 曲線，B は $(-1)_{D-A}$ 曲線であり，$D_{\min} = D - A - B = A + B + C$ が D の極小モデルとなる．この場合，$p_a(A + B) = h^1(A + B, \mathcal{O}_{A+B}) = a > 0$ である．よって $D - D_{\min}$ の算術種数がいくらでも大きい例が存在する．

▼ **3.1.5 線形系の基点**

この節では，可約な鎖連結曲線 D 上の直線束 $|L|$ で $L - K_D$ がネフなものに対して完備線形系 $|L|$ の基点を調べる．付録に，必ずしも非特異とは限らない既約な射影曲線上の線形系に関する基本事項をまとめてあるので，適宜，参照すること．

補題 2.10 を適用すると，次が得られる．

◇ **命題 3.26.** L を鎖連結曲線 D 上の直線束で，$L - K_D$ がネフかつ「$L \equiv K_D \Rightarrow L = K_D$」であるものとする．このとき，$p \in \mathrm{Bs}|L|$ に対して，次の (1)–(4) をみたす $p \in A \preceq \Delta$ なる既約成分 A と鎖連結な部分曲線 Δ が存在する：

(1) p は A および Δ の非特異点である,

(2) $\mathcal{O}_A(L) \simeq \omega_\Delta \otimes \mathcal{O}_A(p)$；もし $\Delta = D$ なら $\mathcal{O}_D(L) \simeq \mathcal{O}_D(K_D + p)$ が成立する,

(3) $K_\Delta - L$ は $\Delta - A$ 上ネフである,

(4) 制限写像 $H^0(D, L) \to H^0(\Delta, L)$ は全射である.

《証明》 D が素因子の場合は既知なので, 以下 D は素因子でないと仮定する. $|L|$ の基点 p に対し, $p \in A$ なる既約成分 A をとる. A を含み, 制限写像 $H^0(D, L) \to H^0(\Delta, L)$ が全射であり半順序 $\preceq$ について極小な部分曲線 $\Delta = \Delta_A$ をとる. 点 p を含む既約成分は高々有限個なので, A は対応する Δ_A が極小であるように選んでおく.

まず, $\Delta = A$ と仮定する. このとき p は $|\mathcal{O}_A(L)|$ の基点である. 従って特に $\deg L|_A \leq 2p_a(A) - 1 = \deg K_A + 1$ でなければならない (命題 A.12). $K_A = (K_D - (D-A))|_A$ なので, $\deg(L - K_D)|_A + (D - A)A \leq 1$ を得る. D は鎖連結なので, $D \neq A$ ならば $(D - A)A > 0$ であり, 仮定より $\deg(L - K_D)|_A \geq 0$ である. よって, $\deg(L - K_D)|_A = 0$ かつ $(D - A)A = 1$ である. また, $\deg L|_A = 2p_a(A) - 1$ なので, 命題 A.12 より p は A の非特異点であり, $H^1(A, L - p) \neq 0$ より $\mathcal{O}_A(L) \simeq \omega_A(p)$ を得る.

次に $\Delta = D$ の場合を考える. まず $K_D - L$ がネフでないことを示す. $K_D - L$ がネフならば (仮定より $L - K_D$ はネフなので) L と K_D は数値的同値である. このとき仮定より $L = K_D$ である. B を $D - A$ の既約成分とし,

$$0 \to \mathcal{O}_B(K_B) \to \mathcal{O}_D(K_D) \to \mathcal{O}_{D-B}(K_D) \to 0$$

を考える. $H^1(B, K_B) \to H^1(D, K_D)$ は, 制限写像 $H^0(D, \mathcal{O}_D) \to H^0(B, \mathcal{O}_B)$ の転置写像に他ならず, 従って今の場合には同型である. しかしこれは制限写像 $H^0(D, K_D) \to H^0(D - B, K_D)$ が全射であることを意味するから, $A \preceq D - B$ より $\Delta = D$ であることに矛盾する. 従って $K_D - L$ はネフではない. すると, 補題 2.10 より A は D の重複度 1 の成分で, $K_D - L$ は $D - A$ 上ネフである. よって L と K_D は $D - A$ 上で数値的同値である. また $\deg L|_A > \deg K_D|_A$ であり, 制限写像 $H^0(D, L) \to H^0(A, L)$ の像は, 自然な包含写像 $H^0(A, L - (D - A)) \hookrightarrow H^0(A, L)$ の像を含む.

従って，もし $p \notin A \cap (D-A)$ ならば，$p \in \mathrm{Bs}|\mathcal{O}_A(L-(D-A))|$ である．$\deg(L-(D-A))|_A > \deg K_A$ なので，命題 A.12 より $\deg(L-(D-A))|_A = 2p_a(A)-1$ かつ p は A の非特異点で，$\deg(L-K_D)|A = 1$ を得る．このとき $\mathcal{O}_A(L-(D-A)) \simeq \omega_A(p)$ すなわち $\mathcal{O}_A(L) \simeq \omega_D \otimes \mathcal{O}_A(p)$ である．p は D の非特異点でもあるから $\mathcal{O}_D(L-p)$ は可逆層であり，K_D と数値的同値である．また，$H^1(D, L-p) \neq 0$ である．D は鎖連結だから従って $\mathcal{O}_D(L-p) \simeq \omega_D$，すなわち $\mathcal{O}_D(L) \simeq \omega_D \otimes \mathcal{O}_D(p)$ が成立する．$p \in A \cap (D-A)$ ならば，A とは異なる既約成分 B で p を含むものが存在する．A の代わりに B を用いて議論すると，$\deg(L-K_D)|_B = 0$ なので，B に対する Δ_B は D と一致しない．これは A のとり方に矛盾する．

$\Delta \neq A, D$ とする．Δ 上 $K_\Delta - L = K_D - L - (D-\Delta)$ であり，D は鎖連結なので，$(D-\Delta)C > 0$ なる既約成分 $C \preceq \Delta$ が存在するから $K_\Delta - L$ はネフになり得ない．よって A は Δ の重複度 1 の成分であり，$K_\Delta - L$ は $\Delta - A$ 上ネフである．特に $\Delta - A$ の各既約成分 B について $(D-\Delta)B \leq -\deg(L-K_\Delta)|_B \leq 0$ である．もし $p \notin A \cap (\Delta - A)$ ならば，先と同様の議論によって $p \in A$ は非特異点，$\deg(L-K_\Delta)|_A = 1$ を得る．このとき $\mathcal{O}_A(L) \simeq \omega_\Delta \otimes \mathcal{O}_A(p)$ である．$p \in A \cap (\Delta - A)$ ならば，$p \in B$ かつ $B \neq A$ なる成分 B がある．$H^1(A, L-(\Delta-A)) = 0$ なので $H^0(\Delta, L) \to H^0(\Delta - A, L)$ は全射である．よって B に対する Δ_B は $\Delta = \Delta_A$ の部分曲線でしかも A を含まないことがわかる．これは A のとり方に矛盾する．よって p は Δ の非特異点でもある．

最後に Δ が鎖連結であることを示す．$\Delta = D$ または A ならば明らかだから $A \prec \Delta \prec D$ と仮定してよい．とり方から Δ のサポートは連結集合である．Δ の鎖連結成分 Γ をとる．このとき $\mathcal{O}_{\Delta-\Gamma}(-\Gamma)$ はネフであり，$\mathrm{Supp}(\Delta) = \mathrm{Supp}(\Gamma)$ である．特に $A \preceq \Gamma$ となる．よって $\mathcal{O}_{\Delta-\Gamma}(-(D-\Delta))$ はネフだから，$\mathcal{O}_{\Delta-\Gamma}(-(D-\Delta+\Gamma))$ もネフである．D は鎖連結だから $\Delta = \Gamma$ でなければならず，従って Δ は鎖連結である． $\square$

♠ 系 3.27. $p_a(D) > 0$ なる鎖連結曲線 D の標準線形系の固定成分は，高々非特異有理曲線からなる．

《証明》 既約成分 A が $\mathrm{Bs}|K_D|$ に含まれていると仮定する．A には D の他の既約成分上にない非特異点が無数に存在する．また，A を含む D の部

分曲線の数は高々有限個である．従って，A の無数の非特異点 p に対して $\mathcal{O}_A(K_D) \simeq \omega_\Delta \otimes \mathcal{O}_A(p)$ が成り立つような部分曲線 Δ が存在する．特に，異なる 2 つの非特異点 p_1, p_2 に対して $\omega_\Delta \otimes \mathcal{O}_A(p_1) \simeq \omega_\Delta \otimes \mathcal{O}_A(p_2)$ が成立するので，$\mathcal{O}_A(p_1) \simeq \mathcal{O}_A(p_2)$ である．よって補題 A.11 より $A \simeq \mathbb{P}^1$ である． □

◇ **命題 3.28.** L を鎖連結曲線 D 上の直線束で，$L \equiv K_D$ かつ $L \neq K_D$ なるものとする．このとき，$p \in \mathrm{Bs}|L|$ に対して，次のいずれかが成立する．

(1) p を通る既約曲線 A と，A を非重複成分とする鎖連結部分曲線 Δ が存在して，p は Δ の非特異点であり，$\mathcal{O}_A(L) \simeq \omega_\Delta \otimes \mathcal{O}_A(p)$ が成り立つ．

(2) p は D の非特異点であり，p と異なる非特異点 q があって $\mathcal{O}_D(L) = \omega_D \otimes \mathcal{O}_D(p - q)$ となる．

(3) p は D の特異点であり，$\widehat{D}$ を p におけるブローアップ ρ による D の全引き戻しとすれば，$\mathcal{O}_{\widehat{D}}(\rho^*(L - K_D)) \simeq \mathcal{O}_{\widehat{D}}$ が成り立つ．

《**証明**》 D は素因子でないと仮定してよい．D は鎖連結なので，仮定より $H^1(D, L) = 0$ である．完全列

$$0 \to \mathfrak{m}_p \mathcal{O}_D(L) \to \mathcal{O}_D(L) \to L_p \to 0$$

を考える．制限写像 $H^0(D, L) \to L_p$ は零写像なので，$H^1(D, \mathfrak{m}_p \mathcal{O}_D(L)) \simeq \mathbb{C}$ を得る．従って Serre 双対定理より $\mathrm{Hom}(\mathfrak{m}_p \mathcal{O}_D, \omega_D) \neq 0$ だから，補題 2.12 より $p \in \Delta$ なる部分曲線 Δ および単射 $s : \mathfrak{m}_p \mathcal{O}_\Delta(L) \to \omega_\Delta$ が存在する．

まず，$\Delta \neq D$ とする．Δ 上 $K_\Delta = K_D - (D - \Delta)$ である．D は鎖連結なので，$(D - \Delta)A > 0$ なる既約成分 $A \preceq \Delta$ があるが，$0 \leq \deg \omega_\Delta|_A - \deg(\mathfrak{m}_p \mathcal{O}_A(L)) \leq \deg(K_D - L)|_A - (D - \Delta)A + 1$ なので，$p \in A$, $(D - \Delta)A = 1$ である．このような A すべての和を Γ としても，$0 \leq \deg(K_D - L)|_\Gamma - (D - \Delta)\Gamma + 1$ が成立しなければならないから，Γ はただ 1 つの既約成分 A のみからなり，$\Delta - A$ の既約成分 B については $(D - \Delta)B \leq 0$ でなければならない．すなわち p を含む既約成分は A のみであり，さらに A は Δ の重複度 1 の成分であって，$K_\Delta - L$ は $\Delta - A$ 上ネフである．また，$\mathfrak{m}_p \mathcal{O}_A(L) \simeq \omega_\Delta \otimes \mathcal{O}_A$ なので，p は A の非特異点であり $\mathcal{O}_A(L) \simeq \omega_\Delta \otimes \mathcal{O}_A(p)$

が成り立つ．上で見たことから Δ は p で非特異である．Δ が鎖連結であることは命題 3.26 と同様に証明できる．

次に $\Delta = D$ とする．p が D の非特異点ならば，$\mathfrak{m}_p\mathcal{O}_D(L)$ は ω_D の可逆部分層と同型である．よって，非特異点 q があって $\mathfrak{m}_p\mathcal{O}_D(L) \simeq \mathfrak{m}_q\omega_D$ となるから，(2) が成り立つ．p が特異点のときは，$\mathfrak{m}_p\mathcal{O}_D(L) \hookrightarrow \omega_D$ より，$\mathfrak{m}_p\mathcal{O}_D(L) \to \mathfrak{m}_p\omega_D$ は同型である．よって $\mathfrak{m}_p$ でブローアップすれば，$\mathfrak{m}_p\mathcal{O}_{\widehat{D}}$ は Cartier 因子を定めるから，$\mathcal{O}_{\widehat{D}}(\rho^*(L-K_D)) \simeq \mathcal{O}_{\widehat{D}}$ が成り立つ．このとき p における正規化を考えれば，p が 2 重点であることを見るのはさほど難しくない． □

3.2 数値的連結曲線

この節では，数値的連結曲線 D に関連する事項をまとめる．

♣補題 3.29. 数値的 k 連結曲線 D が，$D_1D_2 = k$ なる有効分解 $D = D_1 + D_2$ をもつとき，次が成立する．

(1) D_1 と D_2 は共に数値的 $[(k+1)/2]$ 連結である．

(2) もし D_1 の真の部分曲線 D_1' で $D_1'(D-D_1') = k$ となるものが存在しなければ，すなわち D_1 が $D_1(D-D_1) = k$ なる条件下で極小ならば，D_1 は数値的 $[(k+3)/2]$ 連結である．

(3) $k > 0$ ならば，$p_a(D) \geq k - 1$ である．

《証明》 (1) $D_1 = A + B$ を有効分解とする．$A + (B + D_2)$ と $B + (A + D_2)$ は両方とも D の有効分解を与えるから，

$$k \leq A(B + D_2) = AB + AD_2, \quad k \leq B(A + D_2) = AB + BD_2$$

である．辺々加えて $2k \leq 2AB + (A+B)D_2 = 2AB + D_1D_2 = 2AB + k$ となるから，$AB \geq k/2$ である．従って D_1 は数値的 $[(k+1)/2]$ 連結である．D_2 についても同様である．

(2) 上と同じ記号を用いる．仮定より $k+1 \leq A(B+D_2), k+1 \leq B(A+D_2)$ なので，$2AB \geq k+2$ である．

(3) (1) より D_1, D_2 は数値的連結だから, $p_a(D_1), p_a(D_2)$ は共に非負である. よって $p_a(D) = p_a(D_1) + p_a(D_2) - 1 + k \geq k - 1$ である. 従って, もし数値的連結曲線 D が数値的 $p_a(D) + 2$ 連結ならば, D は素因子である. 例えば, 2 つの非特異有理曲線が異なる k 点で交わっているものを D とすれば, D は数値的 k 連結であり, $p_a(D) = k - 1$ である. □

数値的 0 連結曲線に定理 3.7 を適用すれば, 次が得られる.

♣ **補題 3.30.** 数値的 0 連結曲線 D は $D = \Gamma_1 + \cdots + \Gamma_n$ と分解する. ここに各 Γ_i は鎖連結かつ数値的 0 連結な曲線であり, $\mathcal{O}_{\Gamma_i + \cdots + \Gamma_n}(-\Gamma_{i-1})$ は数値的に自明である. 特に, $i < j$ のとき $\Gamma_i \Gamma_j = 0$ であって, $\Gamma_j \preceq \Gamma_i$ または $\mathrm{Supp}(\Gamma_i) \cap \mathrm{Supp}(\Gamma_j) = \emptyset$ が成立する. さらに $h^0(D, \mathcal{O}_D) \leq 1 + \sum_{i=2}^n h^0(\Gamma_i, -(\Gamma_1 + \cdots + \Gamma_{i-1})) \leq n$ である.

《証明》 $D = \Gamma_1 + \cdots + \Gamma_n$ を (3.1.1) のような鎖連結成分分解 (定理 3.7) とする. $\mathcal{O}_{\Gamma_i + \cdots + \Gamma_n}(-\Gamma_{i-1})$ はネフである. $i = 2$ の場合を考えると, D が数値的 0 連結だから $\Gamma_1(\Gamma_2 + \cdots + \Gamma_n) = 0$ である. よって Γ_1 も $\Gamma_2 + \cdots + \Gamma_n$ も数値的 0 連結であり, $\mathcal{O}_{\Gamma_2 + \cdots + \Gamma_n}(-\Gamma_1)$ は数値的に自明である. 同様にして, $\Gamma_i + \cdots + \Gamma_n$ が 0 連結であり, $\mathcal{O}_{\Gamma_i + \cdots + \Gamma_n}(-\Gamma_{i-1})$ が数値的に自明であることを帰納的に証明できる.

最後の主張については, 完全列

$$0 \to \mathcal{O}_{\Gamma_i}(-(\Gamma_1 + \cdots + \Gamma_{i-1})) \to \mathcal{O}_{\Gamma_1 + \cdots + \Gamma_i} \to \mathcal{O}_{\Gamma_1 + \cdots + \Gamma_{i-1}} \to 0$$

を用いて帰納的に議論すればよい. 各 Γ_i は鎖連結である. $\mathcal{O}_{\Gamma_i}(-(\Gamma_1 + \cdots + \Gamma_{i-1}))$ は数値的に自明なので $h^0(\Gamma_i, -(\Gamma_1 + \cdots + \Gamma_{i-1})) \leq 1$ であり, 等号成立はそれが自明なときに限る. □

◇ **命題 3.31.** 数値的連結曲線 D の真部分曲線 Δ に対して, $h^0(\Delta, \mathcal{O}_\Delta) \leq \Delta(D - \Delta)$ が成立する. ここで等号が成立すれば, Δ は次の (1)–(3) をみたす分解

$$\Delta = \Gamma_1 + \cdots + \Gamma_n$$

をもつ. ただし, $n = \Delta(D - \Delta)$ である.

3.2 数値的連結曲線

(1) 各 Γ_i は, $(D-\Delta)\Gamma_i = (D-\Gamma_i)\Gamma_i = 1$ をみたす数値的連結曲線である.

(2) $D - \Delta$ は数値的連結である.

(3) $i < j$ のとき $\mathcal{O}_{\Gamma_j}(-\Gamma_i) \simeq \mathcal{O}_{\Gamma_j}$ であり, $\mathrm{Supp}(\Gamma_i) \cap \mathrm{Supp}(\Gamma_j) = \emptyset$ または $\Gamma_j \preceq \Gamma_i$ のどちらかが成立する.

《**証明**》 Δ を定理 3.7 に従って, $\Delta = \Gamma_1 + \cdots + \Gamma_n$ のように鎖連結曲線の和に分解する. $i < j$ ならば $\Gamma_i \Gamma_j \leq 0$ である. D は数値的連結なので, $1 \leq (D-\Gamma_i)\Gamma_i = (D-\Delta)\Gamma_i + \Gamma_i \sum_{j \neq i} \Gamma_j$ を得る. よって, これを $i = 1, \ldots, n$ について足し合わせると,

$$n \leq (D-\Delta)\Delta + 2\sum_{i<j} \Gamma_i \Gamma_j$$

となる. 他方, $h^0(\Delta, \mathcal{O}_\Delta) \leq h^0(\Gamma_1, \mathcal{O}_{\Gamma_1}) + \sum_{i=2}^n h^0(\Gamma_i, -(\Gamma_1 + \cdots + \Gamma_{i-1}))$ であるが, 命題 3.8 より, $h^0(\Gamma_i, -(\Gamma_1 + \cdots + \Gamma_{i-1})) \leq 1 - \Gamma_i \sum_{j<i} \Gamma_j$ だから, $h^0(\Delta, \mathcal{O}_\Delta) \leq n - \sum_{i<j} \Gamma_i \Gamma_j$ を得る. よって

$$h^0(\Delta, \mathcal{O}_\Delta) \leq n - \sum_{i<j} \Gamma_i \Gamma_j \leq (D-\Delta)\Delta + \sum_{i<j} \Gamma_i \Gamma_j \leq (D-\Delta)\Delta$$

となる. もし $h^0(\Delta, \mathcal{O}_\Delta) = (D-\Delta)\Delta$ ならば, 上の不等式は至るところ等号が成立する. よって $i < j$ のとき $\Gamma_i \Gamma_j = 0$ であって $(D-\Gamma_i)\Gamma_i = (D-\Delta)\Gamma_i = 1$ である. D は数値的連結で $(D-\Gamma_i)\Gamma_i = 1$ なので, Γ_i および $D-\Gamma_i$ は数値的連結である. 特に, $D-\Gamma_1$ は数値的連結であり, $(D-\Gamma_1-\Gamma_2)\Gamma_2 = 1$ なので, $D-\Gamma_1-\Gamma_2$ も数値的連結である. 以下同様に, $D-\Gamma_1-\cdots-\Gamma_i$ が数値的連結であることを示すことができる. よって, $D-\Delta$ もそうである. $i < j$ のとき $\mathcal{O}_{\Gamma_j}(-\Gamma_i)$ はネフで $\Gamma_i \Gamma_j = 0$ だから, $\mathcal{O}_{\Gamma_j}(-\Gamma_i)$ は数値的に自明である. さて, $h^0(\Delta, \mathcal{O}_\Delta) = n$ だから, 各 i について $\mathcal{O}_{\Gamma_i}(-(\Gamma_1 + \cdots + \Gamma_{i-1})) \simeq \mathcal{O}_{\Gamma_i}$ が成立する. 特に $\mathcal{O}_{\Gamma_2}(-\Gamma_1) \simeq \mathcal{O}_{\Gamma_2}$ である. 従って Γ_2 に含まれるような Γ_i については $\mathcal{O}_{\Gamma_i}(-\Gamma_1) \simeq \mathcal{O}_{\Gamma_i}$ が成立する. 同様に, $\{\Gamma_i\}_{i=1}^n$ の勝手な極大元 Γ_j と Γ_i に含まれるもののうちで極大な Γ_j に対して $\mathcal{O}_{\Gamma_j}(-\Gamma_i) \simeq \mathcal{O}_{\Gamma_j}$ となる. よって任意の $\Gamma_k \preceq \Gamma_j$ に対して $\mathcal{O}_{\Gamma_k}(-\Gamma_i) \simeq \mathcal{O}_{\Gamma_k}$ となる. あとは, 帰納法を用いて議論すればよい. □

88　第 3 章　曲面上の曲線

♣ **補題 3.32.** D を数値的連結曲線とする．D_1, D_2 は D の部分曲線で，$D_i(D-D_i)=1\,(i=1,2)$ をみたすものとする．

(1) D_1 と D_2 が共通成分をもたないならば，次の (a), (b) どちらかが成り立つ．

　(a) $\mathrm{Supp}(D_1)\cap\mathrm{Supp}(D_2)=\emptyset$,　(b) $D_1D_2=1$ かつ $D=D_1+D_2$.

(2) D_1 と D_2 が共通成分をもつとする．もし，D_1 の真の部分曲線 D' で $D'(D-D')=1$ となるものが存在しなければ，$D_1 \preceq D_2$ である．

《証明》　(1) 仮定から $D_1+D_2 \preceq D$ かつ $D_1D_2 \geq 0$ である．

$$(D_1+D_2)(D-D_1-D_2) = D_1(D-D_1)+D_2(D-D_2)-2D_1D_2$$
$$= 2-2D_1D_2$$

である．$D=D_1+D_2$ ならば $D_1D_2=1$ である．共通成分をもたないので，D_1 と D_2 は 1 点で横断的に交わる．もちろん交点はそれぞれの非特異点である．$D=D_1+D_2$ でなければ D の数値的連結性から $(D_1+D_2)(D-D_1-D_2)>0$ なので $D_1D_2 \leq 0$ を得る．D_1 と D_2 は共通成分をもたないから，$D_1D_2=0$ であり $D_1\cap D_2 =\emptyset$ である．

(2) $A=\gcd(D_1,D_2)$(最大公約因子) として，$B=D_1-A, C=D_2-A$ とおく．もし $C=0$ なら $D_2=A \preceq D_1$ なので，D_1 に対する仮定から $B=0$, $D_1=D_2$ を得る．従って，$C\neq 0$ と仮定してよい．

　$B\neq 0$ と仮定して矛盾を導く．B,C は共通成分をもたないから $BC \geq 0$ が成り立つことに注意する．$A+B+C \preceq D$ であり

$$(A+B+C)(D-A-B-C)$$
$$=D_1(D-D_1)+D_2(D-D_2)-A(D-A)-2BC$$
$$=2-A(D-A)-2BC$$

である．また，D_1 についての仮定から，$A(D-A) \geq 2$ である．$(A+B+C)(D-A-B-C) \geq 0$ なので，$A(D-A)=2, BC=0$ かつ $D=A+B+C$ でなければならない．一方，D_1 は補題 3.29 から数値的 2 連結なので $AB \geq 2$ であり，D_2 は数値的連結だから $AC \geq 1$ である．このとき，$A(D-A)=$

$A(B+C) \geq 3$ となり上で見たことに矛盾する．従って $B = 0$ でなければならない．つまり $D_1 \preceq D_2$ である． □

♣ 補題 3.33. $h^0(D, \mathcal{O}_D) = 1$ をみたす曲線は数値的 $1 - p_a(D)$ 連結である．特に $p_a(D) = 0$ の鎖連結曲線は，数値的連結である．

《証明》 $D = D_1 + D_2$ を有効分解とすれば，$p_a(D) = p_a(D_1) + p_a(D_2) - 1 + D_1 D_2$ だった．仮定より $p_a(D) = h^1(D, \mathcal{O}_D)$ なので，$p_a(D_i) \leq h^1(D_i, \mathcal{O}_{D_i}) \leq h^1(D, \mathcal{O}_D) = p_a(D)$ だから，$D_1 D_2 \geq 1 - p_a(D)$ が成り立つ． □

従って $p_a(D) = 0$ のとき，数値的連結性はそれほど強い制限ではない．

♣ 補題 3.34. D が数値的 2 連結ならば，次のどちらかが成り立つ．
(1) 標準束 K_D はネフで，$p_a(D) > 0$ である．
(2) D は既約で $p_a(D) = 0$ (つまり $D \simeq \mathbb{P}^1$) である．
特に，$p_a(D) = 1$ の数値的 2 連結曲線 D に対して，$\omega_D \simeq \mathcal{O}_D$ であって，D が可約ならば既約成分はすべて $(-2)_D$ 曲線である．

《証明》 数値的 2 連結曲線 D は $(-1)_D$ 曲線をもち得ないから，補題 3.22 より (1) または (2) のいずれか一方が起こる．D を $p_a(D) = 1$ の数値的 2 連結曲線とする．(1) より K_D はネフだから，D の任意の既約成分 C に対して $\deg K_D|_C \geq 0$ である．他方，$\deg K_D = 2p_a(D) - 2 = 0$ なので，$\deg K_D|_C = 0$ でなければならない．よって K_D は数値的に自明であり，しかも $h^0(D, K_D) \neq 0$ だから，$\omega_D \simeq \mathcal{O}_D$ である．さらに D が可約のとき，C を既約成分とすれば $0 = \deg K_D|_C = \deg K_C + C(D - C)$ であり，$\deg K_C \geq -2$ かつ $C(D - C) \geq 2$ なので $C(D - C) = -\deg K_C = 2$ となる．よって C は $(-2)_D$ 曲線である． □

$p_a(D) > 0$ であっても K_D は必ずしもネフではない．しかし，必要なら極小モデルを考えることによって，初めから K_D はネフだと仮定しても構わない場合が多い．数値的連結曲線の極小モデルは $(-1)_D$ 曲線を順次取り除いていって得られるから，補題 3.29 より自動的に数値的連結である．さらに，次が成立する．

◇ **命題 3.35.** $p_a(D) > 0$ なる数値的連結曲線 D の極小モデル $D_{\min}$ は数値的連結で，$H^1(D-D_{\min}, \mathcal{O}_{D-D_{\min}}) = 0$ が成立する．また，$D_{\min}(D-D_{\min}) = n$ とおけば，有効分解 $D - D_{\min} = \Gamma_1 + \cdots + \Gamma_n$ で，$\Delta = D_{\min}$ に対して命題 3.31 の (1)–(3) をみたすものが存在する．特に，$D_{\min}\Gamma_i = 1$ であり，Γ_i たちは互いに数値的に交わらない $p_a(\Gamma_i) = 0$ なる数値的連結曲線である．

《証明》 まず，$p_a(D) = p_a(D_{\min}) + p_a(D-D_{\min}) - 1 + D_{\min}(D-D_{\min})$ と $p_a(D) = p_a(D_{\min})$ より，$\chi(D-D_{\min}, \mathcal{O}_{D-D_{\min}}) = 1 - p_a(D-D_{\min}) = D_{\min}(D-D_{\min})$ が成立する．一方，命題 3.31 より，

$$\chi(D-D_{\min}, \mathcal{O}_{D-D_{\min}})$$
$$= h^0(D-D_{\min}, \mathcal{O}_{D-D_{\min}}) - h^1(D-D_{\min}, \mathcal{O}_{D-D_{\min}})$$
$$\leq D_{\min}(D-D_{\min}) - h^1(D-D_{\min}, \mathcal{O}_{D-D_{\min}})$$

を得るから $h^1(D-D_{\min}, \mathcal{O}_{D-D_{\min}}) \leq 0$，すなわち $H^1(D-D_{\min}, \mathcal{O}_{D-D_{\min}}) = 0$ である．特に，$h^0(D-D_{\min}, \mathcal{O}_{D-D_{\min}}) = D_{\min}(D-D_{\min})$ が成立するから，再び命題 3.31 より，$D - D_{\min}$ は主張のような分解をもつ．$D - D_{\min}$ は有理的だから，系 2.9 より $p_a(\Gamma_i) = 0$ である． □

算術種数が 2 以上のときには，次を用いてより低種数の場合に帰着させて考えることがある．

♣ **補題 3.36.** D を K_D がネフな，数値的連結だが数値的 2 連結ではない曲線とする．また，$D = D_1 + D_2$ を $D_1 D_2 = 1$ なる有効分解とする．このとき $0 < p_a(D_i) < p_a(D)$ であり $p_a(D) = p_a(D_1) + p_a(D_2)$ である．さらに，D_1 を $D_1(D-D_1) = 1$ なる条件下で極小なものとすれば，K_{D_1} はネフであり，また，D_1 と D_2 はそれぞれの非特異点で横断的に交わるかまたは $D_1 \preceq D_2$ であるかのどちらかが成り立つ．

《証明》 $0 \leq \deg K_D|_{D_i} = \deg K_{D_i} + D_1 D_2 = \deg K_{D_i} + 1$ かつ $\deg K_{D_i}$ は偶数なので，$\deg K_{D_i} \geq 0$ である．D_i は数値的連結なので，$p_a(D_i) > 0$ である．また，$\deg K_D = \deg K_D|_{D_1} + \deg K_D|_{D_2} = \deg K_{D_1} + \deg K_{D_2} + 2$ より，$p_a(D) = p_a(D_1) + p_a(D_2)$ なので，$p_a(D_i) < p_a(D)$ である．後半は，

補題 3.29 より D_1 が数値的 2 連結になるから，補題 3.34 と補題 3.32 から従う． □

♡ **定理 3.37** ([21])．L を数値的連結曲線 D 上の直線束で，$L - K_D$ がネフであるものとする．$p \in D$ が $|L|$ の基点ならば，次のいずれかが成り立つ．

(1) p を非特異点とする部分曲線 Δ があって，$\mathcal{O}_\Delta(L) \simeq \omega_\Delta \otimes \mathcal{O}_\Delta(p)$ が成立し，$\mathrm{Bs}|K_\Delta| \subseteq \mathrm{Bs}|L_{|\Delta}|$ となる．$\Delta \neq D$ ならば $(D-\Delta)\Delta = 1$ である．

(2) p は D の非特異点であり，p と異なる非特異点 q があって $\mathcal{O}_D(L) \simeq \omega_D \otimes \mathcal{O}_D(p-q)$

(3) p は D の特異点であり，$\mathfrak{m}_p \mathcal{O}_D(L) \simeq \mathfrak{m}_p \omega_D$ かつ $L \neq K_D$．

特に，$p_a(D) > 0$ なる数値的 2 連結曲線 D の標準線形系 $|K_D|$ は基点をもたない．

《証明》 命題 3.26 および命題 3.28 (1) の状況のみ考えれば十分である．また，$\Delta \neq D$ としてよい．$(D-\Delta)A = 1$ であり，$\Delta - A$ の各成分 B に対して $(D-\Delta)B \leq 0$ だったから，$(D-\Delta)\Delta \leq 1$ である．D は数値的連結だから，$(D-\Delta)\Delta = 1$ でなければならない．このとき Δ と $D-\Delta$ も数値的連結である．また，K_D と K_Δ は $\Delta - A$ 上数値的同値である．$K_\Delta - L$ および $L - K_D$ は $\Delta - A$ 上ネフなので，結局 K_Δ と L は $\Delta - A$ 上数値的同値である．従って，次数を考えれば $\mathfrak{m}_p \mathcal{O}_\Delta(L) \simeq \omega_\Delta$ なので，p は Δ の非特異点であって，$\mathcal{O}_\Delta(L) \simeq \omega_\Delta(p)$ が成り立つ．自然な同型写像 $H^0(\Delta, K_\Delta) \to H^0(\Delta, K_\Delta + p) \simeq H^0(\Delta, L)$ より，$\mathrm{Bs}|L_{|\Delta}| \setminus \{p\} \subseteq \mathrm{Bs}|K_\Delta| \subseteq \mathrm{Bs}|L_{|\Delta}|$ が成立する． □

♠ **系 3.38.** D を $p_a(D) \geq 2$ かつ K_D がネフな数値的連結曲線とする．2 以上の整数 m に対して $|mK_D|$ は基点をもたない．

《証明》 K_D がネフで $m \geq 2$ だから，$mK_D - K_D = (m-1)K_D$ はネフである．また，$p_a(D) \geq 2$ なので $\deg(m-1)K_D \geq 2$ である．従って，$p \in \mathrm{Bs}|mK_D|$ とすると，定理 3.37 より D の真の部分曲線 Δ で $(D-\Delta)\Delta = 1$ かつ $\mathcal{O}_\Delta(mK_D) \simeq \omega_\Delta(p)$ をみたすものが存在する．$\deg(mK_D)|_\Delta = m \deg K_D|_\Delta = m(\deg K_\Delta + (D-\Delta)\Delta) = m(\deg K_\Delta + 1)$

であり，他方 $\deg \omega_\Delta(p) = \deg K_\Delta + 1$ なので，$m \geq 2$ より $\deg K_\Delta + 1 = 0$ でなければならない．ところが $\deg K_\Delta$ は偶数なので，これは不可能である． □

♡ **定理 3.39.** D を数値的連結曲線とし，Z を制限写像 $H^0(D, K_D) \to H^0(Z, K_D)$ が零写像であるような D の部分曲線とする．このとき，$H^1(Z, \mathcal{O}_Z) = 0$ である．さらに $h^0(Z, \mathcal{O}_Z) = 1$ が成り立つとき，$n = Z(D-Z)$ とおけば，D は次の (1), (2) をみたす有効分解 $D = Z + D_1 + \cdots + D_n$ をもつ．

(1) 各 D_i は $D_i(D - D_i) = 1$ をみたす数値的連結曲線で $ZD_i = 1$,

(2) $i < j$ ならば $\mathcal{O}_{D_j}(-D_i) \simeq \mathcal{O}_{D_j}$ であり，$D_j \preceq D_i$ または $\mathrm{Supp}(D_i) \cap \mathrm{Supp}(D_j) = \emptyset$ をみたす．

《証明》 完全列

$$0 \to H^0(D-Z, K_{D-Z}) \to H^0(D, K_D) \to H^0(Z, K_D)$$

より，$h^1(D-Z, \mathcal{O}_{D-Z}) = h^0(D-Z, K_{D-Z}) = h^0(D, K_D) = p_a(D)$ である．$p_a(D) = p_a(Z) + p_a(D-Z) - 1 + Z(D-Z) = p_a(Z) - h^0(D-Z, \mathcal{O}_{D-Z}) + h^1(D-Z, \mathcal{O}_{D-Z}) + Z(D-Z)$ なので，

$$h^0(D-Z, \mathcal{O}_{D-Z}) = Z(D-Z) + p_a(Z)$$

が従う．一方，命題 3.31 より $h^0(D-Z, \mathcal{O}_{D-Z}) \leq Z(D-Z)$ なので，$p_a(Z) \leq 0$ である．また，この議論から，Z の任意の部分曲線 Z' に対しても $p_a(Z') \leq 0$ であることがわかる．このとき，系 2.9 から，$h^1(Z, \mathcal{O}_Z) = 0$ であることが従う．

もし $h^0(Z, \mathcal{O}_Z) = 1$ ならば，$p_a(Z) = 0$ であり，$h^0(D-Z, \mathcal{O}_{D-Z}) = Z(D-Z)$ が成立するから，$D-Z$ は命題 3.31 のように分解する．すなわち，数値的連結曲線 D_i, $1 \leq i \leq n$ によって $D - Z = D_1 + \cdots + D_n$ と表示され，$\mathcal{O}_{D_j}(-D_i) \simeq \mathcal{O}_{D_j}$ が成立する． □

♣ **補題 3.40.** D を数値的連結な曲線とし，Z を $(-2)_D$ 曲線からなる真部分曲線とする．このとき Z は有理的である．

《証明》 Z の既約成分 C は $(-2)_D$ 曲線だから $\deg K_D|_C = 0$ である．よって，Z の任意の部分曲線 Y に対して $\deg K_D|_Y = 0$ である．左辺は $\deg K_Y + (D-Y)Y$ に等しく，$(D-Y)Y > 0$ なので $\deg K_Y < 0$ となる．これは $p_a(Y) \leq 0$ を意味するので，系 2.9 より $H^1(Z, \mathcal{O}_Z) = 0$ が従う． □

3.3 Koszul コホモロジー

可約な曲線 D 上のネフ直線束 L がいつ非常にアンプルになるかを議論するのは，あまり意味がない．往々にして $\deg L|_C = 0$ となる既約成分 $C \preceq D$ が見つかるからである．一方，切断環 $R(D,L) = \bigoplus_{m=0}^{\infty} H^0(D, mL)$ が一次部分で生成されるかどうかを問うのは意味がある．

既約曲線の場合，直線束の正則大域切断に対する掛算写像を調べる上で，Castelnuovo の free pencil trick（補題 A.15）が重要な道具だった．その際には，大きな次元の線形系から，曲線の一般点を使って 1 つずつ次元を下げていって，最終的に基点をもたないペンシルを作ることがポイントになったのだが，このような操作は重複成分をもつような可約曲線では大抵の場合に不可能である．しかし，Castelnuovo のアイディアを荒く用いるだけで，次が示せる．

♣ **補題 3.41** (Castelnuovo の補題)． L は曲線 D 上の直線束で $\mathrm{Bs}|L| = \emptyset$ かつ $h^0(D, L) \geq 2$ なるものとする．直線束 M に対して $H^1(D, M-L) = 0$ ならば，掛算写像 $H^0(D, L) \otimes H^0(D, M) \to H^0(D, L+M)$ は全射である．

《証明》 $\mathrm{Bs}|L| = \emptyset$ だから，$H^0(D,L)$ の一般元はいかなる既約成分でも恒等的に零になることはない．2 つの独立な一般元 s_0, s_1 をとり，これらが生成する 2 次元部分空間 $V \subset H^0(D,L)$ を考える．(s_0) と (s_1) のサポートは共通点をもたないと仮定できるので，正則写像 $\Phi_V : D \to \mathbb{P}^1$ を得る．$\mathbb{P}^1$ 上には

$$0 \to \mathcal{O}_{\mathbb{P}^1}(-1) \to H^0(\mathbb{P}^1, \mathcal{O}_{\mathbb{P}^1}(1)) \otimes \mathcal{O}_{\mathbb{P}^1} \to \mathcal{O}_{\mathbb{P}^1}(1) \to 0$$

なる完全列があるので，これを Φ_V により D 上に引き戻し，完全列

$$0 \to \mathcal{O}_D(-L) \to V \otimes \mathcal{O}_D \to \mathcal{O}_D(L) \to 0$$

を得る．これに $\mathcal{O}_D(M)$ を掛けて，コホモロジー長完全列を考えると

$$0 \to H^0(D, M-L) \to V \otimes H^0(D, M) \to H^0(D, L+M) \to H^1(D, M-L)$$

である．従って $H^1(D, M-L) = 0$ ならば，$V \otimes H^0(D, M) \to H^0(D, L+M)$ は全射である． □

この証明を見ると，2次元部分空間 V との積しか考えていないので，無駄が多いように思える．以下のような一般化は Mark Green [34] による．また，関連する話題を含めて [2] は参考になる．

$r+1$ 次元部分空間 $W \subseteq H^0(D, L)$ を，W の基底が $\mathbb{P}W \simeq \mathbb{P}^r$ への正則写像 $\Phi_W : D \to \mathbb{P}W$ を定めるようにとる．$\mathbb{P}W$ 上には，完全列

$$0 \to \Omega^1_{\mathbb{P}W}(1) \to W \otimes \mathcal{O}_{\mathbb{P}W} \to \mathcal{O}_{\mathbb{P}W}(1) \to 0$$

がある．自然な全射 $W \otimes \mathcal{O}_D \to \mathcal{O}_D(L)$ の核を $\mathcal{E}$ とおけば，

$$0 \to \mathcal{E} \to W \otimes \mathcal{O}_D \to \mathcal{O}_D(L) \to 0$$

は完全である．$\mathcal{E}$ は階数 r の局所自由層であって，Φ_W による $\Omega^1_{\mathbb{P}W}(1)$ の引き戻しに他ならない．正整数 i に対して完全列

$$0 \to \bigwedge^i \mathcal{E} \to \bigwedge^i W \otimes \mathcal{O}_D \to \bigwedge^{i-1} \mathcal{E} \otimes \mathcal{O}_D(L) \to 0 \tag{3.3.1}$$

を得る．特に $i = r+1$ とすれば同型 $\bigwedge^{r+1} W \otimes \mathcal{O}_D \simeq \bigwedge^r \mathcal{E} \otimes \mathcal{O}_D(L)$ を得るが，$\bigwedge^{r+1} W \simeq \mathbb{C}$ なので，$\bigwedge^r \mathcal{E} \simeq \mathcal{O}_D(-L)$ となる．微分

$$d_{i,j} : \bigwedge^i W \otimes H^0(D, M+jL) \to \bigwedge^{i-1} W \otimes H^0(D, M+(j+1)L)$$

を $(3.3.1)_i \otimes \mathcal{O}(M+jL)$ から得られる写像

$$\bigwedge^i W \otimes H^0(D, M+jL) \to H^0(D, \bigwedge^{i-1} \mathcal{E}(M+(j+1)L))$$

と $(3.3.1)_{i-1} \otimes \mathcal{O}(M+(j+1))$ から得られる写像

$$H^0(D, \bigwedge^{i-1} \mathcal{E}(M+(j+1)L)) \to \bigwedge^{i-1} W \otimes H^0(D, M+(j+1)L)$$

との合成写像として定義する．このとき，可換図式

$$
\begin{array}{c}
H^0(\wedge^{i+1}\mathcal{E}(M+(j-1)L)) \\
\downarrow \\
\wedge^{i+1}W \otimes H^0(M+(j-1)L) \qquad\qquad\qquad 0 \\
\downarrow \searrow^{d_{i+1,j-1}} \qquad\qquad \downarrow \\
0 \to H^0(\wedge^i\mathcal{E}(M+jL)) \to \wedge^i W \otimes H^0(M+jL) \to H^0(\wedge^{i-1}\mathcal{E}(M+(j+1)L)) \\
\downarrow \qquad\qquad \searrow^{d_{i,j}} \qquad \downarrow \\
H^1(\wedge^{i+1}\mathcal{E}(M+(j-1)L)) \qquad \wedge^{i-1}W \otimes H^0(M+(j+1)L) \\
\downarrow \\
H^0(\wedge^{i-2}\mathcal{E}(M+(j+2)L))
\end{array}
$$

より，容易に $d_{i,j} \circ d_{i+1,j-1} = 0$ であることが確かめられる．よって，Koszul 複体

$$
\cdots \to \bigwedge^{i+1} W \otimes H^0(D, M+(j-1)L) \xrightarrow{d_{i+1,j-1}} \bigwedge^i W \otimes H^0(D, M+jL)
$$
$$
\xrightarrow{d_{i,j}} \bigwedge^{i-1} W \otimes H^0(D, M+(j+1)L) \to \cdots
$$

が得られる．この複体のコホモロジー群

$$
K_{i,j}(D; L, M, W) = \mathrm{Ker}(d_{i,j})/\mathrm{Im}(d_{i+1,j-1})
$$

を **Koszul コホモロジー群** と呼ぶ．これを使えば，例えば，$W \otimes H^0(D, M) \to H^0(D, L+M)$ が全射であることは $K_{0,1}(D; L, M, W) = 0$ と読み替えることができる．

♣ **補題 3.42** (双対定理)．上の状況で，

$$
K_{i,j}(D; L, M, W)^* \simeq K_{r-1-i, 2-j}(D; L, K_D - M, W)
$$

が成立する．

《証明》 $\bigwedge^i \mathcal{E}^* \otimes \mathcal{O}_D(-L) \simeq \bigwedge^i \mathcal{E}^* \otimes \bigwedge^r \mathcal{E} \simeq \bigwedge^{r-i} \mathcal{E}$ だから，Serre 双対定理より

$$K_{i,j}(D;L,M,W)^* \simeq \operatorname{Coker}\{\bigwedge^{i+1} W \otimes H^0(D, M+(j-1)L))$$
$$\to H^0(D, \bigwedge^i \mathcal{E}(M+jL))\}^*$$
$$\simeq \operatorname{Ker}\{H^1(D, \bigwedge^i \mathcal{E}^*(K_D - M - jL))$$
$$\to \bigwedge^{i+1} W^* \otimes H^1(D, K_D - M - (j-1)L)\}$$
$$\simeq \operatorname{Ker}\{H^1(D, \bigwedge^{r-i} \mathcal{E}(K_D - M + (1-j)L))$$
$$\to \bigwedge^{r-i} W \otimes H^1(D, K_D - M + (1-j)L)\}$$
$$\simeq \operatorname{Coker}\{\bigwedge^{r-i} W \otimes H^0(D, K_D - M + (1-j)L)$$
$$\to H^0(D, \bigwedge^{r-i-1} \mathcal{E}(K_D - M + (2-j)L))\}$$
$$\simeq K_{r-1-i, 2-j}(D; L, K_D - M, W)$$

である． □

♠ 系 3.43. $H^0(D, K_D - M + (2-j)L) = 0$ ならば，$K_{i,j}(D;L,M,W) = 0$ である．

上で $(i,j) = (0,1)$ の場合が Castelnuovo の補題に他ならない．

♣ 補題 3.44. L を曲線 D 上の $\operatorname{Bs}|L| = \emptyset$ かつ $h^0(D,L) \geq 2$ なる直線束とする．$i = 0, 1, \ldots$ に対して

$$d_i = \min\{k \in \mathbb{N} \mid K_{i,m-i}(D; L, \mathcal{O}_D, H^0(D,L)) = 0, \forall m > k\}$$

とおく．また，次数付き $\mathbb{C}$ 代数 $R(D,L) = \bigoplus_{m \geq 0} H^0(D, mL)$ は d 次以下の元で生成されているとする．このとき，$d \leq d_0$ であり，関係式イデアルは $\max\{d+d_0, d_1\}$ 次以下の元で生成される．もし d_0 が d の倍数でなければ，関係式イデアルは $\max\{d+d_0-1, d_1\}$ 次以下の元で生成される．

《証明》 生成元に対する主張は明らかだから，関係式を考える．まず $R(D,L)$ の極小な生成系を1つ固定する．これは d 次以下の斉次元からなるとしてよい．するとこれら生成元に対応する変数をもつ多項式環 S からの全射準同型写像 $\Phi: S \twoheadrightarrow R(D,L)$ が得られる．もちろん各斉次部分について，Φ は全射線形写像 $\Phi_m: S_m \twoheadrightarrow R_m = H^0(D, mL)$ を誘導し，$I_m = \mathrm{Ker}(\Phi_m)$, $I = \oplus_{m \geq 0} I_m$ とおけば $R(D,L) \simeq S/I$ である．$\{X_i\}$ を $S_1 \simeq R_1$ の基底とする．

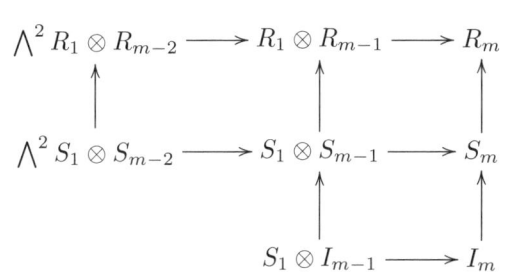

$$\begin{array}{ccccc} \bigwedge^2 R_1 \otimes R_{m-2} & \longrightarrow & R_1 \otimes R_{m-1} & \longrightarrow & R_m \\ \uparrow & & \uparrow & & \uparrow \\ \bigwedge^2 S_1 \otimes S_{m-2} & \longrightarrow & S_1 \otimes S_{m-1} & \longrightarrow & S_m \\ & & \uparrow & & \uparrow \\ & & S_1 \otimes I_{m-1} & \longrightarrow & I_m \end{array}$$

関係式 $F \in I_m$ をとる．$m > \max\{d+d_0, d_1\}$ と仮定して F がより次数の低い関係式から得られることを示せばよい．G を F に含まれる単項式とすれば，$m > d + d_0$ だから G は $d_0 < \deg G_1 \leq d + d_0$ をみたす単項式 G_1 を因子にもつ．$\deg G_1 > d_0$ なので，$\Phi(G_1) \in R_{\deg G_1}$ は R_1 と $R_{\deg G_1 - 1}$ の元の積による有限和で表される．よって G_1 はより次数の低い関係式を法として S_1 と $S_{\deg G_1 - 1}$ の元の積による有限和で表される．以上より，より低い次数の関係式を法として $F \equiv \sum X_i F_i, F_i \in S_{m-1}$ と書ける．$m > d_1$ なので，$\Phi(\sum X_i F_i)$ は $\bigwedge^2 R_1 \otimes R_{m-2}$ の像に入る．従ってより低い次数の関係式を法として $F_i \equiv \sum X_j F_{ij}, F_{ji} = -F_{ij}$ となる．このとき，$F \equiv \sum_{i,j} X_i X_j F_{ij} = 0$ である．

もし d_0 が d の倍数でなければ，$d+d_0$ 次の単項式は d より真に小さい次数の未知数で割り切れるので，上の議論を繰り返せば関係式の次数は $d+d_0-1$ 次以下であることがわかる． □

この判定法の簡単な応用例を述べる．

◇ **命題 3.45.** 鎖連結曲線 D 上の $L-K_D$ がネフかつ $\mathrm{Bs}|L| = \emptyset, h^0(D,L) > 1$ であるような直線束 L をとる．$L \neq K_D$ または，$L = K_D$ かつ $p_a(D) \geq 3$ ならば，$R(D,L)$ は 2 次以下の元で生成され，関係式は 4 次以下である．

《証明》 m を 2 以上の整数とし，$i = 0, 1$ に対して Koszul コホモロジー $K_{i,m-i}(D; L, \mathcal{O}_D, H^0(D,L))$ を考える．$h^0(D,L) = r+1$ とおけば，双対定理から，これは

$$K_{r-1-i, 2-m+i}(D; L, K_D, H^0(D,L))$$

すなわち Koszul 複体

$$\bigwedge^{r-i} H^0(D,L) \otimes H^0(D, K_D + (1-m+i)L)$$
$$\to \bigwedge^{r-i-1} H^0(D,L) \otimes H^0(D, K_D + (2-m+i)L)$$
$$\to \bigwedge^{r-i-2} H^0(D,L) \otimes H^0(D, K_D + (3-m+i)L)$$

のコホモロジーの双対空間である．$K_D + (2-m+i)L = (K_D - L) - (m-3-i)L$ なので，$m \geq i+4$ または，$m = i+3$ かつ $L \neq K_D$ ならば $H^0(D, K_D + (2-m+i)L) = 0$ である．$m = i+3$ かつ $L = K_D$ ならば $\mathcal{O}_D(K_D + (2-m+i)L) \simeq \mathcal{O}_D$ であって，上の Koszul 複体は

$$0 \to \bigwedge^{r-i-1} H^0(D,L) \to \bigwedge^{r-i-2} H^0(D,L) \otimes H^0(D,L)$$

と同一視される．ベクトル空間 V について自然な写像 $\bigwedge^k V \to \bigwedge^{k-1} V \otimes V$ は

$$v_1 \wedge \cdots \wedge v_k \mapsto \sum_j (-1)^j v_1 \wedge \cdots \wedge v_{j-1} \wedge v_{j+1} \wedge \cdots \wedge v_k \otimes v_j$$

で与えられるから，$k > 0$ のとき単射である．よって問題の Koszul 複体は $r \geq i+2$ のとき完全である．以上より，$d_0 \leq 2$, $d_1 \leq 4$ なので主張を得る．同様に，$L = K_D$ で $p_a(D) = 2$ のときには，$d_0 \leq 3$ と $d_1 \leq 4$ が得られるから，$R(D, K_D)$ は 3 次以下で生成され，関係式は 6 次以下である． □

応用上 $\mathrm{Bs}|L| = \emptyset$ という制限は強すぎる．$\mathrm{Bs}|2L| = \emptyset$ であるような L に対して，補題 3.44 と同様の議論で次を示すことができる．

♣ **補題 3.46.** 曲線 D 上の $\mathrm{Bs}|2L| = \emptyset$, $h^0(D, 2L) \geq 2$, なる直線束 L に対して $R(D, L)$ は d 次以下の元で生成されているとする.

$$\tilde{d}_0 = \min_k\{H^0(D, 2L) \otimes H^0(D, (m-2)L) \to H^0(D, mL) \text{ が全射}, \forall m > k\}$$

$$\tilde{d}_1 = \min_k\{\bigwedge^2 H^0(D, 2L) \otimes H^0(D, (m-4)L) \to$$

$$\qquad H^0(D, 2L) \otimes H^0(D, (m-2)L) \to H^0(D, mL) \text{ が完全}, \forall m > k\}$$

とおく. このとき $d \leq \tilde{d}_0$ であり, $R(D, L)$ の関係式イデアルは $\max\{d + \tilde{d}_0, \tilde{d}_1\}$ 次以下の元で生成される. また, $\tilde{d}_0$ が d の倍数でなければ, $R(D, L)$ の関係式イデアルは $\max\{d + \tilde{d}_0 - 1, \tilde{d}_1\}$ 次以下の元で生成される.

3.4 標準環に対する 1-2-3 定理

この節では, 次の定理を証明する.

♡ **定理 3.47** ([55]). K_D がネフで $p_a(D) \geq 2$ の数値的連結曲線 D に対して, その標準環 $R(D, K_D) = \bigoplus_{n \geq 0} H^0(D, nK_D)$ は, 3 次以下の元で生成され, 6 次以下の関係式をもつ.

まず, $\mathrm{Bs}|K_D| = \emptyset$ と仮定する. 命題 3.45 およびその証明より, $p_a(D) \geq 3$ ならば $R(D, K_D)$ は 2 次以下の元で生成され, 関係式は 4 次以下である. また, $p_a(D) = 2$ のときは 3 次以下の元で生成され, 関係式は 6 次以下となる. よって, K_D が自由のときには定理の主張は正しい.

$\mathrm{Bs}|K_D| \neq \emptyset$ と仮定する.

◇ **命題 3.48.** D を K_D がネフな数値的連結曲線とする. $\mathrm{Bs}|K_D| \neq \emptyset$ ならば, 次の (1), (2) をみたす点 $p \in \mathrm{Bs}|K_D|$ と D の有効分解 $D = D_1 + D_2$ が存在する.

(1) p は D_1 の非特異点で $\mathcal{O}_{D_1}(D_2) \simeq \mathcal{O}_{D_1}(p)$ である.

(2) $\mathrm{Bs}|K_{D_1}| = \emptyset$ である.

《証明》 命題 3.26 と定理 3.37 より, 任意の基点 $p \in \mathrm{Bs}|K_D|$ に対して, 次の 3 条件をみたす真の鎖連結部分曲線 $\Delta = \Delta_p$ が存在する:

i) p は Δ の非特異点である.

ii) $\mathcal{O}_\Delta(K_D) \simeq \mathcal{O}_\Delta(K_\Delta) \otimes \mathcal{O}_\Delta(p)$.

iii) 制限写像 $H^0(D, K_D) \to H^0(\Delta, K_D)$ は全射で, $\mathrm{Bs}|K_\Delta| \subseteq \mathrm{Bs}|K_D|_\Delta|$.

性質 ii) は $\mathcal{O}_\Delta(D - \Delta) \simeq \mathcal{O}_\Delta(p)$ と書き直せる. 特に, $D - \Delta$ は Δ 上ネフで $(D - \Delta)\Delta = 1$ である. 最後の等式より, Δ も $D - \Delta$ も数値的連結であることがわかる.

さて, 集合 $\{\Delta_q \mid q \in \mathrm{Bs}|K_D|\}$ から極小元を1つ選び, それを Δ とする. Δ は上の i), ii), iii) をみたすものとし, 点 p を含む Δ の既約成分を A とおく. $\mathrm{Bs}|K_\Delta| = \emptyset$ であることを示そう. そうでないとして基点 $p' \in \mathrm{Bs}|K_\Delta|$ をとる. すると, Δ は数値的連結なので, p' を非特異点とする Δ の真部分曲線が存在する. p' を含む Δ の既約成分が A しかないと仮定する. このとき p' は A および Δ の非特異点なので, 完全列

$$0 \to \mathcal{O}_\Delta(K_\Delta - p') \to \mathcal{O}_\Delta(K_\Delta) \to \mathbb{C}_{p'} \to 0$$

より $h^1(\Delta, K_\Delta - p') = 2$ となる. Serre 双対定理より $h^0(\Delta, \mathcal{O}_\Delta(p')) = 2$ である. このとき, 命題 3.8 より $A \simeq \mathbb{P}^1$ であって $H^1(\mathcal{O}_{\Delta-A}) \simeq H^1(\mathcal{O}_\Delta)$ が成立する. 双対をとれば $H^0(K_{\Delta-A}) \simeq H^0(K_\Delta)$ なので, $A \subseteq \mathrm{Bs}|K_\Delta|$ である. この場合, A と交わる $\Delta - A$ の既約成分を A' とし, p' を交点 $A \cap A'$ からとり直す. このようにすれば, 最初から A とは異なる Δ の既約成分で $|K_\Delta|$ の基点 p' を含むものが存在すると仮定できる. すると, $\mathrm{Bs}|K_\Delta| \subseteq \mathrm{Bs}|K_D|_\Delta|$ より $p' \in \mathrm{Bs}|K_D|$ であり, 制限写像 $H^0(D, K_D) \twoheadrightarrow H^0(\Delta, K_D) \to H^0(\Delta - A, K_D)$ は $H^1(A, K_A + (D - \Delta)) = 0$ より全射なので, $\Delta_{p'} \preceq \Delta - A \prec \Delta$ となるから, Δ の極小性に矛盾する. 以上より $|K_\Delta|$ は自由である. $D_1 = \Delta$, $D_2 = D - \Delta$ とおけばよい. □

▷ **定義 3.49.** $p_a(E) = (D-E)E = 1$ をみたす数値的2連結曲線 E を $(-1)_D$ **楕円曲線尾** (elliptic tail) と呼ぶ.

♣ **補題 3.50.** E を数値的2連結な算術種数1の曲線とし, L を E 上の次数1のネフ直線束とする. $H^0(E, L)$ の非零元は, E の1つの非特異点でのみ零になる.

《証明》 $\omega_E \simeq \mathcal{O}_E$ より $H^1(E,L)^* = H^0(E,-L) = 0$ だから, Riemann-Roch 定理より $h^0(E,L) = 1$ である. 非零元 $s \in H^0(E,L)$ が恒等的に零になる既約成分が存在しないことを示せばよい. Z を, $s|_Z \equiv 0$ となるような E の最大の部分曲線とする. このとき, 定理 2.7 より $\deg L|_{E-Z} \geq Z(E-Z)$ が成り立つ. L は次数 1 のネフ直線束だから $\deg L|_{E-Z} \leq 1$ だが, 他方, $Z \neq 0$ なら E の数値的 2 連結性から $Z(E-Z) \geq 2$ となるので, これは不可能である. □

定理 3.47 の証明を続ける. 系 3.38 より $|2K_D|$ は基点をもたない. 掛算写像 $H^0(D, 2K_D) \otimes H^0(D, (m-2)K_D) \to H^0(D, mK_D)$ が全射であることは, $K_{0,2}(D; 2K_D, (m-4)K_D, H^0(2K_D)) = 0$ と同値である. Koszul コホモロジーの双対定理より, これはさらに $K_{h^0(2K_D)-2, 0}(D; 2K_D, (5-m)K_D, H^0(2K_D)) = 0$ と同値である. この条件は $m > 5$ ならば明らかに成立し, $m = 5$ のときも $h^0(D, 2K_D) = 3p_a(D) - 3 \geq 3$ より従う. よって, $R(D, K_D)$ は 4 次以下の元で生成される. 4 次の生成元が不要であることを示すには

$$\mu : \begin{matrix} H^0(D, K_D) \otimes H^0(D, 3K_D) \\ \oplus \\ H^0(D, 2K_D) \otimes H^0(D, 2K_D) \end{matrix} \to H^0(D, 4K_D)$$

が全射であることを示せばよい.

$\mathrm{Bs}|K_D| \neq \emptyset$ なので, 命題 3.48 より $D_1(D - D_1) = 1$, $\mathrm{Bs}|K_{D_1}| = \emptyset$ かつ $D - D_1$ が D_1 上ネフになるような数値的連結部分曲線 D_1 が存在する. そこで, D_1 と D を繋ぐ連結鎖 $\{D_i\}_{i=1}^n$ をとる. $D_1 = C_1$, $D_n = D$ で $C_i := D_i - D_{i-1}$ は $i \geq 2$ なら既約で $C_i D_{i-1} > 0$ をみたす. また, $E_i = D - D_i$, $E_0 = D$ とおく.

♣ **補題 3.51.** 上の状況で, 任意の正整数 m と $1 \leq i \leq n$ に対して

$$0 \to H^0(C_i, mK_D - E_i) \to H^0(E_{i-1}, mK_D) \to H^0(E_i, mK_D) \to 0$$

は, 完全である. また, $(D - \Delta)\Delta = 1$ なる D の部分曲線 Δ に対して, 制限写像 $H^0(D, mK_D) \to H^0(\Delta, mK_D)$ は全射である.

《証明》 まず，後半の主張から示す．完全列

$$0 \to \mathcal{O}_{D-\Delta}(mK_D - \Delta) \to \mathcal{O}_D(mK_D) \to \mathcal{O}_\Delta(mK_D) \to 0$$

を考える．補題 3.29 より $D-\Delta$ は数値的連結で，$K_D|_{D-\Delta}$ は次数正のネフ直線束だから $\mathcal{O}_{D-\Delta}(mK_D - \Delta) \simeq \mathcal{O}_{D-\Delta}(K_{D-\Delta} + (m-1)K_D)$ より，$m \geq 2$ ならば $H^1(D-\Delta, mK_D - \Delta) = 0$ となる．また，$m=1$ のときには，$H^1(D-\Delta, K_{D-\Delta}) \to H^1(D, K_D)$ が制限写像 $H^0(D, \mathcal{O}_D) \to H^0(D-\Delta, \mathcal{O}_{D-\Delta})$ の双対写像なので，同型であることに注意すれば，任意の正整数 m に対して

$$0 \to H^0(D-\Delta, mK_D - \Delta) \to H^0(D, mK_D) \to H^0(\Delta, mK_D) \to 0$$

は完全であることがわかる．

次に前半部を示す．上で示したことを $\Delta = E_1$ に適用すれば，$i=1$ に対する主張が従う．$i \geq 2$ とし，完全列

$$0 \to \mathcal{O}_{C_i}(mK_D - E_i) \to \mathcal{O}_{E_{i-1}}(mK_D) \to \mathcal{O}_{E_i}(mK_D) \to 0$$

を考える．C_i は既約曲線である．$C_i D_{i-1} > 0$ より

$$\begin{aligned}\deg(mK_D - E_i)|_{C_i} &= \deg(mK_D - (D - D_i))|_{C_i} \\ &= \deg(K_{C_i} + (m-1)K_D + D_{i-1})|_{C_i} \\ &> \deg K_{C_i}\end{aligned}$$

なので，$H^1(C_i, mK_D - E_i) = 0$ であるから，主張が従う． □

さて，$W_{m,i} = \mathrm{Im}\{H^0(D, mK_D) \to H^0(C_i, mK_D)\}$ とおくとき，

$$\begin{array}{c} H^0(C_i, 3K_D - E_i) \otimes W_{1,i} \\ \oplus \\ H^0(C_i, K_D - E_i) \otimes W_{3,i} \\ \oplus \\ H^0(C_i, 2K_D - E_i) \otimes W_{2,i} \end{array} \longrightarrow H^0(C_i, 4K_D - E_i) \quad (3.4.1)$$

3.4 標準環に対する 1-2-3 定理 103

が任意の i について全射ならば, μ は全射であることがわかる. 実際, 補題 3.51 の完全列より $H^0(C_i, mK_D - E_i) \otimes W_{k,i} \to H^0(C_i, (m+k)K_D - E_i)$ と $H^0(E_i, mK_D) \otimes H^0(E_i, kK_D) \to H^0(E_i, (m+k)K_D)$ が共に全射のとき, $H^0(E_{i-1}, mK_D) \otimes H^0(E_{i-1}, kK_D) \to H^0(E_{i-1}, (m+k)K_D)$ が全射になることがわかる. よって, 帰納的に考えれば (3.4.1) の全射性が μ の全射性を導く.

以下, (3.4.1) の全射性を示す. まず $i=1$ の場合を考える. $E_1 = D - D_1$ なので $H^0(D_1, K_D - E_1) = H^0(D_1, K_{D_1})$ であり, 補題 3.51 より $W_{3,1} = H^0(D_1, 3K_D)$ である.

♣ **補題 3.52.** $H^0(D_1, K_{D_1}) \otimes H^0(D_1, 3K_D) \to H^0(D_1, K_{D_1} + 3K_D)$ は全射である.

《証明》 $\mathrm{Bs}|K_{D_1}| = \emptyset$ なので, Castelnuovo の補題より, $H^1(D_1, 3K_D - K_{D_1}) = 0$ を示せばよい. Serre 双対定理より, これは $H^0(D_1, 2K_{D_1} - 3K_D) = 0$ と同値である. $\mathcal{O}_{D_1}(2K_{D_1} - 3K_D) = \mathcal{O}_{D_1}(-K_D - 2(D-D_1))$ であって, K_D と $D - D_1$ は D_1 上ネフかつ正次数である. D_1 は数値的連結なので, 補題 3.4 より $H^0(D_1, 2K_{D_1} - 3K_D) = 0$ でなければならない. □

$i \geq 2$ とする. もし C_i が $(-2)_D$ 曲線ならば, $\mathcal{O}_{C_i}(mK_D) \simeq \mathcal{O}_{C_i}$ であり, $\mathrm{Bs}|2K_D| = \emptyset$ なることから $W_{2,i} = H^0(C_i, 2K_D) = h^0(C_i, \mathcal{O}_{C_i})$ が従う. よって, 掛算写像 $H^0(C_i, 2K_D - E_i) \otimes W_{2,i} \to H^0(C_i, 4K_D - E_i)$ は明らかに全射である. このことから, 以降 C_i は $(-2)_D$ 曲線ではないとしてよい. 特に $\deg K_D|_{C_i} > 0$ である. さて, free pencil trick (補題 A.15) より $H^0(C_i, 2K_D - E_i) \otimes W_{2,i} \to H^0(C_i, 4K_D - E_i)$ は $h^0(C_i, K_{C_i} + E_i) \leq \dim_{\mathbb{C}} W_{2,i} - 2$ ならば全射である. $H^1(K_{C_i} + E_i) = 0$ ならば Riemann-Roch の定理より, $h^0(K_{C_i} + E_i) = E_i C_i + p_a(C_i) - 1 = (D - D_i)C_i + p_a(C_i) - 1$ であり, $H^1(K_{C_i} + E_i) \neq 0$ ならば $h^0(K_{C_i} + E_i) \leq p_a(C_i)$ である. よって, $h^0(C_i, K_{C_i} + E_i) \leq \dim_{\mathbb{C}} W_{2,i} - 2$ が成立するための 1 つの十分条件が

$$(*) \quad \dim_{\mathbb{C}} W_{2,i} \geq \begin{cases} (D-D_i)C_i + p_a(C_i) + 1, & h^1(C_i, K_{C_i} + E_i) = 0 \text{ のとき} \\ p_a(C_i) + 2, & h^1(C_i, K_{C_i} + E_i) \neq 0 \text{ のとき} \end{cases}$$

で与えられる．C_i を含み，制限写像 $H^0(D, 2K_D) \to H^0(\Delta_i, 2K_D)$ が全射であるような極小な部分曲線を Δ_i とする．$i \geq 2$ であり，補題 3.51 より $\Delta_i \preceq E_{i-1}$ としてよいので，$\Delta_i \neq D$ である．

Case 1. $\Delta_i = C_i$ のとき，$\dim_{\mathbb{C}} W_{2,i} = h^0(C_i, 2K_D) = 2 \deg K_D|_{C_i} + 1 - p_a(C_i) = \deg K_D|_{C_i} + p_a(C_i) - 1 + (D - C_i)C_i$ なので，上記の条件 $(*)$ は

$$\begin{cases} \deg K_D|_{C_i} + D_{i-1}C_i \geq 2, & h^1(C_i, K_{C_i} + E_i) = 0 \text{ のとき} \\ \deg K_D|_{C_i} + (D - C_i)C_i \geq 3, & h^1(C_i, K_{C_i} + E_i) \neq 0 \text{ のとき} \end{cases}$$

と書き換えられる．$\deg K_D|_{C_i} > 0$ かつ $D_{i-1}C_i > 0$ なので，これが成立しないのは，$\deg K_D|_{C_i} = (D - C_i)C_i = 1$ の場合のみ，すなわち C_i が $(-1)_D$ 楕円曲線尾の場合だけである．このとき，$\dim_{\mathbb{C}} W_{2,i} = 2$ であり，$h^0(C_i, K_{C_i} + E_i) > 0$ かつ $h^1(C_i, K_{C_i} + E_i) > 0$ でなければならない．よって，K_{C_i} が自明であることから，$\mathcal{O}_{C_i}(E_i) \simeq \mathcal{O}_{C_i}$ でなければならない．また，$(D - C_i)C_i = 1$ と補題 3.51 より $H^0(D, 3K_D) \to H^0(C_i, 3K_D)$ は全射だから，(3.4.1) の掛算写像は

$$\begin{array}{c} H^0(C_i, K_D) \otimes H^0(C_i, 3K_D) \\ \oplus \\ H^0(C_i, 2K_D) \otimes H^0(C_i, 2K_D) \end{array} \to H^0(C_i, 4K_D)$$

と同一視される．C_i は $p_a(C_i) = 1$ なる既約曲線で，$\mathcal{O}_{C_i}(K_D)$ は次数 1 の直線束だから，これは全射である．実際，$H^0(C_i, K_D) \simeq \mathbb{C}$ の基底は非特異点 $x \in C_i$ でのみ零になる．$|3K_D|_{C_i}|$ は自由なので，掛算写像 $H^0(C_i, K_D) \otimes H^0(C_i, 3K_D) \to H^0(C_i, 4K_D)$ の像は x で零点をもつ切断からなる余次元 1 の部分空間である．他方，$2K_D|_{C_i}$ は自由なので，$H^0(C_i, 2K_D) \otimes H^0(C_i, 2K_D) \to H^0(C_i, 4K_D)$ の像は x で零にならない元を含む．よって，問題の掛算写像は全射である．

Case 2. $\Delta_i \neq C_i$ のとき．D は数値的連結なので，$(D - \Delta_i)\Delta_i > 0$ である．従って特に $K_{\Delta_i} - 2K_D = -(D - \Delta_i) - K_D$ は Δ_i 上ネフでは

3.4 標準環に対する 1-2-3 定理

ない．よって，補題 2.10 より C_i は Δ_i の重複度 1 の既約成分であって，$\mathcal{O}_{\Delta_i - C_i}(-(D - \Delta_i) - K_D)$ はネフである．このことから

$$-(D - \Delta_i)(\Delta_i - C_i) \geq \deg K_D|_{\Delta_i - C_i} \geq 0 \tag{3.4.2}$$

を得る．D は数値的連結だから，$(D - \Delta_i)C_i > 0$ でなければならない．また，$\mathrm{Bs}|2K_D| = \emptyset$ なので，注意 2.11 より

$$\begin{aligned}\dim_{\mathbb{C}} W_{2,i} &\geq h^0(C_i, 2K_D - (\Delta_i - C_i)) + 1 \\ &= \deg K_D|_{C_i} + (D - \Delta_i)C_i + p_a(C_i)\end{aligned}$$

が成り立つ．よって $H^0(C_i, 2K_D - E_i) \otimes W_{2,i} \to H^0(C_i, 4K_D - E_i)$ が全射であるための十分条件として $h^0(C_i, K_{C_i} + E_i) \leq \deg K_D|_{C_i} + (D - \Delta_i)C_i + p_a(C_i) - 2$ が考えられる．先と同様に $h^0(K_{C_i} + E_i)$ を評価することで，そのためには

$$\begin{cases} 2p_a(C_i) + (D - \Delta_i)C_i + D_{i-1}C_i \geq 3, & h^1(C_i, K_{C_i} + E_i) = 0 \text{ のとき} \\ \deg K_D|_{C_i} + (D - \Delta_i)C_i \geq 2, & h^1(C_i, K_{C_i} + E_i) \neq 0 \text{ のとき} \end{cases}$$

が成立すればよい．$\deg K_D|_{C_i} > 0$, $(D - \Delta_i)C_i > 0$ かつ $D_{i-1}C_i > 0$ なので，この不等式が成り立たないのは $p_a(C_i) = 0$, $(D - \Delta_i)C_i = D_{i-1}C_i = 1$ の場合のみである．このとき $(D - \Delta_i)\Delta_i > 0$ と不等式 (3.4.2) より，(3.4.2) において等号がすべて成立することがわかる．よって $\Delta_i - C_i$ は $(-2)_D$ 曲線ばかりからなり，$(D - \Delta_i)C_i = (D - \Delta_i)\Delta_i = 1$ である．このとき，完全列

$$0 \to \mathcal{O}_{\Delta_i - C_i}(2K_D - C_i) \to \mathcal{O}_{\Delta_i}(2K_D) \to \mathcal{O}_{C_i}(2K_D) \to 0$$

を考えると，補題 3.40 より $\mathcal{O}_{\Delta_i - C_i}(2K_D) \simeq \mathcal{O}_{\Delta_i - C_i}$ なので $H^0(\Delta_i - C_i, 2K_D - C_i) \simeq H^0(\Delta_i - C_i, -C_i) = 0$ を得るから

$$\begin{aligned}\dim_{\mathbb{C}} W_{2,i} &= h^0(\Delta_i, 2K_D) = 2 \deg K_D|_{\Delta_i} + 1 - p_a(\Delta_i) \\ &= \deg K_D|_{\Delta_i} + p_a(\Delta_i) = \deg K_D|_{C_i} + p_a(\Delta_i) \\ &= (D - C_i)C_i - 2 + p_a(\Delta_i)\end{aligned}$$

である．他方，$C_i \simeq \mathbb{P}^1$ より

$$h^0(C_i, K_{C_i} + E_i) = C_i(D - D_{i-1} - C_i) - 1 = (D - C_i)C_i - 2$$

である．$h^0(C_i, K_{C_i} + E_i) \leq \dim_{\mathbb{C}} W_{i,2} - 2$ が成立すれば，掛算写像 $H^0(C_i, 2K_D - E_i) \otimes W_{2,i} \to H^0(C_i, 4K_D - E_i)$ は全射だった．よって $h^0(C_i, K_{C_i} + E_i) > \dim_{\mathbb{C}} W_{i,2} - 2$ と仮定してよいが，このとき，上の2式から $p_a(\Delta_i) = 1$ であり，C_i は $(-3)_D$ 曲線であることが従う．すると，Δ_i は数値的2連結である．実際，$\Delta_i = A_1 + A_2$ を有効分解とすれば，$C_i \preceq A_1$ と仮定してよい．$(D - \Delta_i)A_2 = 0$ より，$A_1 A_2 = (D - A_2)A_2$ を得るが，A_2 は $(-2)_D$ 曲線ばかりからなるので $0 = \deg K_D|_{A_2} = \deg K_{A_2} + A_2(D - A_2)$ より，$(D - A_2)A_2$ は2以上の偶数である．よって $A_1 A_2 \geq 2$ であり，Δ_i は数値的2連結である．すなわち Δ_i は $(-1)_D$ 楕円曲線尾である．また，$\dim_{\mathbb{C}} W_{2,i} = 2$ である．$\mathcal{O}_{C_i}(2K_D - E_i) \simeq \mathcal{O}_{C_i}$ なので，$H^0(C_i, 3K_D - E_i) \otimes W_{1,i} \bigoplus H^0(C_i, 2K_D - E_i) \otimes W_{2,i} \to H^0(C_i, 4K_D - E_i)$ は，

$$H^0(C_i, K_D) \otimes W_{1,i} \bigoplus H^0(C_i, \mathcal{O}_{C_i}) \otimes W_{2,i} \to H^0(C_i, 2K_D)$$

と同一視される．$(D - \Delta_i)\Delta_i = 1$ と補題 3.51 より $H^0(D, K_D) \to H^0(\Delta_i, K_D)$ は全射であり，補題 3.50 より $H^0(\Delta_i, K_D)$ の非零元は C_i 上の1点 x でのみ零になる．よって，$\dim_{\mathbb{C}} W_{1,i} = 1$ であって，$H^0(C_i, K_D) \otimes W_{1,i} \to H^0(C_i, 2K_D)$ の像は x で零になる切断のなす余次元1の部分空間である．一方，$H^0(D, 2K_D)$ には x で零にならない元が存在するから，$H^0(C_i, \mathcal{O}_D) \otimes W_{2,i}$ の像は x で零にならない元を含む．よって，上の掛算写像は全射である．

以上で，(3.4.1) の全射性が $i = 1, \ldots, n$ に対して示されたので，$R(D, K_D)$ が3次以下の元で生成されることがわかった．関係式については，補題 3.46 より，Koszul 複体

$$\bigwedge^2 H^0(D, 2K_D) \otimes H^0(D, (m-4)K_D)$$
$$\to H^0(D, 2K_D) \otimes H^0(D, (m-2)K_D) \to H^0(D, mK_D)$$

が $m > 6$ に対して完全であることを示せば十分である．すなわち Koszul コホモロジー $K_{1,1}(D; 2K_D, (m-4)K_D, H^0(2K_D))$ の消滅を見ればよい．双

対定理より，これは $K_{h^0(2K_D)-3,1}(D;2K_D,(5-m)K_D,H^0(2K_D))$ と双対なので，$m \geq 6$ のときには確かに零である．

以上で定理 3.47 の証明が完了した． □

▷ **注意 3.53.** (1) $p_a(D) \geq 3$ のとき，D が $(-1)_D$ 楕円曲線尾を含まなければ

$$\mathrm{Sym}^2 H^0(D,2K_D) \to H^0(D,4K_D)$$

は全射である ([55]).

(2) $\mathrm{Bs}|3K_D| = \emptyset$ なので，もし $\mathrm{Bs}|K_D| \neq \emptyset$ ならば，$H^0(D,K_D) \otimes H^0(D,2K_D) \to H^0(D,3K_D)$ は全射になり得ないから，$R(D,K_D)$ には必ず 3 次の生成元が必要である．

第4章
安定性と Bogomolov の定理

　古典的な代数曲面論は射影幾何学的な色彩が濃く線形系の理論に負うところが多かった．20世紀後半になると，それに留まらず，必ずしも可逆層ではない連接層を巧みに利用して種々の結果を導き出すようになってきた．その典型的な例が本章で解説する Bogomolov の不安定性定理である．その応用として Mumford-Ramanujam の消滅定理と随伴線形系に関する Reider の定理を紹介する．

4.1　代数曲線上の局所自由層

　いくつかの特徴的な連接層についてはすでに第1章で触れているが，この節では非特異射影曲線上の連接層についてより詳しく解説する．X は $\mathbb{C}$ 上定義された既約な非特異射影曲線を表す．

▼ 4.1.1　飽和部分層とフィルトレーション

　X 上の連接層（$\mathcal{O}_X$ 連接加群層）$\mathcal{F}$ の捩れ元全体は部分層 $\mathcal{F}_{tor}$ をなす．これを $\mathcal{F}$ の捩れ部分層と言う．$\mathcal{F}_{tor}$ が零層のとき，$\mathcal{F}$ を**捩れのない層** (torsion free sheaf) と呼ぶ．局所自由層は，捩れのない層である．

♣ **補題 4.1.** 非特異代数曲線上の捩れのない連接層は，局所自由層である．

《証明》 $\mathcal{E}$ を捩れのない層とする．X 上の任意の点 x について $\mathcal{E}$ の x における茎 $\mathcal{E}_x$ は有限生成 $\mathcal{O}_{X,x}$ 加群である．$\mathcal{O}_{X,x}$ は単項イデアル整域であるから，よく知られているように $\mathcal{E}_x$ は $\mathcal{O}_{X,x}$ 自由加群と捩れ加群の直和になる．一方，仮定から $\mathcal{E}$ は捩れのない層だから，$\mathcal{E}_x$ は $\mathcal{O}_{X,x}$ 自由加群である． □

♠♣ 系 4.2. 非特異代数曲線上の局所自由層の部分層は局所自由層である．

《証明》 $\mathcal{F}$ を局所自由層 $\mathcal{E}$ の部分層とする．$\mathcal{E}$ は捩れがないので $\mathcal{F}$ もそうである．従って $\mathcal{F}$ は局所自由層である． □

♣ 補題 4.3. 非特異射影曲線上の連接層は，局所自由層と捩れ層の直和である．

《証明》 連接層 $\mathcal{F}$ の捩れ部分層を $\mathcal{T}$ とし，$\mathcal{G} = \mathcal{F}/\mathcal{T}$ とおく．また，商写像を $p: \mathcal{F} \to \mathcal{G}$ とおく．$\mathcal{G}$ は捩れのない連接層なので，局所自由である．完全列

$$0 \to \mathcal{T} \to \mathcal{F} \xrightarrow{p} \mathcal{G} \to 0$$

に $\mathcal{H}om(\mathcal{G}, -)$ を施し，コホモロジー長完全列を考えれば完全列

$$H^0(\mathcal{H}om(\mathcal{G}, \mathcal{F})) \to H^0(\mathcal{H}om(\mathcal{G}, \mathcal{G})) \to H^1(\mathcal{H}om(\mathcal{G}, \mathcal{T}))$$

が得られる．ここで，$\mathcal{H}om(\mathcal{G}, \mathcal{T})$ のサポートは高々有限個の点集合なので，$H^1(\mathcal{H}om(\mathcal{G}, \mathcal{T})) = 0$ である．よって，$p \circ s = id_\mathcal{G}$ となる準同型写像 $s: \mathcal{G} \to \mathcal{F}$ が存在する．すなわち，上の層完全列は分裂し，$\mathcal{F} \simeq \mathcal{G} \oplus \mathcal{T}$ である． □

局所自由層 $\mathcal{E}$ の部分層 $\mathcal{F}$ による商層 $\mathcal{E}/\mathcal{F}$ は，必ずしも局所自由層ではない．例えば $\mathcal{E}$ が非零な大域切断 s をもつ非自明な可逆層のとき，s は単射 $\mathcal{O}_X \xrightarrow{\cdot s} \mathcal{E}$ を定めるが，この場合 $\mathcal{E}/\mathcal{O}_X$ のサポートは s の零点集合だから，これは捩れ層である．商層 $\mathcal{E}/\mathcal{F}$ が局所自由であるとき，$\mathcal{F}$ を $\mathcal{E}$ の飽和部分層と言う．容易に確かめられるように，$\mathcal{E}_1$ が $\mathcal{E}$ の飽和部分層で，$\mathcal{E}_2$ が $\mathcal{E}_1$ の飽和部分層のとき，$\mathcal{E}_2$ は $\mathcal{E}$ の飽和部分層になる．

連接層の階数をその自由部分の階数として定義すれば，次のような加法性がある．

$$\mathrm{rk}(\mathcal{E}) = \mathrm{rk}(\mathcal{F}) + \mathrm{rk}(\mathcal{E}/\mathcal{F})$$

4.1 代数曲線上の局所自由層　111

♣ 補題 4.4. $\mathcal{F}$ を局所自由層 $\mathcal{E}$ の部分層とする．このとき $\mathcal{F}$ を含む $\mathcal{E}$ の飽和部分層 $\tilde{\mathcal{F}}$ で $\mathrm{rk}(\tilde{\mathcal{F}}) = \mathrm{rk}(\mathcal{F})$ をみたすものが唯ひとつ存在する．

《証明》 $\mathcal{T}$ を $\mathcal{E}/\mathcal{F}$ の捩れ部分層とする．自然な射影 $\mathcal{E} \to \mathcal{E}/\mathcal{F}$ による $\mathcal{T}$ の逆像を $\tilde{\mathcal{F}}$ とする．このとき $\mathcal{E}/\tilde{\mathcal{F}}$ は $\mathcal{E}/\mathcal{F}$ の $\mathcal{T}$ による商層と同型だから，局所自由である．従って $\tilde{\mathcal{F}}$ は $\mathcal{E}$ の飽和部分層である．しかも明らかに $\mathrm{rk}(\tilde{\mathcal{F}}) = \mathrm{rk}(\mathcal{F})$ が成立する．

$\mathcal{G}$ を $\mathcal{F}$ を含む $\mathcal{E}$ の飽和部分層とすれば，$\mathcal{E}/\mathcal{G}$ は $\mathcal{E}/\mathcal{F}$ の捩れのない商層であるから，$\mathcal{T} \subset \mathcal{G}/\mathcal{F} \subset \mathcal{E}/\mathcal{F}$ でなければならない．従って $\tilde{\mathcal{F}} \subset \mathcal{G}$ である．もし $\mathrm{rk}(\mathcal{G}) = \mathrm{rk}(\tilde{\mathcal{F}})$ ならば，階数の加法性より，$\mathcal{G}/\tilde{\mathcal{F}}$ は零層になるから，$\mathcal{G} = \tilde{\mathcal{F}}$ であることが従う． □

上の補題のような $\tilde{\mathcal{F}}$ を $\mathcal{F}$ の**飽和化** (saturation) と言う．これは $\mathcal{F}$ の 2 重双対 $\mathcal{F}^{**}$ に他ならない．

X 上の階数 r の局所自由層 $\mathcal{E}$ に対してその r 階の外積 $\bigwedge^r \mathcal{E}$ は X 上の可逆層である．これを $\mathcal{E}$ の行列式層と言い $\det(\mathcal{E})$ と書く．また $\mathcal{E}$ の次数を $\deg\det(\mathcal{E})$ によって定義する．次は明らかである．

♣ 補題 4.5 (次数の加法性)**.** X 上の局所自由層の完全系列

$$0 \to \mathcal{E}_1 \to \mathcal{E} \to \mathcal{E}_2 \to 0$$

に対して $\deg(\mathcal{E}) = \deg(\mathcal{E}_1) + \deg(\mathcal{E}_2)$ が成立する．

▷ **定義 4.6.** 非特異射影曲線上の局所自由層 $\mathcal{E}$ に対し

$$\mu(\mathcal{E}) := \frac{\deg \mathcal{E}}{\mathrm{rk}(\mathcal{E})}$$

とおいて，これを $\mathcal{E}$ の**傾き** (slope) と呼ぶ．

▷ **定義 4.7.** 局所自由層 $\mathcal{E}$ のフィルトレーションとは，飽和部分層の列 $\mathcal{E}_0, \ldots, \mathcal{E}_n$ であって

$$0 = \mathcal{E}_0 \subset \mathcal{E}_1 \subset \cdots \subset \mathcal{E}_n = \mathcal{E}$$

をみたすもののことである．$\mathrm{rk}(\mathcal{E}_i) = i$ が $i = 1, \ldots, n$ に対して成り立つようなフィルトレーションを $\mathcal{E}$ のトータル・フィルトレーションと言う．

♣ **補題 4.8.** 任意の局所自由層はトータル・フィルトレーションをもつ.

《証明》 まず，任意の局所自由層 $\mathcal{E}$ が飽和可逆部分層をもつことを示す．次数が十分に大きな可逆層 $\mathcal{L}$ をとると $H^0(X, \mathcal{E} \otimes \mathcal{L}) \neq 0$ である．このとき，非零元 $s \in H^0(X, \mathcal{E} \otimes \mathcal{L})$ を掛けることにより，単射 $\mathcal{L}^* \to \mathcal{E}$ が得られる．像の飽和化をとれば，それが求める可逆層である．

トータル・フィルトレーションの存在を，階数に関する帰納法を用いて証明する．階数が 1 ならば証明すべきことは何もない．階数が $r = \mathrm{rk}(\mathcal{E})$ よりも真に小さい局所自由層に対して，必ずトータル・フィルトレーションが存在すると仮定する．上で存在を示した $\mathcal{E}$ の飽和可逆部分層 $\mathcal{E}_1$ をとると，$\mathcal{E}/\mathcal{E}_1$ は階数 $r-1$ の局所自由層なので，帰納法の仮定からトータル・フィルトレーションをもつ．それを商写像 $\mathcal{E} \to \mathcal{E}/\mathcal{E}_1$ によって $\mathcal{E}$ へ引き戻せば，$\mathcal{E}_1$ を部分層とする局所自由層からなるフィルトレーション $\mathcal{E}_2 \subset \mathcal{E}_3 \subset \cdots \subset \mathcal{E}_r = \mathcal{E}$ で $\mathrm{rk}(\mathcal{E}_k) = k$ なるものが得られる．これに $\mathcal{E}_1$ を参加させれば $\mathcal{E}$ のトータル・フィルトレーションが得られる． □

♣ **補題 4.9.** X を種数 g の非特異射影曲線とする．2 つの可逆層 $\mathcal{L}_1, \mathcal{L}_2$ に対して
$$\deg \mathcal{L}_2 < \deg \mathcal{L}_1 - 2g + 2$$
が成立するとき，X 上の局所自由層の完全系列
$$0 \to \mathcal{L}_1 \to \mathcal{E} \xrightarrow{\alpha} \mathcal{L}_2 \to 0$$
は分裂し，$\mathcal{E} \simeq \mathcal{L}_1 \bigoplus \mathcal{L}_2$ となる．

《証明》 問題の完全列に $\mathcal{H}om(\mathcal{L}_2, -)$ を施し，コホモロジー長完全列をとると
$$H^0(\mathcal{H}om(\mathcal{L}_2, \mathcal{E})) \to H^0(\mathcal{H}om(\mathcal{L}_2, \mathcal{L}_2)) \to H^1(\mathcal{H}om(\mathcal{L}_2, \mathcal{L}_1))$$
なる完全列が得られる．ここで $\mathcal{H}om(\mathcal{L}_2, \mathcal{L}_1) \simeq \mathcal{L}_2^* \otimes \mathcal{L}_1$ であり，仮定からこの可逆層の次数は $2g-2$ より大きい．よって $H^1(\mathcal{H}om(\mathcal{L}_2, \mathcal{L}_1)) = 0$ なので，$\alpha : \mathcal{E} \to \mathcal{L}_2$ に対して $\beta \circ \alpha = id_{\mathcal{L}_2}$ となるような $\beta \in H^0(\mathcal{H}om(\mathcal{L}_2, \mathcal{E}))$ が存在する．従って，層完全列 $0 \to \mathcal{L}_1 \to \mathcal{E} \to \mathcal{L}_2 \to 0$ は分裂し，$\mathcal{E}$ は $\mathcal{L}_1$ と $\mathcal{L}_2$ の直和に同型である． □

4.1 代数曲線上の局所自由層　113

♡ **定理 4.10.** 射影直線 $\mathbb{P}^1$ 上の局所自由層は可逆層の直和である．

《証明》 $\mathcal{E}$ を $\mathbb{P}^1$ 上の階数 r の局所自由層とする．階数に関する帰納法を用いる．

まず $r = 2$ のとき．$\mathcal{E}$ に適当な次数の可逆層を掛けることによって $\deg \mathcal{E} = 0$ または -1 としてよい．Riemann-Roch 定理より $h^0(\mathcal{E}) \geq \chi(\mathcal{E}) = \deg(\mathcal{E}) + 2 > 0$ なので，非零元 $s \in H^0(\mathcal{E})$ がとれる．s が生成する $\mathcal{E}$ の飽和可逆部分層を $\mathcal{E}_1$ とすれば，$\deg \mathcal{E}_1 \geq 0$ である．よって $\mathcal{E}_2 = \mathcal{E}/\mathcal{E}_1$ に対して，$\deg \mathcal{E}_2 = \deg \mathcal{E} - \deg \mathcal{E}_1 \leq 0 < \deg \mathcal{E}_1 - 2 \times 0 + 2$ が成立するから，補題 4.9 より，対応する完全列

$$0 \to \mathcal{E}_1 \to \mathcal{E} \to \mathcal{E}_2 \to 0$$

は分裂し，$\mathcal{E} \simeq \mathcal{E}_1 \bigoplus \mathcal{E}_2$ となる．

$r \geq 3$ とする．$\mathcal{L}$ を $\mathcal{E}$ の飽和可逆部分層とする．Riemann-Roch の定理と $h^0(\mathcal{L}) \leq h^0(\mathcal{E})$ より $\deg \mathcal{L} = h^0(\mathcal{L}) - h^1(\mathcal{L}) - 1 \leq h^0(\mathcal{E})$ となるから，$\mathcal{E}$ の飽和可逆部分層の次数は上に有界である．$\mathcal{E}_1$ を次数最大の飽和可逆部分層とする．$\mathcal{F} = \mathcal{E}/\mathcal{E}_1$ とおけば，帰納法の仮定から $\mathcal{F}$ は可逆層の直和であって，可逆層 $\mathcal{F}_i$ $(i = 2, \ldots, r)$ を用いて $\mathcal{F} = \mathcal{F}_2 \oplus \cdots \oplus \mathcal{F}_r$ と書ける．$\mathcal{G}_i$ を商写像 $\mathcal{E} \to \mathcal{F}$ による $\mathcal{F}_i$ の逆像とする．これは階数 2 だから，すでに見たように $\mathcal{G}_i = \mathcal{L}_1 \oplus \mathcal{L}_2$ のように可逆層の直和に分解する．$\mathcal{E}_1$ は $\mathcal{G}_i \subset \mathcal{E}$ の次数最大の可逆部分層でもあるから，$\mathcal{E}_1 = \mathcal{L}_1$, $\deg \mathcal{L}_2 \leq \deg \mathcal{L}_1$ と仮定できる．すると，補題 4.9 から完全列

$$0 \to \mathcal{E}_1 \to \mathcal{G}_i \to \mathcal{F}_i \to 0$$

は分裂する．従って，各 i $(2 \leq i \leq r)$ に対して $\mathcal{E}$ の可逆部分層 $\mathcal{E}_i$ で，射影 $\mathcal{E} \to \mathcal{F}$ により $\mathcal{F}_i$ に同型に写るものが存在することになった．すなわち，完全列 $0 \to \mathcal{E}_1 \to \mathcal{E} \to \mathcal{F} \to 0$ は分裂し，$\mathcal{E} \simeq \mathcal{E}_1 \oplus \cdots \mathcal{E}_r$ である．　□

▼ **4.1.2　安定性**

非特異射影曲線上の局所自由層について，安定性の概念を導入する．これはもともと局所自由層のモジュライ空間を構成する際に導入された概念だが，

114　第 4 章　安定性と Bogomolov の定理

後で述べるような正値性と密接に関係している．このような不思議な関係を紹介するのが，この節の目的である．

◇ **命題 4.11.** 種数 g の非特異射影曲線上の局所自由層に対して，その部分層の傾きは上に有界である．すなわち局所自由層 $\mathcal{E}$ の任意の部分層 $\mathcal{F}$ に対して $\mu(\mathcal{F}) \leq N$ が成立するような，$\mathcal{E}$ と種数 g にのみ依存する定数 N が存在する．

《証明》　$\mathcal{F}$ の階数を r とすれば，$\bigwedge^r \mathcal{F}$ は $\bigwedge^r \mathcal{E}$ の可逆部分層である．よって，$h^0(X, \bigwedge^r \mathcal{F}) \leq h^0(X, \bigwedge^r \mathcal{E})$ と Riemann-Roch 定理より

$$\deg \mathcal{F} = h^0(X, \bigwedge^r \mathcal{F}) - h^1(X, \bigwedge^r \mathcal{F}) + g - 1 \leq h^0(X, \bigwedge^r \mathcal{E}) + g - 1$$

なので

$$N = g - 1 + \max_{1 \leq r < \mathrm{rk}(\mathcal{E})} h^0(X, \bigwedge^r \mathcal{E})$$

とおけば，$\mathcal{E}$ と g にのみ依存する次数の上限が得られた．　□

▷ **定義 4.12.** $\mathcal{E}$ を局所自由層とする．任意の真の部分層 $\mathcal{F} \subset \mathcal{E}$ に対して，必ず不等式 $\mu(\mathcal{F}) < \mu(\mathcal{E})$ が成立するとき，$\mathcal{E}$ は**安定** (stable) であると言う．また，これよりは弱い条件 $\mu(\mathcal{F}) \leq \mu(\mathcal{E})$ が成立するとき，**半安定** (semi-stable) と言う．半安定でないとき，**不安定** (unstable) と言う．

♣ **補題 4.13.** $\mathcal{E}$ が半安定ならば，双対層 $\mathcal{E}^* = \mathcal{H}om_{\mathcal{O}_X}(\mathcal{E}, \mathcal{O}_X)$ も半安定である．

《証明》　$\mathcal{E}^*$ が不安定ならば，$\mu(\mathcal{F}) < \mu(\mathcal{E}^*)$ をみたす局所自由な商層 $\mathcal{F}$ が存在する．このとき，$\mathcal{F}^* \subset \mathcal{E}$ であり，$\mu(\mathcal{F}^*) > \mu(\mathcal{E})$ となるから，$\mathcal{E}$ が半安定であることに矛盾する．　□

♣ **補題 4.14.** 非特異射影曲線 X 上の半安定層 $\mathcal{E}_1, \mathcal{E}_2$ の間に零でない準同型写像 $f : \mathcal{E}_1 \to \mathcal{E}_2$ が存在すれば，$\mu(\mathcal{E}_1) \leq \mu(\mathcal{E}_2)$ である．

《証明》　完全系列

$$0 \to \mathrm{Ker}(f) \to \mathcal{E}_1 \to \mathrm{Im}(f) \to 0$$

を考える．$\mathcal{E}_1$ は半安定なので，$\mu(\mathrm{Ker}(f)) \leq \mu(\mathcal{E}_1)$ が成り立つ．これより特に $\mu(\mathcal{E}_1) \leq \mu(\mathrm{Im}(f))$ が従う．一方，$\mathrm{Im}(f)$ は半安定層 $\mathcal{E}_2$ の部分層だから，$\mu(\mathrm{Im}(f)) \leq \mu(\mathcal{E}_2)$ であり，結局 $\mu(\mathcal{E}_1) \leq \mu(\mathcal{E}_2)$ を得る． □

▷ **定義 4.15．** 局所自由層 $\mathcal{E}$ のフィルトレーション

$$0 = \mathcal{E}_0 \subset \mathcal{E}_1 \subset \cdots \subset \mathcal{E}_n = \mathcal{E}$$

は，次の (1) と (2) が成立するとき，Harder-Narashimhan フィルトレーションであると言う．
(1) 任意の i について，商層 $\mathcal{E}_i/\mathcal{E}_{i-1}$ は半安定である．
(2) 商層のスロープは i について単調減少である．すなわち，不等式

$$\mu(\mathcal{E}_i/\mathcal{E}_{i-1}) < \mu(\mathcal{E}_{i-1}/\mathcal{E}_{i-2})$$

が $i = 2,\ldots,n$ に対して成立する．
$\mathcal{E}$ が半安定でないとき，$\mathcal{E}_1$ を $\mathcal{E}$ の**極大不安定化部分層** (maximal distabilizing subsheaf) と言う．

さて，

$$0 = \mathcal{E}_0 \subset \mathcal{E}_1 \subset \cdots \subset \mathcal{E}_n = \mathcal{E}$$

が $\mathcal{E}$ の Harder-Narashimhan フィルトレーションならば

$$0 = (\mathcal{E}/\mathcal{E}_n)^* \subset (\mathcal{E}/\mathcal{E}_{n-1})^* \subset \cdots \subset \mathcal{E}^*$$

は双対層 $\mathcal{E}^*$ の Harder-Narashimhan フィルトレーションになる．また，$\mathcal{E}$ の任意の部分層 $\mathcal{F}$ に対して，$\mu(\mathcal{F}) \leq \mu(\mathcal{E}_1)$ が成立する．

♡ **定理 4.16** ([37])．非特異射影曲線上の任意の局所自由層 $\mathcal{E}$ に対して，その Harder-Narashimhan フィルトレーションが唯ひとつ存在する．

《証明》 命題 4.11 より $\mathcal{E}$ の部分層には次数の上限がある．そこで，まず $\mathcal{E}$ の部分層のスロープの最大値を μ_1 として，μ_1 をスロープにもつ部分層のうちで階数が最大のものを選び $\mathcal{E}_1$ とする．とり方から $\mathcal{E}_1$ は半安定な飽和部分

層である. ついで, μ_2 を $\mathcal{E}/\mathcal{E}_1$ の部分層のスロープの最大値として, $\mathcal{F}_2$ をスロープ μ_2 をもつ部分層の中で階数最大のものとする. $\mathcal{F}_2$ は半安定な飽和部分層である. $\mathcal{E}_2$ を商写像 $\mathcal{E} \to \mathcal{E}/\mathcal{E}_1$ による $\mathcal{F}_2$ の逆像とする. 以下同様にして, $\mathcal{E}/\mathcal{E}_i$ の部分層のスロープの最大値 μ_{i+1} をスロープとするような最大階数の部分層 $\mathcal{F}_{i+1} \subset \mathcal{E}/\mathcal{E}_i$ をとり, その $\mathcal{E}$ への逆像 $\mathcal{E}_{i+1}$ を順次考えていけば, 最終的に $\mathcal{E}$ の Harder-Narashimhan フィルトレーションに到達する.

今,
$$0 = \mathcal{E}'_0 \subset \mathcal{E}'_1 \subset \cdots \subset \mathcal{E}'_n = \mathcal{E}$$
を Harder-Narashimhan フィルトレーションとすれば, $\mu(\mathcal{E}_1) \geq \mu(\mathcal{E}'_1)$ と仮定できる. $\mathcal{E}_1 \subset \mathcal{E}'_i$ かつ $\mathcal{E}_1 \not\subset \mathcal{E}'_{i-1}$ となる i が存在するから, 非零写像 $\mathcal{E}_1 \to \mathcal{E}'_i/\mathcal{E}'_{i-1}$ を得る. このとき, 補題 4.14 から $\mu(\mathcal{E}'_i/\mathcal{E}'_{i-1}) \geq \mu(\mathcal{E}_1)$ が従う. すると, $\mu(\mathcal{E}'_i/\mathcal{E}'_{i-1}) \geq \mu(\mathcal{E}'_1)$ となるから, Harder-Narashimhan フィルトレーションの定義より $i = 1$ でなければならない. すなわち $\mathcal{E}_1 \subset \mathcal{E}'_1$ である. $\mathcal{E}'_1$ は半安定なので, $\mu(\mathcal{E}_1) \leq \mu(\mathcal{E}'_1)$ が成立するから, 結局 $\mu(\mathcal{E}_1) = \mu(\mathcal{E}'_1)$ となる. $\mathcal{E}_1$ と $\mathcal{E}'_1$ の立場を入れ換えて以上の議論を繰り返せば, $\mathcal{E}_1 \supset \mathcal{E}'_1$ が得られ, $\mathcal{E}'_1 = \mathcal{E}_1$ であることがわかる.

$\mathcal{E}/\mathcal{E}_1$ に誘導されるフィルトレーション $\{\mathcal{E}_i/\mathcal{E}_1\}_{i \geq 2}$, $\{\mathcal{E}'_i/\mathcal{E}_1\}_{i \geq 2}$ に対して同様の考察を行えば, $\mathcal{E}'_2/\mathcal{E}_1 = \mathcal{E}_2/\mathcal{E}_1$ となるから, $\mathcal{E}'_2 = \mathcal{E}_2$ を得る. 以下, 同様にしてすべての i に対して $\mathcal{E}_i = \mathcal{E}'_i$ であることが証明できる. □

▷ **定義 4.17.** 局所自由層 $\mathcal{E}$ の Harder-Narashimhan フィルトレーション
$$0 = \mathcal{E}_0 \subset \mathcal{E}_1 \subset \cdots \subset \mathcal{E}_n = \mathcal{E}$$
に対して, $\mu(\mathcal{E}_1)$ を $\mu_{\max}(\mathcal{E})$, 最後の商層のスロープ $\mu(\mathcal{E}/\mathcal{E}_{n-1})$ を $\mu_{\min}(\mathcal{E})$ と書く. $\mathcal{E}$ が半安定の場合は $\mu_{\max}(\mathcal{E}) = \mu_{\min}(\mathcal{E}) = \mu(\mathcal{E})$ であると了解する.

$\mu_{\min}(\mathcal{E}) > 0$ のとき $\mathcal{E}$ は**アンプル** (ample) であると言う. これは $\mathcal{E}$ の任意の商層の傾きが正であることと同値であり, 付随する射影空間束 $\mathbb{P}(\mathcal{E})$ の同義可逆層 $\mathcal{O}_{\mathbb{P}(\mathcal{E})}(1)$ がアンプルであると言う解釈も成立する. また, $\mu_{\min} \geq 0$ のとき $\mathcal{E}$ は**ネフ** (nef) であると言う.

局所自由層と底変換の関係を考察する. $f : X' \to X$ を非特異射影曲線の間の有限な全射正則写像とし, $\mathcal{E}$ を X 上の局所自由層とする. $\mathcal{E}$ の f によ

る引き戻し $f^*\mathcal{E}$ は X' 上の局所自由層である．これを f による $\mathcal{E}$ の**底変換** (base change) と言う．

$d = \deg f$ とおけば，容易にわかるように以下が成立する．

(i) $\mathrm{rk}(f^*\mathcal{E}) = \mathrm{rk}(\mathcal{E}),\ \deg f^*\mathcal{E} = d\deg\mathcal{E},\ \mu(f^*\mathcal{E}) = d\mu(\mathcal{E})$.

(ii) X 上の完全系列 $0 \to \mathcal{E}_1 \to \mathcal{E} \to \mathcal{E}_2 \to 0$ に対して $0 \to f^*\mathcal{E}_1 \to f^*\mathcal{E} \to f^*\mathcal{E}_2 \to 0$ も完全である．

(iii) $\mathcal{E}$ のフィルトレーション $0 = \mathcal{E}_0 \subset \mathcal{E}_1 \subset \cdots \subset \mathcal{E}_n = \mathcal{E}$ に対して，$0 = f^*\mathcal{E}_0 \subset f^*\mathcal{E}_1 \subset \cdots \subset f^*\mathcal{E}_n = f^*\mathcal{E}$ は $f^*\mathcal{E}$ のフィルトレーションである．

(iv) $\mathcal{E} = \mathcal{E}_1 \oplus \cdots \oplus \mathcal{E}_n$ が $\mathcal{E}$ の直和分解ならば，$f^*\mathcal{E}_1 \oplus \cdots \oplus f^*\mathcal{E}_n$ は $f^*\mathcal{E}$ の直和分解を与える．

▷ **定義 4.18.** 2つの非特異射影代数曲線 X', X の間の有限正則写像 $f: X' \to X$ が **Galois 被覆**とは，X' に作用する有限群 G があって，次の条件 (1), (2) を満足するときを言う．

(1) f は G 同変的であり，

(2) 誘導される写像 $X'/G \to X$ は同型写像である．

群 G は $f \circ \varphi = f$ をみたす $\varphi \in \mathrm{Aut}(X')$ から成る $\mathrm{Aut}(X')$ の部分群とみなすことができる．これを分岐被覆 $f: X' \to X$ の **Galois 群**と呼び，$\mathrm{Gal}(X'/X)$ で表す．

有限な正則写像 $f: X' \to X$ が Galois 被覆であることと，対応する有理関数体の拡大 $\mathbb{K} = \mathbb{C}(X) \subset \mathbb{K}' = \mathbb{C}(X')$ が有限次 Galois 拡大であることは同値であり，このとき $\mathrm{Gal}(X'/X)$ は自然に体拡大の Galois 群 $\mathrm{Gal}(\mathbb{K}'/\mathbb{K})$ と同一視される．

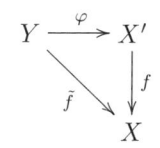

♣ **補題 4.19.** 2つの非特異射影曲線 X', X の間の有限正則写像 $f: X' \to X$ に対して，非特異射影曲線 Y と Galois 被覆 $\tilde{f}: Y \to X$ および有限正則写像 $\varphi: Y \to X'$ で $\tilde{f} = \varphi \circ f$ となるものが存在する．

$$\begin{array}{ccc} Y & \xrightarrow{\varphi} & X' \\ & \searrow{\tilde{f}} & \downarrow{f} \\ & & X \end{array}$$

《証明》 よく知られているように，体の有限次代数拡大はある Galois 拡大に埋め込むことができ，そのような Galois 拡大のうち最小なものは Galois 閉包と呼ばれる．この Galois 拡大体を有理関数体とする非特異射影曲線を Y とすればよい． □

♡ **定理 4.20.** 2つの非特異射影曲線 X', X の間に有限な正則写像 $f: X' \to X$ があるとき，X 上の任意の局所自由層 $\mathcal{E}$ に対して，$\mathcal{E}$ が半安定であることと $f^*\mathcal{E}$ が半安定であることは同値である．

《証明》 f の次数を d とする．まず，$f^*\mathcal{E}$ が半安定であると仮定する．$\deg f = d$ なので，$\mu(f^*\mathcal{E}) = d\mu(\mathcal{E})$ であり，$\mathcal{E}$ の任意の飽和部分層 $\mathcal{F}$ に対しても $\mu(f^*\mathcal{F}) = d\mu(\mathcal{F})$ が成立する．よって $\mu(f^*\mathcal{F}) \leq \mu(f^*\mathcal{E})$ より $\mu(\mathcal{F}) \leq \mu(\mathcal{E})$ が従う．すなわち $\mathcal{E}$ は半安定である．

逆に，$\mathcal{E}$ が半安定であるとする．このとき，前補題より，非特異射影曲線 Y と Galois 被覆 $\tilde{f}: Y \to X$ があって，$\tilde{f}$ は X' を経由する．$G = \mathrm{Gal}(Y/X)$ とおけば，G は $\tilde{f}^*\mathcal{E}$ に作用し，$\mathcal{E} = \tilde{f}^*\mathcal{E}/G$ である．前半の証明から，$\tilde{f}^*\mathcal{E}$ が半安定ならば $f^*\mathcal{E}$ も半安定である．よって，$\tilde{f}^*\mathcal{E}$ が不安定だと仮定して矛盾を導けばよい．$\tilde{\mathcal{F}} \subset \tilde{f}^*\mathcal{E}$ を極大不安定化層とすれば，Harder-Narashimhan フィルトレーションは唯一だから，$\tilde{\mathcal{F}}$ は Y の自己同型で不変であり，特に G 不変である．よって $\mathcal{F} = \tilde{\mathcal{F}}/G$ は $\mathcal{E}$ の部分層だが，$\mu(\tilde{\mathcal{F}}) > \mu(\tilde{f}^*\mathcal{E})$ より，$\mu(\mathcal{F}) > \mu(\mathcal{E})$ となるので，$\mathcal{E}$ の半安定性に矛盾である．従って，$\tilde{f}^*\mathcal{E}$ は半安定であり，$f^*\mathcal{E}$ もそうである． □

▷ **注意 4.21.** 安定層の底変換は，もちろん半安定層ではあるが，安定層であるとは限らない．

♠ **系 4.22.** 局所自由層の Harder-Narashimhan フィルトレーションの底変換は，対応する局所自由層の Harder-Narashimhan フィルトレーションを与える．

♠ **系 4.23.** $\tilde{\mathcal{E}}$ を $\mathcal{E}$ の底変換とする．$\mathcal{E}$ がアンプル（resp. ネフ）ならば，$\tilde{\mathcal{E}}$ もアンプル（resp. ネフ）である．

4.1.3　$\mathbb{Q}$ ツイスト

▷ **定義 4.24.** 非特異射影曲線 X 上の局所自由層 $\mathcal{V}$ と $\mathbb{Q}$ 因子 δ の組を $\mathcal{V}\langle\delta\rangle$ と書いて $\mathcal{V}$ の δ による $\mathbb{Q}$ ツイストと呼ぶ．ただし，δ が通常の因子（$\mathbb{Z}$ 因子）のときには，$\mathcal{V}\langle\delta\rangle$ は実体をもち局所自由層 $\mathcal{V} \otimes \mathcal{O}_X(\delta)$ であると解釈する．$\mathbb{Q}$ ツイストの階数や次数を

$$\deg(\mathcal{V}\langle\delta\rangle) := \deg(\mathcal{V}) + \mathrm{rk}(\mathcal{V}) \cdot \deg(\delta),$$
$$\mathrm{rk}(\mathcal{V}\langle\delta\rangle) := \mathrm{rk}(\mathcal{V})$$

で定め，スロープを

$$\mu(\mathcal{V}\langle\delta\rangle) = \deg(\mathcal{V}\langle\delta\rangle)/\mathrm{rk}(\mathcal{V}\langle\delta\rangle) = \mu(\mathcal{E}) + \deg(\delta)$$

で定める．また，対称積や外積を

$$\mathrm{Sym}^m(\mathcal{V}\langle\delta\rangle) := (\mathrm{Sym}^m(\mathcal{V}))\langle m\delta\rangle, \quad \bigwedge^m(\mathcal{V}\langle\delta\rangle) := \left(\bigwedge^m \mathcal{V}\right)\langle m\delta\rangle$$

のように定める．2 つの $\mathbb{Q}$ ツイスト $\mathcal{V}_1\langle\delta_1\rangle$, $\mathcal{V}_2\langle\delta_2\rangle$ のテンソル積は

$$\mathcal{V}_1\langle\delta_1\rangle \otimes \mathcal{V}_2\langle\delta_2\rangle := (\mathcal{V}_1 \otimes \mathcal{V}_2)\langle\delta_1 + \delta_2\rangle$$

である．

▷ **定義 4.25.** 非特異射影曲線 X 上の局所自由層 $\mathcal{E}$ の $\mathbb{Q}$ ツイスト $\mathcal{E}\langle\delta\rangle$ がアンプル (resp. ネフ) とは，$\mathbb{P}(\mathcal{E}) \xrightarrow{\pi} X$ の同義可逆層の数値的同値類 ξ に対して $\xi + \pi^*\delta$ がアンプル (resp. ネフ) $\mathbb{Q}$ 因子であること．また，$\mathcal{E}\langle\delta\rangle$ が半安定とは，任意の部分層 $\mathcal{F} \subset \mathcal{E}$ に対して $\mu(\mathcal{F}\langle\delta\rangle) \leq \mu(\mathcal{E}\langle\delta\rangle)$ が成立することである．これは $\mathcal{E}$ が半安定であることと同値である．

次の命題の証明は [58, Theorem 6.2.12] にある．

◇ **命題 4.26.** $\mathcal{E}\langle\delta_1\rangle$, $\mathcal{F}\langle\delta_2\rangle$ を非特異射影曲線 X 上の局所自由層の $\mathbb{Q}$ ツイストとする．もし $\mathcal{E}\langle\delta_1\rangle$, $\mathcal{F}\langle\delta_2\rangle$ がともにネフならば $\mathcal{E}\langle\delta_1\rangle \otimes \mathcal{F}\langle\delta_2\rangle$ もネフである．

▼ 4.1.4 安定性と正値性

非特異射影曲線 X 上の，階数 r の局所自由層 $\mathcal{E}$ に付随する射影空間束 $\pi: P = \mathbb{P}(\mathcal{E}) \to X$ を考える．P 上の同義可逆層 $\mathcal{O}_{\mathbb{P}(\mathcal{E})}(1)$ の定める類を $\xi \in N^1(P)$ とする．$N^1(P)$ は ξ と π のファイバーの類 γ を基底とする 2 次元実ベクトル空間である．

$$\xi_0 = \xi - \mu(\mathcal{E})\gamma \tag{4.1.1}$$

とおき，規格化された同義因子類と呼ぶ．$\pi_* \mathcal{O}_P(1) \simeq \mathcal{E}$ 故，これは $\mathcal{E}$ の $\mathbb{Q}$ ツイスト $\mathcal{E}\langle -\det(\mathcal{E})/\mathrm{rk}(\mathcal{E}) \rangle$ に対する「同義可逆層」の類であると考えられる．

♣ **補題 4.27.** $\xi_0^r = 0$ である．また，ネフ錐 $\mathrm{Nef}(P)$ は ξ_0 と γ が生成する閉錐 $\mathbb{R}_{\geq 0}\xi_0 + \mathbb{R}_{\geq 0}\gamma$ の部分錐である．

《証明》 $\xi^r - \pi^* c_1(\mathcal{E})\xi^{r-1} = 0$ より，$\xi^r = \deg(\mathcal{E})\xi^{r-1}\gamma = \deg(\mathcal{E})$ である．また，$\gamma^2 = 0$ なので

$$\xi_0^r = (\xi - \mu(\mathcal{E})\gamma)^r = \xi^r - r \cdot \mu(\mathcal{E})\xi^{r-1}\gamma = 0$$

である．

ネフ $\mathbb{R}$ 因子を $a\xi_0 + b\gamma$ $(a, b \in \mathbb{R})$ とおく．$a < 0$ ならば，ファイバーに含まれる曲線との交点数が負になってしまうので $a \geq 0$ である．$a = 0$ なら $b \geq 0$ は明らか．$a > 0$ とする．$a\xi_0 + b\gamma$ はネフなので $(a\xi_0 + b\gamma)^r \geq 0$ でなければならない．$\xi_0^r = 0$ だから $(a\xi_0 + b\gamma)^r = a^r \xi_0^r + ra^{r-1}b\xi_0^{r-1}\gamma = ra^{r-1}b$ となるので，$b \geq 0$ である．□

♡ **定理 4.28** (宮岡 [65]). 非特異射影曲線 X 上の局所自由層 $\mathcal{E}$ に対して，次の 4 条件は同値である．

(1) $\mathcal{E}$ は半安定である．

(2) ξ_0 はネフである．

(3) ネフ錐 $\mathrm{Nef}(P)$ は ξ_0 と γ で生成される：$\mathrm{Nef}(P) = \mathbb{R}_{\geq 0}\xi_0 + \mathbb{R}_{\geq 0}\gamma$.

(4) 擬有効錐 $\mathrm{PE}(P)$ は ξ_0 と γ で生成される：$\mathrm{PE}(P) = \mathbb{R}_{\geq 0}\xi_0 + \mathbb{R}_{\geq 0}\gamma$.

《証明》 まず (1) と (2) の同値性を示す.

(1) $\Rightarrow$ (2). $\mathcal{E}$ が半安定であるとする. $P = \mathbb{P}(\mathcal{E})$ 上の任意の既約曲線 C をとる. もし C が $\pi: P \to X$ のファイバーに含まれていれば, $\xi C > 0$ かつ $\gamma C = 0$ なので, $\xi_0 C = \xi C > 0$ である. よって, C はどのファイバーにも含まれていないと仮定してよい. このとき $\pi|_C : C \to X$ は全射である. $\tilde{C} \to C$ を正規化とする. これと $\pi|_C$ の合成写像 $\tilde{C} \to C \to X$ を φ とおく. 射影空間束 $\tilde{\pi} : \tilde{P} = \mathbb{P}(\varphi^*\mathcal{E}) \to \tilde{C}$ を考えれば, ファイバーを保つ自然な正則写像 $\tilde{\varphi}: \tilde{P} \to P$ がある. $\tilde{\xi}_0 \in N^1(\tilde{P})$ を $\mathcal{O}_{\tilde{P}}(1) - \mu(\varphi^*\mathcal{E})$ の類として定めれば, 明らかに $\tilde{\varphi}^*\xi_0 = \tilde{\xi}_0$ が成り立つ. また, $\tilde{\pi} : \tilde{P} \to \tilde{C}$ の切断 C' を $\tilde{\varphi}_*(C') = C$ となるようにとれる. すると, $\tilde{\xi}_0 C' = \xi_0 C$ なので, 左辺が非負であることを示せば十分である. 切断 C' に対応する $\varphi^*\mathcal{E}$ の商可逆層を $\mathcal{L}$ とする. $\mathcal{E}$ は半安定なので, $\varphi^*\mathcal{E}$ もそうであるから, $\deg \mathcal{L} \geq \mu(\varphi^*\mathcal{E})$ が成立する. よって

$$\tilde{\xi}_0 C' = (\mathcal{O}_{\tilde{P}}(1) - \mu(\varphi^*\mathcal{E})\tilde{\gamma}) C' = \deg \mathcal{L} - \mu(\varphi^*\mathcal{E}) \geq 0$$

となる. 以上より, ξ_0 はネフである.

(2) $\Rightarrow$ (1). ξ_0 がネフであると仮定する. $\mathcal{E}$ の局所自由商層 $\mathcal{Q}$ を任意にとるとき, 不等式 $\mu(\mathcal{Q}) \geq \mu(\mathcal{E})$ を示せばよい. $\mathcal{Q}$ の階数を s とする. $Q = \mathbb{P}(\mathcal{Q})$ は P の s 次元部分多様体であり, $\xi|_Q$ は $\mathcal{O}_Q(1)$ の数値的同値類である. よって,

$$\begin{aligned}\xi_0^s Q &= (\xi^s - s \cdot \mu(\mathcal{E}) \xi^{s-1} \gamma) Q \\ &= (\xi|_Q)^s - s\mu(\mathcal{E})(\xi|_Q)^{s-1}(\gamma|_Q) \\ &= \deg(\mathcal{Q}) - s\mu(\mathcal{E}) \\ &= s(\mu(\mathcal{Q}) - \mu(\mathcal{E}))\end{aligned}$$

となる. 他方, 仮定より ξ_0 はネフだから, $\xi_0^s Q \geq 0$ が成立する. 以上より, $\mu(\mathcal{Q}) \geq \mu(\mathcal{E})$ となり, $\mathcal{E}$ は半安定である.

(2) $\Leftrightarrow$ (3) は, 前補題より $\mathrm{Nef}(P) \subseteq \mathbb{R}_{\geq 0}\xi_0 + \mathbb{R}_{\geq 0}\gamma$ なので明白である.

(2) $\Rightarrow$ (4) を示す. ξ_0 がネフなら $\xi_0 + \epsilon\gamma$ ($\epsilon > 0$) がアンプル (従って有効) であることから ξ_0 は擬有効であり, 前補題より $\xi_0^r = 0$ だったので ξ_0 は $\mathrm{PE}(P)$ の境界点である. 従って (4) が成り立つ.

(4) $\Rightarrow$ (1) を示す. $\mathcal{E}$ が半安定でないと仮定する. このとき部分層 $\mathcal{F}$ で,

$\mu(\mathcal{F}) > \mu(\mathcal{E})$ をみたすものが存在する. $\mu(\mathcal{F}) - \mu(\mathcal{E}) > 1/k$ であるような十分大きな自然数 k を選ぶ. $\mathcal{A}$ を次数 1 の可逆層として, $\mathbb{Q}$ ツイスト

$$\mathcal{E}_0 = \mathcal{E}\langle -\frac{\det \mathcal{E}}{r} - \frac{\mathcal{A}}{k}\rangle, \quad \mathcal{F}_0 = \mathcal{F}\langle -\frac{\det \mathcal{E}}{r} - \frac{\mathcal{A}}{k}\rangle$$

を定める. $s = \mathrm{rk}(\mathcal{F})$ とすれば,

$$\deg \mathcal{F}_0 = s(\mu(\mathcal{F}) - \mu(\mathcal{E}) - 1/k) > 0$$

なので, 十分大きな kr の倍数 N をとれば, 補題 1.19 と Riemann-Roch の定理より,

$$\chi(\mathrm{Sym}^N(\mathcal{F}_0)) = \binom{s+N-1}{s}\deg \mathcal{F}_0 + \binom{s+N-1}{s-1}(1 - g(X))$$

だから, $\mathrm{Sym}^N(\mathcal{F}_0)$ は零でない大域切断をもつ. $\mathrm{Sym}^N(\mathcal{F}_0)$ は $\mathrm{Sym}^N(\mathcal{E}_0)$ の部分層なので $H^0(\mathrm{Sym}^N(\mathcal{E}_0)) \neq 0$ である. 一方,

$$H^0(P, \mathcal{O}(N) - (N/r)\pi^* \det \mathcal{E} - (N/k)\pi^* \mathcal{A}) \simeq H^0(X, \mathrm{Sym}^N(\mathcal{E}_0))$$

なので $N(\xi_0 - (1/k)\gamma)$ は有効因子の数値的同値類となる. よって $\xi_0 - (1/k)\gamma$ は有効でなければならないが, これは (4) に矛盾である. 以上より $\mathcal{E}$ は半安定である. □

♠系 4.29 (Gieseker). 非特異射影曲線上の局所自由層 $\mathcal{E}$ が半安定ならば, 任意の非負整数 n に対して $\mathrm{Sym}^n(\mathcal{E})$ も半安定である.

《**証明**》 $\mathrm{Sym}^n(\mathcal{E})$ が半安定でないと仮定し, 矛盾を導く. $\mathrm{Sym}^n(\mathcal{E})$ の商層 $\mathcal{Q}$ で $\mu(\mathcal{Q}) < \mu(\mathrm{Sym}^n(\mathcal{E}))$ となるものをとる. 十分大きな正整数 d を $\mu(\mathrm{Sym}^n(\mathcal{E})) - \mu(\mathcal{Q}) > n/d$ をみたすように選び, d 次分岐被覆 $h: Y \to X$ をとる. このとき, $\mu(\mathrm{Sym}^n(h^*\mathcal{E})) - \mu(h^*\mathcal{Q}) > n$ だから, $\mu(h^*\mathcal{Q}) \leq nk < \mu(\mathrm{Sym}^n(h^*\mathcal{E}))$ が成り立つような整数 k が存在する. Y 上に次数 $-k$ の直線束 $\mathcal{L}$ をとり, $\mathcal{E}' = h^*\mathcal{E} \otimes \mathcal{L}$, $\mathcal{Q}' = h^*\mathcal{Q} \otimes \mathcal{L}^{\otimes n}$ とおく. $\mathcal{Q}'$ は $\mathrm{Sym}^n(\mathcal{E}')$ の商層であり, $\mu(\mathcal{Q}') = \mu(h^*\mathcal{Q}) - nk \leq 0$ をみたす. $\mathcal{E}$ は半安定なので, $h^*\mathcal{E}$ もそうであり, よって $\mathcal{E}'$ も半安定である. また,

$$\mu(\mathcal{E}') = \frac{1}{n}(\mu(\mathrm{Sym}^n(h^*\mathcal{E})) - nk) > 0$$

である．よって $\mathcal{E}'$ はアンプルな局所自由層だから，十分大きな m に対して $\mathrm{Sym}^{mn}(\mathcal{E}')$ もアンプルになる．他方，[58, 定理 6.1.15 の証明]より，相対 Veronese 写像 $\nu_{n,m} : \mathbb{P}(\mathrm{Sym}^n(\mathcal{E}')) \to \mathbb{P}(\mathrm{Sym}^{mn}(\mathcal{E}'))$ は像の上に有限であり，$\nu_{n,m}$ による $\mathcal{O}_{\mathbb{P}(\mathrm{Sym}^{mn}(\mathcal{E}'))}(1)$ の引き戻しは $\mathcal{O}_{\mathbb{P}(\mathrm{Sym}^n(\mathcal{E}'))}(m)$ となるから，結局 $\mathcal{O}_{\mathbb{P}(\mathrm{Sym}^n(\mathcal{E}'))}(1)$ が（従って $\mathrm{Sym}^n(\mathcal{E}')$ も）アンプルであることがわかる．

今，$s = \mathrm{rk}(\mathcal{Q})$ とおけば，$\mathbb{P}(\mathcal{Q}')$ は $\mathbb{P}(\mathrm{Sym}^n(\mathcal{E}'))$ の s 次元相対線形閉部分多様体である．ξ を同義可逆層の類とすれば，これはアンプルだから $\deg \mathcal{Q}' = \xi^s \cdot \mathbb{P}(\mathcal{Q}') > 0$ でなければならない．一方，$\mu(\mathcal{Q}') \le 0$ だったので，これは矛盾である．

以上より，$\mathrm{Sym}^n(\mathcal{E})$ は半安定である． □

♠ 系 4.30. 非特異射影曲線上の局所自由層 $\mathcal{E}, \mathcal{F}$ がともに半安定ならば $\mathcal{E} \otimes \mathcal{F}$ も半安定である．特に，$\mathcal{E}$ が半安定層ならば，テンソル積 $\bigotimes^p \mathcal{E}$ や外積 $\bigwedge^p \mathcal{E}$ は半安定である．

《証明》 $\Delta_\mathcal{E} = \det(\mathcal{E})/\mathrm{rk}(\mathcal{E})$ とおき，$\mathcal{E}$ の $-\Delta_\mathcal{E}$ による $\mathbb{Q}$ ツイスト $\mathcal{E}\langle -\Delta_\mathcal{E}\rangle$ を考える．$\mathcal{E}$ が半安定であるための必要十分条件は $\mathcal{E}\langle -\Delta_\mathcal{E}\rangle$ がネフであることである．$\mathcal{E}\langle -\Delta_\mathcal{E}\rangle$ と $\mathcal{F}\langle -\Delta_\mathcal{F}\rangle$ はネフだから，命題 4.26 より $\mathcal{E}\langle -\Delta_\mathcal{E}\rangle \otimes \mathcal{F}\langle -\Delta_\mathcal{F}\rangle = (\mathcal{E} \otimes \mathcal{F})\langle -\Delta_\mathcal{E} - \Delta_\mathcal{F}\rangle = (\mathcal{E} \otimes \mathcal{F})\langle -\Delta_{\mathcal{E}\otimes\mathcal{F}}\rangle$ はネフである．すると $\mathcal{E} \otimes \mathcal{F}$ は半安定である．よって帰納法より，半安定層の有限個のテンソル積は半安定になることがわかる．特に $\bigotimes^p \mathcal{E}$ は半安定層なので，その直和因子である $\bigwedge^p \mathcal{E}$ もそうである． □

非特異射影曲線 X 上の階数 r の局所自由層 $\mathcal{E}$ の Harder-Narashimhan フィルトレーションを
$$0 = \mathcal{E}_0 \subset \mathcal{E}_1 \subset \cdots \subset \mathcal{E}_\ell = \mathcal{E}$$
とする．次は [67, Corollary 3.8] である．

♠ 系 4.31 (中山)**.** $\mathbb{P}(\mathcal{E})$ の同義可逆層とファイバーの数値的同値類をそれぞれ $\xi, \gamma \in N^1(\mathbb{P}(\mathcal{E}))$ とする．

(1) $\xi - t\gamma$ が擬有効であるための必要十分条件は $t \leq \mu_{\max}(\mathcal{E})$ である.

(2) $\xi - t\gamma$ がネフであるための必要十分条件は $t \leq \mu_{\min}(\mathcal{E})$ である.

《証明》 (1) $\mathbb{P}(\mathcal{E}_1)$ の同義可逆層およびファイバーの数値的同値類を ξ_1, γ_1 として, 半安定層 $\mathcal{E}_1$ に定理 4.28 を適用する. $t \in \mathbb{Q}$ が $t < \mu_{\max}(\mathcal{E}) = \mu(\mathcal{E}_1)$ をみたせば, $\mathbb{P}(\mathcal{E}_1)$ 上 $\xi_1 - t\gamma_1$ はアンプルである. 従って十分大きな整数 k で $kt \in \mathbb{Z}$ なるものをとれば $\dim H^0(X, \mathrm{Sym}^k \mathcal{E}_1 \otimes \mathcal{A}^{-tk}) \neq 0$ となる. ただし $\mathcal{A}$ は次数 1 の直線束である. このとき $H^0(\mathrm{Sym}^k \mathcal{E}_1 \otimes \mathcal{A}^{-tk}) \subseteq H^0(\mathrm{Sym}^k \mathcal{E} \otimes \mathcal{A}^{-tk})$ であるから, $\xi - t\gamma$ が $t \leq \mu_{\max}(\mathcal{E})$ のとき擬有効であることが従う. 逆に有理数 t を $t > \mu_{\max}(\mathcal{E})$ であるようにとる. このとき, Harder-Narashimhan フィルトレーションの性質から $t > \mu(\mathcal{E}_i/\mathcal{E}_{i-1})$ なので, $\xi_{\mathcal{E}_i/\mathcal{E}_{i-1}} - t\gamma_{\mathcal{E}_i/\mathcal{E}_{i-1}}$ は $\mathbb{P}_C(\mathcal{E}_i/\mathcal{E}_{i-1})$ 上で擬有効でない $(1 \leq i \leq \ell)$. 従って, tk が整数となるような任意の正の整数 k に対して, $\dim H^0(X, \mathrm{Sym}^k(\mathcal{E}_i/\mathcal{E}_{i-1}) \otimes \mathcal{A}^{tk}) = 0$ となる. このときフィルトレーションを用いた計算 (cf. [67, Lemma 3.7] の証明) から $H^0(X, \mathrm{Sym}^k(\mathcal{E}) \otimes \mathcal{A}^{tk}) = 0$ が従う. すなわち $\xi - t\gamma$ は $t > \mu_{\max}(\mathcal{E})$ のとき擬有効ではない.

(2) 次に $\xi - t\gamma$ はネフであると仮定する. このとき $\mathbb{P}(\mathcal{E}/\mathcal{E}_{\ell-1}) \subset \mathbb{P}(\mathcal{E})$ への制限もネフである. よって定理 4.28 から, $t \leq \mu(\mathcal{E}/\mathcal{E}_{\ell-1}) = \mu_{\min}(\mathcal{E})$ でなければならない. $\xi - t\gamma$ がネフでないと仮定すると, 既約曲線 C' で $(\xi - t\gamma)C' < 0$ なるものがある. C' の正規化を C とし, 自然な正則写像 $f: C \to C' \to X$ によって $\mathcal{E}$ を引き戻す. $\mathbb{P}(f^*\mathcal{E}) \to C$ はファイバーを保つ自然な正則写像 $\mathbb{P}(f^*\mathcal{E}) \to \mathbb{P}(\mathcal{E})$ で C' に写る切断をもつ. また, $f^*\mathcal{E}_\bullet$ が $f^*\mathcal{E}$ の Harder-Narashimhan フィルトレーションを与える. 従って, 最初から C' は $\mathbb{P}(\mathcal{E}) \to X$ の切断だとしてよい. このとき C' は $\mathcal{E}$ の可逆商層 $\mathcal{L}$ で $\deg \mathcal{L} < t$ なるものに対応する. Harder-Narashimhan フィルトレーションの性質から $\mu(\mathcal{E}/\mathcal{E}_{\ell-1}) \leq \deg \mathcal{L}$ なので, $t > \mu_{\min}(\mathcal{E})$ が成り立つ. □

▼ 4.1.5 標準核層の安定性

X を種数 $g \geq 2$ の非特異射影曲線とする. このとき, 標準一次系 $|K_X|$ は基点をもたず (cf. 系 A.13) 値をとる写像 $H^0(\omega_X) \otimes \mathcal{O}_X \to \omega_X$ は全射であるから, その核として階数 $g-1$ の局所自由層が得られる. ここでは, こ

4.1 代数曲線上の局所自由層

うして得られる局所自由層の安定性を考察してみよう.

♣ 補題 4.32. $\mathcal{V}$ を種数 $g \geq 2$ の非特異射影曲線 X 上の局所自由層とする. $\mathcal{V}$ は大域切断で生成され, $H^0(\mathcal{V}^*) = 0$ であるとする. このとき, 次が成立する.

(1) $H^1(\det \mathcal{V}) = 0$ ならば $\deg \mathcal{V} \geq \mathrm{rk}(\mathcal{V}) + g$ である.

(2) $h^1(\det \mathcal{V}) > 0$ ならば $\deg \mathcal{V} \geq 2\,\mathrm{rk}(\mathcal{V})$ である.

《証明》 $\mathcal{V}$ は大域切断で生成されるので, $\mathrm{rk}(\mathcal{V}) + 1$ 個の大域切断で生成されているとしてよく, 全射 $\mathcal{O}_X^{\oplus(\mathrm{rk}(\mathcal{V})+1)} \to \mathcal{V}$ を得る. この写像の核は $(\det \mathcal{V})^{-1}$ である. 完全列 $0 \to (\det \mathcal{V})^{-1} \to \mathcal{O}_X^{\oplus(\mathrm{rk}(\mathcal{V})+1)} \to \mathcal{V} \to 0$ の双対

$$0 \to \mathcal{V}^* \to \mathcal{O}_X^{\oplus(\mathrm{rk}(\mathcal{V})+1)} \to \det \mathcal{V} \to 0$$

を考えれば, $H^0(\mathcal{V}^*) = 0$ なる仮定より,

$$h^0(\det \mathcal{V}) \geq h^0(\mathcal{O}_X^{\oplus(\mathrm{rk}(\mathcal{V})+1)}) = \mathrm{rk}(\mathcal{V}) + 1$$

が得られる. Riemann-Roch の定理より, $h^0(\det \mathcal{V}) = h^1(\det \mathcal{V}) + \deg \mathcal{V} + 1 - g$ なので, (1) が成立する. もし $h^1(\det \mathcal{V}) \neq 0$ ならば, Clifford の定理 (系 A.25) より

$$\deg(\mathcal{V}) \geq 2h^0(\det \mathcal{V}) - 2$$

が成立し, 従って $\deg(\mathcal{V}) \geq 2\,\mathrm{rk}(\mathcal{V})$ となる. これは (2) である. □

◇ 命題 4.33 ([71, Corollary 3.5]). 種数 $g \geq 2$ の非特異射影曲線 X に対して, 自然な準同型写像 $H^0(X, \omega_X) \otimes \mathcal{O}_X \to \omega_X$ の核は半安定である.

《証明》 核を $\mathcal{E}$ とおけば, 完全列

$$0 \to \mathcal{E} \to H^0(X, \omega_X) \otimes \mathcal{O}_X \to \omega_X \to 0$$

がある. 特に, $\mathrm{rk}(\mathcal{E}) = g - 1$, $\deg(\mathcal{E}) = -\deg \omega_X = 2 - 2g$ がわかるので, $\mu(\mathcal{E}) = -2$ である. 自然な同型 $H^0(\omega_X) \otimes H^0(\mathcal{O}_X) \simeq H^0(\omega_X)$ より, $H^0(\mathcal{E}) = 0$ が従うから, 任意の真部分層 $\mathcal{F} \subset \mathcal{E}$ に対して $H^0(\mathcal{F}) = 0$ となる. また, 上の完全列の双対から得られる全射 $H^0(\omega_X)^* \otimes \mathcal{O}_X \to \mathcal{E}^*$ と

商写像 $\mathcal{E}^* \to \mathcal{F}^*$ の合成によって，$\mathcal{F}^*$ も大域切断で生成されることがわかる．補題 4.32 を $\mathcal{F}^*$ に適用すると，$\mathrm{rk}(\mathcal{F}) \leq g-2$ より不等式 $-\deg \mathcal{F} = \deg \mathcal{F}^* \geq 2\,\mathrm{rk}(\mathcal{F}^*) = 2\,\mathrm{rk}(\mathcal{F})$ が得られ，すなわち $\mu(\mathcal{F}) \leq -2 = \mu(\mathcal{E})$ である．これは，$\mathcal{E}$ が半安定であることに他ならない． □

▷ **注意 4.34.** 種数が 2 以上の射影曲線は，標準写像（すなわち $|K_X|$ が誘導する正則写像）の性質によって大きく 2 つに分類される．標準写像が双有理でないとき**超楕円的** (hyperelliptic)，双有理のとき**非超楕円的** (non-hyperelliptic) と言う（詳しくは [4] または付録 A.5 節を参照）．

X が非超楕円曲線ならば，Clifford の定理で等号が成り立つのは K_X と $\mathcal{O}_X$ に対してだけである．よって，上の証明から $\mathcal{E} = \mathrm{Ker}\{H^0(\omega_X) \otimes \mathcal{O}_X \to \omega_X\}$ は安定であることが従う．X が超楕円曲線の場合には，ω_X は 2 重被覆写像 $\varphi : X \to \mathbb{P}^1$ による $\mathcal{O}_{\mathbb{P}^1}(g-1)$ の引き戻しなので，$\mathbb{P}^1$ 上の完全列

$$0 \to \mathcal{O}_{\mathbb{P}^1}(-1)^{\oplus (g-1)} \to H^0(\mathbb{P}^1, \mathcal{O}_{\mathbb{P}^1}(g-1)) \otimes \mathcal{O}_{\mathbb{P}^1} \to \mathcal{O}_{\mathbb{P}^1}(g-1) \to 0$$

を X に引き戻すことによって，$\mathcal{E}$ が $g-1$ 個の $\mathcal{O}_X(-\eta)$ の直和であることがわかる．ここに $\mathcal{O}_X(\eta) = \varphi^* \mathcal{O}_{\mathbb{P}^1}(1)$ である．特に $\mathcal{E}$ は半安定であるが，$g \geq 3$ のとき安定でない．

4.2 Bogomolov の不等式

この節では，非特異射影曲面上の捩れのない層に関する Bogomolov の不安定性定理を紹介する．その応用として，Mumford-Ramanujam の消滅定理や随伴線形系の基点に関する Reider の定理を示す．

▼ 4.2.1 Bogomolov 不安定性定理

♣ **補題 4.35.** 非特異射影多様体 X 上の階数 r の局所自由層 $\mathcal{E}$ に対して，

$$c_1(\mathrm{Sym}^n \mathcal{E})^2 - 2c_2(\mathrm{Sym}^n \mathcal{E})$$
$$= \binom{n+r}{r+1} \left\{ \frac{2n+r-1}{n+r} c_1(\mathcal{E})^2 - 2c_2(\mathcal{E}) \right\}$$

が成立する．ただし $\dim X \geq 2$ とする．

《証明》 $\mathcal{E}$ の Chern 根を $\rho_1, \ldots, \rho_r$ とおくと,

$$c_1(\mathrm{Sym}^n\mathcal{E})^2 - 2c_2(\mathrm{Sym}^n\mathcal{E}) = \sum_{1 \leq i_1 \leq \cdots \leq i_n \leq r} (\rho_{i_1} + \cdots + \rho_{i_n})^2$$

$$= \left(\sum_{i=1}^r \rho_i^2\right) \sum_{k=1}^n k^2 \binom{r-2+n-k}{n-k}$$

$$+ 2\left(\sum_{1 \leq i < j \leq r} \rho_i \rho_j\right) \sum_{k=1}^{n-1} \sum_{l=1}^{n-k} kl \binom{r-3+n-k-l}{n-k-l}$$

である. ここで,

$$\sum_{k=1}^{n-1} k \sum_{l=1}^{n-k} l \binom{r-3+n-k-l}{n-k-l} = \sum_{k=1}^{n-1} k \binom{r-2+n-k}{n-1-k}$$

$$= \binom{r+n-1}{n-2},$$

$$\sum_{k=1}^n k^2 \binom{r-2+n-k}{n-k} = \sum_{k=1}^n k^2 \left\{\binom{r-1+n-k}{n-k} - \binom{r-2+n-k}{n-1-k}\right\}$$

$$= \sum_{k=1}^n (2k-1) \binom{r-1+n-k}{n-k}$$

$$= 2\sum_{k=1}^n \binom{r+n-k}{n-k} - \binom{n+r-1}{n-1}$$

$$= 2\binom{n+r}{r+1} - \binom{n+r-1}{r}$$

$$= \binom{n+r}{r+1} + \binom{n+r-1}{r+1}$$

なので, $\sum_i \rho_i^2 = c_1(\mathcal{E})^2 - 2c_2(\mathcal{E})$, $\sum_{i<j} \rho_i \rho_j = c_2(\mathcal{E})$ より主張を得る. □

♠ **系 4.36.** 非特異射影曲面 X 上の階数 r の局所自由層に対して

$$\chi(\mathrm{Sym}^n\mathcal{E}) = \binom{n+r}{r+1}\left(\frac{2n+r-1}{2(n+r)}c_1(\mathcal{E})^2 - c_2(\mathcal{E})\right)$$

$$- \frac{1}{2}\binom{n+r-1}{r}K_X c_1(\mathcal{E}) + \binom{n+r-1}{r-1}\chi(\mathcal{O}_X)$$

が成立する.

非特異射影代数曲面 X とその上のアンプル因子 H を考える．X 上の捩れのない層 $\mathcal{E}$ は，有限個の点を除いて局所自由だから，$c_1(\mathcal{E})H$ は矛盾なく定義されている．

▷ **定義 4.37.** 有理数
$$\mu_H(\mathcal{E}) := \frac{c_1(\mathcal{E})H}{\mathrm{rk}\,(\mathcal{E})}$$
を，$\mathcal{E}$ の H に関する**傾き**と呼ぶ．任意の部分層 $\mathcal{F} \subset \mathcal{E}$ に対して不等式 $\mu_H(\mathcal{F}) \leq \mu_H(\mathcal{E})$ が成立するとき，$\mathcal{E}$ は H に関して**半安定**であると言う．非自明な $\mathcal{F}$ に対して $\mu_H(\mathcal{F}) < \mu_H(\mathcal{E})$ であるとき，$\mathcal{E}$ は H に関して安定であると言う．半安定でないとき，不安定と言う．

非特異射影曲面 X 上の捩れのない層 $\mathcal{E}$ に対して
$$\delta(\mathcal{E}) = \frac{\mathrm{rk}(\mathcal{E}) - 1}{2\,\mathrm{rk}(\mathcal{E})}\, c_1(\mathcal{E})^2 - c_2(\mathcal{E}) \tag{4.2.1}$$
とおく．

♡ **定理 4.38** (Bogomolov 不等式)**.** 偏極曲面 (X, H) 上の，階数 r の捩れのない層 $\mathcal{E}$ が H に関して半安定ならば，不等式
$$(r-1)c_1(\mathcal{E})^2 \leq 2rc_2(\mathcal{E})$$
が成立する．

《**証明**》 示すべきことは $\delta(\mathcal{E}) \leq 0$ に他ならない．2 重双対 $\mathcal{E}^{**}$ は局所自由で H に関して半安定であり，$\delta(\mathcal{E}^{**}) \geq \delta(\mathcal{E})$ をみたすので，最初から $\mathcal{E}$ は局所自由であるとしてよい．また，$\mathbb{Q}$ ツイスト $\mathcal{E}\langle -c_1(\mathcal{E})/r\rangle$ を考えれば，さらに $c_1(\mathcal{E}) = 0$ と仮定してよい（実際，以下の証明において n を r の倍数にとれば，辻褄が合う）．

$\mathcal{E}$ は H に関して半安定なので，[62, Theorem 6.1]と系 4.29 より対称積 $\mathrm{Sym}^n \mathcal{E}$ もそうである．H はアンプルなので，適当な正整数 k をとれば，kH は非常にアンプルであり，完備線形系 $|kH|$ の一般元 C は Bertini の定理より非特異既約曲線である．$c_1(\mathcal{E}) = 0$ かつ $\mathrm{Sym}^n \mathcal{E}$ は半安定なので，$H^0(X, \mathrm{Sym}^n \mathcal{E}(-C)) = 0$ である．実際，もし非零元が存在すれば，単射

$\mathcal{O}_X \to \mathrm{Sym}^n\mathcal{E}(-C)$ が得られるから，$\mathcal{O}_X(C) \subset \mathrm{Sym}^n\mathcal{E}$ となり半安定性に矛盾する．そこで，完全列 $0 \to \mathcal{O}_X(-C) \to \mathcal{O}_X \to \mathcal{O}_C \to 0$ に $\mathrm{Sym}^n\mathcal{E}$ を掛けて得られる完全列

$$0 \to \mathrm{Sym}^n\mathcal{E}(-C) \to \mathrm{Sym}^n\mathcal{E} \to \mathrm{Sym}^n\mathcal{E}_C \to 0$$

より，

$$\begin{aligned}
&\dim H^0(X, \mathrm{Sym}^n\mathcal{E}) \\
\leq\ & \dim H^0(X, \mathrm{Sym}^n\mathcal{E}(-C)) + \dim H^0(C, \mathrm{Sym}^n\mathcal{E}_C) \\
=\ & \dim H^0(C, \mathrm{Sym}^n\mathcal{E}_C)
\end{aligned}$$

が得られる．他方，射影空間束 $\mathbb{P}(\mathcal{E}|_C) \to C$ を考えれば，Leray のスペクトル系列より $H^0(\mathbb{P}(\mathcal{E}|_C), \mathcal{O}(n)) \simeq H^0(C, \mathrm{Sym}^n\mathcal{E}|_C)$ であるが，$\dim \mathbb{P}(\mathcal{E}|_C) = r$ なので，適当な定数 A_1 をとれば $\dim H^0(\mathbb{P}(\mathcal{E}|_C), \mathcal{O}(n)) \leq A_1 n^r$ となる．以上より，$\dim H^0(X, \mathrm{Sym}^n\mathcal{E}) \leq A_1 n^r$ なる評価を得る．

双対束 $\mathcal{E}^*$ も半安定かつ $c_1(\mathcal{E}^*) = 0$ なので，同様の議論からある定数 A_2 を用いた評価式 $\dim H^0(X, \mathrm{Sym}^n\mathcal{E}^* \otimes K_X) \leq A_2 n^r$ が得られる．また，Serre 双対定理から $H^0(X, \mathrm{Sym}^n\mathcal{E}^* \otimes K_X) \simeq H^2(X, \mathrm{Sym}^n\mathcal{E})^*$ である．よって

$$\chi(\mathrm{Sym}^n\mathcal{E}) \leq \dim H^0(\mathrm{Sym}^n\mathcal{E}) + \dim H^2(\mathrm{Sym}^n\mathcal{E}) \leq (A_1 + A_2)n^r$$

なる評価式が得られた．他方，系 4.36 より

$$\chi(X, \mathrm{Sym}^n\mathcal{E}) = \frac{\delta(\mathcal{E})}{(r+1)!} n^{r+1} + O(n^r)$$

であることがわかるから，$\delta(\mathcal{E}) \leq 0$ でなければならない． □

$\mathcal{E}$ とその飽和部分層 $\mathcal{F}$ に対して

$$c(\mathcal{F}, \mathcal{E}) = c_1(\mathcal{F}) - \frac{\mathrm{rk}(\mathcal{F})}{\mathrm{rk}(\mathcal{E})} c_1(\mathcal{E}) \tag{4.2.2}$$

とおく．

♣ **補題 4.39.** 非特異射影曲面 X 上の局所自由層 $\mathcal{E}$ と，その真の飽和部分層 $\mathcal{F}$ に対して

$$\delta(\mathcal{E}) = \delta(\mathcal{F}) + \delta(\mathcal{E}/\mathcal{F}) + \frac{\mathrm{rk}(\mathcal{E})}{2\,\mathrm{rk}(\mathcal{E}/\mathcal{F})\mathrm{rk}(\mathcal{F})} c(\mathcal{F}, \mathcal{E})^2$$

が成立する．

《証明》 $c_1(\mathcal{E}) = c_1(\mathcal{F}) + c_1(\mathcal{E}/\mathcal{F})$, $c_2(\mathcal{E}) = c_1(\mathcal{F})c_1(\mathcal{E}/\mathcal{F}) + c_2(\mathcal{F}) + c_2(\mathcal{E}/\mathcal{F})$ を用いた直接計算から従う. □

♣ 補題 4.40. 偏極曲面 (X, H) 上の局所自由層 $\mathcal{E}$ の任意部分層 $\mathcal{F}$ に対して $c_1(\mathcal{F})H \leq N$ となる定数 $N = N(H, \mathcal{E})$ がある.

《証明》 部分層 $\mathcal{F}$ に対し, $\mathcal{G} = \mathcal{E}/\mathcal{F}$ とおけば

$$0 \to \mathcal{F}(kH) \to \mathcal{E}(kH) \to \mathcal{G}(kH) \to 0$$

は完全である. H はアンプルなので, 十分大きな正整数 k をとれば $\mathcal{E}(kH)$ は大域切断で生成されるから商層 $\mathcal{G}(kH)$ もそうであり, $c_1(\mathcal{G}(kH))H \geq 0$ が成立する. このとき $c_1(\mathcal{F}(kH))H \leq c_1(\mathcal{E}(kH))H$ となるから,

$$c_1(\mathcal{F})H \leq c_1(\mathcal{E})H + (\mathrm{rk}(\mathcal{E}) - \mathrm{rk}(\mathcal{F}))kH^2 \leq c_1(\mathcal{E})H + \mathrm{rk}(\mathcal{E})kH^2$$

が成立する. □

♡ 定理 4.41. 偏極曲面 (X, H) 上の捩れのない層 $\mathcal{E}$ に対して $\delta(\mathcal{E}) > 0$ が成立すれば,

$$c(\mathcal{F}, \mathcal{E}) \in \mathcal{C}_{++}(X) = \{x \in N^1(X) \mid x^2 > 0,\ xH > 0\}$$

かつ

$$c(\mathcal{F}, \mathcal{E})^2 \geq \frac{2\mathrm{rk}(\mathcal{F})^2}{\mathrm{rk}(\mathcal{E})(\mathrm{rk}(\mathcal{E}) - 1)}\delta(\mathcal{E})$$

となる飽和部分層 $\mathcal{F} \subset \mathcal{E}$ が存在する.

《証明》 $\delta(\mathcal{E}^{**}) \geq \delta(\mathcal{E}) > 0$ なので, 最初から $\mathcal{E}$ は局所自由としてよい. $\delta(\mathcal{E}) > 0$ なので, Bogomolov の不等式から, $\mathcal{E}$ はどんなアンプル因子についても半安定ではない. 従って, 与えられたアンプル因子 H に対して, $c(\mathcal{F}, \mathcal{E})H = \mathrm{rk}(\mathcal{F})(\mu_H(\mathcal{F}) - \mu_H(\mathcal{E})) > 0$ となるような飽和部分層 $\mathcal{F} \subset \mathcal{E}$ が存在する. すなわち

$\mathrm{Distab}_H(\mathcal{E}) = \{\mathcal{F} \mid \mathcal{F}\text{ は } c(\mathcal{F}, \mathcal{E})H > 0$ をみたす $\mathcal{E}$ の非零な飽和部分層$\}$

は, 空集合ではない.

以下, $\mathcal{E}$ の階数に関する帰納法によって定理を示す.

主張 4.42. $\mathrm{rk}(\mathcal{E}) = 2$ のとき，$\mathcal{F} \in \mathrm{Distab}_H(\mathcal{E})$ ならば $c(\mathcal{F}, \mathcal{E}) \in \mathcal{C}_{++}(X)$ であり，$c(\mathcal{F}, \mathcal{E})^2 \geq \delta(\mathcal{E})$ が成立する．

《証明》 $\mathrm{rk}(\mathcal{F}) = \mathrm{rk}(\mathcal{E}/\mathcal{F}) = 1$ なので，$\delta(\mathcal{F})$ と $\delta(\mathcal{E}/\mathcal{F})$ は共に 0 以下である．よって，等式 $\delta(\mathcal{E}) = \delta(\mathcal{F}) + \delta(\mathcal{E}/\mathcal{F}) + c(\mathcal{F}, \mathcal{E})^2$ より，$c(\mathcal{F}, \mathcal{E})^2 \geq \delta(\mathcal{E}) > 0$ である．仮定より $c(\mathcal{F}, \mathcal{E})H > 0$ だから，$c(\mathcal{F}, \mathcal{E}) \in \mathcal{C}_{++}(X)$ となる． □

よって $\mathrm{rk}(\mathcal{E}) = 2$ のとき，定理 4.41 は正しい．$\mathrm{rk}(\mathcal{E}) \geq 3$ とし，階数が $\mathrm{rk}(\mathcal{E})$ より小さく $\delta(\mathcal{E}') > 0$ をみたす捩れのない層 $\mathcal{E}'$ に対しては，$c(\mathcal{F}', \mathcal{E}') \in \mathcal{C}_{++}(X)$ かつ $c(\mathcal{F}', \mathcal{E}')^2 \geq \frac{2\mathrm{rk}(\mathcal{F}')^2}{\mathrm{rk}(\mathcal{E}')(\mathrm{rk}(\mathcal{E}')-1)} \delta(\mathcal{E}')$ となる飽和部分層 $\mathcal{F}' \subset \mathcal{E}'$ が存在すると仮定して議論を進める．

主張 4.43. $\mathcal{F}' \in \mathcal{C}_{++}(X)$ となる $\mathcal{F}' \in \mathrm{Distab}_H(\mathcal{E})$ が存在する．

《証明》 任意に $\mathcal{F} \in \mathrm{Distab}_H(\mathcal{E})$ をとり，$\mathcal{G} = \mathcal{E}/\mathcal{F}$ とおく．補題 4.39 より

$$\delta(\mathcal{E}) = \delta(\mathcal{F}) + \delta(\mathcal{G}) + \frac{\mathrm{rk}(\mathcal{E})}{2\mathrm{rk}(\mathcal{G})\mathrm{rk}(\mathcal{F})} c(\mathcal{F}, \mathcal{E})^2$$

が成り立つ．$c(\mathcal{F}, \mathcal{E})^2 \leq 0$ ならば (i) $\delta(\mathcal{F}) \geq \delta(\mathcal{E})/2 > 0$ または (ii) $\delta(\mathcal{G}) \geq \delta(\mathcal{E})/2 > 0$ のどちらかが成立する．

(i) のとき，帰納法の仮定から飽和部分層 $\mathcal{F}_1 \subset \mathcal{F}$ で

$$c(\mathcal{F}_1, \mathcal{F}) \in \mathcal{C}_{++}(X)$$

かつ

$$c(\mathcal{F}_1, \mathcal{F})^2 \geq \frac{2\mathrm{rk}(\mathcal{F}_1)^2}{\mathrm{rk}(\mathcal{F})(\mathrm{rk}(\mathcal{F})-1)} \delta(\mathcal{F})$$

となるものが存在する．$\delta(\mathcal{F}) \geq \delta(\mathcal{E})/2$ なので $r = \mathrm{rk}(\mathcal{E})$ とおけば $\mathcal{E}$ にのみ依存する評価式

$$c(\mathcal{F}_1, \mathcal{F})^2 \geq \frac{\delta(\mathcal{E})}{(r-1)(r-2)} \tag{4.2.3}$$

を得る．

$$c(\mathcal{F}_1, \mathcal{E}) = c(\mathcal{F}_1, \mathcal{F}) + \frac{\mathrm{rk}(\mathcal{F}_1)}{\mathrm{rk}(\mathcal{F})} c(\mathcal{F}, \mathcal{E})$$

なので，$c(\mathcal{F}_1, \mathcal{E})H > 0$ となる．$c(\mathcal{F}_1, \mathcal{E}) \in \mathcal{C}_{++}(X)$ ならば $\mathcal{F}' = \mathcal{F}_1$ とおけばよいので，$c(\mathcal{F}_1, \mathcal{E}) \notin \mathcal{C}_{++}(X)$ とする．

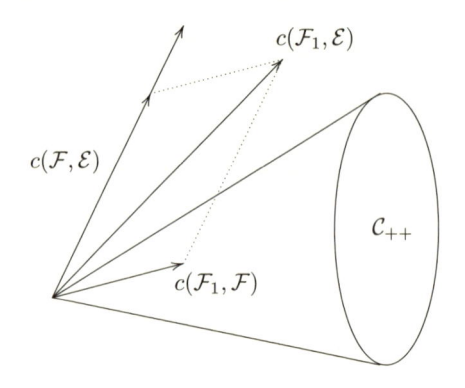

$h_1 = H/\sqrt{H^2}$ を延長した $N^1(X)$ の直交基底 $h_1, \ldots, h_\rho$ を，交点行列が対角行列 $\mathrm{diag}(1, -1, \ldots, -1)$ になるようにとる．この基底に関する成分表示は

$$c(\mathcal{F}, \mathcal{E}) = (x_1, x_2, 0, \ldots, 0),$$
$$c(\mathcal{F}_1, \mathcal{F}) = (y_1, y_2 \cos\theta, y_2 \sin\theta, 0, \ldots, 0)$$

であって，$x_1, x_2, y_1, y_2 \geq 0$ としてよい．すると，$c(\mathcal{F}, \mathcal{E})$ から $\overline{\mathcal{C}_{++}(X)}$ までの（ユークリッド）距離 d_0 は $d_0 = (x_2 - x_1)/\sqrt{2}$ であり，$c(\mathcal{F}_1, \mathcal{E})$ から $\overline{\mathcal{C}_{++}(X)}$ までの距離 d_1 は

$$d_1 = \frac{1}{\sqrt{2}} \left(\sqrt{\left(\frac{r_1}{r_0} x_2 + y_2 \cos\theta \right)^2 + (y_2 \sin\theta)^2} - \left(\frac{r_1}{r_0} x_1 + y_1 \right) \right)$$

となる．ただし $r_0 = \mathrm{rk}(\mathcal{F})$, $r_1 = \mathrm{rk}(\mathcal{F}_1)$ とおいた．従って

$$d_1 \leq \frac{1}{\sqrt{2}} \left(\frac{r_1}{r_0}(x_2 - x_1) + (y_2 - y_1) \right)$$

であるから，$d_0 - d_1 \geq (y_1 - y_2)/\sqrt{2}$ を得る．他方 (4.2.3) 式から $y_1^2 - y_2^2 \geq \delta(\mathcal{E})/(r-1)(r-2)$ であり，補題 4.40 より $y_1 = c(\mathcal{F}_1, \mathcal{F})H$ は上に有界である．従って，$d_0 - d_1 \geq \epsilon$ となるような，$\mathcal{E}$ にのみ依存する正定数 ϵ が存在する．

(ii) のときには帰納法の仮定を $\mathcal{G}$ に適用すると，飽和部分層 $\mathcal{H} \subset \mathcal{G}$ で $c(\mathcal{H}, \mathcal{G}) \in \mathcal{C}_{++}(X)$ かつ $c(\mathcal{H}, \mathcal{G})^2 \geq \frac{2\mathrm{rk}(\mathcal{H})^2}{\mathrm{rk}(\mathcal{G})(\mathrm{rk}(\mathcal{G})-1)} \delta(\mathcal{G})$ であるものが存在する．$\mathcal{F}$ を含む $\mathcal{E}$ の飽和部分層 $\mathcal{F}_1$ を $\mathcal{F}_1/\mathcal{F} = \mathcal{H}$ となるようにとれば，

$$c(\mathcal{F}_1, \mathcal{E}) = c(\mathcal{H}, \mathcal{G}) + \frac{\mathrm{rk}(\mathcal{E}/\mathcal{F}_1)}{\mathrm{rk}(\mathcal{E}/\mathcal{F})} c(\mathcal{F}, \mathcal{E})$$

となるから $c(\mathcal{F}_1, \mathcal{E})H > 0$ であり，上と同様にして，もし $c(\mathcal{F}_1, \mathcal{E}) \notin \mathcal{C}_{++}(X)$ ならば $d_0 - d_1 \geq \epsilon$ となるような $\mathcal{E}$ にのみ依存する正数 ϵ がとれる．

上の議論を繰り返せば，$\mathcal{E}$ の飽和部分層の有限列 $\mathcal{F} = \mathcal{F}_0, \mathcal{F}_1, \ldots, \mathcal{F}_i$ で $c(\mathcal{F}_i, \mathcal{E}) \in \mathcal{C}_{++}(X)$ となるものが存在することがわかる． □

主張 4.44. $\mathcal{E}$ の飽和部分層 $\mathcal{F}$ を，$c(\mathcal{F}, \mathcal{E}) \in \mathcal{C}_{++}(X)$ かつ

$$\left(\frac{c_1(\mathcal{F})}{\mathrm{rk}(\mathcal{F})} - \frac{c_1(\mathcal{E})}{\mathrm{rk}(\mathcal{E})} \right)^2$$

が最大となるようにとる．このとき

$$\frac{\mathrm{rk}(\mathcal{E})(\mathrm{rk}(\mathcal{E})-1)}{2\mathrm{rk}(\mathcal{F})^2} c(\mathcal{F}, \mathcal{E})^2 = a^2 \delta(\mathcal{E})$$

によって正数 a を定めれば，$a \geq 1$ である．

《証明》 $r = \mathrm{rk}(\mathcal{E}), s = \mathrm{rk}(\mathcal{F})$ とおく．$r \geq 3$ としてよい．$a < 1$ と仮定して矛盾を導く．$\delta(\mathcal{F}) \leq 0$ としてよいので，

$$\delta(\mathcal{E}) = \delta(\mathcal{F}) + \delta(\mathcal{E}/\mathcal{F}) + \frac{r}{2s(r-s)} c(\mathcal{F}, \mathcal{E})^2$$

と $c(\mathcal{F}, \mathcal{E})^2 < (2s^2/r(r-1))\delta(\mathcal{E})$ より

$$\delta(\mathcal{E}/\mathcal{F}) > \frac{r(r-s-1)}{(r-1)(r-s)} \delta(\mathcal{E}) \qquad (4.2.4)$$

となる．帰納法の仮定より，$\mathcal{E}/\mathcal{F}$ の飽和部分層 $\mathcal{G}$ で $c(\mathcal{G}, \mathcal{E}/\mathcal{F}) \in \mathcal{C}_{++}$ かつ $c(\mathcal{G}, \mathcal{E}/\mathcal{F})^2 \geq (2t^2/(r-s)(r-s-1))\delta(\mathcal{E}/\mathcal{F})$ となるものが存在する．ただし，$t = \mathrm{rk}(\mathcal{G})$ である．最後の不等式と (4.2.4) より

$$\frac{r(r-1)}{2} c(\mathcal{G}, \mathcal{E}/\mathcal{F})^2 > \left(\frac{rt}{r-s} \right)^2 \delta(\mathcal{E}) \qquad (4.2.5)$$

ここで，$\mathcal{G} = \mathcal{F}_1/\mathcal{F}$ となる部分層 $\mathcal{F}_1 \subset \mathcal{E}$ をとると

$$c(\mathcal{F}_1, \mathcal{E}) = c(\mathcal{G}, \mathcal{E}/\mathcal{F}) + \frac{r-s-t}{r-s} c(\mathcal{F}, \mathcal{E})$$

となる．$c(\mathcal{G}, \mathcal{E}/\mathcal{F})$ も $c(\mathcal{F}, \mathcal{E})$ も $\mathcal{C}_{++}$ の元だから $c(\mathcal{F}_1, \mathcal{E})$ もそうである．こ
こで系 2.17 より，$x, y \in \mathcal{C}_{++}$ に対して

$$(x+y)^2 = x^2 + y^2 + 2x \cdot y \geq x^2 + y^2 + 2\sqrt{x^2 \cdot y^2} = (\sqrt{x^2} + \sqrt{y^2})^2$$

が成り立つから，(4.2.5) と $\frac{r(r-1)}{2}c(\mathcal{F}, \mathcal{E})^2 = a^2 s^2 \delta(\mathcal{E})$ より

$$\begin{aligned}
\frac{r(r-1)}{2}c(\mathcal{F}_1, \mathcal{E})^2 &\geq \frac{r(r-1)}{2}\left(c(\mathcal{G}, \mathcal{E}/\mathcal{F})^2 + \left(\frac{r-s-t}{r-s}\right)^2 c(\mathcal{F}, \mathcal{E})^2\right) \\
&\quad + r(r-1)\sqrt{c(\mathcal{G}, \mathcal{E}/\mathcal{F})^2 \cdot \left(\frac{r-s-t}{r-s}\right)^2 c(\mathcal{F}, \mathcal{E})^2} \\
&> \left(\frac{rt}{r-s}\right)^2 \delta(\mathcal{E}) + \left(\frac{r-s-t}{r-s}\right)^2 a^2 s^2 \delta(\mathcal{E}) \\
&\quad + 2\frac{rt}{r-s} \cdot \frac{r-s-t}{r-s} as\delta(\mathcal{E}) \\
&= \left(\frac{rt + as(r-s-t)}{r-s}\right)^2 \delta(\mathcal{E})
\end{aligned}$$

が得られる．ここで，$0 < a < 1$ のとき

$$\frac{rt + as(r-s-t)}{r-s} > a(s+t)$$

が成り立つことに注意すれば

$$\frac{r(r-1)}{2(s+t)^2}c(\mathcal{F}_1, \mathcal{E})^2 > a^2 \delta(\mathcal{E}) = \frac{r(r-1)}{2s^2}c(\mathcal{F}, \mathcal{E})^2$$

となる．しかし，これは

$$\left(\frac{c_1(\mathcal{F}_1)}{\mathrm{rk}(\mathcal{F}_1)} - \frac{c_1(\mathcal{E})}{\mathrm{rk}(\mathcal{E})}\right)^2 > \left(\frac{c_1(\mathcal{F})}{\mathrm{rk}(\mathcal{F})} - \frac{c_1(\mathcal{E})}{\mathrm{rk}(\mathcal{E})}\right)^2$$

を意味するから，$\mathcal{F}$ のとり方に反する．よって $a \geq 1$ である． □

以上で定理 4.41 が示された． □

▼ 4.2.2 応用

Bogomolov の定理の応用を与える．

♡ **定理 4.45** (Mumford-Ramanujam の消滅定理)．L が非特異射影曲面 X 上のネフかつ $L^2 > 0$ をみたす直線束ならば，$H^1(X, -L) = 0$

《証明》 $H^1(X, -L) \neq 0$ と仮定し，矛盾を導く．零でない

$$s \in H^1(X, -L) \simeq \mathrm{Ext}^1(\mathcal{O}_X(L), \mathcal{O}_X)$$

をとり，s が定める非自明な拡大を

$$0 \to \mathcal{O}_X \to \mathcal{E} \to \mathcal{O}_X(L) \to 0 \tag{4.2.6}$$

とすれば，$\mathcal{E}$ は局所自由層であり，$c_1(\mathcal{E}) = L$, $c_2(\mathcal{E}) = 0$ である．よって $\delta(\mathcal{E}) = L^2/4 - 0 > 0$ なので，$\mathcal{E}$ は不安定である．$\mathcal{E}$ の極大不安定化部分層を $\mathcal{O}_X(A)$ とすれば

$$0 \to \mathcal{O}_X(A) \to \mathcal{E} \to \mathcal{I}_Z \cdot \mathcal{O}_X(B) \to 0$$

なる完全列を得る．ここに，Z は高々 0 次元の有効サイクルであり，$\mathcal{I}_Z$ はそのイデアル層である．これより，$L = c_1(\mathcal{E}) = A + B$ かつ $0 = c_2(\mathcal{E}) = AB + \mathrm{length}(Z)$ となる．さらに，$A - B = L - 2B$ は正凸錐の元なので，

$$(L - 2B)^2 > 0, \quad (L - 2B)H > 0 \tag{4.2.7}$$

が任意のアンプル因子 H に対して成り立つ．

合成写像 $\alpha: \mathcal{O}_X(A) \hookrightarrow \mathcal{E} \to \mathcal{O}_X(L)$ を考える．まず，$\alpha \neq 0$ である．実際もし α が零写像ならば，(4.2.6) から非自明な $\mathcal{O}_X(A) \to \mathcal{O}_X$ がある．しかし，アンプル因子 H に対して $(2A - L)H = (L - 2B)H > 0$ であることと $LH \geq 0$ より $AH > 0$ が得られるから，これは不可能である．よって α は零ではなく，$|L - A|$ の元の方程式を掛ける写像である．従って，最初から B は有効因子であるとしてよい．

L がネフであることから $(L-2B)L \geq 0$ だが，$(L-2B)L = 0$ ならば Hodge 指数定理から $(L - 2B)^2 \leq 0$ となって矛盾である．よって $(L - 2B)L > 0$,

すなわち $L^2 > 2LB$ が成立する．また，Hodge 指数定理より $(LB)^2 \geq L^2 B^2$ である．$0 = AB + \mathrm{length}(Z) \geq (L-B)B$ だから，$LB \leq B^2$ となる．よって $LB \leq B^2 \leq (LB)^2/L^2 \leq (1/2)LB$ なので，$LB = B^2 = 0$ となる．このとき再び Hodge 指数定理から $B = 0$ なので，$L = A$ となる．しかし，これは $\mathcal{E}$ を定義する完全列 (4.2.6) が分裂することを意味するから，矛盾である． □

♡ **定理 4.46** (Reider [75])．L を非特異射影曲面 X 上のネフ直線束とする．
(1) $L^2 > 4$ とする．点 p が $|K_X + L|$ の基点ならば，p を通る曲線 E で次のどちらかをみたすものが存在する．

 (a) $LE = 0$ かつ $E^2 = -1$．
 (b) $LE = 1$ かつ $E^2 = 0$．

(2) $L^2 > 8$ とする．$|K_X + L|$ の基点でない 2 点 p, q について，$|K_X + L|$ が p, q を分離しないならば p, q を通る曲線 E で次のいずれかをみたすものが存在する．

 (a) $LE = 0$ かつ $E^2 = -2, -1$．
 (b) $LE = 1$ かつ $E^2 = -1, 0$．
 (c) $LE = 2$ かつ $E^2 = 0$．
 (d) $L \equiv 3E, E^2 = 1$．

《証明》 (1) のみ略証を与える．$p \in \mathrm{Bs}|K_X + L|$ だから，p における極大イデアルを $\mathfrak{m}_p$ とするとき，完全列

$$0 \to \mathfrak{m}_p \mathcal{O}_X(K_X + L) \to \mathcal{O}_X(K_X + L) \to \mathbb{C}_p \to 0$$

から生じるコホモロジー長完全列において，制限写像 $H^0(K_X + L) \to \mathbb{C}_p$ は零写像である．従って $H^1(\mathfrak{m}_p \mathcal{O}_X(K_X + L)) \neq 0$ だが，Serre 双対定理と Ramanujam の消滅定理から $H^1(K_X + L) \simeq H^1(-L)^* = 0$ なので，$\mathbb{C} \simeq H^1(\mathfrak{m}_p \mathcal{O}_X(K_X + L)) \simeq \mathrm{Ext}^1(\mathfrak{m}_p \mathcal{O}_X(L), \mathcal{O}_X)^*$ である．零でない $s \in \mathrm{Ext}^1(\mathfrak{m}_p \mathcal{O}_X(L), \mathcal{O}_X)$ に対応する拡大

$$0 \to \mathcal{O}_X \to \mathcal{E} \to \mathfrak{m}_p \mathcal{O}_X(L) \to 0$$

がある. $\mathcal{E}$ は局所自由層としてよい (が，これは明らかではない. 例えば[32]を見よ). すると, $c_1(\mathcal{E}) = L, c_2(\mathcal{E}) = 1$ なので, $L^2 > 4$ より $c_1(\mathcal{E})^2 > 4c_2(\mathcal{E})$ だから, $\mathcal{E}$ は不安定であり, 極大不安定化可逆層を $\mathcal{O}_X(A)$ とすれば, 完全列

$$0 \to \mathcal{O}_X(A) \to \mathcal{E} \to \mathcal{I}_Z\mathcal{O}_X(B) \to 0$$

が得られる. これより $L = A+B, AB+\text{length}(Z) = 1$ である. また $A-B = L-2B \in \mathcal{C}_{++}(X)$ なので (4.2.7) が成立する. $\alpha : \mathcal{O}_X(A) \to \mathcal{E} \to \mathfrak{m}_p\mathcal{O}_X(L)$ は非自明だから, B は p を通る有効因子であると仮定できる. 前定理の証明と同様に $L^2 > 2LB$ が示される. また, $1 = c_2(\mathcal{E}) = AB + \text{length}(Z) \geq AB = (L-B)B$ より $LB - 1 \leq B^2$ である. これらと Hodge 指数定理より

$$-1 \leq LB - 1 \leq B^2 \leq \frac{(LB)^2}{L^2} \leq \frac{1}{2}LB$$

が成立する. 従って $LB = 0, 1$ である. $LB = 0$ のとき, Hodge 指数定理より $B^2 < 0$ でなければならないから $B^2 = -1$ となる. $LB = 1$ ならば $B^2 = 0$ である. よって $E = B$ とおけば, (a) または (b) が成立する. □

$K_X E + E^2$ は偶数でなければならないから, 次が従う.

♠ 系 4.47. X を K_X がネフで $K_X^2 > 0$ をみたす非特異射影曲面とする. このとき, 次が成立する.

(1) $K_X^2 \geq 5$ ならば $|2K_X|$ は自由である.

(2) $K_X^2 \geq 2$ ならば $|3K_X|$ は自由である.

(3) 4 以上の任意の整数 n に対して $|nK_X|$ は自由である.

▷ **注意 4.48.** K_X がネフで $K_X^2 > 0$ である非特異射影曲面は, 極小な一般型代数曲面である. $p_g(X) > 0$ のとき $|2K_X|$ が自由であることが知られている (Francia の定理).

第5章
代数曲線束のスロープ

いよいよ代数曲線束が本格的に登場する．本章の目的はファイバー曲面たちが生息する世界の大まかな地図を作成することである．そのために，基準になる数値不変量を導入して，それらの間の基本的な関係式を確立しなければならない．

5.1 数値的不変量

種数 g の相対極小なファイバー曲面 $f : S \to B$ に対して，基本的な数値不変量を導入して，その性質を述べる．すでに命題 2.48 で示したように，$g = 0$ ならば f は B 上の $\mathbb{P}^1$ 束だったので，$g > 0$ としてよい．以下，特に断らない限り f の一般ファイバーを F で表し，B の種数は b とする．各点 $p \in B$ に対して，$F_p = f^*p$ と書く．補題 2.43 より $\mathcal{O}_{F_p}(F_p) \simeq \mathcal{O}_{F_p}$ だったから，添加公式より $\omega_S = \mathcal{O}_S(K_S)$ の F_p への制限は双対化層 ω_{F_p} である．また，命題 2.44 より，任意の $p \in B$ に対して $h^0(\mathcal{O}_{F_p}) = 1$, $h^0(\omega_{F_p}) = g$ が成り立つ．

直線束 $K_S - f^*K_B$ を**相対標準束** (relative canonical bundle) といい $K_{S/B}$ または K_f で表す．相対双対化層 $\omega_{S/B} = \mathcal{O}_S(K_{S/B})$ が重要になる1つの理由は，f に関して相対的な双対定理が成り立つことにある．すなわち，

♡ **定理 5.1** (相対双対定理)．S 上の連接層 $\mathcal{F}$ に対する自然な $\mathcal{O}_B$ 双線型形式

$f_*\mathcal{H}om_{\mathcal{O}_S}(\mathcal{F},\omega_{S/B}) \times R^1f_*\mathcal{F} \to R^1f_*\omega_{S/B}$ とトレース写像と呼ばれる同型写像 $tr_f : R^1f_*\omega_{S/B} \to \mathcal{O}_B$ の合成

$$f_*\mathcal{H}om_{\mathcal{O}_S}(\mathcal{F},\omega_{S/B}) \times R^1f_*\mathcal{F} \to R^1f_*\omega_{S/B} \xrightarrow{tr_f} \mathcal{O}_B$$

が，同型

$$f_*\mathcal{H}om_{\mathcal{O}_S}(\mathcal{F},\omega_{S/B}) \simeq \mathcal{H}om_{\mathcal{O}_B}(R^1f_*\mathcal{F},\mathcal{O}_B)$$

を誘導する．

《証明》 例えば[16]を見よ． □

基本的な 3 種類の不変量を導入する．第 1 の不変量は K_f の自己交点数である．$\deg K_B = 2b-2$, $K_S F = \deg K_F = 2g-2$ より

$$K_f^2 = K_{S/B}^2 = K_S^2 - 8(g-1)(b-1) \tag{5.1.1}$$

となる．第 2, 第 3 の不変量は

$$\chi_f = \chi(\mathcal{O}_S) - (g-1)(b-1) = \chi(\mathcal{O}_S) - \chi(\mathcal{O}_F)\chi(\mathcal{O}_B), \tag{5.1.2}$$
$$e_f = e(S) - 4(g-1)(b-1) = e(S) - e(F)e(B) \tag{5.1.3}$$

である．ただし，$e(X)$ は空間 X の Euler 標数（Betti 数の交代和）を表す．

これら 3 つの整数 K_f^2, χ_f, e_f は独立ではない．実際，$c_1(S)^2 = K_S^2$ であり $c_2(S)$ は S の Euler 標数に他ならないから，Noether の公式 (1.6.2) の両辺から $12(g-1)(b-1)$ を引くと，関係式

$$12\chi_f = K_f^2 + e_f \tag{5.1.4}$$

が得られる．この等式も Noether の公式と呼ぶ．

♣ 補題 5.2. $f : S \to B$ を種数 $g > 0$ の代数曲線束とする．このとき，正整数 n に対して，$f_*(\omega_{S/B}^{\otimes n})$ は B 上の局所自由層である．さらに，次が成立する．

(1) $\mathrm{rk}(f_*\omega_{S/B}) = g$, $\deg f_*\omega_{S/B} = \chi_f$

(2) $g \geq 2$, $n \geq 2$ のとき

$$\mathrm{rk}(f_*(\omega_{S/B}^{\otimes n})) = (2n-1)(g-1), \quad \deg f_*(\omega_{S/B}^{\otimes n}) = \binom{n}{2}K_f^2 + \chi_f$$

5.1 数値的不変量

《証明》 $\omega_{S/B}^{\otimes n}$ は捩れのない層なので，その全射固有正則写像 f による順像層 $f_*(\omega_{S/B}^{\otimes n})$ も捩れのない層であり，従って補題 4.1 より局所自由層である．

(1) 2 通りの仕方で $\chi(\omega_{S/B})$ を計算することによって，等式 $\deg f_*\omega_{S/B} = \chi_f$ を示す．まず S 上の Riemann-Roch 定理より，

$$\begin{aligned} \chi(\omega_{S/B}) &= \tfrac{1}{2}K_f(K_f - K_S) + \chi(\mathcal{O}_S) \\ &= \chi(\mathcal{O}_S) - \tfrac{1}{2}(\deg K_F)(\deg K_B) \\ &= \chi_f - (g-1)(b-1) \end{aligned}$$

となる．他方で，Leray スペクトル系列

$$E_2^{p,q} = H^p(B, R^q f_*\omega_{S/B}) \Rightarrow H^{p+q}(S, \omega_{S/B})$$

を考える．これは E_2 項で退化する．$H^0(B, f_*\omega_{S/B}) \simeq H^0(S, \omega_{S/B})$ であり，B も F も 1 次元なので $H^1(B, R^1 f_*\omega_{S/B}) \simeq H^2(S, \omega_{S/B})$ となる．また，完全列

$$0 \to H^1(B, f_*\omega_{S/B}) \to H^1(S, \omega_{S/B}) \to H^0(B, R^1 f_*\omega_{S/B}) \to 0$$

がある．これらと，トレース写像 $R^1 f_*\omega_{S/B} \to \mathcal{O}_B$ が同型写像であることを用いれば $\chi(\omega_{S/B}) = \chi(f_*\omega_{S/B}) - \chi(\mathcal{O}_B)$ が得られる．B 上の Riemann-Roch 定理より，$\chi(f_*\omega_{S/B}) = \deg f_*\omega_{S/B} + g(1-b)$ だから，これを代入して $\chi(\omega_{S/B}) = \deg f_*\omega_{S/B} - (g-1)(b-1)$ となる．得られた 2 つの $\chi(\omega_{S/B})$ の表示を比較すれば，$\deg f_*\omega_{S/B} = \chi_f$ であることがわかる．

(2) $g \geq 2$ なので 2 以上の整数 n に対しては，$H^1(F_p, \omega_{F_p}^{\otimes n}) = 0$ かつ $\dim H^0(F_p, \omega_{F_p}^{\otimes n}) = (2n-1)(g-1)$ である．よって $\mathrm{rk}(f_*(\omega_{S/B}^{\otimes n})) = (2n-1)(g-1)$ である．次数の公式は，上と同様に $\chi(\omega_{S/B}^{\otimes n})$ を 2 通りに計算し，結果を比較することで得られる．実際，S 上の Riemann-Roch 定理より

$$\chi(\omega_{S/B}^{\otimes n}) = (1/2)n(n-1)K_f^2 + \chi_f - (2n-1)(g-1)(b-1)$$

となり，一方，Leray スペクトル系列を使うと $R^1 f_*(\omega_{S/B}^{\otimes n}) = 0$ より

$$\chi(\omega_{S/B}^{\otimes n}) = \chi(f_*(\omega_{S/B}^{\otimes n})) = \deg f_*(\omega_{S/B}^{\otimes n}) + (2n-1)(g-1)(1-b)$$

となる． □

♣ 補題 5.3. F_p を特異ファイバーとする. $g \geq 2$ ならば

$$e(F_p) := e(\mathrm{Supp}(F_p)) > 2 - 2g$$

が成立する. $g = 1$ のとき $e(F_p) \geq 0$ であり, $e(F_p) = 0$ であることと F_p が非特異楕円曲線を数値的基本サイクルとする重複ファイバーであることは同値である.

《証明》 F_p に付随する被約スキーム D の既約分解を $D = \sum_{i=1}^{N} C_i$ とする. ここに, C_i は互いに異なる既約曲線である. 各 C_i の正規化を $\nu_i : \tilde{C}_i \to C_i$ とする. D の正規化を $\nu : \tilde{D} \to D$ とすれば, $\tilde{D}$ は**非交和** (disjoint union) $\bigsqcup_{i=1}^{N} \tilde{C}_i$ であり, $\nu|_{\tilde{C}_i} = \nu_i$ である. D はサポートが連結な被約曲線なので $\dim H^0(D, \mathcal{O}_D) = 1$ である. また, $D \preceq F_p$ より, 自然な全射 $\mathcal{O}_{F_p} \to \mathcal{O}_D$ が存在するから, $\dim H^1(D, \mathcal{O}_D) \leq \dim H^1(F_p, \mathcal{O}_{F_p}) = g$ となる. 従って, $\delta = \mathrm{length}\,\mathrm{Coker}\{\mathcal{O}_D \to \nu_*\mathcal{O}_{\tilde{D}}\}$ とおけば,

$$1 - g = \chi(F_p, \mathcal{O}_{F_p}) \leq \chi(\mathcal{O}_D) = \chi(\mathcal{O}_{\tilde{D}}) - \delta = \sum_{i=1}^{N} \chi(\mathcal{O}_{\tilde{C}_i}) - \delta$$

である. また, D の点 x に対して, 自然な射 $\nu : \tilde{D} \to D$ による逆像として得られる点の個数を r_x とおけば, $r_x > 1$ なる点 x を頂点とした D の三角形分割およびそれを ν によって引き戻して得られる $\tilde{D}$ の三角形分割を利用した Euler 標数の計算から

$$e(D) = \sum_{i=1}^{N} e(\tilde{C}_i) - \sum_{x \in D} (r_x - 1)$$

がわかる. 既約な非特異射影曲線 $\tilde{C}_i$ に対しては等式 $e(\tilde{C}_i) = 2\chi(\mathcal{O}_{\tilde{C}_i})$ が成立するから, 上の 2 式より

$$e(D) - (2 - 2g) \geq 2\delta - \sum_{x \in D} (r_x - 1)$$

が得られる. $r_x > 1$ となる x は明らかに D の特異点であり, r_x は重複度を超えない. よって, $\delta \geq \sum_{x \in D} r_x(r_x - 1)/2 \geq \sum_{x \in D} (r_x - 1)$ なので, $e(D) -$

$(2-2g) \geq \delta$ となる. $e(F_p) = e(D)$ だから, すなわち $e(F_p) - (2-2g) \geq \delta$ である.

もし $e(F_p) = 2-2g$ であれば, 上で見たことから, $\delta = 0$ かつ $h^1(\mathcal{O}_D) = g$ でなければならない. このとき, $\delta = 0$ より, 連結な被約曲線 D は特異点をもたないから, 既約でもある. 他方, F_p は特異ファイバーなのだから, 重複ファイバーでなければならない. すなわち, 2 以上の整数 m により $F_p = mD$ と書ける. すると, $\chi(\mathcal{O}_{F_p}) = m\chi(\mathcal{O}_D)$ だから, $g \geq 2$ ならば $h^1(\mathcal{O}_D) = g$ とはなり得ない. よって, 特異ファイバー F_p に対しては必ず $e(F_p) > 2-2g$ が成り立つ. $g = 1$ ならば D は種数 1 の非特異射影曲線である. □

▷ **定義 5.4.** 点 $p \in B$ 上の $f: S \to B$ のファイバー F_p に対して

$$e_f(F_p) = e(F_p) - 2 + 2g$$

とおき, Euler 寄与 (Euler contribution) と呼ぶ.

◇ **命題 5.5.** $g \geq 1$ とする. e_f は非負整数であり, 次の等式の意味で f の特異ファイバー (正確には**臨界値** (critical values)) に局在化する:

$$e_f = \sum_{p \in B} e_f(F_p) = \sum_{F_p : \text{singular}} \{e(F_p) - 2 + 2g\}$$

《証明》 f の臨界値を $p_1, \ldots, p_k \in B$ とすると, $B \setminus \{p_1, \ldots, p_k\}$ 上では位相的なファイバー束なので,

$$\begin{aligned} e(S) &= e(S \setminus \bigcup_{i=1}^k F_{p_i}) + e(\bigcup_{i=1}^k F_{p_i}) \\ &= (e(B) - k)e(F) + \sum_{i=1}^k e(F_{p_i}) \\ &= e(B)e(F) + \sum_{i=1}^k \{e(F_{p_i}) - e(F)\} \end{aligned}$$

となる. □

♠ **系 5.6.** 不等式 $K_f^2 \leq 12\chi_f$ が成立する. $g \geq 2$ のとき, $K_f^2 = 12\chi_f$ ならば f は特異ファイバーをもたない.

《証明》 命題より $e_f \geq 0$ なので, Noether の公式 (5.1.4) から $K_f^2 \leq 12\chi_f$ が従う. 等号成立は $e_f = 0$ と同値なので, $g \geq 2$ より f は特異ファイバーをもたない. □

♣ **補題 5.7** (略式 Hurwitz の公式). $\pi: C \to D$ を非特異射影曲線の間の全射正則写像とする．このとき C 上の有効因子 R で $K_C = \pi^* K_D + R$ となるものが存在する．特に $2p_a(C) - 2 = 2(p_a(D) - 1)\deg(\pi) + \deg(R)$ が成立する．

《証明》 $\Omega_{C/D}$ を相対余接層とすれば，これは π が局所同型でない点にサポートをもつ捩れ層であって

$$0 \to \pi^* \omega_D \to \omega_C \to \Omega_{C/D} \to 0$$

は完全である．これに ω_C^{-1} を掛けると

$$0 \to \pi^* \omega_D \otimes \omega_C^{-1} \to \mathcal{O}_C \to \Omega_{C/D} \otimes \omega_C^{-1} \to 0$$

となり $\pi^* \omega_D \otimes \omega_C^{-1}$ は C 上の高々零次元の部分スキームを定義するイデアル層であることがわかる．この部分スキームを R とおけば $\pi^* \omega_D \otimes \omega_C^{-1} \simeq \mathcal{O}_C(-R)$ である． □

上の補題の R を $\pi: C \to D$ の**分岐因子** (ramification divisor) と言う．$R = 0$ のとき，π は不分岐であると言う．

♣ **補題 5.8.** $f(C) = B$ となる既約曲線 $C \subset S$ に対して，不等式

$$(K_{S/B} + C)C \geq 0$$

が成り立つ．等号が成立するための必要十分条件は，C が非特異であって $f|_C : C \to B$ が不分岐被覆であることである．

《証明》 C の特異点解消を $\nu: \tilde{C} \to C$ とすれば，合成写像 $\tilde{C} \xrightarrow{\nu} C \xrightarrow{f|_C} B$ の分岐因子は線形系 $|K_{\tilde{C}} - (f|_C \circ \nu)^* K_B|$ に属する有効因子である．また，$\deg(\nu^* \omega_C - K_{\tilde{C}})$ はコンダクターの次数なので非負である (付録 A.1 節参照)．よって，

$$\begin{aligned}(K_{S/B} + C)C &= \deg(\omega_C - (f|_C)^* K_B) \\ &= \deg(\nu^* \omega_C - K_{\tilde{C}}) + \deg(K_{\tilde{C}} - (f|_C \circ \nu)^* K_B) \\ &\geq 0\end{aligned}$$

でなければならない. $(K_{S/B}+C)C=0$ とすれば，コンダクターの次数が零なので C は非特異であり，分岐因子の次数が零なので $f|_C$ は不分岐である. 逆に, C が非特異かつ $f|_C$ が不分岐ならば, 分岐因子の次数 $(K_{S/B}+C)C$ は零でなければならない. □

▷ **定義 5.9.** $\varphi : X \to C$ を非特異射影曲面 X から非特異射影曲線 C への全射正則写像とする. X 上の既約曲線 Γ は, $\varphi(\Gamma)$ が 1 点のとき φ に関して **垂直** であると言う. これは Γ が φ のファイバーの既約成分であることと同値である. 垂直でないとき, すなわち $\varphi(\Gamma) = C$ のとき, Γ は φ に関して **水平** であると言う. また, X 上に被約因子 D が与えられたとき, $\varphi|_D : D \to C$ の **分岐指数** を $(K_{X/C}+D)D$ で定義する. D が水平成分をもつとき, 適当な C の Zariski 開集合上では $\varphi|_D$ は不分岐被覆であり, 分岐指数は $\varphi|_D$ の臨界値に局在化する. 実際, D の点 $p \in C$ 上の分岐指数 r_p を次のように定めればよい. D の正規化を $\nu : \widetilde{D} \to D$ とし, $\widetilde{D}_h$ と $\widetilde{D}_v$ をそれぞれ $\varphi|_D \circ \nu$ に関する $\widetilde{D}$ の水平部分 (すなわち水平な既約成分すべての和) および垂直部分とし, $\widetilde{\nu}_h = \varphi \circ \nu|_{\widetilde{D}_h} : \widetilde{D}_h \to C$ とおく. このとき, 補題 5.8 の証明と同様に

$$(K_{X/C}+D)D = \deg(\omega_D - (\varphi|_D)^* K_C)$$
$$= \deg(K_{\widetilde{D}} - (\varphi|_D \circ \nu)^* K_C) + \deg(\nu^* \omega_D - K_{\widetilde{D}})$$
$$= \deg(K_{\widetilde{D}_h} - \widetilde{\nu}_h^* K_C) + \deg K_{\widetilde{D}_v} + \deg(\nu^* \omega_D - K_{\widetilde{D}})$$

なので, $p \in C$ に対して

- $\widetilde{\nu}_h^{-1}(p)$ の各点における $\widetilde{\nu}_h : \widetilde{D}_h \to C$ の分岐指数から 1 を引いたものの総和を $r_1(p)$,
- p に写る $\widetilde{D}_v$ の既約成分の Euler 数の総和を $r_2(p)$,
- $\varphi|_D^{-1}(p)$ におけるコンダクター $\nu^* \omega_D - K_{\widetilde{D}}$ の次数の総和を $r_3(p)$

とし, $r_p = r_1(p) - r_2(p) + r_3(p)$ とおけば, 一般の p に対して $r_p = 0$ であり,

$$(K_{X/C}+D)D = \sum_{p \in C} r_p$$

が成立する．ただし，$\widetilde{D}_v$ が $\mathbb{P}^1$ を含めば $r_2(p)$ は正になり得るので，r_p は必ずしも非負とは限らない．

5.2 楕円曲面

種数 1 の代数曲線束を**楕円曲面** (elliptic surface) と言う．楕円曲面の一般論については，小平の論文 [48] にあたるのがおそらく最もよい．ここでは，深入りせずに，標準束公式を示す程度に留める．

♣ **補題 5.10.** F を相対極小な楕円曲面におけるファイバーとする．D を $\mathrm{Supp}(F)$ 上の数値的基本サイクルとし $F = mD$ とおく．

(1) D は数値的 2 連結であり $\omega_D \simeq \mathcal{O}_D$ である．特に，D が可約ならば既約成分はどれも (-2) 曲線である．

(2) $m \geq 2$ とする．このとき，$0 < k < m$ をみたす任意の整数 k に対して $H^0(kD, \mathcal{O}_{kD}(kD)) = 0$ が成立する．

《**証明**》 (1) 補題 3.17 より，D は数値的連結である．もし 2 連結でなければ有効分解 $D = D_1 + D_2$ で $D_1 D_2 = 1$ であるものが存在する．このとき D_1, D_2 は数値的連結であり，$1 = p_a(D) = p_a(D_1) + p_a(D_2)$ なので $p_a(D_1) = 0$, $p_a(D_2) = 1$ としてよい．すると $DD_1 = 0$ と $D_1 D_2 = 1$ より $D_1^2 = -1$ なので，$K_S D_1 + D_1^2 = -2$ より $K_S D_1 = -1$ となる．これは相対極小であることに矛盾する．よって D は数値的 2 連結だから，補題 3.34 より $\omega_D \simeq \mathcal{O}_D$ である．また，D が可約のとき既約成分はすべて $(-2)_D$ 曲線であり，D との交点数は 0 なので (-2) 曲線である．

(2) $m \geq 2$ より F は重複ファイバーである．補題 2.43 より $\mathcal{O}_D(D)$ は位数 m の捩れ元なので $H^0(D, \mathcal{O}_D(D)) = 0$ である．$k \geq 2$ とし $H^0((k-1)D, \mathcal{O}_{(k-1)D}((k-1)D)) = 0$ と仮定する．完全列

$$0 \to \mathcal{O}_{(k-1)D}((k-1)D) \to \mathcal{O}_{kD}(kD) \to \mathcal{O}_D(kD) \to 0$$

から生じるコホモロジー長完全列において，$k < m$ なので $H^0(\mathcal{O}_D(kD)) = 0$ である．よって帰納法の仮定 $H^0((k-1)D, \mathcal{O}_{(k-1)D}((k-1)D)) = 0$ から $H^0(kD, \mathcal{O}_{kD}(kD)) = 0$ が従う． □

▷ **注意 5.11.** 数値的基本サイクルが数値的2連結なので，可能なファイバーをすべて書き上げることは，それほど難しくない．[48] によれば，次のいずれかである．

Type I$_0$: 種数 1 の非特異既約な射影曲線．

Type I$_1$: 結節点を 1 つだけもつ算術種数 1 の既約曲線．

Type I$_n$ $(n \geq 2)$: n 本の $\mathbb{P}^1$ が輪状に繋がった被約曲線．

Type I$_n^*$ $(n \geq 0)$: $n+5$ 本の $\mathbb{P}^1$ からなる，双対グラフが $\widetilde{D}_{n+4}$ 型の曲線．

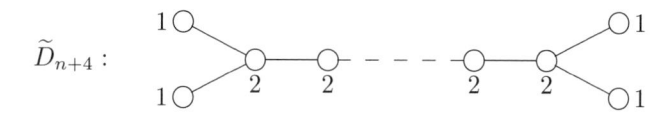

$\widetilde{D}_{n+4}$:

Type II: 単純カスプを 1 つだけもつ算術種数 1 の既約曲線．

Type III: 2 つの $\mathbb{P}^1$ が 1 点で 2 位の接触をしているもの

Type IV: 3 つの $\mathbb{P}^1$ が 1 点で交わっているもの．

Type IV* 7 本の $\mathbb{P}^1$ からなる，双対グラフが $\widetilde{E}_6$ 型の曲線．

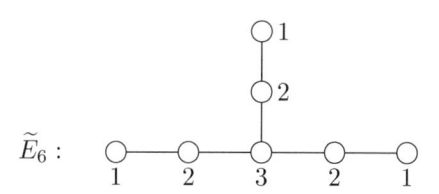

$\widetilde{E}_6$:

Type III*: 8 本の $\mathbb{P}^1$ からなる，双対グラフが $\widetilde{E}_7$ 型の曲線．

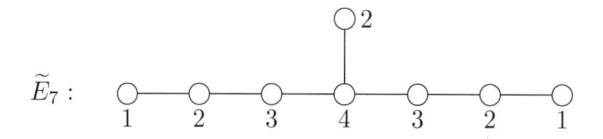

$\widetilde{E}_7$:

Type II*: 9 本の $\mathbb{P}^1$ からなる，双対グラフが $\widetilde{E}_8$ 型の曲線．

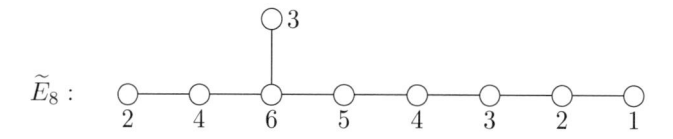

$\widetilde{E}_8$:

Type $_mI_n$ ($n \geq 0, m \geq 2$): 数値的基本サイクルが I_n 型で重複度が m の重複ファイバー.

♡ **定理 5.12** (標準束公式). $f: S \to B$ を相対極小な楕円曲面とし, $\{F_i\}_{i=1}^m$ を f の重複ファイバーすべての集合とする. また, D_i を $\mathrm{Supp}(F_i)$ 上の数値的基本サイクルとし, $F_i = m_i D_i$ とする. このとき, B 上の次数 $\chi(\mathcal{O}_S)$ の因子 $\mathfrak{d}$ が存在して

$$K_f = f^*\mathfrak{d} + \sum_{i=1}^m (m_i - 1) D_i$$

が成立する.

《**証明**》 B 上の十分アンプルな被約有効因子 $\mathfrak{a}$ をとる. $f^*\mathfrak{a}$ は $\deg \mathfrak{a}$ 本の相異なる非特異ファイバーからなるとしてよい. 完全列

$$0 \to \mathcal{O}_S(K_S) \to \mathcal{O}_S(K_S + f^*\mathfrak{a}) \to \omega_{f^*\mathfrak{a}} \to 0$$

から生じるコホモロジー長完全列を考える. 非特異ファイバー F については $\omega_F \simeq \mathcal{O}_F$ なので, $h^0(f^*\mathfrak{a}, \omega_{f^*\mathfrak{a}}) = \deg \mathfrak{a}$ である. よって

$$h^0(S, K_S + f^*\mathfrak{a}) \geq h^0(K_S) + (h^0(\omega_{f^*\mathfrak{a}}) - h^1(K_S))$$
$$= p_g(S) + \deg \mathfrak{a} - q(S)$$

となるから, $\deg \mathfrak{a}$ が十分大きければ有効因子 $D \in |K_S + f^*\mathfrak{a}|$ がとれる. ファイバー F に対しては $F f^*\mathfrak{a} = 0$ かつ $K_S F = 0$ なので, $DF = 0$ となる. よって D の既約成分はどれも f のファイバーに含まれる. すると Zariski の補題 (命題 2.23) から $D^2 \leq 0$ である. ところが, f は相対極小なので K_S はファイバー上ネフだから

$$0 \geq D^2 = (K_S + f^*\mathfrak{a})D = K_S D + D f^*\mathfrak{a} = K_S D \geq 0$$

となる. よって $D^2 = 0$ である. すると, 再び Zariski の補題から $\mathrm{Supp}(F_i)$ にサポートをもつ D の最大部分曲線は D_i の自然数倍であり, 非重複ファイバーにサポートをもつ最大部分曲線はそのファイバーの自然数倍である. よって, B 上の有効因子 $\mathfrak{d}'$ と m_i より小さな非負整数 n_i によって

$$D = f^*\mathfrak{d}' + \sum_{i=1}^{m} n_i D_i$$

と表示される.よって $\mathfrak{d} = \mathfrak{d}' - \mathfrak{a} - K_B$ とおけば $K_f = f^*\mathfrak{d} + \sum_{i=1}^{m} n_i D_i$ となる.これを用いれば,各 i に対し $\omega_{D_i} = \mathcal{O}_{D_i}(K_S + D_i) = \mathcal{O}_{D_i}((n_i+1)D_i)$ となるが,補題 5.10 (1) より $\omega_{D_i} \simeq \mathcal{O}_{D_i}$ だったので,$n_i = m_i - 1$ でなければならない.以上より,

$$K_f = f^*\mathfrak{d} + \sum_{i=1}^{m}(m_i - 1)D_i$$

なる形であることがわかった.さて,B 上の任意の因子 $\mathfrak{a}_1$ に対し,完全列

$$0 \to \mathcal{O}_S(f^*(\mathfrak{d} + \mathfrak{a}_1)) \to \mathcal{O}_S(K_f + f^*\mathfrak{a}_1)$$
$$\to \bigoplus_{i=1}^{m} \mathcal{O}_{(m_i-1)D_i}((m_i - 1)D_i) \to 0$$

を考えると,補題 5.10 (2) より $H^0(\mathcal{O}_{(m_i-1)D_i}((m_i - 1)D_i)) = 0$ なので

$$H^0(S, f^*(\mathfrak{d} + \mathfrak{a}_1)) \simeq H^0(S, K_f + f^*\mathfrak{a}_1)$$

が得られる.一方,上の層完全列の順像をとることにより可逆層の間の単射

$$\mathcal{O}_B(\mathfrak{d} + \mathfrak{a}_1) \hookrightarrow f_*\omega_{S/B} \otimes \mathcal{O}_B(\mathfrak{a}_1)$$

が得られるが,上で見た S 上の大域切断の同型は,$H^0(B, \mathcal{O}_B(\mathfrak{d} + \mathfrak{a}_1)) \simeq H^0(B, f_*\omega_{S/B} \otimes \mathcal{O}_B(\mathfrak{a}_1))$ を意味する.$\mathfrak{a}_1$ を十分アンプルにとれば,Riemann-Roch の定理より $\deg \mathfrak{d} = \deg f_*\omega_{S/B}$ がわかる.よって $\mathcal{O}_B(\mathfrak{d}) \simeq f_*\omega_{S/B}$ である. □

♠ 系 5.13. 相対極小な楕円曲面 $f: S \to B$ に対して

$$K_S^2 = 0, \quad \chi(\mathcal{O}_S) = e(S)/12 \geq 0$$

が成立する.特に,Euler 数 $e(S)$ は非負整数で 12 の倍数である.

《証明》 $e_f(F_p) \geq 0$ だったので $e(S) = e_f = \sum_{p \in B} e_f(F_p)$ は非負整数である．また，標準束公式より $K_S^2 = 0$ なので，Noether の公式から $12\chi(\mathcal{O}_S) = e(S)$ が従う． □

▷ **例 5.14.** C_1, C_2 を相異なる 9 点で横断的に交わる非特異平面 3 次曲線とする．$C_1 \cap C_2$ を中心に $\mathbb{P}^2$ をブローアップして得られる曲面を S とすれば，C_i の固有変換をファイバーとする相対極小な楕円曲面 $f : S \to \mathbb{P}^1$ が得られる．この場合，$e(S) = e(\mathbb{P}^2) + 9 = 12$ である．

5.3 Arakelov の定理

以降，特に断らない限りファイバー曲面の種数は 2 以上とする．$f : S \to B$ を相対極小な種数 $g \geq 2$ のファイバー曲面とする．次は，以下の議論において大変重要な役割を果たす，藤田の定理 [31, Main Theorem] である．

♡ **定理 5.15** (藤田)**.** ファイバー曲面 $f : S \to B$ に対し，相対標準層 $\omega_{S/B}$ の順像層 $f_*\omega_{S/B}$ はネフである．

《証明》 付録 B を見よ． □

▷ **定義 5.16** (相対標準写像)**.** 自然な層の準同型写像 $\varphi : f^*f_*\omega_{S/B} \to \omega_{S/B}$ の像は，ある 0 次元以下のサイクル $\mathfrak{b}$ のイデアル層と可逆層 $\mathcal{O}_S(M)$ によって $\mathcal{I}_{\mathfrak{b}} \cdot \mathcal{O}_S(M)$ と表示できて，$K_f = M + Z$ となるような（零かも知れない）有効因子 Z が存在する．φ を一般ファイバー F に制限したものは，値をとる写像 $H^0(F, K_F) \otimes \mathcal{O}_F \to \omega_F$ に他ならず，これは全射である．よって特に $M|_F = K_F$ でなければならないから，$K_F = K_f|_F$ より Z は f に関して垂直な因子である．φ は有理切断 $S \dashrightarrow \mathbb{P}(f^*f_*\omega_{S/B}) \simeq S \times_B \mathbb{P}(f_*\omega_{S/B})$ を与え，これと第 2 射影 $S \times_B \mathbb{P}(f_*\omega_{S/B}) \to \mathbb{P}(f_*\omega_{S/B})$ との合成は B 上の有理写像 $\Phi_f : S \dashrightarrow \mathbb{P}(f_*\omega_{S/B})$ を定義する．Φ_f をファイバー曲面 $f : S \to B$ の **相対標準写像** (relative canonical map) と呼ぶ．

5.3 Arakelov の定理

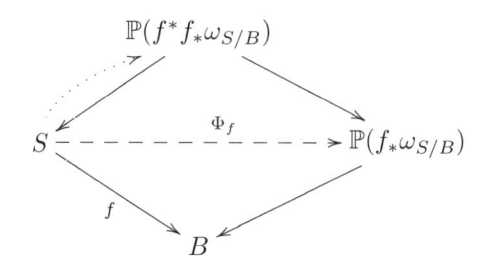

$$\begin{array}{c}
\mathbb{P}(f^*f_*\omega_{S/B}) \\
\swarrow \quad \searrow \\
S \xrightarrow{\Phi_f} \mathbb{P}(f_*\omega_{S/B}) \\
\searrow_f \swarrow \\
B
\end{array}$$

さて，$f_*\omega_{S/B}$ の Harder-Narashimhan フィルトレーションを

$$0 = \mathcal{E}_0 \subset \mathcal{E}_1 \subset \mathcal{E}_2 \subset \cdots \subset \mathcal{E}_{n-1} \subset \mathcal{E}_n = f_*\omega_{S/B}$$

とする．ただし，$f_*\omega_{S/B}$ が半安定の場合は $n=1$ と了解する．フィルトレーションの定義から，$1 \leq i \leq n$ に対して $\mathcal{E}_i/\mathcal{E}_{i-1}$ は半安定である．

$$r_i = \mathrm{rk}(\mathcal{E}_i), \quad \mu_i = \mu(\mathcal{E}_i/\mathcal{E}_{i-1}),$$

とおく．藤田の定理（定理 5.15）より $f_*\omega_{S/B}$ はネフなので，商層 $f_*\omega_{S/B}/\mathcal{E}_{n-1}$ の次数は非負である．従って $\mu_n \geq 0$ であるから

$$\mu_1 > \mu_2 > \cdots > \mu_{n-1} > \mu_n \geq 0 \tag{5.3.1}$$

が成立する．また，

$$\chi_f = \deg f_*\omega_{S/B} = \sum_{i=1}^n \mu_i(r_i - r_{i-1}) = \sum_{i=1}^n r_i(\mu_i - \mu_{i+1}) \tag{5.3.2}$$

である．ただし，$r_0 = 0, \mu_{n+1} = 0$ とおいた．

◇ **命題 5.17.** 上の状況で，$K_f - \mu_n F$ はネフであり，$K_f - \mu_1 F$ は擬有効である．特に，不等式

$$K_f^2 \geq (2g-2)(\mu_1 + \mu_n)$$

が成立する．

《証明》 定義 5.16 の記号をそのまま用いる．適当なブローアップの合成 σ: $\widetilde{S} \to S$ によって相対標準写像 Φ_f の不確定点 $\mathfrak{b}$ を解消して，正則写像 $\widetilde{\Phi}$:

$\widetilde{S} \to \mathbb{P}(f_*\omega_{S/B})$ を得る. 命題 4.31 より, $\mathbb{P} = \mathbb{P}(f_*\omega_{S/B})$ 上では $\mathbb{Q}$ 因子 $\mathcal{O}_{\mathbb{P}}(1) - \mu_n\Gamma$ はネフだったので, それを $\widetilde{\Phi}$ によって $\widetilde{S}$ 上に引き戻した $\mathbb{Q}$ 因子 $\widetilde{N} = \widetilde{M} - \mu_n\widetilde{F}$ もネフである. ここに $\widetilde{M}$ は $\mathcal{O}_{\mathbb{P}}(1)$ の引き戻しだが, 構成の仕方から $\sigma^*M = \widetilde{M} + \mathfrak{B}$ となる σ の例外因子 $\mathfrak{B}$ が存在する. さて $N = \sigma_*\widetilde{N}$ とおけば, N もネフである. 実際, $\widetilde{N} = \sigma^*N - \mathfrak{B}$ かつ $\sigma(\mathfrak{B})$ は高々 0 次元なので, S 上の既約曲線 C に対して $NC = (\sigma^*N)(\sigma^*C) = (\widetilde{N} + \mathfrak{B})(\sigma^*C) = \widetilde{N}\sigma^*C \geq 0$ となるからである.

上の記号を用いれば, $K_f - \mu_n F = N + Z$ と書ける. C を S 上の既約曲線とする.

まず, C が f に関して垂直な曲線の場合を考える. このとき, $\mathcal{O}_C(F) \simeq \mathcal{O}_C$ なので, $(K_f - \mu_n F)C = K_S C$ である. f は相対極小なので K_S はファイバー上ネフである. よって $K_S C \geq 0$ すなわち $(K_f - \mu_n F)C) \geq 0$ が成立する. 等号が成立するとき, $K_S C = 0$ かつ $C^2 < 0$ から $C \simeq \mathbb{P}^1$ かつ $C^2 = -2$ が従い, C が (-2) 曲線であることがわかる.

次に, C が f に関して水平な曲線の場合を考える. このとき, C は垂直因子である Z の既約成分ではあり得ないから, $CZ \geq 0$ である. また, N はネフ $\mathbb{Q}$ 因子なので, $CN \geq 0$ である. 従って $(K_f - \mu_n F)C \geq 0$ が成立する. 以上より, $K_f - \mu_n F$ はネフである.

$K_f - \mu_1 F$ が擬有効であることは, 命題 4.31 より $\mathcal{O}_{\mathbb{P}}(1) - \mu_1\Gamma$ がそうであることを用いれば, 上と同様の議論から従う. すると, $(K_f - \mu_n F)(K_f - \mu_1 F) \geq 0$ が成立し, 不等式 $K_f^2 \geq 2(g-1)(\mu_1 + \mu_n)$ が得られる. □

♡ **定理 5.18** (Arakelov [5]). 相対極小な種数 $g \geq 2$ のファイバー曲面 $f: S \to B$ において, 相対標準束 K_f はネフであり, $K_f^2 \geq 0$ が成立する. $K_f^2 > 0$ のとき, $K_f C = 0$ となる既約曲線 C は f に関して垂直な (-2) 曲線に限る.

《証明》 前命題と $\mu_n \geq 0$ から, K_f はネフである. よって特に $K_f^2 \geq 0$ が成立する.

$K_f^2 > 0$ とする. 主張を示すには, 前命題の証明から $K_f C = 0$ となる C が f に関して垂直な曲線であることを示せばよい. C が水平な曲線だと仮定する. $K_f^2 > 0$ かつ $K_f C = 0$ なので, Hodge 指数定理より $C^2 < 0$ である. よって $(K_f + C)C < 0$ となるが, これは補題 5.8 に矛盾する. 従って, C

は f に関して水平ではあり得ない. □

♠ 系 5.19. 相対極小な種数 $g \geq 2$ のファイバー曲面 $f : S \to B$ の切断 C の自己交点数は $-K_f C$ であり，正ではない．特に，$K_f^2 > 0$ ならば $C^2 < 0$ である.

$K_f^2 = 0$ ならば命題 5.17 より $\mu_1 = \mu_n = 0$ でなければならないから，$f_* \omega_{S/B}$ は半安定で次数 $\chi_f = 0$ の局所自由層である．次の定理より，この場合 f は正則ファイバー束であることがわかる.

♡ 定理 5.20 (cf. 上野 [82, Theorem 2.1]). 相対極小な種数 $g \geq 2$ のファイバー曲面 $f : S \to B$ に対して，

$$\chi_f \geq 0$$

が成立する．さらに，$\chi_f = 0$ であることと $f : S \to B$ が正則ファイバー束であることは同値である.

《証明》 藤田の定理より $f_* \omega_{S/B}$ はネフなので，その次数 χ_f は非負である．$\chi_f = 0$ とする．もし $f_* \omega_{S/B}$ が不安定ならば，

$$\mu_{\max}(f_* \omega_{S/B}) > \mu_{\min}(f_* \omega_{S/B}) \geq 0$$

より $\chi_f > 0$ となって矛盾である．従って，$f_* \omega_{S/B}$ は半安定である．また，Noether の公式と K_f^2, e_f の非負性から $K_f^2 = e_f = 0$ が従う．後者から，f が特異ファイバーをもたないことがわかるので，$f : S \to B$ は C^∞ ファイバー束である．以下では，対称領域の算術商に関する佐武コンパクト化や射影曲線に対する Torelli の定理を認めた上で，[82] や [16] に従って，すべてのファイバーがコンパクトリーマン面として解析的に同型であることを示す.

B の十分細かい開被覆 $\{U_i\}$ をとると，各 U_i 上 $f_* \omega_{S/B}|_{U_i}$ は自明で $f^{-1}(U_i)$ は $U_i \times F$ に微分同型としてよい．$R^1 f_* \mathbb{Z}_S$ の U_i 上の標準基底を

$$\alpha_1^i, \ldots, \alpha_g^i ; \beta_1^i, \ldots, \beta_g^i$$

とおく．すなわち，カップ積 $H^1(F) \times H^1(F) \to H^2(F)$ が定める歪対称双一次形式 Q に対して $Q(\alpha_\mu^i, \alpha_\nu^i) = Q(\beta_\mu^i, \beta_\nu^i) = 0$, $Q(\alpha_\mu^i, \beta_\nu^i) = \delta_{\mu,\nu}$

となる基底である．$t \in U_i$ に対してファイバー F_t 上の正則 1 形式の基底 $\varphi_1^i(t), \ldots, \varphi_g^i(t)$ を

$$(\varphi_1^i(t), \ldots, \varphi_g^i(t)) = (\alpha_1^i, \ldots, \alpha_g^i) + (\beta_1^i, \ldots, \beta_g^i) Z^i(t), \quad Z^i(t) \in \mathfrak{H}_g$$

となるように選べる．ここに，$\mathfrak{H}_g = \{ Z \in M_g(\mathbb{C}) \mid {}^t Z = Z, \operatorname{Im} Z > 0 \}$ は種数 g の Siegel 上半空間である．$U_i \cap U_j$ では，ある

$$\sigma^{ji} = \begin{pmatrix} A^{ji} & B^{ji} \\ C^{ji} & D^{ji} \end{pmatrix} \in \operatorname{Sp}(g, \mathbb{Z})$$

によって

$$(\alpha_1^i, \ldots, \alpha_g^i, \beta_1^i, \ldots, \beta_g^i) = (\alpha_1^j, \ldots, \alpha_g^j, \beta_1^j, \ldots, \beta_g^j) \sigma^{ji},$$
$$Z^j = (D^{ji} Z^i + C^{ji})(B^{ji} Z^i + A^{ji})^{-1}$$

となる．従って，$U_i \ni t \mapsto Z^i(t)$ は正則写像（周期写像）$\Phi : B \to \mathfrak{H}_g / \Gamma_g$ を定める．ここに，$\Gamma_g = \operatorname{Sp}(g, \mathbb{Z}) / \{\pm 1\}$ である．ここで，

$$c^{ji} = \det(B^{ji} Z^i + A^{ji}) \in \Gamma(U_i \cap U_j, \mathcal{O}_B)$$

とおけば，$\{c^{ij}\}$ は $\det f_* \omega_{S/B}$ の変換関数系である．実際，$(1,0)$ 成分への射影 $p : R^1 f_* \mathbb{C}_S \to R^1 f_* \mathcal{O}_S$ によって，

$$(p\alpha_1^i, \ldots, p\alpha_g^i) = -(p\beta_1^i, \ldots, p\beta_g^i) Z^i \tag{5.3.3}$$

であるから，$p\beta_1^i, \ldots, p\beta_g^i \in \Gamma(U_i, R^1 f_* \mathcal{O}_S)$ は基底になる．相対双対定理から導かれる同型 $(R^1 f_* \mathcal{O}_S)^* \simeq f_* \omega_{S/B}$ に従って，その双対基底

$$f_* \omega_1^i, \ldots, f_* \omega_g^i \in \Gamma(U_i, f_* \omega_{S/B})$$

をとれば，$e^i = f_* \omega_1^i \wedge \cdots \wedge f_* \omega_g^i$ が $\det f_* \omega_{S/B}$ の局所基底である．

$$\sigma^{ij} = (\sigma^{ji})^{-1} = {}^t \begin{pmatrix} D^{ji} & -C^{ji} \\ -B^{ji} & A^{ji} \end{pmatrix}$$

と (5.3.3) より

5.3 Arakelov の定理　155

$$(p\beta_1^j, \ldots, p\beta_g^j) = (p\alpha_1^i, \ldots, p\alpha_g^i, p\beta_1^i, \ldots, p\beta_g^i)\begin{pmatrix} B^{ij} \\ D^{ij} \end{pmatrix}$$
$$= (p\beta_1^i, \ldots, p\beta_g^i) \cdot {}^t(B^{ji}Z^i + A^{ji})$$

となるから

$$(f_*\omega_1^j, \ldots, f_*\omega_g^j) = (f_*\omega_1^i, \ldots, f_*\omega_g^i)(B^{ji}Z^i + A^{ji})^{-1}$$

より $e^i = c^{ji}e^j$ が成立する．よって，$\{c^{ij}\}$ は $\det f_*\omega_{S/B}$ の変換関数系である．

さて，周期領域 $\mathfrak{H}_g/\Gamma_g$ の佐武コンパクト化 (cf. [12]) $\overline{\mathfrak{H}_g/\Gamma_g}$ を与える射影埋込みはモジュラー形式によって定義される．従って，ある重み $m > 0$ のモジュラー形式 φ をとれば，$\overline{\mathfrak{H}_g/\Gamma_g}$ 上の非常にアンプルな可逆層の切断を誘導する．φ は任意の $(Z, \sigma) \in \mathfrak{H}_g \times \mathrm{Sp}(g, \mathbb{Z})$ に対し

$$\varphi((AZ+B)(CZ+D)^{-1}) = \det(CZ+D)^m \varphi(Z), \quad \sigma = \begin{pmatrix} A & B \\ C & D \end{pmatrix}$$

をみたす $\mathfrak{H}_g$ 上の正則関数である．この φ を用いて U_i 上の正則関数を $h^i(t) = \varphi(Z^i(t))$ によって定める．すると，$\begin{pmatrix} A & B \\ C & D \end{pmatrix} \in \mathrm{Sp}(g, \mathbb{Z})$ ならば $\begin{pmatrix} D & C \\ B & A \end{pmatrix} \in \mathrm{Sp}(g, \mathbb{Z})$ であることから等式

$$\begin{aligned} h^j &= \varphi((D^{ji}Z^i + C^{ji})(B^{ji}Z^i + A^{ji})^{-1}) \\ &= \det(B^{ji}Z^i + A^{ji})^m \varphi(Z^i) \\ &= (c^{ji})^m h^i \end{aligned}$$

が得られ，$\{h^i\}$ は $(\det f_*\omega_{S/B})^{\otimes m}$ の零でない正則大域切断を定める．よって $\deg \det f_*\omega_{S/B} = \chi_f$ は非負でなければならない．

もし周期写像 $\Phi: B \to \mathfrak{H}_g/\Gamma_g \subset \overline{\mathfrak{H}_g/\Gamma_g}$ の像が 1 次元ならば，$\Phi(B)$ は φ が定めるアンプル有効因子と必ず交わり，$(\det f_*\omega_{S/B})^{\otimes m}$ の次数は正になる．よって $\chi_f = 0$ ならば Φ は定値写像である．このとき，Torelli の定理 (cf. [4]) から，f のファイバーはすべて複素解析的に同型になる．すなわち，f は正則ファイバー束である．逆に，f が正則ファイバー束ならば Φ は定値写像なので $\chi_f = 0$ が従う． □

5.4 スロープ不等式

▷ **定義 5.21.** 相対極小な種数 $g \geq 2$ のファイバー曲面 $f : S \to B$ に対して，$\chi_f \neq 0$ のとき（すなわち f が正則ファイバー束でないとき）

$$\lambda_f = K_f^2 / \chi_f$$

とおいて，f の**スロープ** (slope) と呼ぶ．

Noether の公式と $e_f \geq 0$ より，スロープの上限は 12 である．

▷ **定義 5.22.** $g \geq 2$ で $K_f^2 = 12\chi_f$ かつ $\chi_f > 0$ であるファイバー曲面 $f : S \to B$ を発見者にちなんで**小平ファイバー曲面**と呼ぶ ([50])．f は特異ファイバーを全くもたないが，正則ファイバー束でもない．

それでは，ファイバー曲面のスロープの下限はどうなるのであろうか？ この問に答えるのが本節の目的である．

♡ **定理 5.23** (スロープ不等式)．相対極小な種数 $g \geq 2$ のファイバー曲面 $f : S \to B$ に対して，不等式

$$K_f^2 \geq \left(4 - \frac{4}{g}\right)\chi_f \tag{5.4.1}$$

が成立する．また，スロープが最小値 $4 - 4/g$ をとれば，f の一般ファイバーは超楕円曲線であって，$f_*\omega_{S/B}$ は半安定であるか，または，その Harder-Narashimhan フィルトレーションはトータル・フィルトレーションである．

《証明》 Xiao [86] に従った証明を与える．$f_*\omega_{S/B}$ が半安定の場合，命題 5.17 より

$$K_f^2 \geq 4(g-1)\mu(f_*\omega_{S/B}) = (4-4/g)\chi_f$$

となる．よって，$f_*\omega_{S/B}$ は不安定だと仮定してよい．$f_*\omega_{S/B}$ の Harder-Narashimhan フィルトレーションを

$$0 = \mathcal{E}_0 \subset \mathcal{E}_1 \subset \cdots \subset \mathcal{E}_n = f_*\omega_{S/B}$$

とする．相対標準写像の場合と同様に，各 i について，自然な層準同型写像

5.4 スロープ不等式

$$\varphi_i : f^*\mathcal{E}_i \hookrightarrow f^*f_*\omega_{S/B} \to \omega_{S/B}$$

は B 上の有理写像 $\Phi_i : S \dashrightarrow P_i = \mathbb{P}(\mathcal{E}_i)$ を定める. φ_i の像は 0 次元以下のサイクル $\mathfrak{b}_i$ のイデアル層と可逆層 $\mathcal{O}_S(M_i)$ によって $\mathcal{I}_{\mathfrak{b}_i}\mathcal{O}_S(M_i)$ と書ける. $\mathcal{O}_S(M_i)$ は, P_i 上の同義可逆層 $\mathcal{O}_{P_i}(1)$ の Φ_i による引戻しに他ならない. また, $Z_i = K_f - M_i$, $N_i = M_i - \mu_i F$ とおく. さらに $M_{n+1} = K_f$, $Z_{n+1} = 0$ とおく. このとき,

$$0 \preceq Z = Z_n \preceq Z_{n-1} \preceq \cdots \preceq Z_1$$

であり, 命題 4.31 より N_i はネフである. $d_i = N_i F = M_i F$ とおく. $i > j$ のとき $N_i = N_j + (\mu_j - \mu_i)F + (Z_j - Z_i)$ より

$$\begin{aligned}
N_i^2 &= N_i(N_j + (\mu_j - \mu_i)F + (Z_j - Z_i)) \\
&= N_i N_j + (\mu_j - \mu_i)d_i + (Z_j - Z_i)N_i \\
&= N_j^2 + (\mu_j - \mu_i)(d_i + d_j) + (Z_j - Z_i)(N_i + N_j) \\
&\geq N_j^2 + (\mu_j - \mu_i)(d_i + d_j)
\end{aligned}$$

となる. また, Clifford の定理 (系 A.25) から $d_i \geq 2r_i - 2$ なので, これと $r_{i+1} - r_i \geq 1$ より $d_i + d_{i+1} \geq 2(r_i + r_{i+1}) - 4 \geq 4r_i - 2$ が成り立つ. 従って

$$\begin{aligned}
K_f^2 &\geq \sum_{i=1}^n (d_i + d_{i+1})(\mu_i - \mu_{i+1}) \\
&\geq \sum_{i=1}^{n-1} (4r_i - 2)(\mu_i - \mu_{i+1}) + 4(g-1)\mu_n \\
&= 4\sum_{i=1}^n r_i(\mu_i - \mu_{i+1}) - 2(\mu_1 + \mu_n) \\
&= 4\chi_f - 2(\mu_1 + \mu_n)
\end{aligned}$$

が得られる. 他方, 命題 5.17 から $K_f^2 \geq 2(g-1)(\mu_1 + \mu_n)$ である. これら 2 つの不等式より $K_f^2 \geq (4 - 4/g)\chi_f$ が得られる.

さて, $\lambda_f = 4 - 4/g$ とする. このとき, 上の証明から $f_*\omega_{S/B}$ は半安定, または $f_*\omega_{S/B}$ の Harder-Narashimhan フィルトレーションはトータル・フィ

ルトレーションである．後者の場合はさらに Clifford の定理で等号が成立することから，一般ファイバーが超楕円曲線であることがわかる．よって，$f_*\omega_{S/B}$ が半安定のときにも $\lambda_f = 4 - 4/g$ ならば一般ファイバーが超楕円曲線であることを示せばよい．この事実は，次に示す命題から従う． □

◇ **命題 5.24.** 相対極小なファイバー曲面 $f: S \to B$ の一般ファイバーは非超楕円曲線であるとする．$f_*\omega_{S/B}$ が半安定ならば，

$$K_f^2 \geq \left(5 - \frac{6}{g}\right)\chi_f$$

が成立する．

《**証明**》 f の一般ファイバー F は非超楕円曲線なので，Max Noether の定理 (定理 A.31) から，掛算写像 $\mathrm{Sym}^2 H^0(F, K_F) \to H^0(F, 2K_F)$ は全射である．よって，これを相対化した層の準同型写像 $\mathrm{Sym}^2(f_*\omega_{S/B}) \to f_*(\omega_{S/B}^{\otimes 2})$ の余核 $\mathcal{T}$ は，有限個の点にのみサポートをもち，B 上の捩れ層である．完全列

$$0 \to \mathcal{Q} \to \mathrm{Sym}^2(f_*\omega_{S/B}) \to f_*(\omega_{S/B}^{\otimes 2}) \to \mathcal{T} \to 0 \tag{5.4.2}$$

より，次数に関する等式

$$\deg(\mathcal{Q}) - \deg(\mathrm{Sym}^2(f_*\omega_{S/B})) + \deg(f_*(\omega_{S/B}^{\otimes 2})) - \mathrm{length}(\mathcal{T}) = 0$$

が得られる．ここで，補題 5.2 より $\deg(\mathrm{Sym}^2(f_*\omega_{S/B})) = (g+1)\chi_f$, $\deg(f_*(\omega_{S/B}^{\otimes 2})) = K_f^2 + \chi_f$ なので

$$K_f^2 = g\chi_f - \deg(\mathcal{Q}) + \mathrm{length}(\mathcal{T}) \tag{5.4.3}$$

となる．さて，$f_*\omega_{S/B}$ は半安定なので，系 4.29 より $\mathrm{Sym}^2(f_*\omega_{S/B})$ もそうである．従って，特に

$$\mu(\mathcal{Q}) \leq \mu(\mathrm{Sym}^2(f_*\omega_{S/B})) = \frac{(g+1)\deg(f_*\omega_{S/B})}{\binom{g+1}{2}} = \frac{2}{g}\chi_f$$

が成立し，$\mathrm{rk}(\mathcal{Q}) = (g-2)(g-3)/2$ より $\deg(\mathcal{Q}) \leq (g-2)(g-3)\chi_f/g$ を得る．よって

5.4 スロープ不等式 159

$$K_f^2 \geq \frac{5g-6}{g}\chi_f + \text{length}(\mathcal{T}) \geq \frac{5g-6}{g}\chi_f$$

となる． □

例えば，後に系 5.29 で見るように，$p_g(S) = q(S) = 0$ をみたす S に対しては $f_*\omega_{S/B}$ はいつも半安定である．

▷ **定義 5.25.** 不等式 (5.4.1) あるいは，局所自明でない場合に同値な不等式

$$\lambda_f \geq 4 - \frac{4}{g}$$

を**スロープ不等式** (slope inequality) と呼ぶ．

Bogomolov の不等式を使ってスロープ不等式に別証明を与えよう．これは森脇 [66] による．

[スロープ不等式の別証明] 自然な層準同型写像 $\varphi : f^*f_*\omega_{S/B} \to \omega_{S/B}$ の核を $\mathcal{E}$ とおく．f の一般ファイバー F は種数 $g \geq 2$ の非特異射影曲線なので，K_F は自由である．従って φ が誘導する芽の間の準同型写像は一般の点では全射である．φ の像 $\mathcal{L}$ は局所自由 $\omega_{S/B}$ の部分層なので，捩れのない層である（定義 5.16 の記号では $\mathcal{L} = \mathcal{I}_\mathfrak{b}\mathcal{O}_S(M)$ であり，従って $c_1(\mathcal{L}) = M$，$c_2(\mathcal{L}) = \text{length}(\mathfrak{b})$ である）．また，$\mathcal{E}$ は第 2 シチジーなので非特異曲面上の反射層として局所自由である (cf. e.g., [32, p. 53])．$Z = K_f - c_1(\mathcal{L})$ は有効因子であり，f に関して垂直である．

♣ **補題 5.26.** $\mathcal{E}$ は Bogomolov の意味で不安定ではない．すなわち

$$\delta(\mathcal{E}) = \frac{\text{rk}(\mathcal{E}) - 1}{2\,\text{rk}(\mathcal{E})} c_1(\mathcal{E})^2 - c_2(\mathcal{E})$$

は 0 以下である．

《証明》 $\delta(\mathcal{E}) > 0$ と仮定して矛盾を導く．$\delta(\mathcal{E}) > 0$ ならば，定理 4.41 より

$$c(\mathcal{F}, \mathcal{E}) = c_1(\mathcal{F}) - \frac{\text{rk}(\mathcal{F})}{\text{rk}(\mathcal{E})}c_1(\mathcal{E}) \in \mathcal{C}_{++}(S)$$

となる飽和部分層 $\mathcal{F} \subset \mathcal{E}$ が存在する．$D = c(\mathcal{F}, \mathcal{E})/\text{rk}(\mathcal{F})$ とおく．F はネフなので $DF \geq 0$ だが，$D^2 > 0$ だから $DF > 0$ である．実際，$F^2 = 0$ だ

から，もし $DF = 0$ なら Hodge 指数定理より $F \equiv 0$ となり，矛盾である．よって

$$0 < DF = \left(\frac{c_1(\mathcal{F})}{\mathrm{rk}(\mathcal{F})} - \frac{c_1(\mathcal{E})}{\mathrm{rk}(\mathcal{E})}\right)F = \frac{\deg(\mathcal{F}|_F)}{\mathrm{rk}(\mathcal{F}|_F)} - \frac{\deg(\mathcal{E}|_F)}{\mathrm{rk}(\mathcal{E}|_F)}$$

なので，$\mathcal{E}|_F$ は不安定である．しかし，これは命題 4.33 に矛盾する． □

完全列

$$0 \to \mathcal{E} \to f^*f_*\omega_{S/B} \to \mathcal{L} \to 0$$

より，$c_1(\mathcal{E}) = f^*\det(f_*\omega_{S/B}) - c_1(\mathcal{L})$ であり，$\chi(\mathcal{E}) = \chi(f^*f_*\omega_{S/B}) - \chi(\mathcal{L})$ である．一方，Riemann-Roch の定理から

$$\chi(\mathcal{E}) = \frac{1}{2}c_1(\mathcal{E})(c_1(\mathcal{E}) - K_S) - c_2(\mathcal{E}) + \mathrm{rk}(\mathcal{E})\chi(\mathcal{O}_S)$$

なので，

$$c_2(\mathcal{E}) = c_1(\mathcal{L})^2 - 2(g-1)\chi_f - c_2(\mathcal{L})$$

となる．従って，$c_1(\mathcal{L}) = K_f - Z$ を用いれば

$$\delta(\mathcal{E})$$
$$= \frac{g-2}{2(g-1)}(c_1(\mathcal{L})^2 - 2\chi_f c_1(\mathcal{L})F) - (c_1(\mathcal{L})^2 - 2(g-1)\chi_f - c_2(\mathcal{L}))$$
$$= -\frac{g}{2(g-1)}(K_f^2 - (2K_f - Z)Z) + 2\chi_f + c_2(\mathcal{L})$$

が得られる．よって $\delta(\mathcal{E}) \leq 0$ より

$$K_f^2 \geq \frac{4(g-1)}{g}\chi_f + (2K_f - Z)Z + \frac{2(g-1)}{g}c_2(\mathcal{L})$$

となる．K_f はネフだから $K_f Z \geq 0$ であり，Z は垂直因子なので命題 2.23 より $Z^2 \leq 0$ である．また，$c_2(\mathcal{L})$ は相対標準系の孤立基点スキームの長さなので $c_2(\mathcal{L}) \geq 0$ である．以上で，スロープ不等式 $\lambda_f \geq 4 - 4/g$ が証明できた． □

この他にも，幾何学的不変式論を用いた証明 [78] が知られている．

5.5 不正則数とスロープ

▼ 5.5.1 相対不正則数

▷ **定義 5.27.** ファイバー曲面 $f : S \to B$ において，曲面 S の不正則数 $q(S) = h^1(\mathcal{O}_S)$ と底曲線 B の種数 b との差

$$q_f = q(S) - b$$

を，f の不正則数あるいは**相対不正則数** (relative irregularity) と呼ぶ． $f_*\mathcal{O}_S \simeq \mathcal{O}_B$ と Leray スペクトル系列から

$$0 \to H^1(\mathcal{O}_B) \xrightarrow{f^*} H^1(\mathcal{O}_S) \to H^0(R^1 f_*\mathcal{O}_S) \to 0$$

は完全である．よって，$q_f = h^0(R^1 f_*\mathcal{O}_S)$ が成立する．

S 上の層の完全列

$$0 \to \mathbb{Z} \to \mathcal{O}_S \to \mathcal{O}_S^\times \to 1$$

の順像をとれば，B 上の完全列

$$R^1 f_*\mathbb{Z} \to R^1 f_*\mathcal{O}_S \to R^1 f_*\mathcal{O}_S^\times \to R^2 f_*\mathbb{Z}$$

が得られ，点 $p \in B$ 上では

$$H^1(F_p, \mathbb{Z}) \to H^1(\mathcal{O}_{F_p}) \to \mathrm{Pic}(F_p) \to H^2(F_p, \mathbb{Z})$$

と同一視される．すなわち $R^1 f_*\mathcal{O}_S / R^1 f_*\mathbb{Z}$ は $f : S \to B$ に付随する Jacobian ファイバー空間を定め，$(R^1 f_*\mathcal{O}_S)_p$ は $\mathrm{Jac}(F_p)$ の Lie 環とみなされる．

$p \in B$ 上の非特異ファイバー F_p の埋込みを $\iota_p : F_p \hookrightarrow S$ とすれば，Albanese 写像の普遍性から次の可換図式が得られる．

$$\begin{array}{ccc} F_p & \xrightarrow{\alpha_t} & \mathrm{Jac}(F_p) \\ {\scriptstyle \iota_p}\downarrow & & \downarrow{\scriptstyle (\iota_p)_*} \\ S & \xrightarrow{\alpha_S} & \mathrm{Alb}(S) \\ {\scriptstyle f}\downarrow & & \downarrow{\scriptstyle f_*} \\ B & \xrightarrow{\alpha_B} & \mathrm{Jac}(B) \end{array}$$

f は全射なので, f_* も全射である. Albanese 多様体 $\mathrm{Alb}(S)$ はアーベル多様体であり剛性をもつから, 部分アーベル多様体

$$(\iota_p)_* \mathrm{Jac}(F_p) \subset \mathrm{Alb}(S)$$

は p によらず一定である. これを A とおくと

$$\dim A = \dim \mathrm{Alb}(S) - \dim \mathrm{Jac}(B) = q(S) - b = q_f$$

が成立する. ここで, $\mathcal{A} = B \times_{\mathrm{Jac}(B)} \mathrm{Alb}(S)$ とおけば, 射影 $\epsilon : \mathcal{A} \to B$ は, A をファイバーとする局所自明なファイバー空間であり, 可換図式

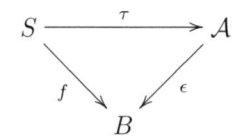

$$\begin{array}{ccc} S & \xrightarrow{\tau} & \mathcal{A} \\ & {}_f\searrow & \downarrow \epsilon \\ & & B \end{array}$$

が得られる. ただし, $\tau = (f, \alpha_S)$ である. 構成の仕方から, $R^1 \epsilon_* \mathcal{O}_\mathcal{A}$ は $R^1 f_* \mathcal{O}_S$ の商層である. $(\iota_p)_* : \mathrm{Jac}(F_p) \to A$ の核を A_1 とおく. A_2 を A_1 と相補的な $\mathrm{Jac}(F_p)$ の部分アーベル多様体とすれば, $A_1 \times A_2$ は $\mathrm{Jac}(F_p)$ と同種である (相補的な部分アーベル多様体の定義や諸性質については [18, Ch.5] を参照せよ). また, A_2 は A と同種で, 一般ファイバー F_p のとり方によらない. A_2 は f の Jacobian ファイバー空間の定値部分である. 組 (A_1, A_2) は $\mathrm{Jac}(F_p)$ の Lie 環 $H^1(\mathcal{O}_{F_p})$ の直和分解 $H^1(\mathcal{O}_{F_p}) = V_1 \bigoplus V_2$ を誘導する. ただし, A_i に対応する部分空間を V_i とした. $H^1(\mathcal{O}_{F_p})$ は $R^1 f_* \mathcal{O}_S$ の p 上の茎だったので, この直和分解は $R^1 f_* \mathcal{O}_S$ の直和分解

$$R^1 f_* \mathcal{O}_S \simeq \mathcal{V}_1 \bigoplus \mathcal{V}_2$$

を誘導する. $\mathcal{V}_2$ が定値部分に対応する. 従って $\mathrm{rk}\,\mathcal{V}_2 = q_f$ である. 他方, $\mathcal{V}_2$ は $R^1 \epsilon_* \mathcal{O}_\mathcal{A}$ と同型なので, 自明な局所自由層である. よって $\mathcal{V}_2 \simeq \mathcal{O}_B^{\oplus q_f}$ である. $h^0(\mathcal{V}_2) = \mathrm{rk}(\mathcal{V}_2) = q_f = h^0(R^1 f_* \mathcal{O}_S)$ なので, $h^0(\mathcal{V}_1) = 0$ である. 相対双対定理から $f_* \omega_{S/B} \simeq (R^1 f_* \mathcal{O}_S)^*$ なので, $\mathcal{E} = \mathcal{V}_1^*$ とおけば, 次の定理が成り立つ.

5.5 不正則数とスロープ

♡ **定理 5.28** (藤田[31], (3.1)). $f:S \to B$ を種数 $g \geq 1$ の代数曲線束とするとき, 直和分解
$$f_*\omega_{S/B} \simeq \mathcal{E} \bigoplus \mathcal{O}_B^{\oplus q_f}$$
が存在する. $\mathcal{E}$ は $H^1(\mathcal{E} \otimes \omega_B) = 0$ をみたす局所自由層である.

この定理も実に強力で, 特殊な曲面のもつ代数曲線束ならおおよそ規定してしまう.

♠ **系 5.29.** S を $p_g(S) = 0$ であるような非特異射影曲面とする. S が種数 $g \geq 2$ の代数曲線束 $f:S \to B$ をもてば, $B \simeq \mathbb{P}^1$ または $q(S) = g(B) = 1$ でなければならない. さらに, $q(S) = g(B) = 1$ のとき f は非自明な正則ファイバー束で, $B \simeq \mathbb{P}^1$ のとき
$$f_*\omega_{S/B} \simeq \mathcal{O}_{\mathbb{P}^1}(1)^{\oplus(g-q(S))} \bigoplus \mathcal{O}_{\mathbb{P}^1}^{\oplus q(S)}$$
が成り立つ.

《証明》 B の種数を b とすれば, $\chi_f = 1 - q(S) - (g-1)(b-1) \geq 0$ かつ $q(S) \geq b$ である. よって $b = 0$ または $q = b = 1$ となる. 後者の場合は $\chi_f = 0$ なので f は局所自明ではあるが, $p_g = 0$ より自明ではない. $B \simeq \mathbb{P}^1$ とする. 藤田の定理より $f_*\omega_{S/B}$ は階数 g のネフ局所自由層で, 次数は $\chi_f = g - q(S)$ であり, $q(S)$ 個の $\mathcal{O}_{\mathbb{P}^1}$ を直和因子とする. よって直和分解 $f_*\omega_{S/B} = \mathcal{E} \bigoplus \mathcal{O}_{\mathbb{P}^1}^{\oplus q}$ において $\deg(\mathcal{E}) = g - q$ である. 定理 4.10 より $\mathcal{E} = \bigoplus_{i=1}^{g-q} \mathcal{O}_{\mathbb{P}^1}(d_i)$ とおくと, $\mathcal{E}$ はネフだから d_i は非負であり, $H^1(\mathcal{E} \otimes \mathcal{O}_{\mathbb{P}^1}(-2)) = 0$ なので $d_i < 2$ である. よって $\deg(\mathcal{E}) = \mathrm{rk}(\mathcal{E}) = g - q$ より, d_i はすべて 1 である. □

♡ **定理 5.30** (Xiao [86]). $f:S \to B$ を種数 $g \geq 2$ の相対極小かつ非局所自明なファイバー曲面とする. このとき
$$q_f \leq \frac{5g+1}{6}$$
が成立する.

《証明》 $q_f > 0$ と仮定してよい. 定理 5.28 における $f_*\omega_{S/B}$ の直和分解を見れば, $\mu_{\min}(f_*\omega_{S/B}) = 0$ であり, 極大不安定化部分層は $\mathcal{E}$ の部分層としてよい. よって命題 5.17 より

$$K_f^2 \geq 2(g-1)\mu_{\max}(f_*\omega_{S/B}) \geq 2(g-1)\mu(\mathcal{E}) = \frac{2(g-1)}{g-q_f}\chi_f$$

であるが，他方，$K_f^2 \leq 12\chi_f$ だったので所望の不等式を得る． □

♡ **定理 5.31** (Xiao [86]). $f : S \to B$ を種数 $g \geq 2$ の相対極小かつ非局所自明な代数曲線束とする．このとき，$q_f > 0$ ならば $\lambda_f \geq 4$ である．

《証明》 $q_f > 0$ なので，$H^1(\mathcal{O}_B) \to H^1(\mathcal{O}_S)$ は全射ではない．よって，S 上の直線束 $\mathcal{L}$ で次をみたすようなものがとれる．

- $\mathcal{L}$ は数値的に自明である．

- f の一般ファイバー F への制限 $\mathcal{L}|_F$ は有限位数ではない．

すると，任意の正整数 n について，$\mathcal{L}$ を用いた n 次巡回不分岐被覆 $\pi_n : S_n \to S$ が構成できる．$f_n : S_n \to B$ を自然な正則写像とすれば，f_n の一般ファイバーは F の n 次不分岐被覆なので，その種数は $g_n = n(g-1)+1$ である．他方，$\chi(\mathcal{O}_{S_n}) = n\chi(\mathcal{O}_S)$, $K_{S_n}^2 = nK_S^2$ から，

$$\chi_{f_n} = \chi(\mathcal{O}_{S_n}) - (g_n-1)(b-1) = n\chi(\mathcal{O}_S) - n(g-1)(b-1) = n\chi_f,$$

$$K_{f_n}^2 = K_{S_n}^2 - 8(g_n-1)(b-1) = nK_S^2 - 8n(g-1)(b-1) = nK_f^2$$

となり，f と f_n のスロープは等しいことがわかる．よって，スロープ不等式より

$$\lambda_f = \lambda_{f_n} \geq 4 - \frac{4}{g_n} = 4 - \frac{4}{n(g-1)+1}$$

が成立する．この式の最右辺は $n \to \infty$ のとき 4 に収束するので，$\lambda_f \geq 4$ となる． □

▼ 5.5.2 Severi-Pardini の定理 (Severi 予想)

Francesco Severi (1879–1961) は

F. Severi, La serie canonica e la teoria delle serie principali di gruppi di punti sopra una superficie algebrica, Comment. Math. Helv. 4 (1932), 268–326

において，$K_S^2 < 4\chi(\mathcal{O}_S)$ のとき Albanese 像は曲面ではないと主張したが，証明にギャップがあったため，その主張の成否を問う問題が長い間予想として残されていた．2005 年になってようやく Rita Pardini [72] が Severi 予想を肯定的に解決したのだが，その方法はスロープ不等式を用いるものだった．

♡ **定理 5.32** (Pardini [72]). $K_S^2 < 4\chi(\mathcal{O}_S)$ をみたす不正則数が正の非特異射影曲面 S に対して，その Albanese 写像による像は曲線である．

《証明》 S を $q(S) > 0$ であるような非特異射影曲面とし，Albanese 写像 $\alpha : S \to A = \mathrm{Alb}(S)$ を考える．S は (-1) 曲線を含まないとしてよい．$\alpha(S)$ は曲面であると仮定する．A 上の十分アンプルな因子 L をとり，$H = \alpha^* L$ とおく．H は S から射影空間への正則写像を定め，その像は曲面である．特に $|H|$ は基点をもたず，$H^2 > 0$ である．$n : A \to A$ を n 倍写像とすれば，$\alpha : S \to A$ の自然な引き戻し $\alpha_n : S_n = S \times_A A \to A$ を考えることができる．

$$\begin{array}{ccc} S_n & \xrightarrow{\varphi_n} & S \\ \alpha_n \downarrow & \circlearrowleft & \downarrow \alpha \\ A & \xrightarrow{n} & A \end{array}$$

自然な写像 $\varphi_n : S_n \to S$ は n^{2q} 次の不分岐被覆であるから，

$$K_{S_n}^2 = n^{2q} K_S^2, \quad \chi(\mathcal{O}_{S_n}) = n^{2q} \chi(\mathcal{O}_S)$$

が成り立つ．[18, Proposition 2.3.5] より

$$n^* L = \frac{n^2 + n}{2} L + \frac{n^2 - n}{2} (-1)^* L$$

なので，$n^* L \equiv n^2 L$ となる（最初から symmetric な L をとっておけば $n^* L = n^2 L$ である）．よって，H_n を α_n による L の引き戻しとすれば，$\varphi_n^* H \equiv n^2 H_n$ となる．よって

$$H_n^2 = n^{2q-4} H^2, \quad K_{S_n} H_n = n^{2q-2} K_S H$$

が成立する．

$C_1, C_2 \in |H_n|$ を一般メンバーとする．Bertini の定理から，どちらも非特異既約曲線であるとしてよい．また，C_1 と C_2 は $H_n^2 = n^{2q-4}H^2$ 個の相異なる点で横断的に交わると仮定してよい．$X_n \to S_n$ をこれらすべての交点におけるブローアップとする．C_1 と C_2 で張られる S_n 上のペンシルは，正則写像 $f_n : X_n \to \mathbb{P}^1$ を誘導する．構成の仕方から，これは相対極小な代数曲線束である．その種数 g_n は C_1, C_2 の種数に他ならないので，添加公式より

$$g_n = \frac{1}{2}H_n(K_{S_n} + H_n) + 1 = \frac{n^{2q-4}}{2}(n^2 K_S H + H^2) + 1$$

である．もし $K_S H < 0$ ならば十分大きな n に対して $g_n < 0$ となるから矛盾である．すなわち，このときには Albanese 像は曲面ではない．$K_S H \geq 0$ とする．

f_n の数値不変量を計算する．

$$K_{X_n}^2 = K_{S_n}^2 - H_n^2 = n^{2q}K_S^2 - n^{2q-4}H^2,$$
$$\chi(\mathcal{O}_{X_n}) = \chi(\mathcal{O}_{S_n}) = n^{2q}\chi(\mathcal{O}_S)$$

なので，

$$K_{f_n}^2 = K_{X_n}^2 + 8(g_n - 1) = n^{2q-4}(n^4 K_S^2 + 4n^2 K_S H + 3H^2),$$
$$\chi_{f_n} = \chi(\mathcal{O}_{X_n}) + g_n - 1 = n^{2q-4}(n^4 \chi(\mathcal{O}_S) + n^2 K_S H/2 + H^2/2)$$

である．スロープ不等式から $K_{f_n}^2 \geq (4 - 4/g_n)\chi_{f_n}$ なので

$$K_S^2 + \frac{4K_S H}{n^2} + \frac{3H^2}{n^4}$$
$$\geq \left(4 - \frac{4}{g_n}\right)\left(\chi(\mathcal{O}_S) + \frac{K_S H}{2n^2} + \frac{H^2}{2n^4}\right)$$

が成立する．$n \to +\infty$ とすれば $g_n \to +\infty$ なので，結局，$K_S^2 \geq 4\chi(\mathcal{O}_S)$ を得る． □

▷ **例 5.33.** 不等式は最良である．A をアーベル曲面とし，$2L$ が自由な可逆層 L をとる．非特異曲線 $R \in |2L|$ で分岐する A の有限 2 重被覆を S とする（第 6 章，6.1 節参照）．このとき $K_S^2 = 2(K_A + L)^2 = 2L^2$, $\chi(\mathcal{O}_S) = 2\chi(\mathcal{O}_A) + L^2/2 = L^2/2$ となるから $K_S^2 = 4\chi(\mathcal{O}_S)$ が成立する．S の Albanese 写像は明らかに全射である．

5.6 注意—半安定還元とスロープの下限

代数曲線束を考える際に，特異ファイバーの特異性がひどいとそれだけ扱いが困難になるだろうことは想像に難くない．スロープの問題についても例外ではない．そこで，複雑な特異ファイバーを何とかわかりやすい構造をもつファイバーに置き換えて調べたいと考えるのは，至極当然である．この方針の典型例は $f:S \to B$ の半安定還元 $f^{\sharp}:S^{\sharp} \to B^{\sharp}$ を考えることであろう．

非特異射影曲面上の曲線が**半安定** (semi-stable) であるとは，被約であって特異点が高々結節点（局所解析的方程式が $xy=0$）に限るときを言う．代数曲線束 $f:S \to B$ については，Deligne-Mumford の安定還元定理より，B の適当な有限分岐被覆 $\pi:\widetilde{B} \to B$ をとり，ファイバー積 $S \times_B \widetilde{B}$ の特異点を解消すれば，誘導される $\widetilde{B}$ 上の代数曲線束のファイバーをすべて半安定曲線にすることができる．

Tan は [80] において，半安定還元による数値的不変量の変化を記述した．彼の結果を大雑把にまとめると，次のようになる．

♡ **定理 5.34** (Tan)**．** $f:S \to B$ を局所自明でない相対極小な代数曲線束とする．f と有限正則写像 $\pi:\tilde{B} \to B$ とのファイバー積 $S \times_B \tilde{B}$ の非特異モデル S' に誘導された代数曲線束 $S' \to \tilde{B}$ について，その相対極小モデル $\tilde{f}:\tilde{S} \to \tilde{B}$ が半安定な代数曲線束であるとする．π の分岐因子を $\beta_\pi \in \mathrm{Div}(B)$ とし，$\mathcal{B}_\pi = f^*\beta_\pi$ とおく．このとき

$$\lambda_{\tilde{f}} = \frac{K_f^2 - c_1(\mathcal{B}_\pi)^2}{\chi_f - \chi(\mathcal{O}_{\mathcal{B}_\pi})}$$

が成立する．ここに，$c_1(\mathcal{B}_\pi)^2$ と $\chi(\mathcal{O}_{\mathcal{B}_\pi})$ は共に非負整数で，これらが零になるための必要十分条件は f が半安定であることであり，さらに

$$c_1(\mathcal{B}_\pi)^2 \le 8\chi(\mathcal{O}_{\mathcal{B}_\pi})$$

をみたす．

従って $\lambda_{\tilde{f}} \ge 8$ ならば $\lambda_f \ge \lambda_{\tilde{f}}$ が成立するが，一方，例えば

$$\lambda_{\tilde{f}} < \frac{c_1(\mathcal{B}_\pi)^2}{\chi(\mathcal{O}_{\mathcal{B}_\pi})}$$

ならば $\lambda_f < \lambda_{\tilde{f}}$ である.これは,半安定な代数曲線束のスロープに対して成立する不等式が,必ずしも半安定でない一般の代数曲線束にも当てはまるとは限らないことを意味する.例えば,半安定曲線束に対してスロープが $4 - 4/g$ 以上であることは,Cornalba-Harris [26] で示されている.しかし,Xiao のスロープ不等式はそこから導出されるわけではない.

少なくともスロープの下限を問題にする際には,半安定還元はどちらかと言えば「禁じ手」に属するのではないかと著者は考えている.

5.7 ファイバー曲面の世界の白地図

これまでに得られたスロープ不等式をはじめとする数値的不変量のみたす不等式をもとに,ファイバー曲面の数値的不変量 (χ_f, K_f^2) を平面にプロットすれば,図 5.1 のようになる.第 1 象限にあって,傾きが $2(\leq 4 - 4/g)$ の直線と,傾きが 12 の直線に囲まれた領域である.まだ,どこにどんな高さの山があり,どんな川が流れているかもわからないという意味で,これはファイバー曲面世界の「白地図」であると考えられる.

この領域にある格子点 (x, y) を指定するとき,$\chi_f = x$, $K_f^2 = y$ となるファイバー曲面 $f : S \to B$ は存在するか? 存在するとしたらどんな性質をもつのか? あるいは,特定の性質をもつファイバー曲面の分布はどうなるか? そういったことを調査するのが「ファイバー曲面の地誌学」である.例えば,種数 g を固定したときの一番下の境界線 $y = (4 - 4/g)x$ の上には超楕円的なものしか住んでいない.しかも次章で見るように,それらがもつ特異ファイバーは性質の良いものばかりである.ちなみに,$g = 2$ のときの下限 $y = 2x$ を,相対不変量ではなく K_S^2 や $\chi(\mathcal{O}_S)$ で書き直すと $K_S^2 = 2\chi(\mathcal{O}_S) - 6$ となり,これは極小一般型代数曲面に対する Noether 不等式に対応している.現在までの調査で,傾き 4 の直線に至る部分はかなりよくわかってきている.そこを過ぎて傾き 6 の直線に至る範囲は近い将来きっと解明されるであろう.傾きが 8 の直線を境にして,符号数が負から正に変化する.種数 2 のファイバー曲面は,この直線を越えることはできない(系 6.19).傾きの上限は 12 であって,この直線上には小平ファイバー曲面がいる.次の章で見るように,超楕円曲線束は上限の直線 $y = 12x$ に近寄れない.

このように，代数曲面論においては，不思議なことに 12（あるいは 24）の約数が重要な場面で登場する．この時点で意味が明らかになっていない「6」や「3」は第 7 章で登場する．

なお，[22], [23], [73]によって，ファイバー曲面が地図のほぼ全域に渡って生息していることが確認されている．

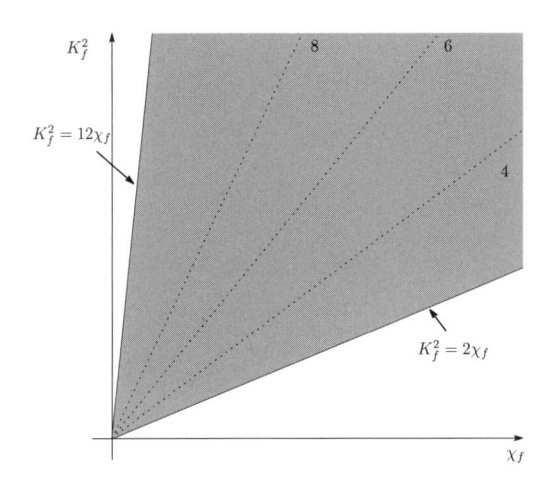

図 5.1 ファイバー曲面たちの世界の白地図

# 第6章
超楕円曲線束

この章では，基本的に[87]や[88]に従って，一般ファイバーが超楕円曲線であるような代数曲線束を扱う．超楕円的対合を相対化し，ファイバー曲面を線織曲面の分岐2重被覆と捉え直すことによって，標準特異点解消などの強力な道具を駆使することが可能になる．また，Xiao Gang が[87]で導入した「特異点指数」を用いると，基本的な数値不変量がすべて局在化している様子が見てとれる．切断をもつ楕円曲面に対しても同様の手法が適用できるが，これについては堀川[45]に大変丁寧な解説がある．

6.1 有限分岐2重被覆

まず初めに，非特異射影曲面の間の有限2重被覆に関する基礎事項をまとめておく．

X, Y を非特異射影曲面とし，$\theta : X \to Y$ を有限な分岐2重被覆とする．被覆変換群 $\mathrm{Gal}(X/Y) \simeq \mathbb{Z}/2\mathbb{Z}$ の生成元 σ は X の位数2の正則自己同型写像であり $\mathcal{O}_X$ に自然に作用するから，直和分解 $\theta_* \mathcal{O}_X \simeq \mathcal{O}_Y \bigoplus \mathcal{O}_Y(-\delta)$ が得られる．言うまでもなく $\mathcal{O}_Y$ は不変部分（固有値 1 に属する固有空間）であり，$\mathcal{O}_Y(-\delta)$ は反不変部分（固有値 -1 に属する固有空間）である．$\mathcal{O}_X$ は

可換環の層だから積構造をもつ. よって掛算写像 $\mathcal{O}_Y(-\delta)\otimes\mathcal{O}_Y(-\delta)\to\mathcal{O}_Y$ が定まっている. その像として得られるイデアル層は有効因子 $R\in|\mathcal{O}_Y(2\delta)|$ を定義する. R は θ の**分岐跡** (branch locus) に他ならない.

逆に, 有効因子 $R\in|\mathcal{O}_Y(2\delta)|$ が与えられたとき, R のイデアル層を $\mathcal{O}_Y(-2\delta)$ と同一視すれば, R の方程式から単射準同型 $\phi:\mathcal{O}_Y(-2\delta)\to\mathcal{O}_Y$ が決まる. $\mathcal{O}_Y(2\delta)$ の「平方根」$\mathcal{O}_Y(\delta)$ を1つとれば, $\mathcal{O}_Y(-\delta)\otimes\mathcal{O}_Y(-\delta)\simeq\mathcal{O}_Y(-2\delta)\xrightarrow{\phi}\mathcal{O}_Y$ は $\mathcal{O}_Y\bigoplus\mathcal{O}_Y(-\delta)$ に $\mathcal{O}_Y$ 代数の構造を定めるから $X=\mathbf{Spec}_{\mathcal{O}_Y}(\mathcal{O}_Y\bigoplus\mathcal{O}_Y(-\delta))$ とおくことにより R を分岐跡とする有限2重被覆 $\theta:X\to Y$ が得られる. R の局所方程式を $f(x,y)$ とすれば X は局所的に $z^2=f(x,y)$ で定義される超曲面なので, $\mathrm{Sing}(X)=\theta^{-1}(\mathrm{Sing}(R))$ が成立する. 特に,

- X が正規 $\iff R$ が被約

- X が非特異 $\iff R$ が非特異

である. 局所方程式から

$$\frac{\mathrm{d}x\wedge\mathrm{d}y}{2\sqrt{f(x,y)}}=\frac{\mathrm{d}x\wedge\mathrm{d}z}{f_y}=-\frac{\mathrm{d}y\wedge\mathrm{d}z}{f_x}$$

がわかるので,

$$\omega_X\simeq\theta^*(\omega_Y\otimes\mathcal{O}_Y(\delta))$$

である. Y 上の因子 D_1,D_2 に対して $\theta^*D_1\theta^*D_2=2D_1D_2$ が成り立つから,

$$\omega_X^2=2(K_Y+\delta)^2=2K_Y^2+4K_Y\delta+2\delta^2 \tag{6.1.1}$$

となる. また, θ は有限な正則写像なので, Leray スペクトル系列を用いれば連接層 $\mathcal{F}$ に対して $H^i(X,\mathcal{F})\simeq H^i(Y,\theta_*\mathcal{F})$ が成立することがわかる. よって, 特に $\chi(\mathcal{O}_X)=\chi(\theta_*\mathcal{O}_X)=\chi(\mathcal{O}_Y)+\chi(\mathcal{O}_Y(-\delta))$ が成り立つから, Riemann-Roch 定理より

$$\chi(\mathcal{O}_X)=2\chi(\mathcal{O}_Y)+\frac{1}{2}\delta(K_Y+\delta) \tag{6.1.2}$$

が得られる.

6.2 超楕円的対合と分岐跡の特異点

一般ファイバー F が種数 g の超楕円曲線であるような相対極小ファイバー曲面 $f : S \to B$ を**超楕円曲線束**と言う．定義から，超楕円曲線 F は位数 2 の正則自己同型写像 σ_F をもち，$F/\langle\sigma_F\rangle \simeq \mathbb{P}^1$ となる．σ_F を F の**超楕円的対合** (hyperelliptic involution) と言う．F の標準写像は，商写像 $F \to F/\langle\sigma_F\rangle \simeq \mathbb{P}^1$ を経由し，像の上への 2 対 1 正則写像を与えることが知られている（付録 A.5 節参照）．従って，超楕円曲線束 $f : S \to B$ の相対標準写像は，像の上に 2 対 1 の（必ずしも有限でない）有理写像となる．すなわち，一般ファイバー F の超楕円的対合が位数 2 の自己双有理写像 $\sigma : S \dashrightarrow S$ を引き起こす．$f \circ \sigma = f$ であり $f : S \to B$ は相対極小なので，命題 2.46 より σ は正則自己同型写像であることがわかる．

x を σ の固定点とすると，σ の微分 $\sigma_{*,x} : T_x S \longrightarrow T_x S$ は $\sigma_{*,x}{}^2 = id_{T_x S}$ をみたすので，適当な基底変換により，

$$\begin{pmatrix} -1 & 0 \\ 0 & -1 \end{pmatrix}, \quad \begin{pmatrix} -1 & 0 \\ 0 & 1 \end{pmatrix}$$

のうちいずれかの行列表示をもつ．前者の場合 x は σ の孤立固定点で，後者の場合 x は一次元固定成分の非特異点である．

σ の孤立固定点をすべて考え，それらを中心とするブローアップを $\rho : \widetilde{S} \to S$ とし，σ の $\widetilde{S}$ へのリフトを $\widetilde{\sigma}$ とする．σ の孤立固定点から生じる (-1) 曲線は，$\widetilde{\sigma}$ の固定曲線になる．すなわち，$\widetilde{\sigma}$ はもはや孤立した固定点をもたず，固定点集合は非特異射影曲線の非交和である．従って特に，商空間 $\widetilde{P} = \widetilde{S}/\langle\widetilde{\sigma}\rangle$ は非特異である．商写像 $\widetilde{\theta} : \widetilde{S} \to \widetilde{P}$ は有限な分岐 2 重被覆であり，固定点集合の θ による像である分岐跡 $\widetilde{R} \subset \widetilde{P}$ は非特異曲線になる．また，f は正則写像 $\widetilde{\varphi} : \widetilde{P} \to B$ を誘導するが，その一般ファイバーは $\mathbb{P}^1 \simeq F/\langle\sigma_F\rangle$ である．$\widetilde{\sigma}$ の作用による $\widetilde{\theta}_* \mathcal{O}_{\widetilde{S}}$ の ± 1 固有空間への直和分解を

$$\widetilde{\theta}_* \mathcal{O}_{\widetilde{S}} \simeq \mathcal{O}_{\widetilde{P}} \bigoplus \mathcal{O}_{\widetilde{P}}(-\widetilde{\delta})$$

とすれば，$\widetilde{R} \in |\mathcal{O}_{\widetilde{P}}(2\widetilde{\delta})|$ である．例えば命題 A.28 から，F は $\mathbb{P}^1$ の $2g + 2$ 個の点で分岐する 2 重被覆として実現されるから，$\widetilde{\varphi}$ の一般ファイバーを $\widetilde{\Gamma}$

と書くとき,
$$\widetilde{R}\widetilde{\Gamma} = 2g+2, \quad \widetilde{\delta}\widetilde{\Gamma} = g+1$$
が成立する.

$\varphi: P \to B$ を $\widetilde{\varphi}: \widetilde{P} \to B$ の (1つの) 相対極小モデルとし, 対応する双有理正則写像を $\widetilde{\psi}: \widetilde{P} \to P$ とする. $\widetilde{\varphi}$ の一般ファイバーは $\mathbb{P}^1$ だったので, 命題 2.48 より $\varphi: P \to B$ は B 上の $\mathbb{P}^1$ 束であることがわかる. $R = \widetilde{\psi}_* \widetilde{R}$ とおくと, これは必ずしも既約ではないが被約な曲線である. $\widetilde{\psi}$ をブローアップの合成として $\widetilde{\psi} = \psi_1 \circ \psi_2 \circ \cdots \circ \psi_r$ と表す. ここに $\psi_i: P_i \to P_{i-1}$ は P_{i-1} 上の点 x_i を中心とするブローアップであり, $P_0 = P, P_r = \widetilde{P}$ である. また, $E_i = \psi_i^{-1}(x_i)$ とおく.

♣ 補題 6.1. $\psi_r: \widetilde{P} \to P_{r-1}$ において $R_{r-1} = (\psi_r)_* \widetilde{R}$ とおく. また, x_r における R_{r-1} の重複度を m_r とする. このとき,
$$\widetilde{R} = \psi_r^* R_{r-1} - 2\left[\frac{m_r}{2}\right] E_r$$
であり, $R_{r-1} \sim 2\delta_{r-1}, \widetilde{\delta} = \psi_r^* \delta_{r-1} - [m_r/2] E_r$ をみたす $\delta_{r-1} \in \mathrm{Pic}(P_{r-1})$ が存在する. ここに, 実数 x に対して $[x]$ は x を超えない最大の整数を表す.

《証明》 $\mathrm{Pic}(\widetilde{P}) = \psi_r^* \mathrm{Pic}(P_{r-1}) \bigoplus \mathbb{Z}[E_r]$ なので, ある $\delta_{r-1} \in \mathrm{Pic}(P)$ と整数 d_r を用いて $\widetilde{\delta} = \psi_r^* \delta_{r-1} - d_r E_r$ と書ける. よって $\widetilde{R} \sim 2\widetilde{\delta} = 2\psi_r^* \delta_{r-1} - 2d_r E_r$ より $\widetilde{R} E_r = 2d_r$ となる. E_r が $\widetilde{R}$ の既約成分でなければ $m_r = 2d_r$ である. 他方, E_r が $\widetilde{R}$ の既約成分のとき, $\widetilde{R}$ は被約だから $\widetilde{R} - E_r$ は E_r を含まず, R_{r-1} の固有変換に一致する. 従って $m_r = (\widetilde{R} - E_r) E_r = 2d_r + 1$ となる. いずれの場合でも $d_r = [m_r/2]$ となる. □

上の補題によって $i = r, \ldots, 1$ に対して 3 つ組 (P_i, δ_i, R_i) を帰納的に定めることができる. 実際, (P_i, δ_i, R_i) が定まったとき, 被約因子 $R_{i-1} = (\psi_i)_* R_i$ に対して $x_i \in R_{i-1}$ の重複度を m_i とすれば, 補題 6.1 と全く同様にして $\delta_i = \psi_i^* \delta_{i-1} - [m_i/2] E_i$ と $R_{i-1} \sim 2\delta_{i-1}$ をみたす $\delta_{i-1} \in \mathrm{Pic}(P_{i-1})$ が定まり $R_i = \psi_i^* R_{i-1} - 2[m_i/2] E_i$ となる. $R_0 = R, R_r = \widetilde{R}$ である. 各ステップ $\psi_i: P_i \to P_{i-1}$ 毎に R_i の平方根 δ_i がとれるような R の特異点解消なので, $\widetilde{\psi}: \widetilde{P} \to P$ を R の特異点の**偶解消** (even resolution) と呼ぶことも

ある．また，正規曲面 $S_i = \mathbf{Spec}(\mathcal{O}_{P_i} \bigoplus \mathcal{O}_{P_i}(-\delta_i))$ は，R_i で分岐する P_i の 2 重被覆であって，自然な射影を $\theta_i : S_i \to P_i$ とすると，図式

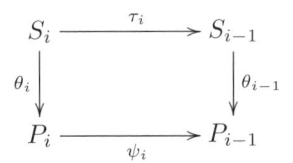

$$\begin{array}{ccc} S_i & \xrightarrow{\tau_i} & S_{i-1} \\ \theta_i \downarrow & & \downarrow \theta_{i-1} \\ P_i & \xrightarrow{\psi_i} & P_{i-1} \end{array}$$

を可換にする双有理正則写像 $\tau_i : S_i \to S_{i-1}$ が存在する．$\tau = \tau_1 \circ \cdots \circ \tau_r :$ $\widetilde{S} = S_r \to S_0$ は，堀川 [42] の意味での S_0 の**標準特異点解消** (canonical resolution) に他ならない．

相対極小モデル P のとり方は無数にあるので，なるべく都合のよいものを選びたい．下に 1 つの基準を与えるが，その前に必要な補題を示しておく．

♣ **補題 6.2.** $\varphi : P \to B$, $\varphi' : P' \to B$ を $\tilde{\varphi} : \widetilde{P} \to B$ の相異なる相対極小モデルとする．ある点 $p \in B$ に対して p 上の φ, φ' のファイバーをそれぞれ Γ_1, Γ_2 とするとき B 上の同型 $P \setminus \Gamma_1 \simeq P' \setminus \Gamma_2$ が存在すると仮定する．このときブローダウン $\widetilde{P} \to \overline{P}$ で次の条件をみたすものがとれる．

(1) P, P' は $\overline{P}$ の相対極小モデルである．
(2) $\overline{P} \to B$ の p 上のファイバーは $\mathbb{P}^1$ が鎖状に連なった曲線 $C_1 + \cdots + C_n$ であって

$$C_1^2 = C_n^2 = -1,\ C_j^2 = -2\ (2 \leq j \leq n-1),\ C_j C_{j+1} = 1\ (1 \leq j \leq n-1)$$

であり（つまり双対グラフは A_n 型 Dynkin 図形），さらに自然な双有理正則写像 $\overline{P} \to P$, $\overline{P} \to P'$ によって C_1, C_n はそれぞれ Γ_1, Γ_2 に写る．

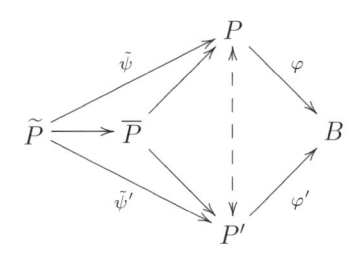

$$\begin{array}{ccc} & P & \\ \tilde{\psi} \nearrow & \uparrow & \searrow \varphi \\ \widetilde{P} \longrightarrow \overline{P} & \vdots & B \\ \tilde{\psi}' \searrow & \downarrow & \nearrow \varphi' \\ & P' & \end{array}$$

《証明》 $\tilde{\varphi}: \tilde{P} \to B$ の p 上のファイバーを $\tilde{\Gamma}$ とし,$\tilde{\psi}: \tilde{P} \to P, \tilde{\psi}': \tilde{P} \to P'$ を自然な双有理正則写像とする.$\tilde{\psi}$ による Γ_1 の固有変換を $\tilde{\Gamma}_1$ とおき $\tilde{\psi}'$ による Γ_2 の固有変換を $\tilde{\Gamma}_2$ とおくと,これらは $\tilde{\Gamma}$ の重複度 1 の既約成分である.$\tilde{\Gamma}$ は数値的連結な有理曲線なので,定理 3.39 より,$\tilde{\Gamma} - \tilde{\Gamma}_1$ の鎖連結成分への分解は $D_1 + \cdots + D_n$ なる形である.ここに,D_i は $\tilde{\Gamma}_1 D_i = -D_i^2 = 1$ をみたす数値的連結曲線で $i < j$ ならば $\mathcal{O}_{D_j}(-D_i)$ は自明である.$\tilde{\Gamma}_2$ は $\tilde{\Gamma}$ の非重複成分なので,$\{D_i\}_{i=1}^n$ の唯ひとつの極大元 (つまり $\tilde{\Gamma} - \tilde{\Gamma}_1$ の鎖連結成分) に含まれる.それは D_1 であるとしてよい.各 i に対して明らかに $p_a(D_i) = 0$ であり,$\mathcal{O}_{D_i}(-D_i)$ がネフであることを見るのは難しくない.$D_i^2 = -1$ なので,命題 3.20 より D_i を非特異点に縮約できる.そこでまず,D_1 を除く極大元 D_i をすべて縮約する.次に,$D_j \prec D_1$ なる D_j のうち極大なものをすべて縮約する.こうして得られた曲面 $\tilde{P}'$ について,p 上のファイバー Γ' は Γ_1 の固有変換 Γ'_1 およびそれと 1 点で交わる曲線 D'_1 の和である.言うまでもなく D'_1 は Γ_2 の固有変換 Γ'_2 を非重複成分として含む.$\Gamma' - \Gamma'_2$ の鎖連結成分への分解を考え,上と全く同様のルールに従って Γ'_1 を含む鎖連結成分だけ残して他を縮約すれば,非特異曲面 $\overline{P}$ が得られ,p 上のファイバーは $\overline{\Gamma} = \overline{\Gamma}_1 + \overline{D} + \overline{\Gamma}_2$ なる形になる.ここに,$\overline{\Gamma}_i$ は Γ_i の固有変換であり,$\overline{D}$ は $\overline{\Gamma}_1(\overline{D} + \overline{\Gamma}_2) = \overline{\Gamma}_2(\overline{D} + \overline{\Gamma}_1) = 1$ をみたす有効因子である.$\overline{\Gamma}_1 \overline{\Gamma}_2 = 1$ ならば $\overline{D}(\overline{\Gamma} - \overline{D}) = 0$ なので $\overline{\Gamma}$ の数値的連結性から $\overline{D} = 0$ となる.$\overline{\Gamma}_1 \overline{\Gamma}_2 = 0$ ならば $\overline{\Gamma}_1 \overline{D} = \overline{\Gamma}_2 \overline{D} = 1, \overline{D}^2 = -2$ である.この場合,$\mathcal{O}_{\overline{D}}(-\overline{D}) = \mathcal{O}_{\overline{D}}(\overline{\Gamma}_1 + \overline{\Gamma}_2)$ がネフであることを用いれば,$\overline{D}$ が (-2) 曲線が鎖状に繋がった曲線であることを示すのは容易である.よって $C_1 = \overline{\Gamma}_1$ とし,これと交わる $\overline{D}$ の既約成分を C_2 とし,$C_{i-1}C_i = 1$ なる成分 $C_i \preceq \overline{D}$ を順次とっていけば,ある正整数 n があって $\overline{\Gamma}_2 = C_n$ となる. □

◇ **命題 6.3.** $\tilde{\varphi}: \tilde{P} \to B$ の相対極小モデル $\varphi: P \to B$ を,分岐跡 R が次の 2 条件を同時にみたすようにとることができる.

(1) φ に関する R の水平部分 R_h のどの特異点も重複度は高々 $g+1$ である.

(2) R の自己交点数 R^2 は (1) をみたす $\tilde{P}$ の相対極小モデルの中で最も小さい.

《証明》 (1) $\mathbb{P}^1$ 束の基本変換を用いる．まず，任意に相対極小モデル P をとり，R を $\widetilde{R}$ の像とする．水平部分 R_h の重複度が $g+2$ 以上の特異点を x とする．R とファイバーの交点数は $2g+2$ だから，x を通る $P \to B$ のファイバー $\Gamma \simeq \mathbb{P}^1$ 上にあって x とは異なる R_h の特異点について重複度の総和は高々 g である．よって，x における基本変換を施しても，$\Gamma \setminus \{x\}$ からは重複度が $g+1$ を超えるような特異点は生じない．

R の x における重複度を μ_1 とすれば $\mu_1 \geq g+2$ である．$\phi_1 : P^\sharp \to P$ を x を中心とするブローアップとし，$E_1 = \phi_1^{-1}(x)$ とおく．また，$R^\sharp = \phi_1^* R - 2[\mu_1/2] E_1$ とおく．Γ の ϕ_1 による固有変換を $E_2 = \phi_1^* \Gamma - E_1$ とおくと，E_2 も (-1) 曲線である．$\phi_2 : P^\sharp \to P'$ を E_2 の縮約とし，$R' = (\phi_2)_* R^\sharp$，$\Gamma' = \phi_2(E_1)$ とおく．P' もまた $\widetilde{P}$ の相対極小モデルで，R' は $\widetilde{R}$ の像である．また，Γ' は $x' = \phi_2(E_2)$ を通る P' のファイバーに他ならない．x' における R' の重複度を μ_2 とすれば，$R^\sharp = \phi_2^* R' - 2[\mu_2/2] E_2$ となる．$\phi_1^* \Gamma = \phi_2^* \Gamma' = E_1 + E_2$ だから，$R^\sharp$ の 2 つの表示を使えば，

$$2g+2 = (\phi_1^* \Gamma) R^\sharp = E_1 R^\sharp + E_2 R^\sharp = 2\left[\frac{\mu_1}{2}\right] + 2\left[\frac{\mu_2}{2}\right]$$

すなわち

$$\left[\frac{\mu_1}{2}\right] + \left[\frac{\mu_2}{2}\right] = g+1 \tag{6.2.1}$$

が得られる．$\mu_1 \geq g+2$ より $\mu_1 \geq \mu_2$ が成立することに注意すると，g が奇数かつ $\mu_1 = \mu_2 = g+2$ の場合を除いて $\mu_2 \leq g+1$ となることがわかる．よって，この例外的な場合についてのみ考えればよい．

g が奇数で $\mu_1 = \mu_2 = g+2$ であるとする．まず，$\Gamma \prec R$ ならば，水平部分 R_h の x における重複度は $\mu_1 - 1 = g+1$ なので，x のとり方に矛盾する．従って $\Gamma \not\prec R$ だが，μ_1 が奇数だから $E_1 \prec R^\sharp$ となり，結局 $\Gamma' \prec R'$ である．よって x' における R'_h の重複度は $\mu_2 - 1 = g+1$ となる．

(2) (1) をみたすような相対極小モデルが有限個しかないことを示せば十分である．$\widetilde{P}$ の相異なる相対極小モデル P, P' における $\widetilde{R}$ の像 R, R' が共に条件 (1) を満足していると仮定する．自然な B 上の双有理写像 $P \dashrightarrow P'$ の不確定点集合は，射影 $P \to B$ のある点 $p \in B$ の上のファイバー Γ を含む．射影 $\widetilde{P} \to B$, $P' \to B$ の p 上のファイバーをそれぞれ $\widetilde{\Gamma}, \Gamma'$ とする．B 上

の同型 $P \setminus \Gamma \simeq P' \setminus \Gamma'$ があると仮定しても一般性を失わない. Γ と Γ' の $\widetilde{P}$ における固有逆像をそれぞれ C, C' とおくと, これらは $\widetilde{\Gamma}$ の相異なる非重複成分である. よって, 前補題より, 適当なブローダウンの合成 $\overline{\psi} : \widetilde{P} \to \overline{P}$ をとれば, $\overline{\Gamma} = \overline{\psi}(\widetilde{\Gamma})$ は, 2つの (-1) 曲線 $C_1 = \overline{\psi}(C)$ と $C_n = \overline{\psi}(C')$ を両端とし, それらを (-2) 曲線 C_i $(2 \leq i \leq n-1)$ が番号の順に繋ぐ形の $\mathbb{P}^1$ の単純鎖となる. C_n から始めて番号が減る方向に縮約を繰り返せば Γ が得られ, 逆に C_1 から始めて番号が増える方向に縮約を繰り返せば Γ' に到達する. さて, $\overline{\psi}_* R$ の水平部分を $\overline{R}_h$ とおく. もし $C_1 \overline{R}_h < g+1$ ならば, C_n から始めて番号が減る方向の縮約を繰り返すと最後には Γ 上に重複度が $g+1$ を超えるような R_h の特異点が生じる. これは R が条件 (1) をみたすことに矛盾する. 従って, $C_1 \overline{R}_h \geq g+1$ である. C_1 と C_n の立場を入れ替えて議論すれば, $C_n \overline{R}_h \geq g+1$ もわかる. $\overline{\Gamma} \overline{R}_h = 2g+2$ なのだから, 結局 $C_1 \overline{R}_h = C_n \overline{R}_h = g+1$ が成り立つ. すなわち, P から P' へモデルを取り替えることは, 着目する $g+1$ 重点を入れ替えることに相当する. 以上の議論から明らかなように, (1) をみたす相対極小モデルは有限個しかないので, 分岐跡の自己交点数も有限種類しかなく, その最小値が見つかる. □

上の命題の (1) より, R の特異点の重複度は高々 $g+2$ であり, 重複度が $g+2$ のときにはその点を通るファイバーが R に含まれていることがわかる.

♣ **補題 6.4.** 命題 6.3 の条件 (1), (2) をみたす相対極小モデル P と分岐跡 R を選ぶ. 種数 g が偶数のとき, R の特異点の重複度は高々 $g+1$ である.

《証明》 命題 6.3 (1) の証明と同じ記号を用いる. $x \in R$ が重複度 $\mu_1 = g+2$ の特異点であるとする. $\Gamma \prec R$ と (6.2.1) より, $\mu_2 = g+1$ であることがわかる. このとき $R^\sharp = \phi_1^* R - (g+2) E_1 = \phi_2^* R' - g E_2$ より,

$$(R^\sharp)^2 = R^2 - (g+2)^2 = (R')^2 - g^2$$

だから, $(R')^2 < R^2$ となる. すなわち (P, R) は命題 6.3 の条件 (2) を満足していない. よって, g が偶数ならば R の特異点の重複度は高々 $g+1$ である. □

6.2 超楕円的対合と分岐跡の特異点

以降，(P, R) は命題 6.3 の 2 条件をみたすものとする．各 E_i の $\widetilde{P}$ における全変換を $\mathfrak{E}_i$ と書くと，

$$\widetilde{R} = \widetilde{\psi}^* R - \sum_{i=1}^{r} 2 \left[\frac{m_i}{2}\right] \mathfrak{E}_i$$

が成立する．他方，$P \to B$ のファイバー Γ に対して $K_P \Gamma = -2$, $R\Gamma = 2g+2$ なので，R の数値的同値類は，ある整数 n を用いて

$$R \equiv -(g+1)K_{P/B} + n\Gamma$$

と書くことができる．$K_{\widetilde{P}/B} = \widetilde{\psi}^* K_{P/B} + \sum_{i=1}^{r} \mathfrak{E}_i$ なので，$K_{P/B}^2 = 0$ および $\mathfrak{E}_i \mathfrak{E}_j = -\delta_{i,j}$ (Kronecker's delta) に注意して計算すれば，(6.1.1) より

$$K_{\widetilde{f}}^2 = 2K_{P/B}^2 + 2K_{\widetilde{P}/B}\widetilde{R} + \frac{1}{2}\widetilde{R}^2 = 2(g-1)n - 2\sum_{i=1}^{r} \left(\left[\frac{m_i}{2}\right] - 1\right)^2 \quad (6.2.2)$$

であり，(6.1.2) より

$$\chi_{\widetilde{f}} = \chi(\mathcal{O}_{\widetilde{S}}) - (g-1)(b-1) = \frac{1}{2}gn - \frac{1}{2}\sum_{i=1}^{r} \left[\frac{m_i}{2}\right]\left(\left[\frac{m_i}{2}\right] - 1\right) \quad (6.2.3)$$

となる．この 2 式から，$[m_i/2] = 1$ であるような特異点は数値的不変量に全く影響を与えないことがわかる．

▷ **定義 6.5.** $[m_i/2] = 1$ であって，さらに x_i に無限に近い任意の特異点 x_j に対しても $[m_j/2] = 1$ となるとき，特異点 x_i は**無視できる特異点** (negligible singular point) であると言う．[42]では「高々単純 3 重点」と表現されている．

この用語を用いれば，ブローアップの合成としての $\widetilde{\psi}: \widetilde{P} \to P$ の表示 $\widetilde{\psi} = \psi_1 \circ \cdots \circ \psi_r$ をより標準化できる．すなわち，最初の s 回 $\psi_1, \ldots, \psi_s$ はすべて無視できない特異点を中心としたブローアップであり，残りの $r - s$ 回 $(\psi_{s+1}, \ldots, \psi_r)$ は無視できる特異点ばかりを中心としたものであるように番号を付け替えることができる．このとき，$\widehat{\psi} = \psi_1 \circ \cdots \circ \psi_s$, $\widehat{P} = P_s$, $\widehat{R} = R_s$, $\widehat{\delta} = \delta_s$ とおき，$\widehat{\psi}: \widehat{P} \to P$ を分岐跡 R の**本質的特異点の偶解消** (even resolution of essential singularities) と呼ぶ．

▷ **注意 6.6.** 無視できる特異点を与える曲線の方程式 $f(x,y) = 0$ は，適当な正則座標変換を施した後，次のいずれかの形にできる (cf. [16]).

(a_n) $x^2 + y^{n+1} = 0$ $(n \geq 1)$,
(d_n) $y(x^2 + y^{n-2}) = 0$ $(n \geq 4)$,
(e_6) $x^3 + y^4 = 0$,
(e_7) $x(x^2 + y^3) = 0$,
(e_8) $x^3 + y^5 = 0$.

上の各場合に対して，$z^2 = f(x,y)$ は有理 2 重点である．2 次元有理特異点については [16] や [11] を見よ．また，[1] にも丁寧な解説がある．

(6.2.2), (6.2.3) より特に

$$K_{\widetilde{f}}^2 - \left(4 - \frac{4}{g}\right)\chi_{\widetilde{f}} = \frac{2}{g}\sum_{i=1}^{r}\left(g - \left[\frac{m_i}{2}\right]\right)\left(\left[\frac{m_i}{2}\right] - 1\right)$$

が得られる．命題 6.3 (1) より右辺は非負である．$K_f^2 \geq K_{\widetilde{f}}^2$ であり $\chi_f = \chi_{\widetilde{f}}$ だから，スロープ不等式 $K_f^2 \geq (4 - 4/g)\chi_f$ が得られる．等号が成立すれば，$S = \widetilde{S}$ であり，$r > 0$ のときには任意の i について $[m_i/2] = 1$ でなければならない．すなわち，R は高々無視できる特異点しかもたない．

以上のように，超楕円曲線束を線織曲面の分岐 2 重被覆として捉えることで，様々な数値的不変量の計算が可能になる．しかし，利点はそればかりではない．例えば，重複ファイバーに関する情報も引き出すことができる．

◇ **命題 6.7.** F を超楕円曲線束 $f : S \to B$ の重複ファイバーとする．このとき，F の重複度は 2 であり，種数 g は奇数である．

《証明》 F を f のファイバーとし，$\rho : \widetilde{S} \to S$ による引き戻しを $\widetilde{F}$ と書き，$\widetilde{\theta}(\widetilde{F}) = \widetilde{\Gamma}$ とおく．$\widetilde{\Gamma}$ は $\Gamma = \widetilde{\psi}(\widetilde{\Gamma})$ の固有変換 C を含むが，明らかに非重複成分である．C が $\widetilde{R}$ の既約成分でなければ，$\widetilde{\theta}^*C$ は $\widetilde{F}$ の非重複成分である．よって，F は重複ファイバーではない．一方，C が $\widetilde{R}$ の既約成分ならば，C と同型な既約曲線 C' を使って $\widetilde{\theta}^*C = 2C'$ と書ける．すなわち C' は $\widetilde{F}$ の重複度 2 の既約成分である．以上より，$\widetilde{F}$ が重複ファイバーでも重複度は 2 にしかなれない．

2 重ファイバーを $F = 2D$ と書くと $D^2 = 0$ なので $2g-2 = 2(2p_a(D)-2)$ が成立し, $g = 2p_a(D) - 1$ は奇数である. □

6.3 特異点指数とスロープ

(6.2.2) 式から得られる情報は, 相対極小モデルである本来の超楕円曲線束 $f : S \to B$ から見れば, まだ満足できるものではない. $\rho : \widetilde{S} \to S$ が何回のブローアップの合成になっているかという問に答えていないからである.

最初の孤立固定点でのブローアップ $\rho : \widetilde{S} \to S$ で生じた (-1) 曲線の $\widetilde{\theta}$ による像は, $\widetilde{R}$ に含まれる (-2) 曲線になる. さらに $\widetilde{\varphi} : \widetilde{P} \to B$ に関して垂直でなければならない. 逆に, $\widetilde{R}$ に含まれ $\widetilde{\varphi}$ に関して垂直な (-2) 曲線を θ によって $\widetilde{S}$ に引き戻せば, $f \circ \rho$ に関して垂直な (-1) 曲線が得られる. f は相対極小だから, この (-1) 曲線は ρ の例外曲線である.

$\widetilde{R}$ に含まれる垂直 (-2) 曲線がどのようにして現れるかを記述するために, 分岐跡の特別な特異点に呼称を用意する.

▷ **定義 6.8.** R_{i-1} の x_i における重複度が奇数 $2k+1$ ($1 \leq k \leq [(g+1)/2]$) で, x_i を中心とするブローアップ $\psi_i : P_i \to P_{i-1}$ の例外曲線 $E_i = \psi_i^{-1}(x_i)$ 上にある R_i の特異点は x_{i+1} 唯ひとつしかなく, しかも, R_i の x_{i+1} における重複度は $2k+2$ である. この場合に, 2 つの特異点の組 (x_i, x_{i+1}) をあたかも 1 つの特異点であるかのようにみなして $(2k+1 \to 2k+1)$ 型の特異点と呼ぶ. x_{i+1} を中心とするブローアップ $\psi_{i+1} : P_{i+1} \to P_i$ による E_i の固有変換は, R_{i+1} の中で孤立した垂直 (-2) 曲線となる. これを $(2k+1 \to 2k+1)$ 型特異点から生じる (-2) 曲線と呼ぶ.

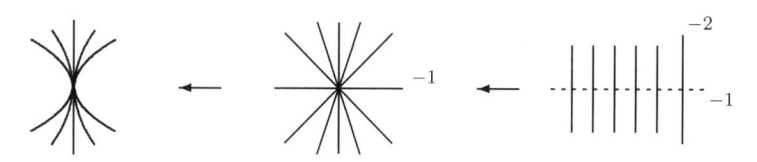

図 6.1 $(2k+1 \to 2k+1)$ 型特異点

182　第6章　超楕円曲線束

♣ **補題 6.9.** $\widetilde{S}$ 上の $\widetilde{f} = f \circ \rho : \widetilde{S} \to B$ に関して垂直な (-1) 曲線と，$\widetilde{R}$ に含まれ $\widetilde{\varphi} : \widetilde{P} \to B$ に関して垂直な $\widetilde{P}$ 上の (-2) 曲線は 1 対 1 に対応する．後者のような (-2) 曲線は次のいずれかである．

(1) $(2k+1 \to 2k+1)$ 型特異点から生じる (-2) 曲線．ただし k は $1 \leq k \leq [(g+1)/2]$ をみたす整数である．

(2) g は奇数．R に含まれるファイバーで $(g+2 \to g+2)$ 型特異点を 1 つもつものの固有変換として得られる (-2) 曲線．

《証明》 前半はすでに示した．$\widetilde{\varphi}$ に関して垂直な (-2) 曲線の $\widetilde{\psi} : \widetilde{P} \to P$ による像は 1 点またはファイバーのどちらかである．

像が 1 点とする．このとき問題の (-2) 曲線は，あるブローアップ $\psi_i : P_i \to P_{i-1}$ の例外曲線 E_i の固有変換である．$E_i \prec R_i$ なので $x_i = \psi_i(E_i)$ における R_{i-1} の重複度は奇数である．それを $2k+1$ とおく．(-2) 曲線になるため，E_i はこの後 1 回しかブローアップされない．よって E_i と $R_i - E_i$ の交点は唯 1 点のみである．それを x_{i+1} とする．$R_i = \psi_i^* R_{i-1} - 2k E_i$ だったので，$E_i(R_i - E_i) = 2k+1$ だから x_{i+1} における R_i の重複度は $2k+2$ となる．よって (x_i, x_{i+1}) は $(2k+1 \to 2k+1)$ 型の特異点である．$\psi_{i+1} : P_{i+1} \to P_i$ による E_i の固有変換は $E_i' = \psi_{i+1}^* E_i - E_{i+1}$ であり，

$$E_i' R_{i+1} = (\psi_{i+1}^* E_i - E_{i+1})(\psi_{i+1}^* R_i - (2k+2) E_{i+1}) = -2$$

なので，確かに E_i' は R_{i+1} の中で孤立した (-2) 曲線になる．

次に，象がファイバー Γ の場合を考える．$\Gamma \prec R$ である．$\Gamma^2 = 0$ であり，$\widetilde{P}$ では Γ の固有変換が (-2) 曲線になるので，Γ は $\widetilde{\psi}$ によってちょうど 2 回ブローアップされる．従って Γ 上にある R_h の特異点は高々 2 つである．$\Gamma R_h = 2g+2$ だから，R_h の特異点が Γ 上に 2 つあれば，命題 6.3 より重複度は共に $g+1$ でなければならない．従って，補題 6.4 より g は奇数である．このとき，問題の 2 点における R の重複度は，それぞれ $g+2$ だから奇数である．よってこれら 2 点におけるブローアップの例外曲線は再び分岐跡に入り Γ の固有変換と交わる．従って，Γ の固有変換を分岐跡の中で孤立させるためには，少なくともあと 2 回ブローアップする必要がある．これは不適である．よって，Γ 上にある R_h の特異点は唯ひとつである．それを x_1 と

してよい．x_1 が R の重複度 m_1 の特異点だとする．Γ_1 を $\psi_1: P_1 \to P$ による Γ の固有変換とするとき，$\Gamma_1^2 = -1$ なので Γ_1 と $(R_1)_h$ の交点は E_1 上にある 1 点 x_2 のみでなければならない．また，$(R_1)_h$ の x_2 における重複度は R_h の x_1 における重複度 $m_1 - 1$ を超えない．

 i) m_1 が偶数のとき．$(R_1)_h \Gamma_1 = (R_1 - \Gamma_1)\Gamma_1 = R_1 \Gamma_1 + 1 = 2g + 3 - m_1$ だが，命題 6.3 と補題 6.4 より g が偶数のとき $m_1 \le g$ で g が奇数のとき $m_1 \le g+1$ だから $2g + 3 - m_1 > m_1$ となり不可能である．

 ii) m_1 が奇数のとき．$(R_1)_h \Gamma_1 = (R_1 - \Gamma_1 - E_1)\Gamma_1 = 2g + 3 - m_1$ だが，g が偶数なら $m_1 \le g+1$ で g が奇数のとき $m_1 \le g+2$ だから，$2g + 3 - m_1 \le m_1 - 1$ をみたすのは g が奇数かつ $m_1 = g+2$ の場合だけである．

以上より，g は奇数で，$m_1 = g+2$, $m_2 = g+3$ となり (x_1, x_2) は $(g+2 \to g+2)$ 型の特異点である．このとき，x_2 を中心とするブローアップ $\psi_2: P_2 \to P_1$ をとれば，$R_2 = \psi_2^* R_1 - (g+3)E_2$ であって，Γ の固有変換 $\Gamma_2 = (\psi_2 \circ \psi_1)^* \Gamma - \psi_2^* E_1 - E_2$ に対して

$$\begin{aligned}
R_2 \Gamma_2 &= (\psi_2^* R_1 - (g+3)E_2)(\psi_2^*(\psi_1^* \Gamma - E_1) - E_2) \\
&= R_1(\psi_1^* \Gamma - E_1) - (g+3) \\
&= (\psi_1^* R - (g+1)E_1)(\psi_1^* \Gamma - E_1) - (g+3) \\
&= 2g + 2 - (g+1) - (g+3) = -2
\end{aligned}$$

となるから，Γ_2 は R_2 の中で孤立した (-2) 曲線である．よって，この場合には，E_1 の固有変換と Γ_2 という 2 つの孤立した垂直 (-2) 曲線が現れる．□

▷ **定義 6.10.** 相対極小な種数 $g \ge 2$ の超楕円曲線束を $f: S \to B$ とし，(P, δ, R) を f に付随し，命題 6.3 の 2 条件を満足するようなデータとする．このとき f の任意のファイバー F と $i = 3, \ldots, g+2$ に対して，第 i 特異点指数 $s_i(F)$ を次のように定める．

- $f(F)$ 上の P のファイバーにある R の $(2k+1 \to 2k+1)$ 型特異点の総数を $s_{2k+1}(F)$ とする．$(k \ge 1)$

- $f(F)$ 上の P のファイバーにある R の特異点のうち,重複度が $2k$ または $2k+1$ であり,$(2k-1 \to 2k-1)$ 型や $(2k+1 \to 2k+1)$ 型の特異点に参加していないものの総数を $s_{2k}(F)$ とする.$(k \geq 2)$

どの i についても,$s_i(F) \neq 0$ であるような F は有限個しかない.総和を

$$s_i = s_i(f) = \sum_{p \in B} s_i(F_p)$$

とおき,f の第 i **特異点指数** (i-th singularity index) と呼ぶ.g が偶数のときには $s_{g+2} = 0$ である.

最後に第 2 特異点指数を定義する.$\widehat{\psi} : \widehat{P} \to P$ を R の本質的特異点の偶解消とする.$(2k+1 \to 2k+1)$ 型特異点は無視できない特異点であることと補題 6.9 の証明から,$\widetilde{R}$ に含まれる垂直 (-2) 曲線は,$\widehat{R}$ においてすでに孤立した垂直 (-2) 曲線であることがわかる.$\widehat{R}$ からこれらをすべて取り除いてできる曲線を $\widehat{R}_0$ とする.点 $p \in B$ 上のファイバー F_p に対して,定義 5.9 のように定まる $\widehat{R}_0 \to B$ の p 上の分岐指数を $s_2(F_p)$ とする.そして,それらの総和である $\widehat{R}_0$ の B 上の分岐指数 (定義 5.9) を s_2 とおき,f の第 2 特異点指数とする.すなわち

$$s_2 = s_2(f) = \sum_{p \in B} s_2(F_p) = K_{\widehat{P}/B} \widehat{R}_0 + \widehat{R}_0^2 \tag{6.3.1}$$

である.ただし,他の特異点指数とは異なり,s_2 は負になり得るので注意が必要である.

▷ **例 6.11.** n を 2 以上の整数とし,$g = 3n - 1$ とおく.P の 1 つのファイバー Γ の近傍でのみ考える.Γ が R に含まれていて,R_h は Γ 上に $2n$ 個の通常 3 重点をもつとする.これら $2n$ 個の R の通常 4 重点を中心にして P をブローアップした曲面が $\widehat{P} = \widetilde{P}$ である.このとき $\widehat{R}$ は,Γ の固有変換として現れる $(-2n)$ 曲線と,$6n = 2g+2$ 本の非特異な局所分枝からなる $\widehat{R}_h$ との非交和である.よって,対応する分岐 2 重被覆のファイバー F に対して,第 2 特異点指数は $(-2n)$ 曲線からの寄与のみで $s_2(F) = -2$ となる.

♣ **補題 6.12.** $s_{g+2}(F_p) \neq 0$ ならば,$s_{g+2}(F_p) = 1$ かつ $s_2(F_p) \geq g+1$ である.$s_{g+2}(F_p) = 0$ ならば,$2s_2(F_p) + \sum_{k=2}^{[(g+1)/2]} s_{2k}(F_p) \geq 0$ である.

6.3 特異点指数とスロープ

《証明》 まず, $s_{g+2}(F_p) \neq 0$ とする. $\varphi: P \to B$ の p 上のファイバー Γ_p は R の既約成分であって, R_h の $g+1$ 重点がある. g は奇数であり, 定義から $(g+2 \to g+2)$ 型特異点 (x_1, x_2) は Γ_p 上に複数存在することはあり得ない. 実際 x_1 における Γ_p と R_h の局所交点数が $(g+1)+(g+1) = 2g+2$ となるからである. すなわち $s_{g+2}(F_p) = 1$ である. $\widehat{R}_0$ を得るために, x_1 とそれに無限に近い x_2 におけるブローアップの後, 生じた2つの垂直 (-2) 曲線を分岐跡から取り除くことになる. Γ_p の全引き戻し $\widehat{\Gamma}_p$ と $\widehat{R}_0$ との交点はすべて $\widehat{\Gamma}_p$ の重複度 2 の既約成分 E_2 上にあり, $\widehat{R}_0 E_2 = g+1$ である. よって $s_2(F_p) \geq g+1$ である.

次に $s_{g+2}(F_p) = 0$ とする. もし $s_2(F_p) \geq 0$ ならば示すべきことは何もない. よって $s_2(F_p) < 0$ としてよい. このとき $s_2(F_p)$ に負に寄与する $\widehat{R}_0$ の垂直な既約成分 C で $\widehat{\varphi}(C) = p$ となるものがある. $C \simeq \mathbb{P}^1$ だから, $(K_{\widehat{P}/B} + \widehat{R}_0)C = (K_{\widehat{P}} + C)C + (\widehat{R} - C)C = -2 + (\widehat{R}_0 - C)C$ となる. C のとり方から, これは負なので, $(\widehat{R}_0 - C)C \leq 1$ である.

1) $(\widehat{R}_0 - C)C = 1$ とし, C と 1 点で横断的に交わる $\widehat{R}_0$ の成分 C' をとる. C' が水平成分なら通常 2 重点 $C \cap C'$ の導手の寄与が $+2$ あるので, C の寄与分の -1 と併せて $s_2(F_p)$ に $+1$ 寄与する. C' が垂直成分のときでも $(\widehat{R}_0 - C')C' \geq 2$ なら同様である. $(\widehat{R}_0 - C')C' = 1$ すなわち C' が C としか交わらなければ, $C + C'$ の $s_2(F_p)$ への寄与は -2 である. この場合, $C + C'$ は $\widehat{R}_0$ の中で孤立している. 2 重点 $C \cap C'$ におけるブローアップの後に, C と C' の固有変換の自己交点数は -4 以下の偶数にならなければならない. このことを考慮すれば, 2 以上の整数 n, n' を用いて $C^2 = -2n+1$, $(C')^2 = -2n'+1$ とおける. このような $C + C'$ が生じるためには最低 5 回のブローアップが必要である. このうち $(2k+1 \to 2k+1)$ 型特異点でのブローアップがあれば, $\widehat{R}_h$ の分岐指数からの寄与が最低でも $+2$ あるから, $s_2(F_p)$ への寄与の合計が非負となる. よって特異点は $(2k+1 \to 2k+1)$ 型ではない.

2) $(\widehat{R}_0 - C)C = 0$ ならば, C の $s_2(F_p)$ への寄与は -2 であり, C は $\widehat{R}_0$ の孤立した垂直 $(-2n)$ 曲線である. $n \geq 2$ なので, C が生じるためには少なくとも 4 回のブローアップが必要である. しかも, 先の場合と同様に, ブローアップされる特異点は $(2k+1 \to 2k+1)$ 型ではない.

以上 2 つのタイプの垂直孤立曲線が合計 j 本あるとすれば, $s_2(F_p) \geq -2j$ である. 一方, $\widehat{P}$ に至るまでに p 上で起こるブローアップの回数は少なくとも $4j$ 回あり, そのすべてが $(2k+1 \to 2k+1)$ 型ではないような無視できない特異点を中心とするものだから,

$$\sum_{k=2}^{[(g+1)/2]} s_{2k}(F_p) \geq 4j \geq -2s_2(F_p)$$

が成立する. □

さて, $\rho: \widetilde{S} \to S$ で現れる (-1) 曲線に対応する分岐跡内の (-2) 曲線は, 補題 6.9 より $(g+2 \to g+2)$ 型特異点から 2 本, その他の $(2k+1 \to 2k+1)$ 型特異点から 1 本ずつ生じるので, その総数は

$$s_{g+2} + \sum_{k=1}^{[(g+1)/2]} s_{2k+1} \tag{6.3.2}$$

で与えられる. これは $K_S^2 - K_{\widetilde{S}}^2$ の値に他ならない. (6.3.2) と s_2 の定義より,

$$(K_{\widehat{P}/B} + \widehat{R})\widehat{R} = s_2 - 2(s_{g+2} + \sum_{k=1}^{[(g+1)/2]} s_{2k+1})$$

である. 他方,

$$\begin{aligned}
&(K_{\widehat{P}/B} + \widehat{R})\widehat{R} \\
&= \left(\widehat{\psi}^*(K_{P/B} + R) - \sum_{i=1}^{s}\left(2\left[\frac{m_i}{2}\right] - 1\right)\mathfrak{E}_i\right)\left(\widehat{\psi}^*R - \sum_{i=1}^{s} 2\left[\frac{m_i}{2}\right]\mathfrak{E}_i\right) \\
&= 2(2g+1)n - 2\sum_{i=1}^{s}\left[\frac{m_i}{2}\right]\left(2\left[\frac{m_i}{2}\right] - 1\right) \\
&= 2(2g+1)n - 2\sum_{k=1}^{[(g+1)/2]}(4k^2+2k+1)s_{2k+1} - 2\sum_{k=2}^{[(g+1)/2]} k(2k-1)s_{2k}
\end{aligned}$$

だから,

$$(2g+1)n = \frac{1}{2}(s_2 - 2s_{g+2}) + 2\sum_{k=1}^{[(g+1)/2]} k(2k+1)s_{2k+1} + \sum_{k=1}^{[(g+1)/2]} k(2k-1)s_{2k}$$

となる. これと (6.2.2), (6.2.3) および (6.3.2) より, 次が得られる.

6.3 特異点指数とスロープ

♡ **定理 6.13.** $f: S \to B$ を相対極小な種数 g の超楕円曲線束とする．f の特異点指数を s_i $(i=2,\ldots,g+2)$ とすれば，f の基本不変量 χ_f, K_f^2, e_f に対して，以下の等式が成立する．

$$(2g+1)\chi_f = \frac{g}{4}(s_2 - 2s_{g+2})$$
$$+ \sum_{k=1}^{[(g+1)/2]} k(g-k)s_{2k+1}$$
$$+ \frac{1}{2}\sum_{k=2}^{[(g+1)/2]} k(g-k+1)s_{2k},$$

$$(2g+1)K_f^2 = (g-1)s_2 + 3s_{g+2}$$
$$+ \sum_{k=1}^{[(g+1)/2]} (12k(g-k) - (2g+1))s_{2k+1}$$
$$+ \sum_{k=2}^{[(g+1)/2]} (6k(g-k+1) - 2(2g+1))s_{2k},$$

$$e_f = 12\chi_f - K_f^2$$
$$= s_2 - 3s_{g+2} + \sum_{k=1}^{[(g+1)/2]} s_{2k+1} + 2\sum_{k=2}^{[(g+1)/2]} s_{2k}.$$

▷ **定義 6.14.** 各 $p \in B$ 上のファイバー F_p に対して，

$$\mathrm{Ind}_{\mathcal{H}}(F_p) = s_{g+2}(F_p) + \frac{1}{g}\sum_{k=1}^{[(g+1)/2]} (4k(g-k) - g)s_{2k+1}(F_p)$$
$$+ \frac{2}{g}\sum_{k=2}^{[(g+1)/2]} (k(g-k+1) - g)s_{2k}(F_p) \in \frac{1}{g}\mathbb{Z}_{\geq 0}$$

とおいて，F_p の **超楕円的堀川指数** (hyperelliptic Horikawa index) と呼ぶ．

$g=2$ のとき，$\mathrm{Ind}_{\mathcal{H}}(F_p) = s_3(F_p)$ であり，定義から，超楕円的対合 $\sigma \in \mathrm{Aut}(S/B)$ の孤立固定点のうち F_p 上にあるものの個数に他ならない．従って，堀川が[44]で導入したものと完全に一致している．$g=3$ なら

$$\mathrm{Ind}_{\mathcal{H}}(F_p) = \frac{5}{3}s_3(F_p) + \frac{2}{3}s_4(F_p) + \frac{8}{3}s_5(F_p)$$

である．定理 6.13 より直ちに次が得られる．

♠ 系 6.15. 相対極小な種数 $g \geq 2$ の超楕円曲線束 $f: S \to B$ に対して

$$K_f^2 = \left(4 - \frac{4}{g}\right)\chi_f + \sum_{p \in B} \mathrm{Ind}_{\mathcal{H}}(F_p) \tag{6.3.3}$$

が成立する．

▷ **定義 6.16.** 種数 g の非特異射影曲線に関するある性質 $(\mathcal{P})$ が与えられているとする．一般ファイバーが性質 $(\mathcal{P})$ をもつような種数 g の相対極小な代数曲線束に対してスロープの下限 $\lambda_\mathcal{P}$ が確定していて，さらに，そのような任意の代数曲線束 $f: S \to B$ に対して

$$K_f^2 = \lambda_\mathcal{P} \chi_f + \sum_{p \in B} \mathrm{Ind}_\mathcal{P}(F_p) \tag{6.3.4}$$

が成立するような，ファイバー芽に**非負**有理数を対応させる関数 $\mathrm{Ind}_\mathcal{P}(\cdot)$ で，$(\mathcal{P})$ をみたす F_p に対して $\mathrm{Ind}_\mathcal{P}(F_p) = 0$ となるものが存在するとき，上の等式を性質 $(\mathcal{P})$ に関する**スロープ等式** (slope equality) と呼び，$\mathrm{Ind}_\mathcal{P}$ を**堀川指数** (Horikawa index) と言う．

(6.3.3) は $\mathcal{P}$ を「超楕円曲線」としたときのスロープ等式である．

♡ **定理 6.17.** 種数 $g \geq 2$ の相対極小かつ局所自明でない超楕円曲線束 $f: S \to B$ に対して

$$4 - \frac{4}{g} \leq \lambda_f \leq 12 - \frac{2g+1}{[g^2/4]}$$

が成立する．

《証明》 スロープの上限を g が奇数の場合に示す．偶数のときも同様である．定理 6.13 より

$$\left(12 - \frac{8g+4}{g^2-1}\right)\chi_f - K_f^2 = e_f - \frac{4(2g+1)}{g^2-1}\chi_f$$
$$= \frac{g^2-g-1}{g^2-1}s_2 - \frac{3g^2-2g-3}{g^2-1}s_{g+2}$$

$$+ \frac{1}{g^2-1} \sum_{k=1}^{(g+1)/2} (g-2k-1)(g-2k+1)s_{2k+1}$$

$$+ \frac{1}{2(g^2-1)} \sum_{k=1}^{(g+1)/2} ((g-2k+1)^2 + (g+1)(3g-5))s_{2k}$$

である.さて,$s_{g+2}(F) \neq 0$ なるファイバー F に対しては,補題 6.12 より $s_{g+2}(F) = 1$ かつ $s_2(F) = g+1$ が成り立つから,

$$(g^2-g-1)s_2(F) - (3g^2-2g-3)s_{g+2}(F) \geq g^3 - 3g^2 + 2 > 0$$

である.$s_{g+2}(F) = 0$ なるファイバー F については,補題 6.12 より $2s_2(F) + \sum_{k=2}^{(g+1)/2} s_{2k}(F) \geq 0$ が成り立つから

$$2(g^2-g-1)s_2(F) + (g+1)(3g-5) \sum_{k=2}^{(g+1)/2} s_{2k}(F)$$
$$\geq (2g^2-g-4) \sum_{k=2}^{(g+1)/2} s_{2k}(F) \geq 0$$

である.よって,$K_f^2 \leq (12 - (8g+4)/(g^2-1))\chi_f$ が成立する.$\chi_f \neq 0$ のとき,等号成立は s_g を除く s_i がすべて零の場合に限る. □

6.4 符号数の局在化

定理 6.13 からもわかるように,超楕円曲線束については主要な数値的不変量は全て局在化している.位相幾何学的に重要な符号数 $\mathrm{Sign}(S)$,すなわち,$H^2(S, \mathbb{Z})$ 上の交点形式の符号数も例外ではない.実際,Hirzebruch の符号数定理[41]より

$$\mathrm{Sign}(S) = \frac{1}{3}(c_1(S)^2 - 2c_2(S)) = K_f^2 - 8\chi_f$$

なので,定理 6.13 より次が得られる.

◇ **命題 6.18.** 相対極小な種数 g の超楕円曲線束 $f : S \to B$ をもつ射影曲面 S の符号数は,特異点指数 s_i ($2 \leq i \leq g+2$) を用いて次式で与えられる.

$$\mathrm{Sign}(S) = -\frac{g+1}{2g+1}(s_2 - (g+1)s_{g+2})$$
$$+ \sum_{k=1}^{[g/2]} \left(\frac{4k(g-k)}{2g+1} - 1 \right) s_{2k+1}$$
$$+ 2 \sum_{k=2}^{[(g+1)/2]} \left(\frac{k(g-k+1)}{2g+1} - 1 \right) s_{2k}$$

この命題は，特異ファイバーでのみ非自明な値をとる $s_i(F)$ によって符号数が表示されることを示している．すなわち，符号数の局在化である．位相幾何学サイドでは，符号数の局在化は，まず種数 1 と 2 の場合に松本幸夫 [60] によって観察された．その後，遠藤久顕 [29] は Meyer の符号数コサイクルを用いて一般種数の超楕円曲線束に対して局所符号数 $\sigma_{\mathcal{H}}^{\mathrm{top}}(F)$ を定義した．他方，代数幾何学サイドでは，スロープ等式と Noether の公式を用いて，足利正と荒川達也が [3, Part I, Proposition 4.7] で特異ファイバーの堀川指数および Euler 寄与による局所符号数の表示を得た．

一般に，性質 ($\mathcal{P}$) に関するスロープ等式 (6.3.4) が得られたとする．$\iota_\mathcal{P} = \sum_{p \in B} \mathrm{Ind}_\mathcal{P}(F_p)$ とおくと，Noether の公式より $12\chi_f = K_f^2 + e_f = \lambda_\mathcal{P} \chi_f + \iota_\mathcal{P} + e_f$ なので，$(12 - \lambda_\mathcal{P})\chi_f = \iota_\mathcal{P} + e_f$, $(12 - \lambda_\mathcal{P})K_f^2 = 12\iota_\mathcal{P} + \lambda_\mathcal{P} e_f$ となるから，

$$\mathrm{Sign}(S) = K_f^2 - 8\chi_f = \frac{4}{12 - \lambda_\mathcal{P}} \iota_\mathcal{P} - \frac{8 - \lambda_\mathcal{P}}{12 - \lambda_\mathcal{P}} e_f$$

が成立する．すなわち

$$\sigma_\mathcal{P}(F_p) = \frac{4}{12 - \lambda_\mathcal{P}} \mathrm{Ind}_\mathcal{P}(F_p) - \frac{8 - \lambda_\mathcal{P}}{12 - \lambda_\mathcal{P}} e_f(F_p) \tag{6.4.1}$$

とおけば，$\mathrm{Sign}(S) = \sum_{p \in B} \sigma_\mathcal{P}(F_p)$ となり，符号数が局在化する．$\sigma_\mathcal{P}(\cdot)$ を性質 ($\mathcal{P}$) に関する**局所符号数** (local signature) と呼ぶ．超楕円曲線束の場合は，$\lambda_\mathcal{P} = 4 - 4/g$ なので，局所符号数は

$$\sigma_\mathcal{H}^{\mathrm{hol}}(F_p) = \frac{g}{2g+1} \mathrm{Ind}_\mathcal{H}(F_p) - \frac{g+1}{2g+1} e_f(F_p)$$

で与えられ，これが足利・荒川のものに他ならない．[29] の付録において，以上 2 つの異なる起源をもつ局所符号数 $\sigma_\mathcal{H}^{\mathrm{top}}$ と $\sigma_\mathcal{H}^{\mathrm{hol}}$ が一致することを，寺

杣友秀が示している．この一致性は，特異点指数を用いた命題 6.18 の符号数の表示からも観察できる (cf. [29, Theorem 4.8])．

次の定理は，Ulf Persson [73] が予想し，Xiao Gang [85, p. 18] と上野健爾 [83, Corollary 3.2] が独立に解決したものである．

♠ 系 6.19 (Xiao, 上野)**.** 種数 2 のファイバー曲面 S の符号数は非正である．

《証明》 相対極小でなければ，その相対極小モデルより符号数は少なくなるので，相対極小であるとしてよい．$g = 2$ のとき，補題 6.12 より $s_2 \geq 0$ である．よって，
$$\mathrm{Sign}(S) = -\frac{3}{5}s_2 - \frac{1}{5}s_3 \leq 0$$
となる．等号成立は $\chi_f = 0$, すなわち f が正則ファイバー束の場合に限られる． □

第7章
非超楕円曲線束

　定理 5.23 によれば，相対極小な非超楕円曲線束のスロープ下限は $4-4/g$ より真に大きい．では，実際の下限はどうなるのであろうか？このことを含めて，非超楕円曲線束について知られていることは決して多くない．我々はこれから未開の地に踏み込もうとしているのである．

7.1　相対 Koszul 複体

　そもそも，非超楕円曲線束を攻略するには，超楕円曲線とそうでないものの違いが何なのかを知らなければいけない．またその違いを表現する手段を手にしなければならない．例えば Clifford の定理や Max Noether の定理のように．ここでは相対標準環を用いた方法[54]を解説する．

▼ 7.1.1　相対標準写像と付随する層

　$f:S\to B$ を相対極小な種数 $g\geq 2$ のファイバー曲面とする．相対標準写像 $\Phi_f:S\dashrightarrow \mathbb{P}(f_*\omega_{S/B})$ の不確定点を解消する最短のブローアップの合成を $\rho:\tilde{S}\to S$ とする．また，$\tilde{f}=f\circ\rho$ とおく．$\mathbb{P}(f_*\omega_{S/B})$ 上の同義直線束の $\tilde{S}$ への引き戻しを $\widetilde{M}$ とおく．このとき $\rho^*K_f=\widetilde{M}+\widetilde{Z}$, $K_{\tilde{S}}=\rho^*K_S+E$ をみたす有効因子 $\widetilde{Z}$ および ρ の例外因子 E がある．ρ がブローアップを N 回合成して得られるとするとき，第 i 番目のブローアップで生じる (-1) 曲線の $\tilde{S}$

における全変換を E_i と書くと $E = \sum_{i=1}^N E_i$ であり, E_i は自身のサポート上の基本サイクルで $E_i^2 = -1$ をみたす. さらに $i < j$ ならば $\mathcal{O}_{E_j}(E_i) \simeq \mathcal{O}_{E_j}$ である. 明らかに $E \preceq \widetilde{Z}$ であり, $\widetilde{Z}$ は水平成分をもたない.

♣ 補題 7.1. $E \neq 0$ のとき, $i = 0, 1$ に対して $H^i(E, \mathcal{O}_E(E)) = 0$ が成立する.

《証明》 上のように $E = \sum_{i=1}^N E_i$ と表示する. 各 j に対して $\mathcal{E}_j = \sum_{i=1}^j E_i$ とおき, 完全列

$$0 \to \mathcal{O}_{\mathcal{E}_{j-1}}(\mathcal{E}_{j-1}) \to \mathcal{O}_{\mathcal{E}_j}(\mathcal{E}_j) \to \mathcal{O}_{E_j}(\mathcal{E}_j) \to 0$$

を考える. $i < j$ ならば $\mathcal{O}_{E_j}(E_i) \simeq \mathcal{O}_{E_j}$ だから $\mathcal{O}_{E_j}(\mathcal{E}_j) \simeq \mathcal{O}_{E_j}(E_j)$ である. E_j は基本サイクルだから鎖連結で, $\mathcal{O}_{E_j}(E_j)$ は次数 -1 の反ネフ可逆層だから, $H^0(E_j, \mathcal{E}_j) = H^0(E_j, E_j) = 0$ となる. 従って $H^0(\mathcal{E}_j, \mathcal{E}_j) \simeq H^0(\mathcal{E}_{j-1}, \mathcal{E}_{j-1})$ である. すると, 帰納法を用いて $H^0(E, E) \simeq H^0(E_1, E_1)$ が証明される. 他方, 先の E_j に対するのと同じ理由で $H^0(E_1, E_1)$ は零になるから, 結局 $H^0(E, E) = 0$ を得る. また, Serre 双対定理より $H^1(E, E)^* \simeq H^0(E, K_E - E) \simeq H^0(E, \rho^* K_S + E) \simeq H^0(E, E)$ なので, $H^1(E, E) = 0$ も従う. □

♣ 補題 7.2. $\tilde{f} : \tilde{S} \to B$ の任意のファイバー $\tilde{F}$ をとり, $M_0 = \widetilde{M}|_{\tilde{F}}$, $\rho^* K_F = \rho^* K_f|_{\tilde{F}}$, $E_0 = \gcd(\tilde{F}, E)$ とおく. このとき

(1) $h^0(\tilde{F} - E_0, \mathcal{O}_{\tilde{F} - E_0}) = 1$, $h^0(\tilde{F}, \mathcal{O}_{\tilde{F}}(E_0)) = 1$, $h^0(\tilde{F}, \rho^* K_F) = g$ が成立する.

(2) 任意の正整数 n に対して, $H^0(\tilde{F}, E_0 - nM_0) = 0$ である.

《証明》 $E_0 = 0$ のときは主張は明らかである. よって $E_0 \neq 0$ としてよい.

(1) $\tilde{F}$ が非重複ファイバーならば, 補題 3.18 より $\tilde{F} - E_0$ は鎖連結なので, $h^0(\tilde{F} - E_0, \mathcal{O}) = 1$ であり, 完全列

$$0 \to \mathcal{O}_{\tilde{F} - E_0} \to \mathcal{O}_{\tilde{F}}(E_0) \to \mathcal{O}_{E_0}(E_0) \to 0$$

と補題 7.1 で示した $H^0(E_0, E_0) = 0$ より, $h^0(\tilde{F}, E_0) = 1$ を得る. また, Serre 双対定理より $h^0(\tilde{F}, \rho^* K_F) = h^1(\tilde{F}, E_0)$ なので, Riemann-Roch 定理

と $h^0(\tilde{F}, E_0) = 1$ より $h^0(\tilde{F}, \rho^*K_F) = g$ が得られる．以上より，$E_0 \neq 0$ かつ $\tilde{F}$ は重複度 $m \geq 2$ の重複ファイバーであるとしてよい．

$\tilde{D}$ を $\mathrm{Supp}(\tilde{F})$ 上の数値的基本サイクルとし，$\tilde{F} = m\tilde{D}$ と書く．$\rho(\tilde{F})$ の数値的基本サイクル D は鎖連結で $\tilde{D} = \rho^*D$ だから，補題 3.18 より $\tilde{D} - E_0$ も鎖連結である．完全列

$$0 \to \mathcal{O}_{E_0}(E_0) \to \mathcal{O}_{\tilde{D}}(\tilde{D}) \to \mathcal{O}_{\tilde{D}-E_0}(\tilde{D}) \to 0$$

を考える．補題 2.43 より $\mathcal{O}_{\tilde{D}}(\tilde{D})$ は $\mathrm{Pic}^0(\tilde{D})$ の中で位数 m の捩れ元だったから $H^0(\tilde{D}, \tilde{D}) = 0$ であり，補題 7.1 から $H^1(E_0, E_0) = 0$ である．従って $H^0(\tilde{D} - E_0, \tilde{D}) = 0$ がわかる．このとき，完全列

$$0 \to \mathcal{O}_{\tilde{D}-E_0}(-(m-1)\tilde{D}) \to \mathcal{O}_{\tilde{F}-E_0} \to \mathcal{O}_{(m-1)\tilde{D}} \to 0$$

において，$\mathcal{O}_{\tilde{D}-E_0}(-(m-1)\tilde{D}) \simeq \mathcal{O}_{\tilde{D}-E_0}(\tilde{D})$ より $H^0(\tilde{D} - E_0, -(m-1)\tilde{D}) = 0$ となり，$H^0(\tilde{F} - E_0, \mathcal{O}) \simeq H^0((m-1)\tilde{D}, \mathcal{O}) \simeq \mathbb{C}$ を得る．残りは $m = 1$ の場合と全く同様である．

(2) 完全列

$$0 \to \mathcal{O}_{\tilde{F}-E_0}(-nM_0) \to \mathcal{O}_{\tilde{F}}(E_0 - nM_0) \to \mathcal{O}_{E_0}(E_0 - nM_0) \to 0$$

を考える．M_0 はネフなので，補題 7.1 と同様にすれば $H^0(E_0, E_0 - nM_0) = 0$ となる．よって $H^0(\tilde{F} - E_0, -nM_0) = 0$ を示せばよい．そのために，まず $\deg_{\tilde{F}-E_0}(M_0) > 0$，すなわち $\widetilde{M}(\tilde{F} - E_0) > 0$ を示す．

$\widetilde{M}(\tilde{F} - E_0) = 0$ と仮定して矛盾を導く．従前通りに $E = \sum_{i=1}^N E_i$ と表示し，$E_{i,0} = \gcd(\tilde{F}, E_i)$ とおく．簡単のためどの i についても $E_{i,0} \neq 0$ と仮定する．f のファイバー $F = \rho(\tilde{F})$ の固有変換を F_0 とすれば，正整数 μ_i を用いて $\tilde{F} = F_0 + \sum_{i=1}^N \mu_i E_{i,0}$ と表示でき，$\tilde{F} - E_0 = F_0 + \sum_{i=1}^N (\mu_i - 1)E_{i,0}$ となる．このとき

$$0 = \widetilde{M}(\tilde{F} - E_0) = \widetilde{M}F_0 + \sum_{i=1}^N (\mu_i - 1)\widetilde{M}E_{i,0}$$

だが，$\widetilde{M}$ はネフで，ρ の最短性より $\widetilde{M}E_{i,0} > 0$ だから，$\widetilde{M}F_0 = 0$ かつ $\mu_i = 1$ $(i = 1, \ldots, N)$ でなければならない．特に，ρ によってブローアップ

される F 上の点は全て F の非重複成分上にある. $p \in F$ をそのような点とし, p を含む F の (非重複) 既約成分を Γ とする. さて, p は ρ でブローアップされるから, $|K_F|$ の基点である. つまり, 完全列

$$0 \to \mathcal{O}_F(K_F - p) \to \mathcal{O}_F(K_F) \to \mathcal{O}_p \to 0$$

において, 制限写像 $H^0(F, K_F) \to \mathbb{C}_p$ は零写像だから, $H^1(F, K_F) \simeq \mathbb{C}$ より $h^1(F, K_F - p) = 2$ となる. 一方, Serre 双対定理から $h^1(F, K_F - p) = h^0(F, \mathcal{O}_F(p))$ なので, 命題 3.8 より $\Gamma \simeq \mathbb{P}^1$ かつ $\Gamma \subset \mathrm{Bs}|K_F|$ であることが従う. よって ρ は, その最短性から, $p \in \Gamma$ をブローアップする必要がない. これは矛盾である. 以上より $\widetilde{M}(\tilde{F} - E_0) > 0$ が示された.

$\tilde{F}$ が非重複ファイバーならば補題 3.18 より $\tilde{F} - E_0$ は鎖連結なので $H^0(\tilde{F} - E_0, -nM_0) = 0$ である. 重複ファイバー $\tilde{F} = m\tilde{D}$ の場合には, 同様の理由で $H^0(\tilde{D} - E_0, -nM_0 - (m-1)\tilde{D}) = 0$ であること, および $H^0(\tilde{D}, -nM_0 - i\tilde{D}) = 0$ より帰納的に $H^0((m-1)\tilde{D}, -nM_0) = 0$ が従うことから, $H^0(\tilde{F} - E, -nM_0) = 0$ が証明できる. $\square$

非負整数 n に対して, B 上の局所自由層 $\mathcal{R}_n$ を次で定義する.

$$\mathcal{R}_n = \begin{cases} \mathcal{O}_B, & (n = 0) \\ \tilde{f}_* \mathcal{O}_{\tilde{S}}(\widetilde{M}), & (n = 1) \\ \tilde{f}_* \mathcal{O}_{\tilde{S}}(\rho^* K_f + (n-1)\widetilde{M}), & (n \geq 2) \end{cases} \tag{7.1.1}$$

♣ **補題 7.3.** (7.1.1) の $\mathcal{R}_n$ に対して以下が成立する.

(1) $\mathcal{R}_1 \simeq f_* \omega_{S/B}$ である. 特に $\mathrm{rk}(\mathcal{R}_1) = g$, $\deg(\mathcal{R}_1) = \chi_f$ である.

(2) $n \geq 2$ のとき, $\mathrm{rk}(\mathcal{R}_n) = (2n-1)(g-1)$ であり

$$\deg(\mathcal{R}_n) = \binom{n-1}{2} \widetilde{M}^2 + \frac{n-1}{2} \widetilde{M}(\widetilde{Z} - E) + \chi_f$$

となる.

《証明》 $\tilde{f}$ の一般ファイバー $\tilde{F}$ に対しては $\widetilde{M}|_{\tilde{F}} = \rho^* K_f|_{\tilde{F}} = K_{\tilde{F}}$ なので, $\mathrm{rk}(\mathcal{R}_n) = h^0(\tilde{F}, nK_{\tilde{F}})$ である.

自然な単射 $\mathcal{O}_{\tilde{S}}(\widetilde{M}) \hookrightarrow \mathcal{O}_{\tilde{S}}(\rho^* K_f)$ があるので, $\mathcal{R}_1$ は $f_* \omega_{S/B}$ の部分層である. また, $\widetilde{M}$ のとり方から, B 上の十分にアンプルな任意の可逆層 $\mathcal{A}$ に

7.1 相対 Koszul 複体　197

対して自然な単射 $H^0(\tilde{S}, \widetilde{M} + \tilde{f}^*\mathcal{A}) \to H^0(\tilde{S}, \rho^*K_f + \tilde{f}^*\mathcal{A})$ は全射になる.
よって, Leray スペクトル系列より, $H^0(B, \mathcal{R}_1 \otimes \mathcal{A}) \simeq H^0(B, f_*\omega_{S/B} \otimes \mathcal{A})$
が成立することになる. $\mathrm{rk}(\mathcal{R}_1) = g = \mathrm{rk}(f_*\omega_{S/B})$ なので, Riemann-Roch
の定理から $\deg(\mathcal{R}_1) = \deg(f_*\omega_{S/B}) = \chi_f$ となるので, $\mathcal{R}_1 \simeq f_*\omega_{S/B}$ であ
ることが従う.

$n \geq 2$ とする. まず $R^1\tilde{f}_*\mathcal{O}_{\tilde{S}}(\rho^*K_f + (n-1)\widetilde{M}) = 0$ であることに注意す
る. 実際, Serre 双対定理と前補題 (2) より

$$H^1(\tilde{F}, \rho^*K_f + (n-1)\widetilde{M})^* \simeq H^0(\tilde{F}, E_0 - (n-1)M_0) = 0$$

だからである. すると, Leray スペクトル系列から

$$\chi(\tilde{S}, \rho^*K_f + (n-1)\widetilde{M}) = \chi(\mathcal{R}_n)$$

を得る. B の種数を b で表す. $\tilde{S}$ 上の Riemann-Roch 定理より

$$\chi(\rho^*K_f + (n-1)\widetilde{M}) = \binom{n}{2}\widetilde{M}^2 + \frac{n-1}{2}\widetilde{M}(\widetilde{Z} - E)$$
$$- 2n(g-1)(b-1) + \chi(\mathcal{O}_{\tilde{S}})$$

であり, 他方, B 上の Riemann-Roch 定理より

$$\chi(\mathcal{R}_n) = \deg(\mathcal{R}_n) - (2n-1)(g-1)(b-1)$$

なので, $\chi(\mathcal{O}_{\tilde{S}}) = \chi(\mathcal{O}_S)$ より $\deg(\mathcal{R}_n)$ の公式が得られる. □

▼ 7.1.2　2 項係数の交代和

$\mathcal{R}_n$ を前節で導入した局所自由層とする. また, $g \geq 3$ とし, c は $1 \leq c \leq (g-1)/2$ をみたす整数とする.

この節の目標は, 後の議論で必要になる 2 つの等式

$$\sum_{i=0}^{c+1}(-1)^i \deg(\bigwedge^{c+1-i} \mathcal{R}_1 \otimes \mathcal{R}_i)$$
$$= \binom{g-3}{c-1}\widetilde{M}^2 + \binom{g-2}{c-1}\frac{\widetilde{M}(\widetilde{Z}-E)}{2} \qquad (7.1.2)$$
$$- \binom{g-1}{c-1}\frac{(g-1-c)(g+2-2c)}{g-2}\chi_f$$

198　第 7 章　非超楕円曲線束

$$\sum_{i=0}^{c+1}(-1)^{i+1}\mathrm{rk}\left(\bigwedge^{c+1-i}\mathcal{R}_1\otimes\mathcal{R}_i\right)$$
$$=\binom{g-1}{c-1}\frac{(g-1-c)(g-1-2c)}{c+1} \qquad (7.1.3)$$

を示すことである．

♣ 補題 7.4. 非負整数 k と $0\leq m<n$ なる整数 m,n に対して，等式

$$\sum_{i=k}^{m+k}(-1)^{i+k}\binom{i}{k}\binom{n+k}{m+k-i}=\binom{n-1}{m}$$

が成立する．

《証明》　まず，k に関する帰納法によって，等式

$$\sum_{i=k}^{m+k}(-1)^{i+k}\binom{i}{k}\binom{n+k}{m+k-i}=\sum_{i=0}^{m}(-1)^{i}\binom{n}{m-i} \qquad (7.1.4)$$

を証明する．$k=0$ のときは明らかに成立する．$k>0$ とする．Pascal の関係式を用いれば，左辺は

$$\sum_{i=k}^{m+k}(-1)^{i+k}\binom{i}{k}\left\{\binom{n+k-1}{m+k-1-i}+\binom{n+k-1}{m+k-i}\right\}$$
$$=\binom{n+k-1}{m}+\sum_{i=k}^{m+k-1}(-1)^{i+k+1}\left\{\binom{i+1}{k}-\binom{i}{k}\right\}\binom{n+k-1}{m+k-1-i}$$
$$=\sum_{i=k-1}^{m+k-1}(-1)^{i+k-1}\binom{i}{k-1}\binom{n+k-1}{m+k-1-i}$$

と変形できるが，帰納法の仮定から，これは $\sum_{i=0}^{m}(-1)^{i}\binom{n}{m-i}$ に等しい．以上で，等式 (7.1.4) が示された．

ここで，再び Pascal の関係式を用いれば

$$\sum_{i=0}^{m}(-1)^{i}\binom{n}{m-i}=\sum_{j=0}^{m}(-1)^{m-j}\binom{n}{j}$$

$$=(-1)^m \left[1+\sum_{j=1}^m (-1)^j \left\{\binom{n-1}{j}+\binom{n-1}{j-1}\right\}\right]$$

$$=(-1)^{2m}\binom{n-1}{m}$$

となるので，所望の等式は (7.1.4) より従う． □

局所自由層 $\mathcal{E}, \mathcal{F}$ に対して

$$\mathrm{rk}(\mathcal{E}\bigotimes\mathcal{F}) = \mathrm{rk}(\mathcal{E})\mathrm{rk}(\mathcal{F})$$

$$\deg(\mathcal{E}\bigotimes\mathcal{F}) = \mathrm{rk}(\mathcal{F})\deg(\mathcal{E}) + \mathrm{rk}(\mathcal{E})\deg(\mathcal{F})$$

が成立するので，補題 7.3 より

$$\sum_{i=0}^{c+1}(-1)^{i+1}\mathrm{rk}\left(\bigwedge^{c+1-i}\mathcal{R}_1\otimes\mathcal{R}_i\right)$$

$$=-\binom{g}{c+1}+g\binom{g}{c}-(g-1)\sum_{i=2}^{c+1}(-1)^i(2i-1)\binom{g}{c+1-i}$$

$$=-\binom{g}{c+1}+g\binom{g}{c}-2(g-1)\sum_{i=2}^{c+1}(-1)^i(i-1)\binom{g}{c+1-i}$$

$$\quad-(g-1)\sum_{i=2}^{c+1}(-1)^i\binom{g}{c+1-i}$$

$$=-\binom{g}{c+1}+g\binom{g}{c}+2(g-1)\sum_{j=1}^{c}(-1)^j j\binom{g}{c-j}$$

$$\quad-(g-1)\sum_{j=0}^{c-1}(-1)^j\binom{g}{c-1-j}$$

である．$(n,m,k)=(g-1,c-1,1),(g,c-1,0)$ の場合に補題 7.4 を適用すれば第 3 項と第 4 項が計算できて，上式は

$$-\binom{g}{c+1}+g\binom{g}{c}-2(g-1)\binom{g-2}{c-1}-(g-1)\binom{g-1}{c-1}$$

$$=\binom{g-1}{c-1}\frac{(g-1-c)(g-1-2c)}{c+1}$$

となる.よって (7.1.3) が示された.

次数のほうも同様に,

$$\sum_{i=0}^{c+1}(-1)^i \deg(\bigwedge^{c+1-i} \mathcal{R}_1 \otimes \mathcal{R}_i)$$
$$= \binom{g-1}{c}\chi_f - \left\{g\binom{g-1}{c-1} + \binom{g}{c}\right\}\chi_f$$
$$+ (g-1)\sum_{i=2}^{c}(-1)^i(2i-1)\binom{g-1}{c-i}\chi_f$$
$$+ \sum_{i=2}^{c+1}(-1)^i \binom{g}{c+1-i}\left\{\binom{i}{2}\widetilde{M}^2 + \frac{i-1}{2}\widetilde{M}(\widetilde{Z}-E) + \chi_f\right\}$$
$$= \widetilde{M}^2 \sum_{i=2}^{c+1}(-1)^i \binom{i}{2}\binom{g}{c+1-i}$$
$$+ \frac{\widetilde{M}(\widetilde{Z}-E)}{2}\sum_{i=2}^{c+1}(-1)^i(i-1)\binom{g}{c+1-i}$$
$$+ \left\{\binom{g-1}{c} - g\binom{g-1}{c-1} + 2(g-1)\sum_{i=2}^{c}(-1)^i(i-1)\binom{g-1}{c-i}\right.$$
$$\left. + (g-1)\sum_{i=2}^{c}(-1)^i\binom{g-1}{c-i} + \sum_{i=1}^{c+1}(-1)^i\binom{g}{c+1-i}\right\}\chi_f$$

である.ここで,$(n,m,k) = (g-2,c-1,2), (g-1,c-1,1)$ の場合に補題 7.4 を適用すると,$\widetilde{M}^2$ および $\widetilde{M}(\widetilde{Z}-E)/2$ の係数はそれぞれ

$$\binom{g-3}{c-1}, \binom{g-2}{c-1}$$

であることがわかる.また,$k=1,0$ として補題 7.4 を用いれば,χ_f の係数は

$$\binom{g-1}{c} - g\binom{g-1}{c-1} + 2(g-1)\binom{g-3}{c-2} + (g-1)\binom{g-2}{c-2} - \binom{g-1}{c}$$

すなわち

$$-\frac{(g-1-c)(g+2-2c)}{g-2}\binom{g-1}{c-1}$$

となる.以上より,求める等式 (7.1.2) が得られた.

▼ 7.1.3 相対 Koszul コホモロジー

$n \geq 2$ のときはテンソル積

$$\mathcal{O}_{\tilde{S}}(\widetilde{M}) \otimes \mathcal{O}_{\tilde{S}}(\rho^* K_f + (n-1)\widetilde{M}) \to \mathcal{O}_{\tilde{S}}(\rho^* K_f + n\widetilde{M})$$

が，掛算写像 $\mathcal{R}_1 \otimes \mathcal{R}_n \to \mathcal{R}_{n+1}$ を誘導する．同様に，写像 $\mathcal{R}_1 \otimes \mathcal{R}_1 \to \tilde{f}_* \mathcal{O}_{\tilde{S}}(2\widetilde{M})$ が得られるが，これに自然な単射 $\mathcal{O}_{\tilde{S}}(2\widetilde{M}) \hookrightarrow \mathcal{O}_{\tilde{S}}(\rho^* K_f + \widetilde{M})$ から誘導される写像 $\tilde{f}_* \mathcal{O}_{\tilde{S}}(2\widetilde{M}) \to \mathcal{R}_2$ を合成して，掛算写像 $\mathcal{R}_1 \otimes \mathcal{R}_1 \to \mathcal{R}_2$ を定義する．

$$\mathcal{R}_{i,j} = \bigwedge^i \mathcal{R}_1 \otimes \mathcal{R}_j$$

とおく．$\mathcal{O}_B$ 線形写像 $d_{i,j}: \mathcal{R}_{i,j} \to \mathcal{R}_{i-1,j+1}$ を自然な単射 $\bigwedge^i \mathcal{R}_1 \to \bigwedge^{i-1} \mathcal{R}_1 \otimes \mathcal{R}_1$ と掛算写像 $\mathcal{R}_1 \otimes \mathcal{R}_j \to \mathcal{R}_{j+1}$ を用いて定義する．すなわち

$$\begin{aligned} d_{i,j}: \bigwedge^i \mathcal{R}_1 \otimes \mathcal{R}_j &\to (\bigwedge^{i-1} \mathcal{R}_1 \otimes \mathcal{R}_1) \otimes \mathcal{R}_j \\ &\simeq \bigwedge^{i-1} \mathcal{R}_1 \otimes (\mathcal{R}_1 \otimes \mathcal{R}_j) \to \bigwedge^{i-1} \mathcal{R}_1 \otimes \mathcal{R}_{j+1} \end{aligned}$$

である．

♣ 補題 7.5. $d_{i,j} \circ d_{i+1,j-1} = 0$

《証明》 直接計算によって容易に確かめられる． □

そこで，$\mathcal{K}_{i,j} = \mathrm{Ker}(d_{i,j})/\mathrm{Im}(d_{i+1,j-1})$ とおく．

♣ 補題 7.6. $i > 0$ のとき $\mathcal{K}_{i,0}$ は零層であって，$\mathcal{K}_{i-1,1}$ は局所自由層である．

《証明》 $\mathcal{R}_1$ は階数 g の局所自由層である．従って，$i \geq 1$ に対して，自然な写像 $\bigwedge^i \mathcal{R}_1 \to \bigwedge^{i-1} \mathcal{R}_1 \otimes \mathcal{R}_1$ は単射な束写像である．また，商層 $(\bigwedge^{i-1} \mathcal{R}_1 \otimes \mathcal{R}_1)/\bigwedge^i \mathcal{R}_1$ は局所自由層である．以上より，$\mathcal{K}_{i,0}$ は零であり，$\mathcal{K}_{i-1,1}$ は局所自由層の部分層なので局所自由である． □

$1 \leq c \leq g-1$ をみたす整数 c に対して，Koszul 複体

202　第7章　非超楕円曲線束

$$0 \to \mathcal{R}_{c+1,0} \to \cdots \to \mathcal{R}_{c+1-i,i} \to \cdots \to \mathcal{R}_{1,c} \to \mathcal{R}_{0,c+1} \to 0$$

を考えることができる．すると，階数や次数の加法性より，等式

$$\sum_{i=0}^{c+1}(-1)^i \mathrm{rk}(\mathcal{R}_{c+1-i,i}) = \sum_{i=0}^{c+1}(-1)^i \mathrm{rk}(\mathcal{K}_{c+1-i,i}) \tag{7.1.5}$$

$$\sum_{i=0}^{c+1}(-1)^i \deg(\mathcal{R}_{c+1-i,i}) = \sum_{i=0}^{c+1}(-1)^i \deg(\mathcal{K}_{c+1-i,i}) \tag{7.1.6}$$

が成立する．

♣ **補題 7.7.** $1 \leq c \leq g-1$ のとき，

$$0 \to \mathrm{Ker}(d_{c-1,2}) \to \mathcal{R}_{c-1,2} \to \cdots \to \mathcal{R}_{1,c} \to \mathcal{R}_{0,c+1} \to 0$$

は完全列である．

《証明》 $c=1$ ならば自明なので，$c \geq 2$ とする．ファイバー毎に完全性を確認すればよい．自然な層準同型写像 $\tilde{f}^*\mathcal{R}_1 \to \mathcal{O}_{\tilde{S}}(\widetilde{M})$ は全射だから，その核を $\mathcal{V}$ とおけば，完全列

$$0 \to \mathcal{V} \to \tilde{f}^*\mathcal{R}_1 \to \mathcal{O}_{\tilde{S}}(\widetilde{M}) \to 0$$

を得る．$\mathcal{V}$ は階数 $g-1$ の局所自由層である．任意に $\tilde{f}: \tilde{S} \to B$ のファイバー $\tilde{F}$ をとり，上の完全列を $\tilde{F}$ に制限すれば

$$0 \to \mathcal{V}|_{\tilde{F}} \to W \otimes \mathcal{O}_{\tilde{F}} \to \mathcal{O}_{\tilde{F}}(M_0) \to 0$$

が得られる．ただし，$W \subset H^0(\tilde{F}, M_0)$ は $\tilde{F}$ の近傍に拡張可能な切断が生成する g 次元部分空間である．

$3 \leq i \leq c+1$ に対して $K_{c+1-i,i}(\tilde{F}; M_0, \rho^*K_F - M_0, W) = 0$ を示せばよい．Koszul コホモロジーに対する双対定理より

$$K_{c+1-i,i}(\tilde{F}; M_0, \rho^*K_F - M_0, W)^* \simeq K_{g+i-3-c,2-i}(\tilde{F}; E_0 + M_0, W)$$

である．$i \geq 4$ ならば $H^0(\tilde{F}, E_0 - (i-3)M_0) = 0$ だから，$i=3$ の場合のみが問題となる．$H^0(\tilde{F}, E_0 - M_0) = 0$ なので，$\bigwedge^{g-c} W \otimes H^0(\tilde{F}, E_0) \to$

7.1 相対 Koszul 複体 203

$\bigwedge^{g-1-c} W \otimes H^0(\tilde{F}, E_0 + M_0)$ が単射であることを示せばよい. $e_0 \in H^0(\tilde{S}, [E_0])$ を $(e_0) = E_0$ となる切断とすれば, 単射 $\mathcal{O}_{\tilde{S}} \hookrightarrow \mathcal{O}_{\tilde{S}}(E_0)$ を誘導する. よって, 可換図式

$$\begin{array}{ccc} \bigwedge^{g-c} W \otimes H^0(\tilde{F}, \mathcal{O}_{\tilde{F}}) & \longrightarrow & \bigwedge^{g-c-1} W \otimes W \\ {\scriptstyle id \otimes (\cdot e_0)} \downarrow & & \downarrow {\scriptstyle id \otimes (\cdot e_0)} \\ \bigwedge^{g-c} W \otimes H^0(\tilde{F}, E_0) & \longrightarrow & \bigwedge^{g-1-c} W \otimes H^0(\tilde{F}, E_0 + M_0) \end{array}$$

が得られる. 第1行の写像は $c \leq g-1$ なる限り単射である. また, $h^0(\tilde{F}, E_0) \simeq \mathbb{C}$ なので $H^0(\tilde{F}, \mathcal{O}_{\tilde{F}}) \xrightarrow{\cdot e_0} H^0(\tilde{F}, E_0)$ は同型である. 図式右側の縦方向の写像 $W \to H^0(\tilde{F}, E_0 + M_0)$ は, 自然な埋込み $W \hookrightarrow H^0(\tilde{F}, M_0)$ と単射 $H^0(\tilde{F}, M_0) \xrightarrow{\cdot e_0} H^0(\tilde{F}, E_0 + M_0)$ との合成写像だから, 単射である. 以上より, $\bigwedge^{g-c} W \otimes H^0(\tilde{F}, E_0) \to \bigwedge^{g-1-c} W \otimes H^0(\tilde{F}, E_0 + M_0)$ も単射である. □

従って, (7.1.6) より

$$\sum_{i=0}^{c+1} (-1)^i \deg(\mathcal{R}_{c+1-i,i}) = -\deg(\mathcal{K}_{c,1}) + \deg(\mathcal{K}_{c-1,2})$$

となる. これと (7.1.2) より, 次が得られる.

♣ **補題 7.8.** 上の状況で, $2c < g+2$ をみたす正整数 c に対して

$$\widetilde{M}^2 + \frac{g-2}{2(g-1-c)} \widetilde{M}(\tilde{Z} - E)$$
$$= \frac{(g-1)(g+2-2c)}{g-c} \chi_f + \binom{g-3}{c-1}^{-1} (\deg(\mathcal{K}_{c-1,2}) - \deg(\mathcal{K}_{c,1})) $$

♣ **補題 7.9.** c は $2c \leq g-1$ をみたす正整数とする. $\mathcal{K}_{c-1,2}$ が捩れ層であるとき, 局所自由層 $\mathcal{K}_{c,1}$ の階数は

$$\mathrm{rk}(\mathcal{K}_{c,1}) = \binom{g-1}{c-1} \frac{(g-1-c)(g-1-2c)}{c+1}$$

で与えられる.

《証明》 仮定から $\mathrm{rk}(\mathcal{K}_{c-1,2}) = 0$ なので，(7.1.5) より

$$\mathrm{rk}(\mathcal{K}_{c,1}) = \sum_{i=0}^{c+1} (-1)^{i+1} \mathrm{rk}(\mathcal{R}_{c+1-i,i})$$

となる．従って，(7.1.3) より主張を得る．$[\mathrm{rk}(\mathcal{K}_{c,1}) \geq 0$ 故，必然的に $2c \leq g-1$ でなければならない．$]$ □

▷ **定義 7.10.** $f: S \to B$ を種数 $g \geq 3$ の相対極小な代数曲線束とし，c を $2c \leq g-1$ をみたす正整数とする．$\mathcal{K}_{c-1,2}$ が捩れ層であるとき，$p \in B$ 上のファイバー F_p に対して

$$\iota(F_p, c) = \frac{\widetilde{M}((g-2c)\widetilde{Z}_p + (g-2)E_p)}{2(g-1-c)} + \widetilde{Z}_p \rho^* K_f$$
$$+ \binom{g-3}{c-1}^{-1} \mathrm{length}_p(\mathcal{K}_{c-1,2})$$

とおき，F_p の c に関する**プレ堀川指数** (pre-Horikawa index) と呼ぶ．ただし，$\widetilde{Z}_p = \gcd(\widetilde{Z}, \widetilde{F}_p)$，$E_p = \gcd(E, \widetilde{F}_p)$ とおいた．

プレ堀川指数は $\widetilde{M}$ と K_f がネフであることから非負有理数であって，一般の $p \in B$ に対しては零である．

$K_f^2 = \rho^* K_f^2 = (\widetilde{M} + \widetilde{Z})\rho^* K_f = \widetilde{M}^2 + (\widetilde{M} + \rho^* K_f)\widetilde{Z}$ なので，$\mathcal{K}_{c-1,2}$ が捩れ層のとき，補題 7.8 より

$$\begin{aligned} K_f^2 = & \frac{(g-1)(g+2-2c)}{g-c} \chi_f \\ & - \binom{g-3}{c-1}^{-1} \deg(\mathcal{K}_{c,1}) + \sum_{p \in B} \iota(F_p, c) \end{aligned} \quad (7.1.7)$$

が成立する．

7.2 Clifford 指数とスロープ

前節の考察において，実際にはいつ $\mathcal{K}_{c-1,2}$ が捩れ層になるのかが問題である．例えば，Max Noether の定理から F が非超楕円曲線ならば掛算写像

$H^0(K_F) \otimes H^0(K_F) \to H^0(2K_F)$ は全射なので，非超楕円曲線束に対して $\mathcal{K}_{0,2}$ は捩れ層になる．$c = 1$ のときはこれでよいとしても，$c \geq 2$ の場合はどうなのだろう？

▼ 7.2.1　ゴナリティーと Clifford 指数

非超楕円曲線たちにもヒエラルキーがある．ここでは，それを測る指標となるゴナリティーと Clifford 指数という 2 つの不変量を導入する．

$\mathcal{M}_g$ で種数 $g \geq 2$ の非特異射影曲線の同型類全体を表し，これを種数 g の曲線のモジュライ空間と呼ぶ．$\mathcal{M}_g$ には $3g - 3$ 次元の擬射影多様体の構造が入ることが知られている．ある射影曲線がモジュライの意味で一般であるとは，その曲線（の同型類）のもつ性質が $\mathcal{M}_g$ の空でない Zariski 開集合を規定することをいう．

次は，非特異射影曲線上の線形系に関する最も基本的な結果の 1 つである．

♡ **定理 7.11** (Brill-Noether)．X を種数 g の非特異射影曲線とし，

$$W_d^r(X) = \{L \in \mathrm{Pic}(X) \mid \deg L = d,\ h^0(X, L) \geq r + 1\}$$

とおく．このとき，$W_d^r(X)$ は代数的集合で

$$\dim W_d^r(X) \geq \rho(d, r) = g - (r+1)(g - d + r)$$

が成立し，X がモジュライの意味で一般ならば等号が成立する．特に，$2d \geq g + 2$ ならば X 上には次数 d で 2 つの独立な正則大域切断をもつ直線束が存在する．

《証明》　例えば [4], [68] を見よ．　　　　　　　　　　　　　　　　□

▷ **定義 7.12．** 種数 $g \geq 2$ の非特異射影曲線 X に対して

$$\mathrm{gon}(X) = \min\{\deg \varphi \mid \varphi : X \to \mathbb{P}^1 \text{ は全射正則写像}\}$$

を X の**ゴナリティー** (gonality) と言う．

次数がちょうど $\mathrm{gon}(X)$ に等しい有理関数 φ は，定数でない有理関数全体の集合 $\mathbb{C}(X) \setminus \mathbb{C}$ の中で「最小」の関数であると考えられる．例えば X が超

楕円曲線ならば gon(X) = 2 であり，deg φ = 2 なる有理関数は ($\mathbb{P}^1$ の自己同型との合成を無視すれば) 唯ひとつだけである．一方，Brill-Noether の定理から

$$\mathrm{gon}(X) \leq \left[\frac{g+3}{2}\right] \tag{7.2.1}$$

が成立し，X がモジュライの意味で一般なら gon(X) = $[(g+3)/2]$ である．よって，$g \geq 3$ のとき超楕円曲線はモジュライの意味で一般ではない．

▷ **定義 7.13.** 種数 $g \geq 4$ の非特異射影曲線 X に対して

$$\mathrm{Cliff}(X) = \min\{\deg L - 2h^0(L) + 2 \mid L \in \mathrm{Pic}(X),\ h^0(L) \geq 2,\ h^1(L) \geq 2\}$$

とおき，X の **Clifford 指数** (Clifford index) と呼ぶ．$g = 2$ であるか，または $g = 3$ で X が超楕円曲線のときには Cliff(X) = 0 とおく．$g = 3$ で X が非超楕円曲線の場合は Cliff(X) = 1 と定める．

古典的な Clifford の定理 (系 A.25) より Cliff(X) $\geq$ 0 であり，Cliff(X) = 0 は X が超楕円曲線であることと同値である．また，Cliff(X) = 1 であることと X がトリゴナル曲線 (gon(X) = 3) または平面 5 次曲線であることは同値である．さて，gon(X) = deg φ となる有理関数 φ に対して $L = \varphi^* \mathcal{O}_{\mathbb{P}^1}(1)$ とおけば

$$\mathrm{Cliff}(X) \leq \deg L - 2h^0(L) + 2 \leq \mathrm{gon}(X) - 2$$

である．従って特に (7.2.1) より，不等式

$$\mathrm{Cliff}(X) \leq \left[\frac{g-1}{2}\right] \tag{7.2.2}$$

が成り立つ．大抵の場合には Cliff(X) = gon(X) − 2 となるが，しかし，いつも成り立つわけではない．例えば X が非特異平面 d 次曲線のときには，gon(X) = $d - 1$ ([68], [69]) であるが，$\mathbb{P}^2$ への埋め込みが Clifford 指数を与えるから Cliff(X) = $d - 4$ となる．従って Cliff(X) = gon(X) − 3 である．一般に，次が知られている．

♡ **定理 7.14** ([25]). ゴナリティーと Clifford 指数には

$$\mathrm{gon}(X) - 3 \leq \mathrm{Cliff}(X) \leq \mathrm{gon}(X) - 2$$

という関係がある．

7.2 Clifford 指数とスロープ

♡ **定理 7.15.** $\mathcal{M}_g$ を種数 g の非特異射影曲線の同型類全体のなすモジュライ空間とする．このとき，曲線のゴナリティーおよび Clifford 指数は $\mathcal{M}_g$ 上の下半連続関数を与える．

《証明》 ゴナリティーについては，例えば難波 [68] を見よ．Clifford 指数に関する主張は，これと前定理から従う． □

このように，ゴナリティーと Clifford 指数は（結果的に）ほとんど同じ不変量なのだが，いくつかの重要な問題には Clifford 指数のほうが相性がよい．その典型例が次の Green 予想である．

▷ **予想 7.16** (Green 予想[34])**.** 種数 g の非超楕円曲線 X に対して，

$$a(X) = \max\{p \mid K_{i,2}(X; K_X, \mathcal{O}_X, H^0(X, K_X)) = 0, \ \forall i \le p\}$$

とおくとき

$$\mathrm{Cliff}(X) = 1 + a(X)$$

が成立する．

唐突に Koszul コホモロジーが現れたように感じるかも知れないが，そうではない．$g \ge 3$ のとき，命題

「$\mathrm{Cliff}(X) > 0 \Leftrightarrow K_{0,2}(X; K_X, \mathcal{O}_X, H^0(X, K_X)) = 0$」

は，Max Noether の定理（定理 A.31）の主張するところである．実は Koszul コホモロジー群 $K_{i,j}(X; K_X, \mathcal{O}_X, H^0(K_X))$ は，X の標準環の極小自由分解と密接に関連していて（[2], [34]），Green 予想はそういう意味で Max Noether 定理の正当な一般化を示唆しているのである．予想において，$\mathrm{Cliff}(X) \ge 1 + a(X)$ であることは，すでに [34] の Appendix で Green と Lazarsfeld が証明している．よって問題は逆の不等式を示すことにある．

◁ **ノート 7.17.** Green 予想は，残念ながら本書の執筆時点でも完全には解決されていない．しかし，下のように多くのものについて正しいことが確認されている（[28], [2] およびその参考文献を見よ）．

- $g \le 9$．

- Clifford 指数が 4 以下.

- 非特異平面曲線.

- K3 曲面上の非特異射影曲線.

- Clifford 指数を固定したときのモジュライの意味で一般の射影曲線.

知られている中で，特筆すべき結果は次のものである.

♡ **定理 7.18** (Hirschowitz-Ramanan [40], Voisin [84]). 奇数種数 g で Clifford 指数が $(g-1)/2$ の非特異射影曲線 X に対して，Green 予想は正しい. 特に，$K_{\frac{g-3}{2},2}(X; K_X, \mathcal{O}_X, H^0(X, K_X)) = 0$ が成立する.

ファイバー曲面に戻る.

▷ **定義 7.19.** $f: S \to B$ を種数 $g \geq 2$ の相対極小な代数曲線束とする.

$$\mathrm{Cliff}(f) = \max\{\mathrm{Cliff}(F) \mid F \text{ は } f \text{ の非特異ファイバー}\}$$

を f の Clifford 指数と呼ぶ.

例えば，$\mathrm{Cliff}(f) > 0$ は f が非超楕円曲線束であることの言い換えである. Green 予想が正しいことを仮定すれば，いつ $\mathcal{K}_{c-1,2}$ が捩れ層になるかを，Clifford 指数を用いて判定できる.

♣ **補題 7.20.** 代数曲線束 $f: S \to B$ の一般ファイバーに対して Green 予想が正しいとき，$\mathrm{Cliff}(f) \geq c$ をみたす任意の正整数 c に対して $\mathcal{K}_{c-1,2}$ は捩れ層である.

《証明》 Clifford 指数が $\mathrm{Cliff}(f)$ であるような非特異ファイバー F に対して $K_{c-1,2}(F; K_F, \mathcal{O}_F, H^0(F, K_F)) = 0$ なので，$\mathcal{K}_{c-1,2}$ は B の空でない Zariski 開集合の上で零になる. すなわち，$\mathcal{K}_{c-1,2}$ は捩れ層である. □

▼ 7.2.2 Clifford 指数が最大のファイバー曲面

次は命題 5.24 の一般化である.

7.2 Clifford 指数とスロープ

♡ **定理 7.21.** $f: S \to B$ を種数 g の相対極小な代数曲線束とする．ある正整数 c に対し $\mathrm{Cliff}(f) \geq c$ かつ $\mathcal{K}_{c-1,2}$ は捩れ層であるとする．このとき，$f_*\omega_{S/B}$ が半安定ならば

$$K_f^2 \geq \left(5 + \frac{c-2}{g-c}\right)\left(1 - \frac{1}{g}\right)\chi_f$$

が成立する．

《**証明**》 まず，$\mathcal{F} = (\bigwedge^c \mathcal{R}_1 \otimes \mathcal{R}_1)/\bigwedge^{c+1}\mathcal{R}_1$ は半安定であることを示す．$\mathcal{G}$ を $\mathcal{F}$ の商層とする．$\mathcal{G}$ は $\bigwedge^c \mathcal{R}_1 \otimes \mathcal{R}_1$ の商層でもある．仮定より $\mathcal{R}_1 \simeq f_*\omega_{S/B}$ は半安定なので $\bigwedge^c \mathcal{R}_1 \otimes \mathcal{R}_1$ もそうである．よって $\mu(\bigwedge^c \mathcal{R}_1 \otimes \mathcal{R}_1) \leq \mu(\mathcal{G})$ が成立する．一方，直接計算から

$$\mu(\bigwedge^c \mathcal{R}_1 \otimes \mathcal{R}_1) = \mu(\mathcal{F}) = \frac{c+1}{g}\chi_f$$

がわかるので，結局 $\mu(\mathcal{F}) \leq \mu(\mathcal{G})$ である．従って $\mathcal{F}$ は半安定である．

さて，$\mathcal{K}_{c,1}$ は $\mathcal{F}$ の部分層なので，$\mathcal{F}$ の半安定性から $\mu(\mathcal{K}_{c,1}) \leq \mu(\mathcal{F}) = (c+1)\chi_f/g$ が成立する．よって補題 7.9 より

$$\deg(\mathcal{K}_{c,1}) \leq \binom{g-1}{c-1}\frac{(g-1-c)(g-1-2c)}{g}\chi_f$$

となるから，(7.1.7) より求める不等式が得られる． □

▷ **注意 7.22.** 定理 5.23 や上の定理を見ると，Clifford 指数 c を固定したときのスロープの下限を与える関数 $\lambda(g,c)$ が（存在するとして）c に関して単調増加になるのではないかと想像される．しかし，事実はそうではない．例えば，$f: S \to B$ の一般ファイバーがトリゴナル曲線の場合には $c = 1$ であって，不等式

$$\lambda_f \geq \frac{14(g-1)}{3g+1}$$

が成立する ([53])．これは粗い不等式だが，例えば $g > 9$ ならば $\lambda_f > 4$ となることくらいはわかる．一方，後に 7.3 節で見るように，一般ファイバーが楕円曲線の 2 重被覆であるような $c = 2$ の代数曲線束には，$g \geq 5$ によらず $\lambda_f = 4$ であるものが存在する．ちなみに，半安定なトリゴナル曲線束に

ついては，上の不等式よりずっとよい $\lambda_f \geq 24(g-1)/(5g+1)$ が知られている ([77], [81], [15])．

♡ **定理 7.23.** $f: S \to B$ を相対極小な種数 $g \geq 3$ の代数曲線束とする．g が奇数で $\mathrm{Cliff}(f) = (g-1)/2$ のとき，次が成立する．

(1) $\mathcal{K}_{\frac{g-3}{2},2}$ は捩れ層であり，$\mathcal{K}_{\frac{g-1}{2},1} = 0$ である．

(2) 点 $p \in B$ 上のファイバー F_p に対して堀川指数を

$$\mathrm{Ind}(F_p) = \iota(F_p, (g-1)/2)$$

で定めれば，$\mathrm{Ind}(F_p)$ は非負有理数であり，一般点 p に対して $\mathrm{Ind}(F_p) = 0$ となる．さらに，スロープ等式

$$K_f^2 = \frac{6(g-1)}{g+1}\chi_f + \sum_{p \in B} \mathrm{Ind}(F_p). \tag{7.2.3}$$

が成立する．

(3) 点 $p \in B$ 上のファイバー F_p に対して

$$\sigma(F_p) = \frac{2g+2}{3g+9}\mathrm{Ind}(F_p) - \frac{g+7}{3g+9}e_f(F_p)$$

とおけば，$\mathrm{Cliff}(F_p) = (g-1)/2$ である非特異ファイバー F_p に対して $\sigma(F_p) = 0$ であり，S の符号数は $\mathrm{Sign}(S) = \sum_{p \in B} \sigma(F_p)$ のように局在化する．

《証明》 (1) 定理 7.18 より，$\mathcal{K}_{(g-3)/2,2}$ は捩れ層である．すると，補題 7.9 より $\mathcal{K}_{(g-1)/2,1}$ の階数は零である．補題 7.6 より $\mathcal{K}_{(g-1)/2,1}$ は局所自由層だから，零層である．

(2) は (1) および (7.1.7) から，(3) は (2) と (6.4.1) 式から従う． □

▷ **例 7.24.** (X, H) を偏極 K3 曲面とし，$H^2 = 2g-2$ とおく．ここに，K3 曲面とは単連結かつ $K_X = \mathcal{O}_X$ である非特異射影曲面を指す．非特異射影曲線 B 上の次数 $n \gg 0$ の直線束 L_n を考え，S を $B \times X$ 上の線形系 $|p_1^* L_n + p_2^* H|$ の一般メンバーとする．ただし，p_i は第 i 成分への射影である．$f: S \to B$ を p_1 の制限とすれば，添加公式より K_f は $p_1^* L_n + p_2^* H$ から誘導されるので，簡単な計算から $K_f^2 = 6(g-1)n$, $\chi_f = (g+1)n$ となる．よって

$\lambda_f = 6(g-1)/(g+1)$ である．[35]によれば，$\mathrm{Pic}(X) \simeq \mathbb{Z}H$ のとき $|H|$ の非特異メンバーの Clifford 指数は $[(g-1)/2]$ になる．

◁ **ノート 7.25.** g が偶数で Clifford 指数が最大 $g/2-1$ の場合も，モジュライの意味で一般の曲線に対して Green 予想は正しい．従って，同様の等式が期待されるところだが，うまくいかない．この場合

$$\mathrm{rk}(\mathcal{K}_{g/2-1,1}) = \binom{g-1}{\frac{g}{2}-2}$$

なので $\mathcal{K}_{g/2-1,1}$ は零でなく，その次数がマイナスに寄与し

$$K_f^2 = \frac{8(g-1)}{g+2}\left(\chi_f - \frac{g-2}{2g}\mu\left(\mathcal{K}_{\frac{g}{2}-1,1}\right)\right) + \sum_{p \in B} \iota(F_p, g/2-1)$$

となる．一般ファイバーが Clifford 指数 $g/2-1$ でさらにその中でも一般の場合に，具体例にあたって計算してみると $\mu(\mathcal{K}_{g/2-1,1}) \leq \chi_f/2$ となり

$$\lambda_f \geq \frac{2(g-1)(3g+2)}{g(g+2)}$$

が成り立ちそうである．

▼ **7.2.3 種数が小さい場合**

ここでは，種数が 3 と 4 の場合をより詳しく考察する．

種数 3 の場合 定理 7.23 によれば，種数 3 の非超楕円曲線束に対するスロープ不等式は $K_f^2 \geq 3\chi_f$ である．よってどんな非超楕円曲線束に対してもスロープは「3」以上になる．$K_f^2 \geq 3\chi_f$ は，標準写像が双有理となる極小一般型代数曲面に対する Castelnuovo の不等式 $c_1^2 \geq 3\chi - 10$ に対応しているのである．

◇ **命題 7.26.** D を $\mathrm{Bs}|K_D| = \emptyset$ であるような種数 3 の鎖連結曲線とする．このとき，次のいずれかが起こる．
(1) $R(D, K_D) = \mathbb{C}[x_0, x_1, x_2]/(A_4(x))$ である．
(2) $R(D, K_D) = \mathbb{C}[x_0, x_1, x_2, y]/(A_2(x), y^2 - B_2(x) - B_4(x))$ である．

ただし，$\deg x_0 = \deg x_1 = \deg x_2 = 1$，$\deg y = 2$ であり，A_i や B_i は $x = (x_0, x_1, x_2)$ に関する i 次斉次式を表す．

第7章 非超楕円曲線束

《証明》 $H^0(D, K_D)$ の基底を x_0, x_1, x_2 とする.掛算写像

$$\mu_2 : \mathrm{Sym}^2 H^0(D, K_D) \to H^0(D, 2K_D)$$

を考える.$\dim \mathrm{Sym}^2 H^0(D, K_D) = 6$, $h^0(D, 2K_D) = 6$ である.今,$V \subset H^0(D, K_D)$ を十分一般の2次元部分空間とすれば $V \otimes \mathcal{O}_D \to \mathcal{O}_D(K_D)$ は全射になるので,μ_2 の階数は $2 \times 3 - 1 = 5$ 以上である.μ_2 が全射ならば標準環 $R(D, K_D)$ は1次部分で生成される.$\dim \mathrm{Sym}^4 H^0(D, K_D) = 15$, $h^0(D, 4K_D) = 14$ なので4次の関係式が1つだけ見つかる.μ_2 の階数が5ならば,μ_2 の核は1つの元 $A_2(x_0, x_1, x_2)$ で生成される.これは斉次2次式である.また,$H^0(D, 2K_D)$ には μ_2 の像と独立な元 y がある.掛け算 $H^0(K_D) \otimes H^0(nK_D) \to H^0((n+1)K_D)$ は $n \geq 2$ ならば全射である.よって $H^0(D, 4K_D)$ は x_i の4次式および x_i の2次式に y を掛けたもので生成される.しかし $y^2 \in H^0(D, 4K_D)$ なので,関係式

$$y^2 = B_2(x)y + B_4(x)$$

が得られる. □

t を原点の近傍を動く複素パラメータとして,連立方程式

$$\begin{cases} ty - A_2(x) = 0, \\ y^2 = B_2(x)y + B_4(x) \end{cases}$$

で定まる種数3の曲線族を考える.係数が十分一般ならば $|t| \ll 0$ である限りファイバーはすべて非特異である.$t \neq 0$ のとき,第1式から得られる $y = A_2/t$ を第2式に代入すれば $A_2(x)^2 - tA_2(x)B_2(x) - t^2 B_4(x) = 0$ となり,平面4次曲線である.$t = 0$ の場合も含めてこの4次式が曲線族の相対標準像を定義する.これは正規でない曲面で,実際 $t = A_2(x) = 0$ が1次元の特異点集合である.種数3の非超楕円曲線束 $f : S \to B$ に対するスロープ等式は

$$K_f^2 = 3\chi_f + \sum_{p \in B} \mathrm{Ind}(F_p)$$

であるが,上の族の $t = 0$ に対応する超楕円曲線のファイバー芽に対しては $\mathrm{Ind} = 1$ となる ([51]).

7.2 Clifford 指数とスロープ 213

特に，f が種数 3 の小平ファイバー曲面 ($\lambda_f = 12$) の場合には，すべてのファイバーが非特異なので，上の考察が直ちに適用できる．従って（パラメータ（底曲線の点）への依存の仕方が一般の場合には）$\sum_{p \in B} \mathrm{Ind}(F_p) = 9\chi_f$ より，ファイバーにちょうど $9\chi_f$ 本の超楕円曲線が混じっていることがわかる．このように，堀川指数は，特異点がなくて見た目は一般ファイバーと区別がつかないような「退化ファイバー」を識別しているのである．

種数 4 の場合 次に，$f: S \to B$ を種数 4 の非超楕円的な代数曲線束とする．種数 4 の非超楕円的な射影曲線 F の標準像は $\mathbb{P}^3$ の中で，2次曲面と3次曲面の完全交叉多様体である．この 2 次曲面は可約ではあり得ないので，階数は 3 または 4 だが，階数 4 の 2 次曲面に含まれる曲線のほうが，モジュライの意味で一般的である．

相対標準写像 $\Phi_f: S \dashrightarrow \mathbb{P}(f_*\omega_{S/B})$ を念頭において完全列 (5.4.2)

$$0 \to \mathcal{Q} \to \mathrm{Sym}^2(f_*\omega_{S/B}) \to f_*(\omega_{S/B}^{\otimes 2}) \to \mathcal{T} \to 0$$

を眺める．種数 4 なので，$\mathcal{Q}$ は可逆層である．$\Sigma = \Phi_f(S)$ とおき，$\pi: \mathbb{P}(f_*\omega_{S/B}) \to B$ の同義直線束を H とすれば，上の完全列は

$$0 \to \mathcal{I}_\Sigma(2H) \to \mathcal{O}(2H) \to \mathcal{O}_\Sigma(2H) \to 0$$

の直像をとったものに対応する．ここに，$\mathcal{I}_\Sigma$ は Σ のイデアル層である．従って $2H - \pi^*\mathcal{Q}$ の切断として Σ を通る相対的な 2 次曲面 Q が定まる．これを (5.4.2) の言葉で表すと次のようになる．単射 $\mathcal{Q} \hookrightarrow \mathrm{Sym}^2 f_*\omega_{S/B}$ が誘導する単射 $\mathcal{O}_B \hookrightarrow \mathrm{Sym}^2 \omega_{S/B} \otimes \mathcal{Q}^{-1}$ によって，$1 \in H^0(B, \mathcal{O}_B)$ に対応する切断 $s \in H^0(B, \mathrm{Sym}^2 f_*\omega_{S/B} \otimes \mathcal{Q}^{-1})$ を考えることができ，自然な同型

$$H^0(B, \mathrm{Sym}^2 f_*\omega_{S/B} \otimes \mathcal{Q}^{-1}) \simeq H^0(\mathbb{P}(f_*\omega_{S/B}), 2H - \pi^*\mathcal{Q})$$

を通して，s は相対標準像 Σ を通る相対 2 次曲面 Q を定義する．

ここで，Q に対応する対称行列の行列式を考える．s は層準同型写像 $(f_*\omega_{S/B})^* \to f_*\omega_{S/B} \otimes \mathcal{Q}^{-1}$ とみなせるので，自然に $\det(f_*\omega_{S/B})^* \to \det(f_*\omega_{S/B} \otimes \mathcal{Q}^{-1})$ を誘導し，切断 $\det(s) \in H^0(B, \det(f_*\omega_{S/B})^{\otimes 2} \otimes \mathcal{Q}^{-4})$

を定義する．これが Q に対応する行列の行列式に他ならないので，$\det(s) \neq 0$ のとき，それの零因子として Q の判別式因子

$$\Delta_Q := (\det(s))$$

が決まる．これは f にのみ依存する．

今，$Q \to B$ の一般ファイバーの階数が 4 だと仮定すれば，$\det(s)$ は零切断ではないので，Δ_Q は有効因子であり，特に

$$\deg(\Delta_Q) = \deg(\det(f_*\omega_{S/B})^{\otimes 2} \otimes Q^{-4}) = 2\chi_f - 4\deg(Q) \geq 0$$

でなければならない．従って $\deg(Q) \leq \chi_f/2$ である．一方 (5.4.3) から

$$K_f^2 = 4\chi_f - \deg(Q) + \text{length}(\mathcal{T}) \tag{7.2.4}$$

だから，この場合のスロープ不等式

$$K_f^2 \geq \frac{7}{2}\chi_f$$

が得られる．

さて，$Q \to B$ の一般ファイバーの階数が 4 の場合に $\deg(\Delta_Q)$ の式を使って (7.2.4) から $\deg(Q)$ を消去すれば

$$K_f^2 = \frac{7}{2}\chi_f + \frac{1}{4}\deg(\Delta_Q) + \text{length}(\mathcal{T}) \tag{7.2.5}$$

が得られ，これが種数 4 の一般非超楕円曲線束に対するスロープ等式である．実際，点 $p \in B$ での Δ_Q のオーダーを m_p とすれば

$$\text{Ind}(F_p) = \frac{1}{4}m_p + \text{length}_p(\mathcal{T}) \tag{7.2.6}$$

が堀川指数を与える．また，堀川指数が導入されたので (6.4.1) を使えば，局所符号数も定義され，

$$\sigma(F_p) = \frac{8}{17}\text{Ind}(F_p) - \frac{9}{17}e_f(F_p) \tag{7.2.7}$$

となる．

▷ **例 7.27.** パラメータへの依存の仕方が最も穏やかな曲線族を考える．上の公式から，階数 3 の 2 次曲面にのる非特異な非超楕円的ファイバー芽については，$m_p = 1, \text{length}_p(\mathcal{T}) = 0$ なので，

$$\text{Ind}(F) = \frac{1}{4}, \quad \sigma(F) = \frac{2}{17}$$

となる．また，非特異な超楕円的ファイバー芽については，相対標準像は捩れ 3 次曲線が 2 重になったものなので，パラメータに 2 位に依存する階数 3 の 2 次曲面にのる．よって $m_p = 2, \text{length}_p(\mathcal{T}) = 2$ なので，

$$\text{Ind}(F) = \frac{1}{4} \times 2 + 2 = \frac{5}{2}, \quad \sigma(F) = \frac{8}{17} \times \frac{5}{2} = \frac{20}{17}$$

である．[10] に異なる計算方法がある．

さて，$Q \to B$ の一般ファイバーの階数が 3 の場合を考える．一般ファイバーは非特異平面 2 次曲線上の錐体とみなすことができる．その頂点の軌跡は $\mathbb{P}(f_*\omega_{S/B}) \to B$ の切断なので，$f_*\omega_{S/B}$ からある可逆層への全射準同型写像に対応し，その核として階数 3 の局所自由層 $\mathcal{E}$ が定まる．$\Psi: \mathbb{P}(f_*\omega_{S/B}) \dashrightarrow \mathbb{P}(\mathcal{E})$ を自然な相対射影とする．Ψ による Q の像を Q' とすれば，$Q' \in |2H_\mathcal{E} - \pi^*\mathcal{Q}|$ であり $Q' \to B$ の一般ファイバーは非特異平面 2 次曲線である．それを階数 3 の相対 2 次曲線だとみなせば，Q の場合と同様に判別式因子の次数に対して

$$\deg(\Delta_{Q'}) = 2\deg(\mathcal{E}) - 3\deg(\mathcal{Q}) \geq 0$$

が成立する．有理写像 $S \dashrightarrow Q'$ の次数は 3 である．$(2H_\mathcal{E} - \pi^*\mathcal{Q})H_\mathcal{E}^2 = 2\deg(\mathcal{E}) - \deg(\mathcal{Q})$ なので

$$K_f^2 \geq 3 \times (2\deg(\mathcal{E}) - \deg(\mathcal{Q})) = 6\deg(\mathcal{E}) - 3\deg(\mathcal{Q}) \geq 4\deg(\mathcal{E})$$

となる．

これを用いて $K_f^2 \geq (24/7)\chi_f$ であることを示そう．$\deg(\mathcal{E}) \geq (6/7)\chi_f$ なら上で示した $K_f^2 \geq 4\deg(\mathcal{E})$ から従う．よって $\deg(\mathcal{E}) \leq (6/7)\chi_f$ としてよい．このときには $\deg(\Delta_{Q'}) \geq 0$ より $\deg(\mathcal{Q}) \leq (2/3)\deg(\mathcal{E}) \leq (4/7)\chi_f$ なので，(7.2.4) より $K_f^2 \geq (24/7)\chi_f$ が得られる．以上より，次が示された．

◇ **命題 7.28** ([52], [24]). 種数 4 の相対極小な非超楕円曲線束 $f: S \to B$ について,

$$K_f^2 \geq \frac{24}{7}\chi_f$$

が成立する. f の一般ファイバーが, 標準曲線と見て階数 4 の 2 次曲面上にあるときには

$$K_f^2 \geq \frac{7}{2}\chi_f$$

である.

7.3 対合付き代数曲線束

$f: S \to B$ は種数 $g \geq 2$ の相対極小な代数曲線束とする. S は f のファイバーを保つ対合 (すなわち位数 2 の正則自己同型) σ をもつと仮定する. σ_F で σ を一般ファイバー F に制限して得られる F 上の対合を表す. $\Gamma = F/\langle \sigma_F \rangle$ は非特異射影曲線である. Γ の種数を h とおく. このような f を (g, h) 型の対合付き代数曲線束と呼ぶ.

対合付き代数曲線束の定義を「一般ファイバーが対合をもつ」としてもよさそうだが, そうではない. 一般ファイバーの対合は, 必ずしも S 全体に拡張できないからである.

▷ **例 7.29.** この例は本質的に [13] にある. Γ を種数 h の超楕円曲線とする. B を種数 $b > 0$ の非特異射影曲線として, その不分岐 2 重被覆 $\tau: C \to B$ をとり, 被覆変換群を $G = \text{Gal}(C/B) = \langle \sigma \rangle$ とする. 直積 $\Gamma \times \Gamma$ に σ を成分の入れ替えとして作用させる. $p_i: \Gamma \times \Gamma \to \Gamma$ を第 i 成分への射影とする $(i = 1, 2)$. $x \in \Gamma$ を 2 重被覆 $\Gamma \to \mathbb{P}^1$ の分岐点とし, $|2p_1^*x + 2p_2^*x|$ の G 不変部分 $|2p_1^*x + 2p_2^*x|^G$ を考える. その一般元 F は非特異既約である.

さて, G の $\Gamma \times \Gamma \times T$ への作用は

$$(x_1, x_2, t) \mapsto \sigma(x_1, x_2, t) = (x_2, x_1, \sigma(t))$$

で与えられ, $F \times T \subset \Gamma \times \Gamma \times T$ は G 不変な超曲面である. $S = (F \times T)/G$ とおき, 自然な正則写像 $f: S \to B$ を考える. f のファイバーはすべて F に同型なので, f は局所自明な種数 $g = 4h + 1$ のファイバー曲面である. 構

成の仕方から，F は 2 つの対合をもつが，そのいずれも S 全体には拡張できない．

[14]の議論から，一般ファイバーが（問題にしている類の）対合を 1 つしかもたなければ，それは S 全体に拡張可能である．次の補題から，そのための十分条件は $g > 4h + 1$ であることがわかる．

♣ **補題 7.30.** 種数 g の非特異射影曲線 F は，商 $F/\langle\sigma\rangle$ の種数が $(g-1)/4$ 未満であるような対合 σ を高々 1 つしかもたない．

《証明》 いわゆる Castelnuovo-Severi の議論を使う．2 つの異なる対合 σ_1 と σ_2 があって，$i = 1, 2$ に対して $\Gamma_i = F/\langle\sigma_i\rangle$ の種数 h_i は $(g-1)/4$ 未満であるとする．2 つの商写像は正則写像 $\varphi : F \to \Gamma_1 \times \Gamma_2$ を定める．これは像 D の上に双有理である．射影 $p_i : \Gamma_1 \times \Gamma_2 \to \Gamma_i$ による 1 点の引き戻しを L_i とおく．$(L_1 + L_2)^2 = 2L_1 L_2 = 2 > 0$ なので，系 2.17 から $(D(L_1 + L_2))^2 \geq D^2(L_1 + L_2)^2$ である．よって $DL_i = (L_1 + L_2)^2 = 2$ より $D^2 \leq 8$ となる．このとき

$$2g - 2 \leq 2p_a(D) - 2 = (K_{\Gamma_1 \times \Gamma_2} + D)D$$
$$= (p_1^* K_{\Gamma_1} + p_2^* K_{\Gamma_2} + D)D$$
$$= 2(2h_1 - 2) + 2(2h_2 - 2) + D^2$$
$$\leq 4(h_1 + h_2)$$

となり，$h_i < (g-1)/4$ なる仮定に矛盾する．よって，問題の対合は高々 1 つである． □

さて，$f : S \to B$ を (g, h) 型の対合付き代数曲線束とする．$h = 0$ のとき f は超楕円曲線束に他ならない．そこで，以下では $h > 0$ と仮定するが，超楕円曲線束に対する議論はほとんどそのまま流用できる．

$\rho : \widehat{S} \to S$ を $\langle\sigma\rangle$ の孤立固定点すべてを中心とするブローアップとし，$\hat\sigma$ で誘導された $\widehat{S}$ 上の対合を表す．$\hat\sigma$ の固定点集合は純 1 次元なので，$\widehat{W} := \widehat{S}/\langle\hat\sigma\rangle$ は非特異になる．商写像 $\widehat{S} \to \widehat{W}$ は有限 2 重被覆であり，その分岐跡 $\widehat{R}$ は $\widehat{W}$ 上の必ずしも連結でない非特異曲線である．さらに $\widehat{W}$ 上の直線束 $\mathcal{O}_{\widehat{W}}(\hat\delta)$

で $\widehat{R} \in |\mathcal{O}_{\widehat{W}}(2\hat{\delta})|$ をみたし，かつ $\widehat{S} \simeq \mathbf{Spec}_{\mathcal{O}_{\widehat{W}}}(\mathcal{O}_{\widehat{W}} \bigoplus \mathcal{O}_{\widehat{W}}(-\hat{\delta}))$ となるものが存在する．f が誘導する正則写像 $\widehat{W} \to B$ は Γ を一般ファイバーとする種数 h の代数曲線束である．その相対極小モデルを $\pi: W \to B$ とする．$h > 0$ なので唯一である．

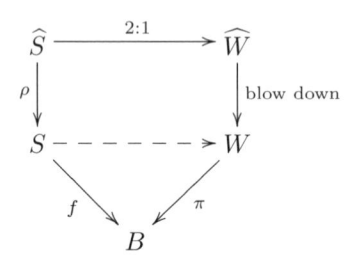

$$\begin{array}{ccc} \widehat{S} & \xrightarrow{2:1} & \widehat{W} \\ {\scriptstyle \rho}\downarrow & & \downarrow {\scriptstyle \text{blow down}} \\ S & \dashrightarrow & W \\ & {\scriptstyle f}\searrow \quad \swarrow {\scriptstyle \pi} & \\ & B & \end{array}$$

$\widehat{R}$ の像 $R \subset W$ は被約曲線であり $R \in |\mathcal{O}_W(2\delta)|$ かつ正規曲面

$$S' = \mathbf{Spec}_{\mathcal{O}_W}(\mathcal{O}_W \bigoplus \mathcal{O}_W(-\delta))$$

が S と双有理になるような δ が存在する．2 重被覆 $F \to \Gamma$ に Hurwitz の公式を適用すると

$$2g - 2 = 2(2h - 2) + R\Gamma, \tag{7.3.1}$$

となる．S' の双対化層 $\omega_{S'}$ は $K_W + \delta$ から誘導される可逆層なので，有限 2 重被覆写像 $S' \to W$ と π の合成として得られる $f': S' \to B$ の数値的不変量を計算でき，

$$\omega_{S'/B}^2 = 2(K_\pi + \delta)^2 = 2K_\pi^2 + 4K_\pi\delta + 2\delta^2$$

となる．また $\chi(\mathcal{O}_{S'}) = 2\chi(\mathcal{O}_W) + \delta^2/2 + K_W\delta/2$ だったから

$$\begin{aligned} \chi_{f'} &= 2\chi(\mathcal{O}_W) + \delta^2/2 + K_W\delta/2 - (g-1)(b-1) \\ &= 2\chi_\pi + \delta^2/2 + K_W\delta/2 - (b-1)\delta\Gamma \\ &= 2\chi_\pi + \delta^2/2 + K_\pi\delta/2 \end{aligned}$$

なので，等式

$$\omega_{S'/B}^2 - \frac{4(g-1)}{g-h}\chi_{f'}$$

$$= 2\left(K_\pi^2 - \frac{4(g-1)}{g-h}\chi_\pi\right) - 2\frac{h-1}{g-h}\delta^2 + 2\frac{g-2h+1}{g-h}K_\pi\delta$$

が成立する．

♣ 補題 7.31. 上の状況で，$g \geq 4h+1$ ならば

$$\omega_{S'/B}^2 \geq \frac{4(g-1)}{g-h}\chi_{f'}$$

が成立する．

《証明》 まず $h=1$ とする．$\pi : W \to B$ は相対極小な楕円曲面だから $K_\pi^2 = 0$ であり，$\chi_\pi = \chi(\mathcal{O}_W)$ である．よって $K_\pi\delta - 4\chi(\mathcal{O}_W) \geq 0$ を示せばよい．標準束公式（定理 5.12）より $K_\pi \equiv \chi(\mathcal{O}_W)\Gamma + (\sum_{i=1}^m (1-1/m_i))\Gamma$ なので，$g \geq 5$ のとき $K_\pi\delta \geq \chi(\mathcal{O}_W)\Gamma\delta = (g-1)\chi(\mathcal{O}_W) \geq 4\chi(\mathcal{O}_W)$ となる．等号成立は π が重複ファイバーをもたず，$g = 5$ または $\chi(\mathcal{O}_W) = 0$ のときである．

$h \geq 2$ とする．スロープ不等式から $K_\pi^2 \geq (4 - 4/h)\chi_\pi$ であるから，

$$K_\pi^2 - \frac{4(g-1)}{g-h}\chi_\pi \geq -\frac{g+h^2-2h}{(h-1)(g-h)}K_\pi^2$$

なので

$$-\frac{g+h^2-2h}{h-1}K_\pi^2 - (h-1)\delta^2 + (g-2h+1)K_\pi\delta \geq 0$$

を示せばよい．$g - 2h + 1 = \delta\Gamma$, $2(h-1) = K_\pi\Gamma$ なので

$$2(L\Gamma)(K_\pi\Gamma)(K_\pi\delta) - (K_\pi\Gamma)^2(\delta^2) \geq 4(g+h^2-2h)K_\pi^2$$

と同値である．さて，$K_\pi^2 \geq 0$ だから $\{K_\pi, \delta, \Gamma\}$ の交点行列

$$\begin{pmatrix} K_\pi^2 & K_\pi\delta & K_\pi\Gamma \\ K_\pi\delta & \delta^2 & \delta\Gamma \\ K_\pi\Gamma & \delta\Gamma & 0 \end{pmatrix}$$

は負定値にはなり得ない．従って，Hodge 指数定理より行列式は非負であり

220　第 7 章　非超楕円曲線束

$$2(K_\pi\delta)(K_\pi\Gamma)(\delta\Gamma) - (K_\pi\Gamma)^2(\delta^2) \geq (\delta\Gamma)^2(K_\pi^2)$$

が成立する．よって

$$((\delta\Gamma)^2 - 4(g + h^2 - 2h))K_\pi^2 \geq 0$$

を示せば十分だが，左辺は $(g-1)(g-4h-1)K_\pi^2$ なので $g \geq 4h+1$ のとき確かに非負である．$g > 4h+1$ のとき等号成立は $K_\pi^2 = 0$ のときのみ．□

　S' の特異点は標準特異点解消によって解消できる．R の重複度 m_1 の特異点 P を中心とするブローアップを $\sigma_1 : W_1 \to W$ とし，$E = \sigma_1^{-1}(P)$ を例外 (-1) 曲線とする．このとき $R_1 = \sigma_1^* R - 2[m_1/2]E$ は被約曲線であり，$\delta_1 = \sigma_1^*\delta - [m_1/2]E$ とおけば $R_1 \in |2\delta_1|$ となる．$S_1 = \mathbf{Spec}_{\mathcal{O}_{W_1}}(\mathcal{O}_{W_1} \bigoplus \mathcal{O}_{W_1}(-\delta_1))$ とおけば，自然な正則写像 $S_1 \to S'$ がある．分岐跡に特異点がある限り同様の手続を繰り返して，可換図式

$$\begin{array}{ccccccccc} S_n & \to & S_{n-1} & \to & \cdots & \to & S_1 & \to & S' \\ \downarrow & & \downarrow & & & & \downarrow & & \downarrow \\ W_n & \to & W_{n-1} & \to & \cdots & \to & W_1 & \to & W \end{array}$$

を得る．$S_n \to W_n$ の分岐跡 R_n は非特異だから，S_n も非特異である．このようなもののうち最短のブローアップの列をとれば S_n は $\widehat{S}$ に同型である．$\{m_1, \ldots, m_n\}$ を分岐跡の特異点の重複度列とすれば，数値的不変量の変化は

$$\chi_{f'} - \chi_{f_n} = \frac{1}{2}\sum_{i=1}^n \left[\frac{m_i}{2}\right]\left(\left[\frac{m_i}{2}\right] - 1\right),$$

$$\omega_{S'/B}^2 - K_{S_n/B}^2 = 2\sum_{i=1}^n \left(\left[\frac{m_i}{2}\right] - 1\right)^2$$

で与えられる．従って，$\rho : \widehat{S} \to S$ が ϵ 回のブローアップの合成だとすれば

$$K_f^2 - \frac{4(g-1)}{g-h}\chi_f = \omega_{S'/B}^2 - \frac{4(g-1)}{g-h}\chi_{f'}$$
$$+ 2\sum_{i=1}^n \left(\left[\frac{m_i}{2}\right] - 1\right)\left(\frac{h-1}{g-h}\left[\frac{m_i}{2}\right] + 1\right) + \epsilon$$

となる．これと補題から，次が得られる．

7.3 対合付き代数曲線束　221

♡ **定理 7.32** ([27]). $f : S \to B$ を相対極小な (g, h) 型の対合付き代数曲線束とする. $h \geq 1$ かつ $g \geq 4h + 1$ ならば

$$K_f^2 \geq \frac{4(g-1)}{g-h}\chi_f$$

が成立する.

▷ **例 7.33.** B, Γ を種数がそれぞれ b, h の非特異射影曲線とし, $p_1 : B \times \Gamma \to B$, $p_2 : B \times \Gamma \to \Gamma$ を射影とする. また δ_1, δ_2 をそれぞれ B, Γ 上の次数 n, m の因子とする. 正整数 m, n が十分大きければ線形系 $|2p_1^*\delta_1 + 2p_2^*\delta_2|$ は基点をもたないから, 非特異既約なメンバー R がとれる. R の方程式は $\mathcal{O} \oplus \mathcal{O}(-p_1^*\delta_1 - p_2^*\delta_2)$ の環構造を決めるから, R で分岐する有限 2 重被覆 $\theta : S = \mathbf{Spec}(\mathcal{O} \oplus \mathcal{O}(-p_1^*\delta_1 - p_2^*\delta_2)) \to B \times \Gamma$ が構成できる. $f = p_1 \circ \theta$ とおけば, 代数曲線束 $f : S \to B$ が得られる. f の一般ファイバーは Γ の 2 重被覆であり, Hurwitz の公式から, その種数は $g = 2h + m - 1$ である.

$$K_f = \theta^*(K_{B \times \Gamma/B} + p_1^*\delta_1 + p_2^*\delta_2) = \theta^*(p_1^*\delta_1 + p_2^*(\delta_2 + K_\Gamma))$$

なので $K_f^2 = 4n(m + 2h - 2)$ であり, $\chi_f = n(m + h - 1)$ である. よって

$$\lambda_f = \frac{4(m + 2h - 2)}{m + h - 1} = \frac{4(g-1)}{g-h}$$

となる.

付録 A
Gorenstein 曲線上の線形系

非特異射影曲面上の曲線（有効因子）を考える際にも，既約曲線のことはよくわかっている必要があった．ここでは特に線形系に関する話題に焦点を絞って，特異点をもつ既約曲線に対する基本事項を説明する．

A.1 正規化とコンダクター

まず，[20] を参考に多少一般的な設定で話を始める．C を標数 0 の代数的閉体 k 上定義された既約（かつ被約）な射影代数曲線とする．$H^0(C, \mathcal{O}_C) \simeq k$ である．$p_a(C) := h^1(C, \mathcal{O}_C)$ を C の算術種数と呼ぶ．$C \subset \mathbb{P}^n$ を射影埋め込みとすれば，C の双対化層が

$$\omega_C = \mathcal{E}xt^{n-1}_{\mathcal{O}_{\mathbb{P}^n}}(\mathcal{O}_C, \omega_{\mathbb{P}^n})$$

によって定義される．以下では，ω_C が可逆層のとき C を既約 Gorenstein 曲線と呼ぶ（実際，局所環 $\mathcal{O}_{C,p}$ は Gorenstein 環である）．非特異曲面上の曲線は Gorenstein である．

C の特異点解消は，正規化という代数的な操作で実現される．C の有理関数体を $\mathbb{K} = k(C)$ とおく．C の閉点 p に対して，局所環 $\mathcal{O}_{C,p}$ の $\mathbb{K}$ における整閉包を $\overline{\mathcal{O}_p}$ で表す．アフィン開集合 $U \subset C$ をとり，その座標環を $R = H^0(U, \mathcal{O}_C)$ とすると，R の $\mathbb{K}$ における整閉包 $\tilde{R}$ は，有限 R 加群であり，

従って有限生成 k 代数である. 体 $\mathbb{K}$ の部分環ゆえ $\tilde{R}$ は整域である. よって, $\tilde{R}$ を座標環とするアフィン代数多様体 $\tilde{U} = \mathrm{Spec}(\tilde{R})$ を考えることができる. 包含写像 $R \hookrightarrow \tilde{R}$ は射 $\tilde{U} \to U$ を定める. $R \subset \tilde{R} \subset \mathbb{K} = \mathrm{Quot}(R)$ より, $\tilde{R}$ の商体はまた $\mathbb{K}$ になるから, $\dim_k \tilde{U} = 1$ であって $\tilde{U} \to U$ は双有理射である. p に対応する極大イデアルを $\mathfrak{p}$ とし $S = R \setminus \mathfrak{p}$ とおけば, $\mathcal{O}_{C,p} = S^{-1}R$ であり $\overline{\mathcal{O}_p} = S^{-1}\tilde{R}$ である. また, $\mathfrak{p}\tilde{R}$ の準素イデアル分解を考えると, 有限個の互いに素な極大イデアル $\mathfrak{p}_\lambda$ と正整数 μ_λ によって $\mathfrak{p}\tilde{R} = \bigcap_\lambda \mathfrak{p}_\lambda^{\mu_\lambda} = \prod_\lambda \mathfrak{p}_\lambda^{\mu_\lambda}$ となることがわかる. $\mathfrak{p}_\lambda$ は $\tilde{U} \to U$ によって p にうつる点 p_λ を定める.

C のアフィン開被覆 $\bigcup U_i$ をとり, 各 U_i に対して上のような $\tilde{U}_i$ を考えれば, $\{U_i\}$ の貼り合わせは $\{\tilde{U}_i\}$ の貼り合わせを誘導し, 代数曲線 $\tilde{C}$ を定める. また, 自然な射 $\tilde{U}_i \to U_i$ も貼り合わさって双有理有限射 $\sigma : \tilde{C} \to C$ を定める. 1 次元ネーター局所整閉整域は正則局所環なので, $\tilde{C}$ は非特異である. $\tilde{C}$ を C の正規化と言う. $\tilde{C}$ の種数 $g(\tilde{C})$ を C の**幾何種数** (geometric genus) と呼ぶこともある.

$\sigma : \tilde{C} \to C$ は有限射なので, Leray スペクトル系列から, 任意の連接 $\mathcal{O}_{\tilde{C}}$ 加群層 $\mathcal{F}$ に対して同型 $H^q(\tilde{C}, \mathcal{F}) \simeq H^q(C, \sigma_* \mathcal{F})$ を得る. $\overline{\mathcal{O}_p}$ の元は $\sigma^{-1}(p)$ のすべての点で正則な関数である. よって

$$\overline{\mathcal{O}_p} = \bigcap_{p_\lambda \in \sigma^{-1}(p)} \mathcal{O}_{\tilde{C}, p_\lambda} \subset \mathbb{K}$$

なので, C 上の層 $\bigcup_{p \in C} \overline{\mathcal{O}_p}$ は, 順像層 $\sigma_* \mathcal{O}_{\tilde{C}}$ に他ならない. 自然な単射 $\mathcal{O}_C \hookrightarrow \sigma_* \mathcal{O}_{\tilde{C}}$ に対して, $\mathcal{Q} = \sigma_* \mathcal{O}_{\tilde{C}} / \mathcal{O}_C$ とおく. $\mathcal{Q}_p = \overline{\mathcal{O}_p} / \mathcal{O}_{C,p}$ だから, $\mathcal{Q}$ は $\mathcal{O}_{C,p}$ が整閉でない点 p, すなわち C の特異点にのみサポートをもつ層である. $p \in C$ に対して $\delta_p = \mathrm{length}(\mathcal{Q}_p)$ とおくと, δ_p は非負整数であって, $\delta_p > 0 \Leftrightarrow p \in \mathrm{Sing}(C)$ である. $\delta = \sum_{p \in \mathrm{Sing}(C)} \delta_p = \mathrm{length}(\mathcal{Q})$ とおく. 完全列

$$0 \to \mathcal{O}_C \to \sigma_* \mathcal{O}_{\tilde{C}} \to \mathcal{Q} \to 0 \tag{A.1.1}$$

より $\chi(\sigma_* \mathcal{O}_{\tilde{C}}) = \chi(\mathcal{O}_C) + \chi(\mathcal{Q})$ である. ここで, $\chi(\sigma_* \mathcal{O}_{\tilde{C}}) = \chi(\mathcal{O}_{\tilde{C}}) = 1 - g(\tilde{C})$, $\chi(\mathcal{Q}) = h^0(\mathcal{Q}) = \mathrm{length}(\mathcal{Q}) = \delta$ だから $\delta = p_a(C) - g(\tilde{C})$ を得る. $\delta \geq 0$ なので, 次が成り立つ.

A.1 正規化とコンダクター

♣ **補題 A.1.** $p_a(C) \geq g(\tilde{C})$ である．さらに $p_a(C) = g(\tilde{C}) \Leftrightarrow C$ は非特異．特に $p_a(C) = 0 \Leftrightarrow C \simeq \mathbb{P}^1$.

C 上の直線束（可逆層）L に対して，その次数 $\deg L$ は $\tilde{C}$ 上で計った $\sigma^* L$ の次数 $\deg \sigma^* L$ として定義する．$\sigma_* \mathcal{O}_{\tilde{C}} \otimes \mathcal{O}_C(L) \simeq \sigma_* \mathcal{O}_{\tilde{C}}(\sigma^* L)$ だから，完全列 (A.1.1) より，

$$0 \to \mathcal{O}_C(L) \to \sigma_* \mathcal{O}_{\tilde{C}}(\sigma^* L) \to \mathcal{Q} \to 0$$

は完全なので，$\chi(C, L) = \chi(C, \sigma_* \sigma^* L) - \mathrm{length}(\mathcal{Q}) = \chi(\tilde{C}, \sigma^* L) - \delta = \deg \sigma^* L + 1 - g(\tilde{C}) - \delta = \deg L + 1 - p_a(C)$ を得る．よって，

♡ **定理 A.2** (Riemann-Roch 定理)**．** 既約な射影曲線 C とその上の直線束 L について，$\chi(L) = \deg L + 1 - p_a(C)$ が成り立つ．

♣ **補題 A.3.** 既約な射影曲線 C 上の $\deg L \leq 0$ なる直線束 L に対して，$H^0(C, L) \neq 0 \iff \mathcal{O}_C(L) \simeq \mathcal{O}_C$ である．

《証明》 非零元 $s \in H^0(C, L)$ が存在すれば，s は C 上恒等的に零になることはないので，C 上の有効因子 (s) を定める．よって $\deg L = \deg(s) \geq 0$ である．従って $\deg L = 0$ でなければならない．このとき s は単射 $\mathcal{O}_C(-(s)) \simeq \mathcal{O}_C(-L) \to \mathcal{O}_C$ を定めるが，s は零点をもたないので，これは同型写像である．すなわち $\mathcal{O}_C(L) \simeq \mathcal{O}_C$ である．逆は明らか． □

さて，$\mathcal{Q}$ は捩れ層なので $\mathcal{H}om_{\mathcal{O}_C}(\mathcal{Q}, \mathcal{O}_C) = 0$ である．また，明らかに $\mathcal{H}om_{\mathcal{O}_C}(\mathcal{O}_C, \mathcal{O}_C) \simeq \mathcal{O}_C$, $\mathcal{E}xt^1(\mathcal{O}_C, \mathcal{O}_C) = 0$ だから，完全列 (A.1.1) に関手 $\mathcal{H}om_{\mathcal{O}_C}(\,\cdot\,, \mathcal{O}_C)$ を施せば，完全列

$$0 \to \mathcal{C} \to \mathcal{O}_C \to \mathcal{E}xt^1(\mathcal{Q}, \mathcal{O}_C) \to \mathcal{E}xt^1(\sigma_* \mathcal{O}_{\tilde{C}}, \mathcal{O}_C) \to 0 \qquad (\text{A.1.2})$$

が得られる．ただし，$\mathcal{C} = \mathcal{H}om_{\mathcal{O}_C}(\sigma_* \mathcal{O}_{\tilde{C}}, \mathcal{O}_C)$ とおいた．層 $\mathcal{C}$ を $\sigma_* \mathcal{O}_{\tilde{C}}$ の $\mathcal{O}_C$ における**コンダクター・イデアル層**と呼ぶ．$\mathcal{C}$ は $\mathcal{O}_C$ 加群層 $\mathcal{Q}$ の零化層であって，その茎は

$$\mathcal{C}_p = \{f \in \mathcal{O}_{C,p} \mid f \cdot \overline{\mathcal{O}_p} \subset \mathcal{O}_{C,p}\}$$

で与えられる．言い換えれば $\mathcal{C}_p$ は，$\mathcal{O}_{C,p}$ のイデアルでもあるような $\overline{\mathcal{O}}_p$ のイデアルのうちで最大のものである．

完全列 (A.1.2) を 2 つの短完全列に分解する：

$$0 \to \mathcal{C} \to \mathcal{O}_C \to \mathcal{R} \to 0, \tag{A.1.3}$$

$$0 \to \mathcal{R} \to \mathcal{E}xt^1(\mathcal{Q}, \mathcal{O}_C) \to \mathcal{E}xt^1(\sigma_*\mathcal{O}_{\tilde{C}}, \mathcal{O}_C) \to 0. \tag{A.1.4}$$

$\mathcal{R}$ は C の特異点にのみサポートをもつ層である．

♣ **補題 A.4.** $\mathcal{C}^* = \mathcal{H}om_{\mathcal{O}_C}(\mathcal{C}, \mathcal{O}_C) \simeq \sigma_*\mathcal{O}_{\tilde{C}}$ である．すなわち $\sigma_*\mathcal{O}_{\tilde{C}}$ は反射層である．また，$\mathcal{Q} \simeq \mathcal{E}xt^1_{\mathcal{O}_C}(\mathcal{R}, \mathcal{O}_C)$ である．

《証明》 $p \in C$ をとる．商 $\mathcal{R}_p = \mathcal{O}_{C,p}/\mathcal{C}_p$ は長さ有限なので，零因子でない $f \in \mathcal{C}_p$ が存在する．$\psi \in \mathcal{C}_p^* = \mathcal{H}om_{\mathcal{O}_{C,p}}(\mathcal{C}_p, \mathcal{O}_{C,p})$ と $h \in \mathcal{C}_p$ に対して，$\psi(h)f = \psi(hf) = h\psi(f)$ だから，$\psi(h) = h \cdot \psi(f)/f$ が成り立つ．よって ψ は $\mathbb{K}$ の元 $\psi(f)/f$ を掛けることと同一視できる．

一方，$\mathcal{C}_p = \mathcal{H}om_{\mathcal{O}_{C,p}}(\sigma_*\mathcal{O}_{\tilde{C},p}, \mathcal{O}_{C,p})$ だったので，$h \in \mathcal{C}_p$ と $g \in \sigma_*\mathcal{O}_{\tilde{C},p}$ に対し，積 $gh \in \mathcal{C}_p$ を $\sigma_*\mathcal{O}_{\tilde{C},p} \ni x \mapsto h(gx) \in \mathcal{O}_{C,p}$ すなわち $(gh)(x) := h(gx) \in \mathcal{O}_{C,p}$ で定めることができる．$\mathcal{C}_p$ をこのようにして $\sigma_*\mathcal{O}_{\tilde{C},p}$ 加群と考えれば，環 $\sigma_*\mathcal{O}_{\tilde{C},p}$ のイデアルでもある．このとき，任意の $g \in \sigma_*\mathcal{O}_{\tilde{C},p}$ と $h \in \mathcal{C}_p$ に対して，$gh \in \mathcal{C}_p$ となる．よって $\psi \in \mathcal{C}_p^* \subset \mathbb{K}$ に対して，$\psi gh \in \mathcal{O}_{C,p}$ が成り立つ．特に，任意の元 $h \in \mathcal{C}_p$ に対して ψh は $\mathcal{C}_p = \mathcal{H}om_{\mathcal{O}_{C,p}}(\sigma_*\mathcal{O}_{\tilde{C},p}, \mathcal{O}_{C,p})$ の元を定める．よって $\psi \mathcal{C}_p \subset \mathcal{C}_p$ である．

$\psi \in \mathcal{C}_p^*$ は $\tilde{C}$ 上の正則関数とみなせる．実際，$\psi \in \mathbb{K}$ なので，$\mathcal{O}_{C,p}$ 上整であることを見ればよい．$\mathcal{C}_p$ は有限生成 $\mathcal{O}_{C,p}$ 加群なので，有限個の生成元 $x_1, \ldots, x_n$ がとれる．$\psi \mathcal{C}_p \subset \mathcal{C}_p$ だから，$\psi x_i = \sum_{j=1}^n a_{ij} x_j$ ($a_{ij} \in \mathcal{O}_{C,p}$) のように表示できる．すなわちクロネッカーのデルタを用いれば，$\sum_{j=1}^n (\delta_{ij}\psi - a_{ij})x_j = 0$ である．正方行列 $(\delta_{ij}\psi - a_{ij})$ の余因子行列を左から掛けると，各 $k \in \{1, \ldots, n\}$ に対して $\det(\delta_{ij}\psi - a_{ij})x_k = 0$ を得る．$\mathcal{C}_p$ は零因子でない元を含むから，よって $\det(\delta_{ij}\psi - a_{ij}) = 0$ でなければならない．左辺を展開すれば，ψ に関するモニック多項式が得られるから，ψ は $\mathcal{O}_{C,p}$ 上整である．すなわち，$\psi \in \sigma_*\mathcal{O}_{\tilde{C},p}$ である．

A.1 正規化とコンダクター

後半は，完全列 (A.1.3) に $\mathcal{H}om_{\mathcal{O}_C}(\,\cdot\,,\mathcal{O}_C)$ を適用すれば

$$0 \to \mathcal{O}_C \to \mathcal{H}om_{\mathcal{O}_C}(\mathcal{C},\mathcal{O}_C) \to \mathcal{E}xt^1_{\mathcal{O}_C}(\mathcal{R},\mathcal{O}_C) \to 0$$

となるから，すでに示した $\sigma_*\mathcal{O}_{\tilde{C}} \simeq \mathcal{H}om_{\mathcal{O}_C}(\mathcal{C},\mathcal{O}_C)$ より従う． □

$\mathcal{C}$ が誘導する $\mathcal{O}_{\tilde{C}}$ イデアル層は，$\tilde{C}$ 上の有効因子 $\mathfrak{c}$ を定める．これを**コンダクター** (conductor) と言う．

$$\mathfrak{c} = \sum_{p \in \mathrm{Sing}(C)} \mathfrak{c}_p, \quad \mathfrak{c}_p = \sum_{p_\lambda \in \sigma^{-1}(p)} c_\lambda p_\lambda$$

と書く．このとき $\sigma_*\mathcal{O}_{\tilde{C}}(-\mathfrak{c}) \simeq \mathcal{C}$ である．完全列

$$0 \to \mathcal{O}_{\tilde{C}}(-\mathfrak{c}) \to \mathcal{O}_{\tilde{C}} \to \mathcal{O}_{\mathfrak{c}} \to 0$$

の順像をとれば，σ が有限射であることから完全列

$$0 \to \mathcal{C} = \sigma_*\mathcal{O}_{\tilde{C}}(-\mathfrak{c}) \to \sigma_*\mathcal{O}_{\tilde{C}} \to \sigma_*\mathcal{O}_{\mathfrak{c}} \to 0$$

を得る．よって

$$\deg \mathfrak{c}_p = \sum_{p_\lambda \in \sigma^{-1}(p)} c_\lambda = \mathrm{length}(\sigma_*\mathcal{O}_{\mathfrak{c}})_p = \mathrm{length}(\sigma_*\mathcal{O}_{\tilde{C}}/\mathcal{C})_p$$

$$= \mathrm{length}(\sigma_*\mathcal{O}_{\tilde{C}}/\mathcal{O}_C)_p + \mathrm{length}(\mathcal{O}_C/\mathcal{C})_p$$

$$= \mathrm{length}(\mathcal{Q}_p) + \mathrm{length}(\mathcal{R}_p)$$

である．

♣ **補題 A.5.** 双対化層 ω_C が点 $p \in C$ で可逆とする．このとき，p にサポートをもつ任意の連接 $\mathcal{O}_C$ 加群層 $\mathcal{F}$ に対して，$\mathcal{E}xt^1_{\mathcal{O}_C}(\mathcal{F},\mathcal{O}_C)$ と $\mathcal{F}$ の長さは等しい．

《証明》 点 p の近傍で $\mathcal{O}_C \simeq \omega_C$ なので，$\mathcal{E}xt^1(\mathcal{F},\mathcal{O}_C) \simeq \mathcal{E}xt^1(\mathcal{F},\omega_C)$ である．従って

$$\mathrm{length}(\mathcal{E}xt^1(\mathcal{F},\mathcal{O}_C)) = h^0(C,\mathcal{E}xt^1(\mathcal{F},\mathcal{O}_C))$$

$$= h^0(C, \mathcal{E}xt^1(\mathcal{F}, \omega_C))$$
$$= \dim_k \operatorname{Ext}^1(\mathcal{F}, \omega_C)$$

である．他方，Serre 双対定理より

$$\operatorname{Ext}^1(\mathcal{F}, \omega_C) \simeq H^0(C, \mathcal{F})^*$$

なので，$\operatorname{length}(\mathcal{E}xt^1(\mathcal{F}, \mathcal{O}_C))$ は $h^0(C, \mathcal{F}) = \operatorname{length}(\mathcal{F})$ に等しい． □

◇ **命題 A.6.** ω_C が可逆層のとき，任意の点 $p \in C$ に対して

$$\operatorname{length}(\mathcal{R}_p) = \delta_p, \quad \deg \mathfrak{c}_p = 2\delta_p$$

が成立し，$\deg \mathfrak{c} = 2\delta = 2(p_a(C) - g(\tilde{C}))$ である．また，$\mathcal{R} \simeq \mathcal{E}xt^1_{\mathcal{O}_C}(\mathcal{Q}, \mathcal{O}_C)$ であり $\mathcal{E}xt^1_{\mathcal{O}_C}(\sigma_* \mathcal{O}_{\tilde{C}}, \mathcal{O}_C) = 0$ である．

《証明》 補題 A.4, A.5 より

$$\delta_p = \operatorname{length}(\mathcal{Q}_p) = \operatorname{length}(\mathcal{E}xt^1_{\mathcal{O}_C}(\mathcal{R}, \mathcal{O}_C)_p) = \operatorname{length}(\mathcal{R}_p)$$

が成立する．このとき完全列 (A.1.4) において，$\mathcal{R} \simeq \mathcal{E}xt^1_{\mathcal{O}_C}(\mathcal{Q}, \mathcal{O}_C)$ であるから，$\mathcal{E}xt^1_{\mathcal{O}_C}(\sigma_* \mathcal{O}_{\tilde{C}}, \mathcal{O}_C) = 0$ を得る．また，$\deg \mathfrak{c} = \sum_{p \in \operatorname{Sing}(C)} \deg \mathfrak{c}_p$ であり $\deg \mathfrak{c}_p = \operatorname{length}(\mathcal{Q}_p) + \operatorname{length}(\mathcal{R}_p)$ だったので，主張を得る． □

♣ **補題 A.7.** $\mathcal{L}$ を C 上の可逆層とする．C 上の捩れのない層 $\mathcal{F}$ が，C 上の任意の可逆層 $\mathcal{M}$ に対して $\operatorname{Hom}(\mathcal{M}, \mathcal{L}) \simeq \operatorname{Hom}(\mathcal{M}, \mathcal{F})$ をみたすとき，$\mathcal{F} \simeq \mathcal{L}$ である．

《証明》 まず，C は既約なので $\operatorname{Hom}(\mathcal{L}, \mathcal{L}) \simeq H^0(C, \mathcal{O}_C) \simeq k$ である．よって仮定から $\operatorname{Hom}(\mathcal{L}, \mathcal{F}) \simeq k$ を得るので，$\mathcal{O}_C$ 加群層の非自明な準同型写像 $\alpha : \mathcal{L} \to \mathcal{F}$ が存在する．$\mathcal{L}$ は可逆層なので，もし α が単射でなければ $\mathcal{F}$ に捩れ元が存在することになり矛盾である．実際，もし α が単射でなければ，ある点 $p \in C$ に対し，ストーク間の準同型写像 $\alpha_p : \mathcal{L}_p \to \mathcal{F}_p$ は単射ではない．p の十分小さな近傍 U をとれば，非零元 $s \in \mathcal{L}(U)$ で $\alpha(U)(s) = 0 \in \mathcal{F}(U)$ となるものが存在する．$\mathcal{L}(U)$ の生成元を t とすれば，これは $\mathcal{O}_C(U)$ 加群

層の同型 $\mathcal{O}_C(U) \simeq \mathcal{L}(U)$ における 1 の像である．よって $\alpha(U)(t)$ は 1 の $\mathcal{F}(U)$ における像である．s はある局所正則関数 f によって $s = ft$ と書ける．$0 = \alpha(U)(s) = \alpha(U)(ft) = f\alpha(U)(t)$ なので，$\alpha(U)(t)$ は $\mathcal{F}(U)$ の捩れ元である．$\alpha(U)(t) \neq 0$ ならば，これは $\mathcal{F}$ が捩れのない層であることに矛盾する．もし $\alpha(U)(t) = 0$ ならば，$\mathcal{O}_C(U)$ 加群として $\mathcal{F}(U) = 0$ である．このとき $\mathcal{F}$ のサポートは 0 次元だから，やはり $\mathcal{F}$ は捩れ層であり，再び矛盾である．よって α は単射である．$\mathcal{K} = \mathrm{Coker}(\alpha)$ とおく．十分アンプルな可逆層 $\mathcal{O}_C(n)$ を掛けた完全列

$$0 \to \mathcal{L}(n) \to \mathcal{F}(n) \to \mathcal{K}(n) \to 0$$

を考える．$H^1(C, \mathcal{L}(n)) = 0$ としてよい．また，仮定より $H^0(C, \mathcal{L}(n)) \simeq \mathrm{Hom}(\mathcal{O}_C(-n), \mathcal{L}) \simeq \mathrm{Hom}(\mathcal{O}_C(-n), \mathcal{F}) \simeq H^0(C, \mathcal{F}(n))$ が得られる．従って $H^0(C, \mathcal{K}(n)) = 0$ である．どんな十分アンプルな可逆層 $\mathcal{O}_C(n)$ に対してもこれが成立するので，$\mathcal{K} = 0$ でなければならない．すなわち α は同型 $\mathcal{L} \simeq \mathcal{F}$ を与える． □

◇ **命題 A.8.** ω_C が可逆層のとき，$\omega_{\tilde{C}} \simeq \sigma^*\omega_C \otimes \mathcal{O}_{\tilde{C}}(-\mathfrak{c})$ が成り立つ．

《証明》 前補題より，任意の可逆層 $\mathcal{L}$ に対して同型

$$\mathrm{Hom}(\mathcal{L}, \omega_{\tilde{C}}) \simeq \mathrm{Hom}(\mathcal{L}, \sigma^*\omega_C \otimes \mathcal{O}_{\tilde{C}}(-\mathfrak{c}))$$

を示せばよい．Serre 双対定理より，左辺は

$$H^1(\tilde{C}, \mathcal{L})^* \simeq H^1(C, \sigma_*\mathcal{L})^* \simeq H^0(C, \mathcal{H}om_{\mathcal{O}_C}(\sigma_*\mathcal{L}, \omega_C))$$

である．他方，右辺は

$$H^0(\tilde{C}, \mathcal{H}om_{\mathcal{O}_{\tilde{C}}}(\mathcal{L}, \sigma^*\omega_C \otimes \mathcal{O}_{\tilde{C}}(-\mathfrak{c})))$$
$$\simeq H^0(C, \sigma_*\mathcal{H}om_{\mathcal{O}_{\tilde{C}}}(\mathcal{L}, \sigma^*\omega_C \otimes \mathcal{O}_{\tilde{C}}(-\mathfrak{c})))$$

だから，結局

$$\sigma_*\mathcal{H}om_{\mathcal{O}_{\tilde{C}}}(\mathcal{L}, \sigma^*\omega_C \otimes \mathcal{O}_{\tilde{C}}(-\mathfrak{c})) \simeq \mathcal{H}om_{\mathcal{O}_C}(\sigma_*\mathcal{L}, \omega_C)$$

を示せば十分である．これは，局所的な条件なので σ が同型でない点，すなわち C の特異点の回りで考えればよい．局所的には $\mathcal{L} \simeq \mathcal{O}_{\tilde{C}}$, $\omega_C \simeq \mathcal{O}_C$ なので，右辺はコンダクター・イデアルと同型である．一方，左辺は局所的に $\sigma_* \mathcal{H}om_{\mathcal{O}_{\tilde{C}}}(\mathcal{O}_{\tilde{C}}, \mathcal{O}_{\tilde{C}}(-\mathfrak{c})) \simeq \sigma_* \mathcal{O}_{\tilde{C}}(-\mathfrak{c})$ と同一視できる．定義から $\sigma_* \mathcal{O}_{\tilde{C}}(-\mathfrak{c}) \simeq C$ なので，示すべき上の同型は確かに成立する．よって $\omega_{\tilde{C}} \simeq \sigma^* \omega_C \otimes \mathcal{O}_{\tilde{C}}(-\mathfrak{c})$ である． □

既約な Gorenstein 射影曲線 C 上の双対化層については，補題 A.8 と $\deg \mathfrak{c} = 2(p_a(C) - g(\tilde{C}))$ より，

$$\deg \omega_C = 2p_a(C) - 2 \qquad (\text{A.1.5})$$

となることがわかる．補題 A.3 と Serre 双対定理と組み合わせれば，次が示せる．

♣ 補題 A.9. 既約な Gorenstein 射影曲線 C 上の直線束 L に対して，もし $\deg L \geq 2p_a(C) - 1$ または，$\deg L = 2p_a(C) - 2$ かつ $\mathcal{O}_C(L) \not\simeq \omega_C$ ならば，$H^1(C, L) = 0$ である．

《証明》 Serre 双対定理より，$H^1(C, L)^* \simeq H^0(C, K_C - L)$ なので，補題 A.3 より主張を得る． □

A.2　線形系と基点

この節では，特に断らない限り，C は $\mathbb{C}$ 上で定義された既約な Gorenstein 射影曲線であるとする．点 $p \in C$ に対し，$\mathfrak{m}_p$ は p における局所環 $\mathcal{O}_{C,p}$ の極大イデアルを表すが，$\mathfrak{m}_p \mathcal{O}_C$ は p のイデアル層を意味するものとする．すなわち

$$0 \to \mathfrak{m}_p \mathcal{O}_C \to \mathcal{O}_C \to \mathcal{O}_p \to 0$$

は完全である．$\mathfrak{m}_p \mathcal{O}_C$ が可逆層であることと，p が C の非特異点であることは同値である．p が非特異点のとき，p の近傍における $\mathfrak{m}_p \mathcal{O}_C$ の生成元が局所パラメータを誘導する．

L を C 上の直線束とする．任意の大域正則切断 $s \in H^0(C, L)$ に対して，$s(p) = 0$ となる点 $p \in C$ を線形系 $|L|$ の基点 (底点, base point) と言う．$\text{Bs}|L|$

で基点すべてのなす集合を表す．一方，Bs$|L|$ に適当なスキーム構造を導入する必要も生じる．この場合には，Bs$|L|$ は，制限写像 $H^0(C, L) \to H^0(Z, L \otimes \mathcal{O}_Z)$ が零写像になるような最大の部分スキーム Z である，と了解する．こう考えたときには，基点スキームと呼ぶほうが適当である．

完全列 (A.1.3) と $\mathcal{O}_C(L) \otimes \mathcal{R} \simeq \mathcal{R}$ より次は完全である．

$$0 \to \sigma_* \mathcal{O}_{\tilde{C}}(\sigma^* L - \mathfrak{c}) \to \mathcal{O}_C(L) \to \mathcal{R} \to 0.$$

従って，

$$\begin{aligned}0 \to H^0(\tilde{C}, \sigma^* L - \mathfrak{c}) &\to H^0(C, L) \to H^0(C, \mathcal{R}) \\ &\to H^1(\tilde{C}, \sigma^* L - \mathfrak{c}) \to H^1(C, L) \to 0\end{aligned} \quad (\text{A.2.1})$$

は完全である．また，$\deg(\sigma^* L - \mathfrak{c}) - (2g(\tilde{C}) - 2) = \deg L - (2p_a(C) - 2)$ にも注意せよ．

♣ **補題 A.10.** L を C 上の直線束とする．$\deg L \geq 2p_a(C) - 1$ または，$\deg L = 2p_a(C) - 2$ かつ $\mathcal{O}_{\tilde{C}}(\sigma^* L) \not\simeq \sigma^* \omega_C$ ならば，特異点 $p \in C$ は $|L|$ の基点ではない．

《証明》 $\mathcal{O}_{\tilde{C}}(\sigma^* L - \mathfrak{c}) \simeq \mathcal{O}_{\tilde{C}}(K_{\tilde{C}} + \sigma^*(L - K_C))$ である．Serre 双対定理から，$H^1(\tilde{C}, \sigma^* L - \mathfrak{c})^* \simeq H^0(\tilde{C}, \sigma^*(-L + K_C))$ なので，L が条件をみたせば，補題 A.3 から $H^1(\tilde{C}, \sigma^* L - \mathfrak{c}) = 0$ が従う．このとき完全列 (A.2.1) において $H^0(C, L) \to H^0(\mathcal{R})$ は全射である．特に，射影との合成 $H^0(C, L) \to H^0(\mathcal{R}) \to H^0(\mathcal{R}_p)$ も全射なので，特異点 $p \in C$ は $|L|$ の基点ではない． □

♣ **補題 A.11.** C の非特異点 p に対して $h^0(C, \mathcal{O}_C(p)) \geq 2$ ならば，$C \simeq \mathbb{P}^1$ である．

《証明》 $H^0(C, \mathcal{O}_C(p))$ は p でのみ零になる切断 s をもつ．従って，Bs$|\mathcal{O}_C(p)|$ は高々 p である．完全列

$$0 \to \mathfrak{m}_p \mathcal{O}_C(p) \to \mathcal{O}_C(p) \to \mathcal{O}_C(p) \otimes \mathcal{O}_p \simeq \mathcal{O}_p \to 0$$

を考える．$\mathfrak{m}_p \mathcal{O}_C(p) \simeq \mathcal{O}_C$ であり $h^0(C, \mathcal{O}_C(p)) \geq 2$ なので，制限写像 $H^0(C, \mathcal{O}_C(p)) \to \mathbb{C}_p$ は全射である．よって，$|\mathcal{O}_C(p)|$ は基点をもたない．また，$h^0(C, \mathcal{O}_C(p)) = 2$ である．p と異なる点 $q \in C$ を任意にとり，完全列

$$0 \to \mathfrak{m}_q \mathcal{O}_C(p) \to \mathcal{O}_C(p) \to \mathcal{O}_q \to 0$$

を用いて上と同様の議論を行う. $\mathrm{Bs}|\mathcal{O}_C(p)| = \emptyset$ より, 制限写像 $H^0(C, \mathcal{O}_C(p)) \to \mathbb{C}_q$ は全射である. すると, $h^0(C, \mathcal{O}_C(p)) = 2$ より $h^0(C, \mathfrak{m}_q \mathcal{O}_C(p)) = 1$ となる. 非零元 $t \in H^0(C, \mathfrak{m}_q \mathcal{O}_C(p))$ は $\mathcal{O}_C$ 加群の単射準同型 $\mathcal{O}_C \to \mathfrak{m}_q \mathcal{O}_C(p)$ を定めるが, $\deg(\mathfrak{m}_q \mathcal{O}_C(p)) = 0$ なので, t は零にならないから全射でもある. よって $\mathfrak{m}_q \mathcal{O}_C$ は可逆層なので, q は非特異点である. 以上より, C は非特異であることがわかった.

$H^0(C, \mathcal{O}_C(p))$ の基底 s, s' を用いて $\varphi : C \to \mathbb{P}^1$ を $C \ni q \mapsto (s(q) : s'(q)) \in \mathbb{P}^1$ によって定めれば, $\mathrm{Bs}|\mathcal{O}_C(p)| = \emptyset$ 故 φ は全射正則写像であり, $\deg \mathcal{O}_C(p) = 1$ だから双有理である. よって $C \simeq \mathbb{P}^1$ である. □

◇ **命題 A.12.** L を既約 Gorenstein 射影曲線 C 上の直線束とする. $\deg L \geq 2p_a(C) - 2$ のとき, 次が成立する.

(1) $\deg L \geq 2p_a(C)$ ならば $\mathrm{Bs}|L| = \emptyset$.

(2) $\deg L = 2p_a(C) - 1$ のとき, $p \in \mathrm{Bs}|L| \Leftrightarrow p$ は非特異点で $\mathcal{O}_C(L) \simeq \omega_C(p)$ である.

(3) $\deg L = 2p_a(C) - 2$ のとき, $p \in \mathrm{Bs}|L|$ が非特異点 $\Leftrightarrow$ (i) 非特異点 $q \in C$ によって $\mathcal{O}_C(L) \simeq \omega_C(p - q)$ かつ $\mathcal{O}_C(L) \not\simeq \omega_C$, または (ii) $C \simeq \mathbb{P}^1$ かつ $\mathcal{O}_C(L) \simeq \omega_C$ である.

(4) $\deg L = 2p_a(C) - 2$ のとき, $p \in \mathrm{Bs}|L|$ が特異点ならば, $\mathcal{O}_{\widetilde{C}}(\sigma^* L) \simeq \sigma^* \omega_C$ かつ $\mathcal{O}_C(L) \not\simeq \omega_C$ で, p は結節点または単純カスプである.

《証明》 $\deg L \geq 2p_a(C) - 2$ かつ非特異点 $p \in C$ が $|L|$ の基点だとする. 完全列

$$0 \to \mathfrak{m}_p \mathcal{O}_C(L) \to \mathcal{O}_C(L) \to \mathcal{O}_p \to 0$$

に付随するコホモロジー完全列において $H^0(C, L) \to \mathbb{C}_p$ は零写像だから, $H^1(C, \mathfrak{m}_p \mathcal{O}_C(L)) \neq 0$ である. $\deg \mathfrak{m}_p \mathcal{O}_C(L) = \deg L - 1$ が $2p_a(C) - 1$ 以上ならばこれは起こり得ないから, $\deg L \leq 2p_a(C) - 1$ でなければならない. Serre 双対定理より $H^0(C, K_C - L + p) \neq 0$ である. $\deg L = 2p_a(C) - 1$ のとき, $\mathcal{O}_C(K_C - L + p)$ の次数は零なので $\mathcal{O}_C(K_C - L + p) \simeq \mathcal{O}_C$

すなわち $\mathcal{O}_C(L) \simeq \omega_C(p)$ でなければならない. $\deg L = 2p_a(C) - 2$ ならば, $\deg(K_C - L + p) = 1$ なので $H^0(C, K_C - L + p)$ の非零元の零点を q とすると, $\mathcal{O}_C(K_C - L + p) \simeq \mathcal{O}_C(q)$ であり, $\mathcal{O}_C(L) \simeq \omega_C(p - q)$ を得る. このとき $\mathcal{O}_C(L) \simeq \omega_C$ ならば, 完全列 $0 \to \mathbb{C}_p \to H^1(C, \mathfrak{m}_p\mathcal{O}_C(L)) \to H^1(C, L) \to 0$ と $h^1(C, L) = 1$ および Serre 双対定理より $h^1(C, \mathfrak{m}_p\mathcal{O}_C(L)) = h^0(C, \mathcal{O}_C(p)) = 2$ となって, 前補題より $C \simeq \mathbb{P}^1$ である. $\mathcal{O}_C(L) \not\simeq \omega_C$ ならば, $p \neq q$ である. (2), (3) では逆の主張は明らかである.

最後に完全列

$$0 \to H^0(\tilde{C}, \sigma^*L - \mathfrak{c}) \to H^0(C, L) \to H^0(C, \mathcal{R})$$
$$\to H^1(\tilde{C}, \sigma^*L - \mathfrak{c}) \to H^1(C, L) \to 0$$

を用いて (4) の状況を考える. p は特異点なので, 補題 A.10 より $\mathcal{O}_{\tilde{C}}(\sigma^*L) \simeq \sigma^*\omega_C$ でなければならない. もし $\mathcal{O}_C(L) \simeq \omega_C$ ならば $h^1(C, L) = 1$ であり $h^1(\tilde{C}, \sigma^*L - \mathfrak{c}) = h^1(\tilde{C}, \omega_{\tilde{C}}) = 1$ なので, $H^0(C, L) \to H^0(\mathcal{R})$ は全射である. よって特異点は $|L|$ の基点ではない. 従って $p \in \mathrm{Bs}|L|$ が特異点ならば, $\mathcal{O}_C(L) \not\simeq \omega_C$ かつ $\mathcal{O}_{\tilde{C}}(\sigma^*L) \simeq \sigma^*\omega_C$ でなければならない. $\mathcal{O}_C(L) \not\simeq \omega_C$ より $H^1(C, L) = 0$ だから, $H^0(C, L) \to H^0(\mathcal{R})$ の余核の次元は 1 であり, この制限写像が零写像になるのは特異点が 1 点 p のみで $\mathrm{length}(\mathcal{R}_p) = 1$ のときに限られる. 従って, $\sigma^{-1}(p)$ は 1 点または 2 点であり, コンダクターはそれぞれ $\mathfrak{c} = 2p_1, p_1 + p_2$ の形になる. すなわち, 特異点 p はそれぞれ単純カスプ, 結節点である. $\square$

♠ **系 A.13.** $p_a(C) > 0$ のとき, $\mathrm{Bs}|\omega_C| = \emptyset$ である.

♣ **補題 A.14.** $\deg L \geq 2p_a(C) + 1$ ならば, L は非常にアンプルである.

《証明》 長さ 2 の有効 0 次元サイクル ξ を任意にとり完全列

$$0 \to \mathcal{I}_\xi\mathcal{O}_C(L) \to \mathcal{O}_C(L) \to \mathcal{O}_\xi(L) \to 0$$

を考える. $H^1(C, L) = 0$ なので, $|L|$ が ξ を分離しない (つまり制限写像 $H^0(C, L) \to \mathbb{C}_\xi$ が全射ではない) ための必要十分条件は $H^1(C, \mathcal{I}_\xi\mathcal{O}_C(L)) \neq$

0 である．Serre 双対定理から，これはさらに $\mathrm{Hom}(\mathcal{I}_\xi\mathcal{O}_C(L),\omega_C) \neq 0$ と同値である．さて，$\mathcal{I}_\xi\mathcal{O}_C(L)$ は高々0次元の部分スキームを除いて可逆なので，非自明な $\mathcal{O}_C$ 加群層の準同型写像 $s: \mathcal{I}_\xi\mathcal{O}_C(L) \to \omega_C$ は単射である．一方，$\deg(\mathcal{I}_\xi\mathcal{O}_C(L)) = \deg L - 2 \geq 2p_a(C) - 1 > \deg \omega_C$ なので，s が単射になることはないから矛盾である．よって $H^1(C, \mathcal{I}_\xi\mathcal{O}_C(L)) = 0$ であり L は非常にアンプルである． □

A.3 直線束に付随する次数付き環

既約な射影曲線 C 上の直線束 L に対して，層の同型 $\mathcal{O}_C(mL) \otimes_{\mathcal{O}_C} \mathcal{O}_C(nL) \simeq \mathcal{O}_C((m+n)L)$ は，掛算写像 $H^0(C, mL) \otimes H^0(C, nL) \to H^0(C, (m+n)L)$ を誘導する．従って，$R(C, L) := \bigoplus_{m=0}^{\infty} H^0(C, mL)$ は $H^0(C, mL)$ を m 次部分とする次数付き $\mathbb{C}$ 代数である．

♣ **補題 A.15** (Free pencil trick)．L_1, L_2 を既約な Gorenstein 射影曲線 C 上の直線束とする．$H^0(C, L_1) \neq 0$ のとき，線形部分空間 $W \subseteq H^0(C, L_2)$ が基点をもたない線形系を誘導し，$h^0(C, L_2 - L_1 + K_C) \leq \dim_\mathbb{C} W - 2$ ならば，掛算写像
$$H^0(C, L_1) \otimes W \to H^0(C, L_1 + L_2)$$
は全射である．

《証明》 Castelnuovo の free pencil trick を使う．$\dim_\mathbb{C} W = r+1$ とおく．仮定より W は C から $\mathbb{P}^r$ への正則写像を定義する．その像はどんな超平面にも含まれることはないから，全空間 $\mathbb{P}^r$ を張る．つまり C の像から一次独立な $r+1$ 個の点をとることができる．この事実より，C 上の十分一般の点 $p_2, \ldots, p_r$ をとれば，これらはすべて非特異点だとしてよく，自然な単射 $\iota: H^0(C, L_2 - p_2 - \cdots - p_r) \to H^0(C, L_2)$ による W の逆像を V とするとき $\dim_\mathbb{C} V = 2$ であり，しかも V は $\mathbb{P}^1 = \mathbb{P}V$ への全射正則写像 φ_V を誘導すると仮定してよい．さらに $h^0(C, L_1 + L_2 - p_2 - \cdots - p_r) = \max\{0, h^0(C, L_1 + L_2) - (r-1)\}$ と仮定できる．$\mathbb{P}^1$ 上の完全列 $0 \to \mathcal{O}_{\mathbb{P}V}(-1) \to V \otimes \mathcal{O}_{\mathbb{P}V} \to \mathcal{O}_{\mathbb{P}V}(1) \to 0$ を φ_V で C に引き戻すと，完全列
$$0 \to \mathcal{O}_C(-L_2 + p_2 + \cdots + p_r)$$

$$\to V \otimes \mathcal{O}_C \to \mathcal{O}_C(L_2 - p_2 - \cdots - p_r) \to 0$$

が得られる．これに L_1 を掛けた列

$$0 \to \mathcal{O}_C(L_1 - L_2 + p_2 + \cdots + p_r)$$
$$\to \mathcal{O}_C(L_1) \otimes V \to \mathcal{O}_C(L_1 + L_2 - p_2 - \cdots - p_r) \to 0$$

は完全である．よって，対応するコホモロジー長完全系列を考えると，もし $H^1(L_1 - L_2 + p_2 + \cdots + p_r) \simeq H^0(L_2 - L_1 - p_2 - \cdots - p_r + K_C)^* = 0$ ならば，掛算写像

$$H^0(C, L_1) \otimes V \to H^0(C, L_1 + L_2 - p_2 - \cdots - p_r)$$

は全射であることがわかる．$p_2, \ldots, p_r$ は十分一般にとったので，$h^0(C, L_2 - L_1 + K_C - p_2 - \cdots - p_r) = \max\{0, h^0(C, L_2 - L_1 + K_C) - (r-1)\}$ である．条件より $h^0(C, L_2 - L_1 + K_C) \leq r - 1$ だったから，$h^0(C, L_2 - L_1 + K_C - p_2 - \cdots - p_r) = 0$ となり，上の掛算写像は確かに全射である．

次に，可換図式

$$\begin{array}{ccc} H^0(C, L_1) \otimes V & \longrightarrow & H^0(C, L_1 + L_2 - p_2 - \cdots - p_r) \\ \downarrow & & \downarrow \\ H^0(C, L_1) \otimes W & \longrightarrow & H^0(C, L_1 + L_2) \end{array}$$

を用いて，もともとの掛算写像を調べる．上の図式で縦の写像はどちらも包含写像である．さて，基底 $\{t_0, t_1\} \subset V$ をとって自然な単射 $\iota|_V : V \hookrightarrow W$ による t_0, t_1 の像をそれぞれ s_0, s_1 とする．s_0, s_1 は $\bigcup_{i=2}^r \{p_i\}$ で零になる．いま，$\{s_2, \ldots, s_r\} \subset W$ を $s_i(p_j) = \delta_{ij}$ となるようにとると，$\{s_0, s_1, \ldots, s_r\}$ は W の基底をなす．実際もし $c_0, \ldots, c_r \in \mathbb{C}$ に対して $c_0 s_0 + c_1 s_1 + \cdots + c_r s_r = 0$ ならば，各 $p_i, (2 \leq i \leq r)$ での値をとると，$c_i = 0$ を得るので，$c_0 s_0 + c_1 s_1 = 0$ であるが，t_0, t_1 の一次独立性から $c_0 = c_1 = 0$ も従うからである．ここで一般の $u \in H^0(C, L_1)$ をとれば，これは $\bigcup_{i=2}^r \{p_i\}$ で零にならないと仮定できるので，$u s_i, (i = 2, \ldots, r)$, は $H^0(C, L_1 + L_2)$ において一次独立である．次元を考えれば，これらおよび自然な単射 $H^0(C, L_1 + L_2 - p_2 - \cdots - p_r) \hookrightarrow H^0(C, L_1 +$

L_2) の像, すなわち $H^0(C, L_1)s_0 \oplus H^0(C, L_1)s_1$ が $H^0(C, L_1 + L_2)$ 全体を生成する. 以上より, $H^0(C, L_1) \otimes W \to H^0(C, L_1 + L_2)$ は全射である. □

♡ **定理 A.16.** 既約な Gorenstein 射影曲線 C 上の直線束 L_1, L_2 が下の条件 (♭) をみたせば, 掛算写像

$$H^0(C, L_1) \otimes H^0(C, L_2) \to H^0(C, L_1 + L_2)$$

は全射である.

(♭) $\deg L_1 \geq 2p_a(C)$ かつ $L_2 \geq 2p_a(C)$ であって, $p_a(C) > 0$ で $\mathcal{O}_C(L_1) \simeq \mathcal{O}_C(L_2)$ のときには $\deg L_1 = \deg L_2 \geq 2p_a(C) + 1$ である.

《証明》 $p_a(C) = 0$ すなわち $C \simeq \mathbb{P}^1$ のときには, 条件をみたす L_1, L_2 の次数は共に 0 以上なので, 主張は明らかである. 従って $p_a(C) > 0$ としてよい. また, $\deg L_2 \geq \deg L_1$ と仮定しても一般性を失わない.

前補題の条件を考察する. $\deg L_i \geq 2p_a(C)$ なので, Riemann-Roch 定理から $h^0(C, L_i) = \deg L_i + 1 - p_a(C) \geq p_a(C) + 1 \geq 2$ である. また $\mathrm{Bs}|L_2| = \emptyset$ である. よって, $L := L_2 - L_1 + K_C$ とおくとき, $h^0(C, L) \leq h^0(C, L_2) - 2 = \deg L_2 - 1 - p_a(C)$ を示せばよい. $\deg L_2 > \deg L_1$ ならば, $\deg L > \deg \omega_C = 2p_a(C) - 2$ なので, $H^1(C, L) = 0$ であるから $h^0(C, L) = \deg L + 1 - p_a(C) = \deg L_2 - \deg L_1 + p_a(C) - 1$ である. $\deg L_1 \geq 2p_a(C)$ なので, $h^0(C, L) \leq h^0(C, L_2) - 2$ が成立する. 次に $\deg L_2 = \deg L_1$ と仮定する. このとき $\deg L = 2p_a(C) - 2 = \deg \omega_C$ である. もし, $\mathcal{O}_C(L_1) \not\simeq \mathcal{O}_C(L_2)$ ならば, $\mathcal{O}_C(L) \not\simeq \omega_C$ 故, $H^1(C, L) = 0$ だから上の場合と全く同様である. よって $\mathcal{O}_C(L_1) \simeq \mathcal{O}_C(L_2)$ の場合を考えればよい. このとき $\mathcal{O}_C(L) \simeq \omega_C$ だから, $h^0(C, L) = p_a(C)$ である. 従って $h^0(C, L) \leq h^0(C, L_2) - 2$ が成立するための必要十分条件は $\deg L_2 \geq 2p_a(C) + 1$ である. □

▷ **注意 A.17.** $\deg L = 2p_a(C) > 0$ の場合には $H^0(C, L) \otimes H^0(C, L) \to H^0(C, 2L)$ は必ずしも全射にならない. 例えば, $p_a(C) = 1$ で $\deg L = 2$ の場合を考える. このとき, $h^0(C, L) = 2$, $h^0(C, 2L) = 4$ である. $H^0(C, L) \otimes H^0(C, L) \to H^0(C, 2L)$ は, 対称積 $\mathrm{Sym}^2 H^0(C, L)$ を経由す

るが，$\dim \mathrm{Sym}^2 H^0(C,L) = 3$ だから，$\mathrm{Sym}^2 H^0(C,L) \to H^0(C,2L)$ は全射になり得ない．

♠ 系 A.18. L を既約 Gorenstein 射影曲線 C 上の直線束とする．$\deg L \geq 2p_a(C) + 1$ ならば，次数付き環 $R(C,L) = \bigoplus_{m=0}^{\infty} H^0(C,mL)$ は一次部分で生成される．特に L は非常にアンプルである．

《証明》 $R(C,L)$ が一次部分で生成されることを示すには，任意の正整数 m に対して，掛算写像

$$H^0(C,L) \otimes H^0(C,mL) \to H^0(C,(m+1)L)$$

が全射であることを示せばよいが，これは前定理から直ちに従う．

十分に大きな正整数 m をとれば，mL は非常にアンプルである．一方，上で示したように $\mathrm{Sym}^m H^0(C,L) \to H^0(C,mL)$ は全射なので，埋め込み $\mathbb{P}H^0(C,mL) \hookrightarrow \mathbb{P}\mathrm{Sym}^m H^0(C,L)$ を得る．$|mL|$ による埋め込み $\Phi_{mL}: C \to \mathbb{P}H^0(C,mL)$ とこの埋め込みの合成は，$|L|$ による写像 $\Phi_L: C \to \mathbb{P}H^0(C,L)$ と Veronese 埋め込み $\mathbb{P}H^0(C,L) \hookrightarrow \mathbb{P}\mathrm{Sym}^m H^0(C,L)$ の合成に等しいので，結局 $\Phi_L: C \to \mathbb{P}H^0(C,L)$ は埋め込みである．これは L が非常にアンプルであることに他ならない．　□

A.4　Castelnuovo の種数上限 と Clifford の定理

前節では，次数が十分大きい直線束に関する結果を述べたが，この節では次数がそれほど大きくない場合を含めて扱うために必要な事項を紹介する．

L を既約な射影曲線 C 上の次数 $d > 0$ の直線束とする．$\mathrm{Bs}|L| = \emptyset$ で $\Phi_L: C \to \mathbb{P}H^0(C,L)$ は像の上に双有理であると仮定する．$h^0(C,L) = r+1$ とおく．十分一般の $s \in H^0(C,L)$ をとって，$\eta = (s)$ とおけば，η は相異なる d 個の非特異点からなる．s が誘導する完全列

$$0 \to \mathcal{O}_C \simeq \mathcal{I}_\eta \mathcal{O}_C(L) \to \mathcal{O}_C(L) \to \mathcal{O}_\eta \to 0$$

を考えると $\mathrm{rank}\{H^0(C,L) \to \mathbb{C}_\eta\} = h^0(C,L) - h^0(C,\mathcal{O}_C) = r$ なので，$d = \deg \eta \geq r$ である．

♣ 補題 A.19 (一般の位置定理).
上の仮定の下, η のどんな次数 r の部分有効因子 η' に対しても制限写像 $H^0(C, L) \to \mathbb{C}_{\eta'}$ は全射である. すなわち, Φ_L による η' の像は, s が定める $\mathbb{P}H^0(C, L)$ の超平面を張る.

《証明》 $s_0, \ldots, s_r$ を $H^0(C, L)$ の基底とする. 十分小さな正数 ϵ をとり

$$U_\epsilon = \{t = (t_0, \ldots, t_r) \in \mathbb{C}^{r+1} \mid |t_i| < \epsilon,\ 0 \leq \forall i \leq r\}$$

とおく. $t \in U_\epsilon$ に対して, $s_t = s + \sum_{i=0}^{r} t_i s_i \in H^0(C, L)$ が定める有効因子を $\eta_t = \sum_{j=1}^{d} p_j(t)$ とおくとき, $p_j(t)$ は $t \in U_\epsilon$ に正則に依存する相異なる d 個の非特異点だと仮定してよい. 従って任意の $I = \{i_1, \ldots, i_r\} \subset \{1, \ldots, d\}$ に対して正則写像 $\pi_I : U_\epsilon \to C^r$ を $t \mapsto (p_{i_1}(t), \ldots, p_{i_r}(t))$ によって定義すれば, $\pi_I(U_\epsilon)$ は C^r の開集合を含む. なぜなら, $H^0(C, L) = r + 1$ より, C 上の任意の r 個の非特異点に対して, それらで零になるような $H^0(C, L)$ の元が存在するからである. 今

$$\Omega = \{(p_1, \ldots, p_r) \in C^r \mid \mathrm{rank}\{H^0(C, L) \to \mathbb{C}_{\sum p_i}\} \leq r - 1\}$$

は, 真の解析的部分集合なので開集合を含み得ない. 従って $U_\epsilon \setminus \bigcup_I \pi_I^{-1}(\Omega)$ から t をとれば, どんな I に対しても $\pi_I(t)$ は一次独立な点集合を与える. □

非負整数 k に対して

$$0 \to \mathcal{O}_C((k-1)L) \to \mathcal{O}_C(kL) \to \mathcal{O}_\eta \to 0$$

を考え,

$$\tilde{h}_\eta(k) = \mathrm{rank}\{H^0(C, kL) \to \mathbb{C}_\eta\} = h^0(C, kL) - h^0(C, (k-1)L)$$

とおく. さらに, 掛算写像 $\mu_k : \mathrm{Sym}^k H^0(C, L) \to H^0(C, kL)$ を用いて

$$h_\eta(k) = \mathrm{rank}\{\mathrm{Sym}^k H^0(C, L) \to H^0(C, kL) \to \mathbb{C}_\eta\}$$

とおくと, $\tilde{h}_\eta(0) = h_\eta(0) = 1$, $\tilde{h}_\eta(1) = h_\eta(1) = r$, $\tilde{h}_\eta(k) \geq h_\eta(k)$ である. $H^0(C, (k-1)L) \hookrightarrow H^0(C, kL)$ の像は $sH^0(C, (k-1)L)$ だから, これと $\mathrm{Im}(\mu_k)$ との共通部分は $s\mathrm{Im}(\mu_{k-1})$ に他ならない. よって,

A.4 Castelnuovo の種数上限と Clifford の定理　239

$$h_\eta(k) = \dim_\mathbb{C} \operatorname{Im}(\mu_k) - \dim_\mathbb{C} \operatorname{Im}(\mu_{k-1})$$

が成立する．従って，もし $h_\eta(i) = \tilde{h}_\eta(i)$, $\forall i \leq k$, ならば $h^0(C, kL) = \dim_\mathbb{C} \operatorname{Im}(\mu_k)$ となるので，μ_k は全射である．

♣ **補題 A.20.** 非負整数 i に対して，$h_\eta(i) \geq \min\{d, i(r-1)+1\}$ である．

《証明》 まず，$d \geq i(r-1)+1$ と仮定する．η は相異なる d 点からなる．このうち $i(r-1)+1$ 点を選び固定する．このうち 1 点 p を除いた $i(r-1)$ 点を，$r-1$ 点ずつに分けて，どの 2 つも共通点をもたない i 個の次数 $r-1$ 有効部分因子 η_k ($k=1,\ldots,i$) を作る．一般の位置定理から $\operatorname{rank}\{H^0(C,L) \to \mathbb{C}_{\eta_k}\} = r-1$ なので，$h^0(C, L-\eta_k) = 2$ である．L の大域切断で η_k 上零になるものの 1 つは s である．従って s とは独立な η_k 上零になる元 $s_k \in H^0(C,L)$ が存在する．このとき，$s_k(p) \neq 0$ である．何故ならもし $s_k(p) = 0$ ならば，一般の位置定理より $h^0(C, L-\eta_k-p) = 1$ なので，s と s_k は独立になり得ないからである．このとき積 $s_1\cdots s_i \in \operatorname{Sym}^i H^0(C,L)$ は p では零にならず，他の $i(r-1)$ 点では零になる．p の選び方は $i(r-1)+1$ 通りあるので，こうして $\operatorname{Sym}^i H^0(C,L)$ の $i(r-1)+1$ 個の元で $\mathbb{C}_\eta$ において一次独立であるようなものが得られた．従って $h_\eta(i) \geq i(r-1)+1$ である．

次に $d < i(r-1)+1$ と仮定する．$h_\eta(i) = d$ を示せばよい．$d \geq j(r-1)+1$ をみたす最大の整数 j をとる．$d \geq r$ なので，$j \geq 1$ である．$h_\eta(j+1) = d$ を示す．η の各点 p に対し，p で零でなく $\eta-p$ で零となるような $\operatorname{Sym}^{j+1} H^0(C,L)$ の元 F_p が存在することを示せばよい．η の $j(r-1)$ 点からなる部分有効因子 η_0 をとり，固定する．$\eta_1 = \eta - \eta_0 = p_1 + \cdots + p_t$ とおく．$t = d - j(r-1) < r$ である．各 $k = 1, \ldots, t$ に対して $H^0(C,L) \to \mathbb{C}_{\eta_1 - p_k}$ および $H^0(C,L) \to \mathbb{C}_{\eta_1}$ は全射なので，p_k で零でなく $\eta_1 - p_k$ で零になる元 $\ell_k \in H^0(C,L)$ が存在する．また，$p \preceq \eta_0$ に対して，η_1 の代わりに $\eta_1 - p_k + p$ を考えれば，p で零でなく $\eta_1 - p_k$ で零になる元 $\ell_p \in H^0(C,L)$ が存在することがわかる．今，$\eta_0 + p_k$ に対して，前半の議論を使えば，$f_k \in \operatorname{Sym}^j H^0(C,L)$ で $f_k(p_k) \neq 0$ かつ f_k は η_0 で零になるものが存在する．このとき $\ell_k f_k \in \operatorname{Sym}^{j+1} H^0(C,L)$ は p_k で零にならず，$\eta - p_k$ で零になる．$p \preceq \eta_0$ については p で零にならず $\eta_0 - p + p_k$ で零になる $f_p \in \operatorname{Sym}^j H^0(C,L)$ が存在するから，$\ell_p f_p \in \operatorname{Sym}^{j+1} H^0(C,L)$ が p で非零かつ $\eta - p$ で零になる元を与える．$k = 1, \ldots, t$ について上の議論を繰

り返せば，$h_\eta(j+1) = d$ が証明できる．$\mathrm{Bs}|L| = \emptyset$ なので，η のどんな点でも零にならない元 $u \in H^0(C, L)$ が存在するから，$u^{i-j-1}F_p \in \mathrm{Sym}^i H^0(C, L)$ は p で非零かつ $\eta - p$ で零になる．よって $h_\eta(i) = d$ である． □

♡ **定理 A.21** (Castelnuovo の種数上限)． 既約な射影曲線 C 上の次数 d の直線束 L が像の上への双有理正則写像を定義するとき，$h^0(C, L) = r + 1$，

$$m = \left[\frac{d-1}{r-1}\right], \quad \epsilon = d - 1 - m(r-1)$$

とおけば，

$$p_a(C) \leq \frac{1}{2}m(m-1)(r-1) + m\epsilon$$

である．等号が成立するとき，掛算写像 $\mathrm{Sym}^k H^0(C, L) \to H^0(C, kL)$ は任意の非負整数 k に対して全射であり，$R(C, L)$ は一次部分で生成される．

《証明》 十分大きな整数 k に対して $H^1(C, (k-1)L) = 0$ となるので，$\tilde{h}_\eta(k) = \deg \eta = d$ である．

$$\sum_{i=1}^k \tilde{h}_\eta(i) = \sum_{i=1}^k (h^0(C, iL) - h^0(C, (i-1)L)) = h^0(C, kL) - 1 = kd - p_a(C)$$

なので，

$$p_a(C) = \sum_{i=1}^k (d - \tilde{h}_\eta(i)) \leq \sum_{i=1}^k (d - h_\eta(i))$$

という上からの評価を得る．補題から $h_\eta(i) \geq \min\{d, i(r-1) + 1\}$ なので，$i > m$ なら $h_\eta(i) = d$ となる．よって，

$$p_a(C) \leq \sum_{i=1}^m (d - h_\eta(i)) \leq \sum_{i=1}^m ((m-i)(r-1) + \epsilon) = \frac{1}{2}m(m-1)(r-1) + m\epsilon$$

である．$p_a(C)$ が上限をとるとき，任意の i に対して

$$h_\eta(i) = \tilde{h}_\eta(i) = \min\{d, i(r-1) + 1\}$$

が成立する．従ってすでに注意したように，このとき μ_i は全射である． □

A.4 Castelnuovo の種数上限 と Clifford の定理 241

♠ 系 A.22. 上の定理の仮定下で,$d \geq 2r$ または $d \geq r + p_a(C)$ が成り立つ.

《証明》 $d < 2r$ ならば $m = 1$ または $m = 2, \epsilon = 0$ である.よって Castelnuovo の種数上限から $p_a(C) \leq d - r$ を得る. □

直線束 L が条件 $h^0(C, L) > 0$ かつ $h^1(C, L) > 0$ をみたすときには,$h^0(C, L)$ を Riemann-Roch の定理から直接に知ることはできない.このとき $|L|$ を**特殊線形系** (special linear system) と呼び,L を**特殊直線束** (special line bundle) と呼ぶ.

♣ 補題 A.23. L を既約な Gorenstein 射影曲線 C 上の特殊直線束とする.このとき $0 \leq \deg L \leq 2p_a(C) - 2$ かつ $0 < h^0(C, L) \leq p_a(C)$ が成立する.また,$\deg L = 0$ ならば $L = \mathcal{O}_C$ であり,$\deg L = 2p_a(C) - 2$ ならば $L = K_C$ である.

《証明》 $h^0(C, L) > 0$ なので,補題 A.3 より $\deg L \geq 0$ であり,$\deg L = 0$ ならば $L = \mathcal{O}_C$ である.また,Serre 双対定理から $0 < h^1(C, L) = h^0(C, K_C - L)$ なので,再び補題 A.3 より $\deg(K_C - L) \geq 0$,すなわち $\deg L \leq 2p_a(C) - 2$ が得られる.もし $\deg L = 2p_a(C) - 2$ ならば $L = K_C$ である.また,$H^0(C, K_C - L)$ の非零元は単射 $\mathcal{O}_C(L) \to \mathcal{O}_C(K_C)$ を誘導するから,$h^0(C, L) \leq h^0(C, K_C) = p_a(C)$ である. □

♡ 定理 A.24 (Clifford plus). L を既約 Gorenstein 射影曲線 C 上の特殊直線束とし $d = \deg L, r = h^0(C, L) - 1$ とおく.$r \geq 1$ とし,$\varphi_L : C \to \Gamma \subseteq \mathbb{P}H^0(C, L)$ で $|L|$ が誘導する有理写像を表す.このとき,次のいずれかが成立する.

(1) $\deg \varphi_L = 1$ のとき,$2L$ が特殊直線束ならば $d \geq 3r - 1$ を,そうでなければ $2d \geq 3r - 1 + p_a(C)$ をみたす.

(2) $\deg \varphi_L = 2$ のとき,$d \geq 2r + 2p_a(\Gamma)$ または $d \geq 4r$ が成立する.

(3) $\deg \varphi_L \geq 3$ のとき,$d \geq (\deg \varphi_L)r \geq 3r$ である.

《証明》 $|L|$ の可動部分の次数は d 以下なので,$\mathrm{Bs}|L| = \emptyset$ と仮定してよい.系 A.22 を $(\Gamma, \mathcal{O}_\Gamma(1))$ に適用すれば,$\deg \Gamma \geq 2r$ または $\deg \Gamma \geq r + p_a(\Gamma)$

が結論される．$d = (\deg \varphi_L)(\deg \Gamma)$ なので，(2) と (3) が得られる．よって $\deg \varphi_L = 1$ としてよい．このときもし $d < 2r$ ならば，系 A.22 より $d \geq r + p_a(C)$ であるから，$p_a(C) < r$ となって，補題 A.23 より，L が特殊直線束であることに矛盾する．よって $d \geq 2r$ である．

$2L$ が特殊直線束でなければ，$H^1(C, 2L) = 0$ なので Riemann-Roch 定理より $h^0(C, 2L) = 2d + 1 - p_a(C)$ である．$d \geq 2r - 1$ なので，$h^0(C, 2L) \geq h^0(C, L) + h_\eta(2) \geq r + 1 + \min\{d, 2r-1\} = 3r$ より，$2d \geq 3r - 1 + p_a(C)$ が成立する．

$2L$ は特殊直線束だとする．もし $d \leq 3r - 2$ ならば，Castelnuovo の種数上限より $p_a(C) \leq 2d - 3r + 1 \leq d - 1$ を得る．しかしこれは $\deg(2L) > \deg K_C$ を意味するので，補題 A.23 より，$2L$ が特殊直線束であることに矛盾する．よって $d \geq 3r - 1$ である． □

次が古典的な Clifford の定理である．

♠ **系 A.25** (Clifford の定理)．既約な Gorenstein 射影曲線 C 上の特殊直線束 L に対して

$$\deg L \geq 2h^0(C, L) - 2$$

が成立する．等号が成立するとき，$L = \mathcal{O}_C, K_C$ であるか，または $|L|$ が次数 $h^0(C, L) - 1$ の曲線への分岐 2 重被覆を誘導する．

《証明》 $h^0(C, L) = 1$ ならば，不等式は明らかに成立する．また，$\deg L = 0$ ならば補題 A.23 より $L = \mathcal{O}_C$ である．

$h^0(C, L) \geq 2$ とし，定理 A.24 と同じ記号を用いる．L は特殊なので $r + 1 \leq p_a(C)$ である．よって定理 A.24 より $d \geq 2r$ が成立する．$d = 2r$ ならば $\deg \varphi_L \leq 2$ である．すなわち φ_L は，次数 r の曲線への 2 重被覆であるか，双有理正則写像であるかのどちらかである．後者の場合，$r \geq 2$ より，$2L$ は特殊でなく $p_a(C) = r + 1$ の場合に限られる．このとき $\deg L = d = 2r = 2p_a(D) - 2$ だから，補題 A.23 より $L = K_C$ である． □

A.5 標準写像と標準環

既約な Gorenstein 射影曲線 C に対して，系 A.13 より $p_a(C) > 0$ のとき $|K_C|$ は基点をもたない．$p_a(C) = 1$ のときには，$\deg \omega_C = 0$ かつ $h^0(C, \omega_C) = 1$ なので，補題 A.3 より $\omega_C \simeq \mathcal{O}_C$ である．$p_a(C) \geq 2$ の場合に標準写像 $\Phi_{K_C} : C \to \mathbb{P}H^0(C, K_C)$ を考える．像は $p_a(C) - 1$ 次元射影空間の非退化な（すなわち，どんな超平面にも含まれていない）既約曲線で，その次数は $p_a(C) - 1$ 以上である．$\deg K_C = 2p_a(C) - 2$ だから，Φ_{K_C} は像の上に双有理であるか，または次数 2 であるか，のどちらかである．後者の場合，像の次数は自動的に $p_a(C) - 1$ になる．標準写像が像の上に次数 2 の写像であるとき，C を**超楕円曲線** (hyperelliptic curve) と言う．$p_a(C) = 2$ ならば，像は $\mathbb{P}^1$ なので自動的に超楕円曲線である．$p_a(C) > 2$ で超楕円曲線でない既約な Gorenstein 射影曲線を**非超楕円曲線** (non-hyperelliptic curve) と呼ぶ．

次の補題は，Castelnuovo の種数上限の系 A.22 を用いても証明できる．

♣ **補題 A.26.** $\mathbb{P}^r$ 内の次数 r の非退化な既約曲線 A は，$\mathbb{P}^1$ を $\mathcal{O}_{\mathbb{P}^1}(r)$ で埋め込んだ曲線（r 次**有理正規曲線** (rational normal curve)）である．

《証明》 A の正規化（特異点解消）を $\sigma : B \to A$ とする．合成写像 $B \to A \hookrightarrow \mathbb{P}^r$ による $\mathcal{O}_{\mathbb{P}^r}(1)$ の引き戻しを L とすれば，$\deg A = r$ より $\deg L = r$ である．従って Riemann-Roch 定理から $h^0(B, L) = r + 1 - (g(B) - h^0(B, K_B - L))$ である．$h^0(\mathbb{P}^r, \mathcal{O}_{\mathbb{P}^r}(1)) = r + 1$ かつ A は非退化だから $h^0(B, L) \geq r + 1$ である．よってもし $h^0(B, K_B - L) = 0$ ならば，$g(B) = 0$ で $h^0(B, L) = r + 1$ である．この場合 $B \simeq \mathbb{P}^1$，$\deg L = r \geq 2g(B) + 1 = 1$ なので L は非常にアンプルであり，主張が従う．$h^0(B, K_B - L) \neq 0$ とする．$H^0(B, L)$ の非零元は，単射 $\mathcal{O}_B(-L) \hookrightarrow \mathcal{O}_B$ を定め，単射 $\mathcal{O}_B(K_B - L) \hookrightarrow \mathcal{O}_B(K_B)$ を誘導する．従って $h^0(B, K_B - L) \leq h^0(B, K_B) = g(B)$ なので，$h^0(B, L) \geq r + 1$ から $h^0(B, L) = r + 1$ かつ $h^0(B, K_B - L) = g(B)$ が従う．仮定から $g(B) > 0$ だが，このとき $\mathrm{Bs}|K_B| = \emptyset$ かつ $\deg L = r > 0$ なので，$H^0(B, K_B - L) \to H^0(B, K_B)$ は全射になり得ない．これは矛盾である． □

従って，超楕円曲線 C は $\mathbb{P}^1$ の分岐 2 重被覆であり，その標準写像は

$$C \xrightarrow{2:1} \mathbb{P}^1 \hookrightarrow \mathbb{P}^{p_a(C)-1}$$

のように分解する. ω_C は $\mathcal{O}_{\mathbb{P}^1}(p_a(C)-1)$ の引き戻しに他ならない. 逆も成立する:

♣ **補題 A.27.** $p_a(C) \geq 2$ なる既約な Gorenstein 射影曲線 C が次数 2 の正則写像 $\varphi : C \to \mathbb{P}^1$ をもてば, $\omega_C \simeq \varphi^* \mathcal{O}_{\mathbb{P}^1}(p_a(C)-1)$ であり, C は超楕円曲線である.

《証明》 $\mathcal{O}_C(L) = \varphi^* \mathcal{O}_{\mathbb{P}^1}(p_a(C)-1)$ とおけば, $\deg L = 2p_a(C) - 2$ かつ $h^0(C, L) \geq h^0(\mathbb{P}^1, \mathcal{O}_{\mathbb{P}^1}(p_a(C)-1)) = p_a(C)$ である. Riemann-Roch 定理から $h^0(C, L) - h^1(C, L) = p_a(C) - 1$ であるから, $h^1(C, L) = h^0(C, K_C - L) \neq 0$ でなければならない. $K_C - L$ は次数 0 の直線束だから, 補題 A.3 より $L = K_C$ を得る. また, このとき $h^0(C, L) = h^0(\mathbb{P}^1, \mathcal{O}_{\mathbb{P}^1}(p_a(C)-1))$ なので, $|L|$ が定める正則写像, すなわち C の標準写像は φ と $|\mathcal{O}_{\mathbb{P}^1}(p_a(C)-1)|$ による $\mathbb{P}^1$ の射影埋め込みとの合成写像である. □

◇ **命題 A.28.** C を超楕円曲線とし, $\varphi : C \to \mathbb{P}^1$ を分岐 2 重被覆とする. また, $\mathcal{O}_C(L) = \varphi^* \mathcal{O}_{\mathbb{P}^1}(1)$ とおく. このとき

$$R(C, L) \simeq \mathbb{C}[X_0, X_1, Y]/(Y^2 - F(X_0, X_1))$$

である. ただし, $\deg X_0 = \deg X_1 = 1$, $\deg Y = p_a(C) + 1$ であり, $F(X_0, X_1)$ は X_0, X_1 の $2p_a(C) + 2$ 次斉次多項式である.

《証明》 $h^0(C, L) = 2$, $\mathrm{Bs}|L| = \emptyset$ である. $\{x_0, x_1\}$ を $H^0(C, L)$ の基底とする. φ を通して $R(\mathbb{P}^1, \mathcal{O}_{\mathbb{P}^1}(1))$ は $R(C, L)$ の部分 $\mathbb{C}$ 代数である. $\omega_C \simeq \mathcal{O}_C((p_a - 1)L)$ かつ $H^0(C, \omega_C) \simeq H^0(\mathbb{P}^1, \mathcal{O}_{\mathbb{P}^1}(p_a(C)-1))$ なので, 両者は $p_a(C) - 1$ 次までは等しい. すなわち $R(C, L)$ の $p_a(C) - 1$ 次までの部分は x_0, x_1 の斉次単項式で生成される. また, Riemann-Roch 定理より $h^0(C, p_a L) = h^0(\mathbb{P}^1, \mathcal{O}_{\mathbb{P}^1}(p_a)) = p_a(C) + 1$ なので, $p_a(C)$ 次まで同様のことが言える. Riemann-Roch 定理から $h^0(C, (p_a+1)L) = p_a(C) + 3$ であり, $h^0(\mathbb{P}^1, \mathcal{O}_{\mathbb{P}^1}(p_a(C)+1)) = p_a(C) + 2$ なので, $\mathbb{P}^1$ からこない元 $y \in H^0(C, (p_a+1)L)$ がある. $m > p_a(C)$ のとき $h^1(C, (m-1)L) = h^0(C, (p_a -$

$m)L) = 0$ なので，free pencil trick より掛算写像 $H^0(C, L) \otimes H^0(C, mL) \to H^0(C, (m+1)L)$ は全射である．従って $y^2 \in H^0(C, (2p_a + 2)L)$ は x_0, x_1 の $2p_a(C) + 2$ 次斉次単項式および，x_0, x_1 の $p_a(C) + 1$ 次斉次単項式と y の積との一次結合として表示できる．すなわち，適当な x_0, x_1 の $p_a + 1$ 次と $2p_a + 2$ 次の斉次式 $A_{p_a+1}(x)$, $A_{2p_a+2}(x)$ によって

$$y^2 = A_{p_a+1}(x)y + A_{2p_a+2}(x)$$

のように書ける．これが唯一の関係式であることを見るのは難しくない．$y - A_{p_a+1}(x)/2$ を改めて y だと考えれば，主張を得る． □

特に，補題 A.14 がシャープであることがわかる．

♠系 A.29. 超楕円曲線 C に対し，分岐 2 重被覆 $\varphi : C \to \mathbb{P}^1$ を考える．このとき，次数 $2p_a(C)$ の可逆層 $\varphi^* \mathcal{O}_{\mathbb{P}^1}(p_a(C))$ は，非常にアンプルではない．

さて，$p_a(C) = 2$ の場合は命題 A.28 の $R(C, L)$ が標準環 $R(C, K_C)$ に他ならない．よってそれは 1 次と 3 次の元で生成され，関係式は 6 次である．$p_a(C) \geq 3$ の場合は $\omega_C \simeq \mathcal{O}_C((p_a - 1)L)$ と命題 A.28 を用いると，$R(C, K_C)$ が 1 次と 2 次の元で生成され，4 次以下の関係式をもつことがわかる．実際，$H^0(C, K_C)$ の基底は $\xi_i = x_0^i x_1^{p_a - 1 - i} (0 \leq i \leq p_a(C) - 1)$ であり，これらの間には

$$\operatorname{rank} \begin{pmatrix} \xi_0 & \xi_1 & \cdots & \xi_{p_a - 2} \\ \xi_1 & \xi_2 & \cdots & \xi_{p_a - 1} \end{pmatrix} \leq 1$$

すなわち，行列の 2×2 小行列式がすべて零，という関係がある．これは有理正規曲線 $\Phi_{K_C}(C)$ の定義方程式系に他ならない．この関係式を法として，$H^0(C, 2K_C)$ の基底は

$$\begin{aligned} \xi_0 \xi_i &= x_0^i x_1^{2p_a - 2 - i} & (0 \leq i \leq p_a(C) - 1), \\ \xi_i \xi_{p_a - 1} &= x_0^{p_a - 1 + i} x_1^{p_a - 1 - i} & (1 \leq i \leq p_a(C) - 1), \\ \eta_j &= x_0^j x_1^{p_a - 3 - j} y & (0 \leq j \leq p_a(C) - 3) \end{aligned}$$

である．$\eta_i / \xi_{i+1} = \eta_i / \eta_{i+1} = x_1 / x_0$ 等の自明な関係式をまとめて書けば，

$$\mathrm{rank}\begin{pmatrix} \xi_0 & \xi_1 & \cdots & \xi_{p_a-2} & \eta_0 & \eta_1 & \cdots & \eta_{p_a-4} \\ \xi_1 & \xi_2 & \cdots & \xi_{p_a-1} & \eta_1 & \eta_2 & \cdots & \eta_{p_a-3} \end{pmatrix} \leq 1$$

となる．この他に $y^2 = F(x_0, x_1)$ から得られる 4 次関係式

$$\eta_0 \eta_i = F_i(\xi) = x_0^i x_1^{2p_a-6-i} F(x_0, x_1) \qquad (0 \leq i \leq p_a(C) - 3)$$

$$\eta_j \eta_{p_a-3} = G_i(\xi) = x_0^{p_a-3+j} x_1^{p_a-3-j} F(x_0, x_1) \quad (1 \leq j \leq p_a(C) - 3)$$

がある．$m \geq 3$ のとき，$H^0(C, mK_C) \simeq H^0(C, m(p_a(C) - 1)L)$ の元が ξ_i, η_j の積で生成されること，および関係式が上記のもので生成されることは容易に確かめられる．

♡ **定理 A.30.** C を超楕円曲線とする．$p_a(C) \geq 3$ のとき，標準環 $R(C, K_C)$ は 2 次以下の元で生成され，関係式は 4 次以下である．

$p_a(C) \geq 3$ かつ C は非超楕円的とする．標準写像は像の上に双有理だが，次のようなより強い主張が成立する．

♡ **定理 A.31** (Max Noether の定理)**.** 非超楕円曲線 C の標準環 $R(C, K_C)$ は，1 次部分で生成される．

《証明》 Castelnuovo の上限を用いる．$\deg K_C = 2p_a(C) - 2, h^0(C, K_C) = p_a(C)$ だから

$$m = \left[\frac{\deg K_C - 1}{p_a(C) - 2}\right] = \left[\frac{2p_a(C) - 3}{p_a(C) - 2}\right] = 2 + \left[\frac{1}{p_a(C) - 2}\right]$$

よって $p_a(C) \geq 4$ ならば $(m, \epsilon) = (2, 1)$ であり，$p_a(C) = 3$ ならば $(m, \epsilon) = (3, 0)$ である．$p_a(C) \geq 4$ のとき Castelnuovo の上限より

$$p_a(C) \leq \frac{1}{2} \times 2 \times 1 \times (p_a(C) - 2) + 2 \times 1 = p_a(C)$$

となり，等号が成立する．$p_a(C) = 3$ のときも $p_a(C) \leq (1/2) \times 3 \times 2 \times 1 = 3$ なので，同様である．どちらの場合も上限をとるので，$R(C, K_C)$ は 1 次部分で生成される． □

♠ **系 A.32.** 非超楕円曲線の標準束は非常にアンプルである．

◇ **命題 A.33.** 既約な Gorenstein 射影曲線 C は非超楕円的であるとする.

(1) $p_a(C) = 3$ ならば C は既約な平面 4 次曲線である. 逆に, 既約な平面 4 次曲線は算術種数 3 の非超楕円的な Gorenstein 射影曲線である.

(2) $p_a(C) = 4$ ならば標準像 C は $\mathbb{P}^3$ 内の 2 次曲面と 3 次曲面の完全交叉である. 逆も正しい.

《証明》 (1) は $p_a(C) = 3, \deg K_C = 4$ より明らかである. $p_a(C) \geq 4$ とする. Max Noether の定理より, 掛算写像 $\mathrm{Sym}^2 H^0(K_C) \to H^0(2K_C)$ は全射である.

$$\dim \mathrm{Sym}^2 H^0(K_C) = \binom{p_a(C)+1}{2}, \quad h^0(2K_C) = 3p_a(C) - 3$$

より, 核の次元は $(p_a(C)-2)(p_a(C)-3)/2$ となる. これは C を通る 2 次超曲面の線形系を与えるベクトル空間の次元に他ならない.

(2) $p_a(C) = 4$ とする. C を通る 2 次曲面が唯ひとつ存在する. C は非退化なので, この 2 次曲面は既約であるから, 方程式を与える 4 次対称行列の階数は 3 以上である. $\mathrm{Sym}^3 H^0(K_C) \to H^0(3K_C)$ も全射であり, その核は 5 次元である. このうち上の 2 次式からこないものは 1 次元である. $\deg K_C = 6 = 2 \times 3$ なので, この 3 次式が定義する 3 次曲面と先の 2 次曲面の完全交叉が C である. □

付録 B
藤田の定理

ここでは，相対標準層の正値性に関する藤田の定理 5.15 を証明する．

♡ **定理 B.1** (再掲)．ファイバー曲面 $f: S \to B$ に対し，相対標準層 $\omega_{S/B}$ の順像層 $f_*\omega_{S/B}$ はネフである．

この定理は，ずっと一般の Kähler ファイバー空間に対する結果であって，曲面に限定した別証明は例えば [85] に見られる．ここでは，[31] のオリジナルな議論に忠実に従う．比較的初等的な計算によってこのような素晴らしい結果が得られるのは驚嘆に値すると考えるからである．

B.1 準　備

証明を開始する前に，少々準備が必要である．

▷ **定義 B.2.** 非特異射影曲線 C 上の局所自由層（あるいは対応する正則ベクトル束）$\mathcal{F}$ が**擬半正** (pseudo-semipositive) であるとは，$\mathcal{F}$ の準同型像として得られる任意の可逆層の次数が非負となることを言う．

♣ **補題 B.3.** 任意の有限な正則写像 $f: B' \to B$ に対して $f^*\mathcal{E}$ が擬半正であるとき，$\mathcal{E}$ はネフである．

《証明》　定理 4.28 の (1) $\Rightarrow$ (2) の証明と同様である．　　□

補題 B.4. $f: \mathcal{F} \to \mathcal{G}$ を非特異射影曲線 B 上の局所自由層の間の準同型写像とする．$\operatorname{Supp} \operatorname{Coker}(f)$ が有限集合で $\mathcal{F}$ が擬半正ならば，$\mathcal{G}$ も擬半正である．

《証明》 $\mathcal{G}$ の準同型像である可逆層 $\mathcal{L}$ に対して，$f_{\mathcal{L}}: \mathcal{F} \to \mathcal{L}$ を f と $\mathcal{G} \to \mathcal{L}$ の合成とし，その像を $\mathcal{M}$ とおく．$\operatorname{Supp}(\mathcal{L}/\mathcal{M}) \subset \operatorname{Supp} \operatorname{Coker}(f)$ なので，$\operatorname{Supp}(\mathcal{L}/\mathcal{M})$ は有限集合であるから，$\mathcal{M}$ は $\deg \mathcal{M} \leq \deg \mathcal{L}$ をみたす可逆層である．$\mathcal{F}$ は擬半正だから $\deg \mathcal{M} \geq 0$ である．よって $\deg \mathcal{L} \geq 0$ となるので，$\mathcal{G}$ も擬半正である． □

B.2 定理 5.15 の証明

まず，$f_* \omega_{S/B}$ が擬半正であることを示す．

f の一般ファイバー F の種数を g とし，$\mathcal{O}_B(V) = f_* \omega_{S/B}$ となる B 上の正則ベクトル束 V をとる．V の商直線束 L に対して $\deg L \geq 0$ であることを示すのが当面の目標である．

$\Sigma = \{p \in B \mid f^{-1}p \text{ は特異ファイバー}\}$ とおき，B の部分集合 M に対して $M^\circ = M \setminus (M \cap \Sigma)$ と書くことにする．B° の開集合 U と $\mathfrak{v} \in \Gamma(U, f_* \omega_{S/B})$ をとる．$x \in U$ に対し，t を x の近傍 $U_x \subset U$ 上の局所座標とする．$f^*(dt) \in \Gamma(f^{-1}(U_x), f^* \omega_B)$ なので，自然な同型

$$\Gamma(U, f_* \omega_{S/B}) = \Gamma(f^{-1}(U), \omega_S \otimes f^* \omega_B^{-1}) = \Gamma(f^{-1}(U), \mathcal{H}om(f^* \omega_B, \omega_S))$$

により，$\mathfrak{v}(f^*(dt)) \in \Gamma(f^{-1}(U_x), \omega_S)$ となる．S における $F_x = f^{-1}(x)$ の十分細かい開被覆 $\{W_\alpha\}$ をとる．このとき，正則 2 形式 $\mathfrak{v}(f^*(dt))$ に対して W_α 上で $d(f^*t) \wedge \psi_\alpha = \mathfrak{v}(f^*(dt))$ となるような W_α 上の正則 1 形式 ψ_α がとれる．$W_\alpha \cap W_\beta \cap F_x$ では $\psi_\alpha|_{F_x} = \psi_\beta|_{F_x}$ であるとしてよいから，$\{\psi_\alpha|_{F_x}\}_\alpha$ は x に可微分的に依存する F_x 上の正則 1 形式 $\psi_{\mathfrak{v},x}$ を定める．以上の準備の下で，$\mathfrak{v}_1, \mathfrak{v}_2 \in \Gamma(U, f_* \omega_{S/B})$ に対して，

$$(\mathfrak{v}_1, \mathfrak{v}_2)_{F_x} = -\sqrt{-1} \int_{F_x} \overline{\psi_{\mathfrak{v}_1, x}} \wedge \psi_{\mathfrak{v}_2, x}$$

とおけば，これは $V|_{B^\circ}$ 上の C^∞ Hermite 計量を定義する．

十分細かい B の開被覆 $\{U_\lambda\}_{\lambda\in\Lambda}$ をとる．V は U_λ 上自明であり，Σ の各点は唯一の U_λ にのみ含まれるとしてよい．U_λ 上の V の局所基底 $\mathfrak{v}_{(\lambda)1},\ldots,\mathfrak{v}_{(\lambda)g}$ を $\{\mathfrak{v}_{(\lambda)i}\}_{2\leq i\leq g}$ が $V' = \mathrm{Ker}\{V \to L\}$ の基底であるように選ぶ．このとき，$V \to L$ による $\mathfrak{v}_{(\lambda)1}$ の像 $\widehat{\mathfrak{v}_{(\lambda)1}} \in \Gamma(U_\lambda, \mathcal{O}_B(L))$ が L の局所基底を与えるから，$U_\lambda \cap U_\mu = U_\lambda^\circ \cap U_\mu^\circ$ では $\widehat{\mathfrak{v}_{(\mu)1}} = l_{\lambda\mu}\widehat{\mathfrak{v}_{(\lambda)1}}$ となる関数 $l_{\lambda\mu} \in \Gamma(U_\lambda \cap U_\mu, \mathcal{O}_B^\times)$ が存在する．1 コサイクル $\{l_{\lambda\mu}\}$ は L の変換関数系に他ならない．

U_λ° 上

$$h_{(\lambda)\bar{i},j}(x) = (\mathfrak{v}_{(\lambda)i}, \mathfrak{v}_{(\lambda)j}) = (\mathfrak{v}_{(\lambda)i}, \mathfrak{v}_{(\lambda)j})_{F_x} \quad (1 \leq i, j \leq g)$$

とおく．任意の $x \in U_\lambda^\circ$ に対して $(h_{(\lambda)\bar{i},j}(x))_{1\leq i,j\leq g}$ は正定値 Hermite 行列だから，小行列 $(h_{(\lambda)\bar{i},j}(x))_{2\leq i,j\leq g}$ もそうであり，特に正則である．逆行列を $(h_{(\lambda)}^{i,\bar{j}}(x))_{2\leq i,j\leq g}$ とおけば，成分 $h_{(\lambda)}^{i,\bar{j}}(x)$ は U_λ° 上の C^∞ 関数である．ここで，

$$l_\lambda = \mathfrak{v}_{(\lambda)1} - \sum_{i=2}^{g}\sum_{j=2}^{g} \mathfrak{v}_{(\lambda)i} h_{(\lambda)}^{i,\bar{j}} h_{(\lambda)\bar{j},1}$$

とおく．$l_\lambda \equiv \mathfrak{v}_{(\lambda)1} \pmod{C^\infty(V')}$ であり，$k \geq 2$ のとき

$$\begin{aligned}(\mathfrak{v}_{(\lambda)k}, l_\lambda) &= (\mathfrak{v}_{(\lambda)k}, \mathfrak{v}_{(\lambda)1}) - \sum_{i=2}^{g}\sum_{j=2}^{g}(\mathfrak{v}_{(\lambda)k}, \mathfrak{v}_{(\lambda)i}) h_{(\lambda)}^{i,\bar{j}} h_{(\lambda)\bar{j},1} \\ &= (\mathfrak{v}_{(\lambda)k}, \mathfrak{v}_{(\lambda)1}) - \sum_{j=2}^{g}\left(\sum_{i=2}^{g} h_{(\lambda)\bar{k},i} h_{(\lambda)}^{i,\bar{j}}(\mathfrak{v}_{(\lambda)j}, \mathfrak{v}_{(\lambda)1})\right) \\ &= (\mathfrak{v}_{(\lambda)k}, \mathfrak{v}_{(\lambda)1}) - \sum_{j=2}^{g} \delta_{kj}(\mathfrak{v}_{(\lambda)j}, \mathfrak{v}_{(\lambda)1}) = 0\end{aligned}$$

だから，l_λ は $\Gamma(U_\lambda^\circ, C^\infty(V'))$ に直交し，$U_\lambda \cap U_\mu$ で $l_\mu = l_{\lambda\mu} l_\lambda$ が成立する．

♣ **補題 B.5.** $G_\lambda = (l_\lambda, l_\lambda) \in \Gamma(U_\lambda^\circ, C^\infty)$ とおくとき，任意の $x \in U_\lambda^\circ$ と x の周りの局所座標 t に対して

$$\frac{\partial^2}{\partial t \partial \bar{t}} \log G_\lambda(x) \leq 0$$

が成立する．

付録 B 藤田の定理

《証明》 t を局所座標とする十分小さな x の座標近傍 $U \subset U_\lambda^\circ$ をとれば、$S|_U \to U$ は可微分的に自明であると仮定してよい。自明化写像は任意の $t \in U$ に対して同型 $\iota_t : H^1(F_t) \to H^1(F_0)$ を誘導し、$\varphi, \psi \in H^1(F_t)$ に対して $(\varphi, \psi)(t) = (\iota_t(\varphi), \iota_t(\psi))(0)$ が成立する。$H^0(\Omega^1_{F_0})$ の基底 $\alpha_1, \ldots, \alpha_g$ を $(\alpha_i, \alpha_j)_{F_0} = \delta_{ij}$ となるようにとる。Hodge 分解 $H^1(F_0, \mathbb{C}) = H^0(\Omega^1_{F_0}) \oplus \overline{H^0(\Omega^1_{F_0})}$ より、$\{\alpha_1, \ldots, \alpha_g, \bar{\alpha}_1, \ldots, \bar{\alpha}_g\}$ は $H^1(F_0)$ の基底である。$1 \leq j \leq g$ に対して $\psi_{\mathfrak{v}(\lambda)j}(0) = \alpha_j$ であると仮定してよい。

$$\iota_t(\psi_{\mathfrak{v}(\lambda)j}(t)) = \sum_{\xi=1}^{g} a_{j,\xi}(t) \alpha_\xi + \sum_{\eta=1}^{g} b_{j,\eta}(t) \bar{\alpha}_\eta$$

とおく。任意の j, ξ, η について、$a_{j,\xi}(t), b_{j,\eta}(t)$ は $a_{j,\xi}(0) = \delta_{j\xi}$, $b_{j,\eta}(0) = 0$ をみたし、t に関して正則な関数である。$(\alpha_i, \bar{\alpha}_j) = 0$, $(\bar{\alpha}_i, \bar{\alpha}_j) = -\delta_{ij}$ なので、

$$h_{(\lambda)\bar{i},j}(t) = \sum_{\xi=1}^{g} \overline{a_{i,\xi}} a_{j,\xi} - \sum_{\eta=1}^{g} \overline{b_{i,\eta}} b_{j,\eta}, \quad h_{(\lambda)\bar{i},j}(0) = \delta_{ij} \quad (1 \leq i, j \leq g)$$

を得る。

$$G_\lambda(t) = h_{(\lambda)\bar{1},1}(t) - \sum_{i=2}^{g} \sum_{j=2}^{g} h_{(\lambda)\bar{1},i}(t) h^{(\lambda)i,\bar{j}}(t) h_{(\lambda)\bar{j},1}(t), \quad G_\lambda(0) = 1$$

だから、

$$\frac{\partial G_\lambda}{\partial t}(0) = \frac{\partial h_{(\lambda)\bar{1},1}}{\partial t}(0) = a'_{1,1}(0), \quad \frac{\partial G_\lambda}{\partial \bar{t}}(0) = \frac{\partial h_{(\lambda)\bar{1},1}}{\partial \bar{t}}(0) = \overline{a'_{1,1}(0)}$$

$$\frac{\partial^2 G_\lambda}{\partial t \partial \bar{t}}(0) = \frac{\partial^2 h_{(\lambda)\bar{1},1}}{\partial t \partial \bar{t}}(0) - \sum_{i=2}^{g} \left|\frac{\partial h_{(\lambda)\bar{1},i}}{\partial t}\right|^2 - \sum_{i=2}^{g} \left|\frac{\partial h_{(\lambda)\bar{1},i}}{\partial \bar{t}}\right|^2$$

$$= |a'_{1,1}(0)|^2 - \sum_{\eta=2}^{g} |b'_{1,\eta}(0)|^2 - \sum_{i=2}^{g} |a'_{i,1}(0)|^2 - \sum_{i=2}^{g} |a'_{1,i}(0)|^2$$

となり、従って

$$\frac{\partial^2}{\partial t \partial \bar{t}} \log G_\lambda = G_\lambda^{-2} \left(G_\lambda \frac{\partial^2 G_\lambda}{\partial t \partial \bar{t}} - \frac{\partial G_\lambda}{\partial t} \frac{\partial G_\lambda}{\partial \bar{t}} \right)$$

より

$$\frac{\partial^2}{\partial t \partial \bar{t}} \log G_\lambda(0) = -\sum_{\eta=2}^{g} |b'_{1,\eta}(0)|^2 - \sum_{i=2}^{g} |a'_{i,1}(0)|^2 - \sum_{i=2}^{g} |a'_{1,i}(0)|^2 \le 0$$

となる. □

補題の G_λ に対して, $U_\lambda \cap U_\mu$ では $G_\mu = |l_{\lambda\mu}|^2 G_\lambda$ となる. このとき, $\omega_\lambda = (2\pi\sqrt{-1})^{-1} \partial\bar{\partial} \log G_\lambda$ とおけば, $U_\lambda \cap U_\mu$ 上 $\omega_\lambda = \omega_\mu$ となり, $\{\omega_\lambda\}$ は B° 上の大域的な $(1,1)$ 形式 ω を定める. 補題 B.5 より $U \subset B^\circ$ に対して,

$$\int_U \omega \ge 0 \tag{B.2.1}$$

であることがわかる.

次に $p \in \Sigma$ の小近傍 $U \subset U_\lambda$ における G_λ の挙動を調べる. G_λ は $U^\circ = U \setminus \{p\}$ 上の可微分関数である. $\mathbf{m} = (m_1, \ldots, m_g) \in \mathbb{C}^g$ に対して $\mathfrak{v_m} = \sum_{j=1}^{g} m_j \mathfrak{v}_j$, $h_\mathbf{m} = (\mathfrak{v_m}, \mathfrak{v_m})$ とおく. $\alpha \in \mathbb{C}$ に対しては明らかに $h_{\alpha\mathbf{m}} = |\alpha|^2 h_\mathbf{m}$ となる. $\mathbb{S} = \{\mathbf{m} \in \mathbb{C}^g \mid |\mathbf{m}|^2 = \sum_{i=1}^{g} |m_i|^2 = 1\}$ とおくと, これは $2g-1$ 次元球面と同相である.

♣ **補題 B.6.** 任意の $\mathbf{m} \in \mathbb{S}$ をとる. このとき, $\mathbf{m}$ の近傍 $W \subset \mathbb{S}$ と p の近傍 $U' \subset B$, および正数 N が存在して, 任意の $\mathbf{n} \in W$ と $x \in U' \setminus \{p\}$ に対して $h_\mathbf{n}(x) \ge N$ が成立する.

《証明》 特異ファイバー F_p の既約分解を $F_p = \sum \delta_i D_i$ とする. $(\mathfrak{v}_1, \ldots, \mathfrak{v}_g)$ は $f_* \omega_{S/B}$ の局所基底なので, 正則 2 形式 $\mathfrak{v_m}(f^* \mathrm{d}t)$ が F_p 上で恒等的に零になることはない. すなわち, ある D_j に沿った零の位数は $\delta = \delta_j$ 未満である. $y \in D_j$ を一般点とし, y の周りの局所座標 (z_1, z_2) を $f^* t = z_1^\delta$ となるようにとる. $\mathfrak{v_n}(f^*(\mathrm{d}t)) = \varphi_\mathbf{n}(z) \mathrm{d}z_1 \wedge \mathrm{d}z_2$ と表示するとき, $\psi_\mathbf{n} = \delta^{-1} z_1^{1-\delta} \varphi_\mathbf{n}(z) \mathrm{d}z_2$ とおけば, $\mathfrak{v_n}(f^*(\mathrm{d}t)) = \mathrm{d}(f^* t) \wedge \psi_\mathbf{n}$ をみたす. $\varphi_\mathbf{n}(z)$ は $\mathbf{n}$ についても正則である. また, y は D_j の一般点だから $\psi_\mathbf{m}$ は y を零点としない. 従って $\mathbf{m}$ の十分小さな近傍 $W \subset \mathbb{S}$ と y の ϵ 近傍 $U_\epsilon = \{z = (z_1, z_2) \mid |z_i| < \epsilon \, (i=1,2)\}$ をとれば,

$$\min_{\mathbf{n} \in W, \, z \in U_\epsilon} |z_1^{1-\delta} \varphi_\mathbf{n}(z)|^2 = k > 0$$

となる．このとき，任意の $x \in U' = f(U_\epsilon), x \neq p$ に対して
$$h_{\mathbf{n}}(x) \geq -\sqrt{-1} \int_{U_\epsilon \cap F_x} \overline{\psi_{\mathbf{n}}} \wedge \psi_{\mathbf{n}} \geq (2\pi\epsilon^2)\delta^{-2}k > 0$$
である． □

$\mathbb{S}$ はコンパクトなので，上のような W のうち有限個で被覆できる．従って，次が得られる．

♠ **系 B.7.** 任意の $\mathbf{m} \in \mathbb{S}$ と $x \in U' \setminus \{p\}$ に対して，$h_{\mathbf{m}}(x) \geq N$ となるような p の近傍 U' と正数 N が存在する．

♣ **補題 B.8.** p の近傍 U' と正数 N が存在して，任意の $x \in U' \setminus \{p\}$ に対して $G_\lambda(x) \geq N$ が成立する．

《証明》 系 B.7 のような U' と N をとる．$x \in U' \setminus \{p\}$ に対して，$n_1 = 1$, $n_i = -\sum_{j=2}^{g} h^{i,\bar{j}}(x) h_{\bar{j},1}(x)$ により $\mathbf{n} = (n_1, \ldots, n_g) \in \mathbb{C}^g$ を定める．このとき，$|\mathbf{n}| \geq 1$, $\mathbf{m} = \mathbf{n}/|\mathbf{n}| \in \mathbb{S}$ より，
$$G_\lambda(x) = (l_\lambda, l_\lambda)(x) = (\mathfrak{v}_{\mathbf{n}}, \mathfrak{v}_{\mathbf{n}})(x) = h_{\mathbf{n}}(x) = |\mathbf{n}|^2 h_{\mathbf{m}}(x) \geq h_{\mathbf{m}}(x) \geq N$$
が得られる． □

点 $p \in \Sigma$ の周りの局所座標 t をとり，十分小さな正数 R に対して $C_R = \{t \mid |t| = R\}$ とおく．

♣ **補題 B.9.** $I(R) = (2\pi\sqrt{-1})^{-1} \int_{C_R} \bar{\partial} \log G_\lambda$ とおくと，$I(R) \geq 0$ である．

《証明》 t を極座標で表示し，$t = R(\cos\theta + \sqrt{-1}\sin\theta)$ とおく．
$$F(R) = \int_0^{2\pi} \log G_\lambda(R(\cos\theta + \sqrt{-1}\sin\theta))\mathrm{d}\theta$$
とおくとき，
$$RF'(R) = R\int_0^{2\pi} \frac{1}{G_\lambda}\frac{\partial G_\lambda}{\partial R}\mathrm{d}\theta = \int_0^{2\pi} \frac{1}{G_\lambda}\frac{\partial G_\lambda}{\partial t}t\,\mathrm{d}\theta + \int_0^{2\pi} \frac{1}{G_\lambda}\frac{\partial G_\lambda}{\partial \bar{t}}\bar{t}\,\mathrm{d}\theta$$
$$= \frac{1}{\sqrt{-1}}\int_{C_R} \frac{1}{G_\lambda}\frac{\partial G_\lambda}{\partial t}\mathrm{d}t - \frac{1}{\sqrt{-1}}\int_{C_R} \frac{1}{G_\lambda}\frac{\partial G_\lambda}{\partial \bar{t}}\mathrm{d}\bar{t}$$

$$
\begin{aligned}
&= -\frac{1}{\sqrt{-1}}\left(\int_{C_R}\frac{1}{G_\lambda}\frac{\partial G_\lambda}{\partial \bar{t}}\,\mathrm{d}\bar{t} + \overline{\int_{C_R}\frac{1}{G_\lambda}\frac{\partial G_\lambda}{\partial \bar{t}}\,\mathrm{d}\bar{t}}\right)\\
&= -\frac{2}{\sqrt{-1}}\int_{C_R}\frac{1}{G_\lambda}\frac{\partial G_\lambda}{\partial \bar{t}}\,\mathrm{d}\bar{t}\\
&= -\frac{2}{\sqrt{-1}}\int_{C_R}\bar{\partial}\log G_\lambda
\end{aligned}
$$

より，$I(R) = -(4\pi)^{-1}RF'(R)$ が成立する．もし $\limsup_{R\to 0} I(R) = -k < 0$ だったとする．このとき，ある $R_0 > 0$ があって，$R \leq R_0$ ならば $I(R) \leq -k/(4\pi)$ が成立する．従って $R \leq R_0$ のとき $F'(R) \geq kR^{-1}$ となるから

$$
F(R) = F(R_0) - \int_R^{R_0} F'(r)\mathrm{d}r \leq F(R_0) - k\int_R^{R_0} r^{-1}\mathrm{d}r
$$
$$
= F(R_0) - k\log R_0 + k\log R
$$

より $\lim_{R\to 0} F(R) = -\infty$ を得る．他方，補題 B.8 から十分小さな任意の $R > 0$ に対して $F(R) \geq 2\pi\log N > -\infty$ が成り立つから，矛盾である．以上より，$\limsup_{R\to 0} I(R) \geq 0$ が示された．

$R_1 > R_2$ のとき，Stokes の定理と不等式 (B.2.1) より，

$$
I(R_1) - I(R_2) = \int_{R_2 \leq |t| \leq R_1} \omega \geq 0
$$

が成立するから，結局，十分小さな任意の $R > 0$ に対して $I(R) \geq 0$ が成り立つことがわかる． □

各 $p \in \Sigma$ に対して，U_p により p を含む唯一の開集合を表し，U_p 上の p を中心とする局所座標を t_p とする．十分に小さな正数 ϵ をとり $\Delta_p = \{t_p \mid |t_p| < \epsilon\}$ とおく．$\lambda \neq p$ ならば $\Delta_p \cap U_\lambda = \emptyset$ である．U_p 上の C^∞ な正値関数 $\tilde{G}_p$ を $|t_p| \geq \epsilon$ のとき $\tilde{G}_p(t_p) = G_p(t_p)$ が成り立つようにとる．$\lambda \notin \Sigma$ については $\tilde{G}_\lambda = G_\lambda$ とおく．すると，$U_\lambda \cap U_\mu$ では $\tilde{G}_\lambda = G_\lambda$ だから，$U_\lambda \cap U_\mu$ 上で $\tilde{G}_\mu = |l_{\lambda\mu}|^2\tilde{G}_\lambda$ も成立する．従って，$\tilde{\omega} = (2\pi\sqrt{-1})^{-1}\partial\bar{\partial}\log\tilde{G}_\lambda$ を貼り合わせることで，B 上の大域的な $(1,1)$ 形式 $\tilde{\omega}$ を得る．コサイクル $\{l_{\lambda\mu}\}$ は L の変換関数系だったので，$\deg L = \int_B \tilde{\omega}$ である．

$$
\int_B \tilde{\omega} = \int_{B\setminus \cup_{p\in\Sigma}\Delta_p} \tilde{\omega} + \sum_{p\in\Sigma}\int_{\Delta_p}\tilde{\omega}
$$

において，右辺の第 1 項は (B.2.1) より非負である．第 2 項は，Stokes の定理より

$$\int_{\Delta_p} \tilde{\omega} = (2\pi\sqrt{-1})^{-1} \int_{\partial \Delta_p} \bar{\partial} \log \tilde{g}_p = (2\pi\sqrt{-1})^{-1} \int_{\partial \Delta_p} \bar{\partial} \log g_p$$

となるが，補題 B.9 よりこれは非負である．以上より，$\deg L \geq 0$ なので $f_*\omega_{S/B}$ は擬半正である．

最後に，$f_*\omega_{S/B}$ がネフであることを示す．そのためには，補題 B.3 より，任意の有限正則写像 $\pi : B' \to B$ に対して $\pi^*f_*\omega_{S/B}$ が擬半正であることを示せばよい．必要ならば正規化をとることにより B' は非特異としてよい．S と B' の B 上のファイバー積を $S' = S \times_B B'$ とし，$f' : S' \to B'$ を誘導された正則写像とする．特異点解消 $\mu : S^\sharp \to S'$ をとり，$f^\sharp = f' \circ \mu : S^\sharp \to B'$ とおく．このとき，前半で示したように $f^\sharp_*\omega_{S^\sharp/B'}$ は擬半正である．非自明な準同型写像 $\delta : \mu_*\omega_{S^\sharp} \to \omega_{S'}$ があるが，$\mathrm{Coker}(\delta)$ のサポートは S' の特異点集合の部分集合である．δ は，準同型写像 $\delta' : f^\sharp_*\omega_{S^\sharp/B'} \to f'_*\omega_{S'/B'}$ を誘導するが，$\mathrm{Supp}\,\mathrm{Coker}(\delta')$ は $f'(\mathrm{Supp}\,\mathrm{Coker}(\delta))$ の部分集合なので，有限集合である．従って，補題 B.4 より $f'_*\omega_{S'/B'}$ も擬半正である．π の平坦性より $f'_*\omega_{S'/B'}$ は $f_*\omega_{S/B}$ の引き戻しに他ならないから，$\pi^*(f_*\omega_{S/B})$ が擬半正であることがわかった．

以上より，$f_*\omega_{S/B}$ はネフであり，定理 5.15 の証明が完了した．

参考文献

[1] 安藤哲哉, 代数曲線・代数曲面入門——複素代数幾何の源流, 数学書房, 2007.

[2] M. Aprodu and J. Nagel, *Koszul Cohomology and Algebraic Geometry*, University Lecture Series AMS, vol. **52** (2010).

[3] T. Arakawa and T. Ashikaga, Local splitting families of hyperelliptic pencils, I and II, Tohoku Math. J. **53** (2001), 369–394; Nagoya Math. J. **175** (2004), 103–124.

[4] E. Arbarello, M. Cornalba, P. A. Griffiths and J. Harris, *Geometry of Projective Algebraic Curves*, Volume I, Grundlehren der Mathematischen Wissenschaften **267**, Springer-Verlag, 1985.

[5] S. J. Arakelov, Families of algebraic curves with fixed degeneracies, Izv. Acad. Nauk SSSR Ser. Mat. 35 (1971), 1269–1293. English translation: Math. USSR Izv. **5** (1971), 1277–1302.

[6] T. Ashikaga, Local signature defect of fibered complex surfaces via monodromy and stable reduction, Comment. Math. Helv. **85** (2010), 417–461.

[7] 足利正・遠藤久顕, リーマン面の退化族の諸相, 数学 **56** 巻, 1 号 (2004), 49–72.

[8] T. Ashikaga and M. Ishizaka, Classification of degenerations of curves of genus three via Matsumoto-Montesinos' theorem, Tohoku Math. J. (2) **54** (2002), 195–226.

[9] T. Ashikaga and K. Konno, Global and local properties of pencils of algebraic curves, in: Algebraic Geometry 2000 Azumino, S. Usui et al. eds, pp. 1–49, Adv. Stud. Pure Math. **36**, Math. Soc. Japan, Tokyo, 2002.

[10] T. Ashikaga and K.-I. Yoshikawa, A divisor on the moduli space of curves associated to the signature of fibered surfaces, in: Singularities

258 参考文献

— Niigata-Toyama 2007, J.-P. Brasselet et al. eds., pp. 1–34, Adv. Stud. in Pure Math. **56**, Math. Soc. Japan, Tokyo, 2009.

[11] L. Badescu, *Algebraic Surfaces*, Universitext, Springer-Verlag, 2001.

[12] W. L. Baily Jr. and A. Borel, Compactification of arithmetic quotients of bounded symmetric domains, Ann. Math. **84** (1966), 422–528.

[13] M.A. Barja, On the slope of bielliptic fibrations, Proc. Amer. Math. Soc. **129** (2001), 1899–1906.

[14] M.A. Barja and J.C. Naranjo, Extension of maps defined on many fibres, Dedicated to the memory of Fernando Serrano, Collect. Math. **49** (1998), 227–238.

[15] M.A. Barja and L. Stoppino, Slopes of trigonal fibred surfaces and of higher dimensional fibrations, Ann. Sc. Norm. Super. Pisa Cl. Sci. (5) 8 (2009), no. 4, 647–658.

[16] W. Barth, K. Hulek, C. Peters and A. Van de Ven, *Compact Complex Surfaces*, 2nd Edition, Springer-Verlag, Berlin, 2004.

[17] A. Beauville, *Complex Algebraic Surfaces*, London Mathematical Society Lecture Note Series, vol. **68**, Cambridge University Press, Cambridge (1983). [*Surfaces Algebriques Complexes*, Asterisque 54, Soc. Math. France, Paris, 1978 の英訳]

[18] Ch. Birkenhake and H. Lange, *Complex Abelian Varieties*, 2nd edition, Grundlehren der Mathematischen Wissenschaften **302**, Springer-Verlag, Berlin, 2004.

[19] F.A. Bogomolov, Holomorphic tensors and vector bundles on projective varieties, Math. USSR Izvestja **13** (1979), 499–555.

[20] F. Catanese, Pluricanonical Gorenstein curves, Enumerative Geometry and Classical Algebraic Geometry (Nice, 1981), pp. 51–95, Progr. Math. **24**, Birkhäuser Boston, Boston, MA, 1982.

[21] F. Catanese and M. Franciosi, Divisors of small genus on algebraic surfaces and projective embeddings, Proceedings of the Hirzebruch 65 Conference on Algebraic Geometry (Ramat Gan, 1993), pp. 109–140, Israel Math. Conf. Proc., **9**, Bar-Ilan Univ., Ramat Gan, 1996.

[22] Z. Chen, On the geography of surfaces, Simply connected minimal sur-

faces with positive index, Math. Ann. **277** (1987), 141–164.

[23] ———, The existence of algebraic surfaces with preassigned Chern numbers, Math. Z. **206** (1991), 241–254.

[24] ———, On the lower bound of the slope of a non-hyperelliptic fibration of genus 4, Internat. J. Math. **4** (1993), 367–378.

[25] M. Coppens and G. Martens, Secant spaces and Clifford's theorem, Compositio Math. **78** (1991), 193–212.

[26] M. Cornalba and J. Harris, Divisor classes associated to families of stable varieties, with application to the moduli space of curves, Ann. Sc. Ec. Norm. Sup. **21** (1988), 455–475.

[27] M. Cornalba and L. Stoppino, A sharp bound for the slope of double cover fibrations, Michigan Math. J. **56** (2008), 551–561.

[28] D. Eisenbud, *The Geometry of Syzygies*, A Second Course in Commutative Algebra and Algebraic Geometry, Graduate Texts in Math. **229**, Springer-Verlag, New York-Heidelberg, 2005.

[29] H. Endo, Meyer's signature cocycle and hyperelliptic fibrations (with Appendix written by T. Terasoma), Math. Ann. **316** (2000), 237–257.

[30] F. Enriques, *Le Superficie Algebriche*, Nicola Zanichelli, Bologna, 1949.

[31] T. Fujita, On Kähler fiber spaces over curves, J. Math. Soc. Japan **30** (1978), 779–794.

[32] R. Friedman, *Algebraic Surfaces and Holomorphic Vector Bundles*, Universitext, Springer-Verlag, New York, 1998.

[33] H. Grauert, Über Modifikationen und exzeptionelle analytische Mengen, Math. Ann. **146** (1962), 331–368.

[34] M. Green, Koszul cohomology and the geometry of projective varieties, J. Diff. Geom. **19** (1984), 125–171.

[35] M. Green and R. Lazarsfeld, Special divisors on curves on a K3 surface, Invent. Math. **86** (1987), 125–171.

[36] P. A. Griffiths and J. Harris, *Principles of Algebraic Geometry*, Wiley Classics Library. John Wiley & Sons Inc., New York (1994). Reprint of the 1978 original.

[37] G. Harder and M.S. Narasimhan, On the cohomology of moduli spaces

of vector bundles on curves, Math. Ann. **212** (1975), 215–248.

[38] R. Hartshorne, *Algebraic Geometry*, Graduate Texts in Math. **52**, Springer-Verlag, New York-Heidelberg, 1977.

[39] 樋口禎一・吉永悦男・渡辺公夫, 多変数複素解析入門, 数学ライブラリー 51, 森北出版, 1980.

[40] A. Hirschowitz and S. Ramanan, New evidence for Green's conjecture on syzygies of canonical curves, Ann. Sci. Ecole Norm. Sup. (4) **31** (1998), 145–152.

[41] F. Hirzebruch, *Topological Methods in Algebraic Geometry*, Grundl. Math. Wiss. 131, Springer, Heidelberg, 1966.

[42] E. Horikawa, On deformations of quintic surfaces, Invent. Math. **31** (1975), no. 1, 43–85.

[43] ―――, Algebraic surfaces of general type with small, I, Ann. of Math. **104** (1976), 357–387; ibid, II, Invent. Math. **37** (1976), 121–155; ibid, III, Invent. Math. **47** (1978), 209–248; ibid, IV, Invent. Math. **50** (1978-1979), 103–128; ibid, V, J. Fac. Sci. Univ. Tokyo Sec. IA **28** (1982), 745–755.

[44] ―――, Algebraic surfaces with a pencil of curves of genus two, in: Complex Analysis and Algebraic Geometry, A Collection of Papers Dedicated to K. Kodaira, W. L. Baily, Jr. and T. Shioda eds., pp. 79–90, Iwanami Shoten, Publishers and Cambridge University Press, 1977.

[45] 堀川穎二, 複素代数幾何学入門, 岩波書店, 1990.

[46] 今吉洋一・谷口雅彦, タイヒミュラー空間論（新版）, 日本評論社, 2004.

[47] S. Kleiman, Towards a numerical theory of ampleness, Ann. of Math. **84** (1966), 293–344.

[48] K. Kodaira, On compact analytic surfaces, I, Ann. of Math. **71** (1960), 111–152; II, ibid. **77** (1963), 563–626; III, ibid. **78** (1963), 1–40.

[49] ―――, On the structure of compact complex analytic surfaces. I, Amer. J. Math. **86** (1964), 751–798; ibid, II, Amer. J. Math. **88** (1966), 682–721; ibid, III, Amer. J. Math. **90** (1968), 55–83; ibid, IV, Amer. J. Math. **90** (1968), 1048–1066.

[50] ―――, A certain type of irregular algebraic surfaces, J. Anal. Math. **19**

(1967), 207–215.

[51] K. Konno, Algebraic surfaces of general type with $c_1^2 = 3p_g - 6$, Math. Ann. **290** (1991), 77–107.

[52] _____, Non-hyperelliptic fibrations of small genus and certain irregular canonical surfaces, Ann. Sc. Norm. Sup. Pisa ser. IV, **20** (1993), 575–595.

[53] _____, A lower bound of the slope of trigonal fibrations, Internat. J. Math. **7** (1996), 19–27.

[54] _____, Clifford index and the slope of fibered surfaces, J. Alg. Geom. **8** (1999), 207–220.

[55] _____, 1-2-3 theorem for curves on algebraic surfaces, J. reine. angew. Math. **533** (2001), 171–205.

[56] _____, Chain-connected component decomposition of curves on surfaces, J. Math. Soc. Japan **62** (2010), 467–486.

[57] Y. Kuno, The Meyer functions for projective vatieties and thier application to local signatures for fibered 4-manifolds, Algebraic & Geometric Topology **11** (2011), 145–195.

[58] R. Lazarsfeld, *Positivity in Algebraic Geometry II, Positivity for Vector Bundles, and Multiplier Ideals*, Ergebnisse der Mathematik und ihrer Grenzgebiete. 3. Folge A Series of Modern Surveys in Mathematics, Vol. **49**, Springer-Verlag, Berlin, 2004.

[59] K. Matsuki, *Introduction to the Mori Program*, Universitext, Springer-Verlag, New York, 2002.

[60] Y. Matsumoto, Lefschetz fibrations of genus two — a topological approach, in: Topology and Teichmüller Spaces (Katinkulta, 1995), pp. 123–148, World Sci. Publ., River Edge, NJ, 1996.

[61] Y. Matsumoto and J.M. Montesinos-Amilibia, *Pseudo-periodic maps and degeneration of Riemann surfaces*, Lec. Notes in Math. **2030**, Springer, Heidelberg, 2011.

[62] V. B. Mehta and A. Ramanatha, Semistable sheaves on projective varieties and their restriction to curves, Math. Ann. **258** (1982), 213–224.

[63] 宮西正宜, 代数幾何学, 数学選書 10, 裳華房, 1990.

[64] Y. Miyaoka, On the Chern numbers of surfaces of general type, Invent.

Math. **42** (1977), 225–237.

[65] _____, The Chern classes and Kodaira dimension of a minimal variety, Adv. Stud. in Pure Math. **10** (1987), 449–476.

[66] A. Moriwaki, A sharp slope inequality for general stable fibrations of curves, J. reine. angew. math. 480 (1996), 177–195.

[67] N. Nakayama, Zariski-decomposition and Abundance, MSJ Memoires, Vol. 14, Math. Soc. Japan, 2004.

[68] M. Namba, *Families of Meromorphic Functions on Compact Riemann Surfaces*, Lec. Notes in Math. **767**, Springer-Verlag, 1979.

[69] _____, *Geometry of Projective Algebraic Curves*, Monographs and Textbooks in Pure and Applied Mathematics **88**, Marcel Decker, 1984.

[70] Y. Namikawa and K. Ueno, The complete classification of fibres in pencils of curves of genus two, Manuscripta Math. **9** (1973), 143–186.

[71] K. Paranjape and S. Ramanan, On the canonical ring of a curve, in: Algebraic Geometry and Commutative Algebra in Honor of Masayoshi NAGATA, Vol. II, H. Hijikata et al. eds., pp. 503–516 (1987), Kinokuniya.

[72] R. Pardini, The Severi inequality $K^2 \geq 4\chi$ for surfaces of maximal Albanese dimension, Invent. Math. **159** (2005), 669–672.

[73] U. Persson, Chern invariants of surfaces of general type, Comp. Math. **43** (1981), 3–58.

[74] M. Reid, Chapters on Algebraic Surfaces, Complex algebraic geometry (Park City, UT, 1993), pp. 3–159, IAS/Park City Math. Ser., 3, Amer. Math. Soc., Providence, RI, 1997.

[75] I. Reider, Vector bundles of rank 2 and linear systems on algebraic surfaces, Ann. of Math. **127** (1988), 309–316.

[76] I. R. Shafarevich, B. G. Averbukh, Yu. R. Vainberg, A. B. Zhizhchenko, Yu. I. Manin, B. G. Moishezon, G. N. Tyurina and A. N. Tyurin, *Algebraic Surfaces*, Proc. Steklov Inst. of Math., Amer. Math. Soc. 1967.

[77] Z.E. Stankova-Frenkel, Moduli of trigonal curves, J. Alg. Geom. **9** (2000), 607–662.

[78] L. Stoppino, Slope inequalities for fibered surfaces via GIT, Osaka J.

Math. **45** (2008), 1027–1041.

[79] S. Takamura, Towards the classification of atoms of degenerations, I, Splitting criteria via configurations of singular fibers, J. Math. Soc. Japan **56** (2004), 115–145.

[80] S.-L. Tan, On the invariants of base changes of pencils of curves I, Manuscripta Math. **84** (1994), 225–244; ibid. II, Math. Z. **222** (1996), 655–676.

[81] _____, On the slopes of the moduli spaces of curves. Internat. J. Math. **9** (1998), 119–127.

[82] K. Ueno, Kodaira dimensions for certain fibre spaces, in: Complex Analysis and Algebraic Geometry, A Collection of Papers Dedicated to K. Kodaira, W. L. Baily, Jr. and T. Shioda eds., pp. 279 – 292, Iwanami Shoten, Publishers and Cambridge University Press, 1977.

[83] _____, Discriminants of curves of genus 2, in: Algebraic Geometry and Commutative Algebra in Honor of Masayoshi NAGATA, Vol. II, H. Hijikata et al. eds., pp. 749–770 (1987), Kinokuniya.

[84] C. Voisin, Green's canonical syzygy conjecture for generic curves of odd genus, Compos. Math. **141** (2005), 1163–1190.

[85] G. Xiao, *Surfaces Fibrées en Courbes de Genre Deux*, Lec. Notes in Math. **1137**, Springer-Verlag, 1985.

[86] _____, Fibered algebraic surfaces with low slope, Math. Ann. **276** (1987), 449–466.

[87] _____, π_1 of elliptic and hyperelliptic surfaces, Internat. J. Math. **2** (1991), 599–615.

[88] _____, *Fibrations of Algebraic Surfaces* (in Chinese), Shanghai Publishing House of Science and Technology, 1992.

[89] O. Zariski, *Algebraic Surfaces*, Ergebnisse der Mathematik und ihrer Grenzgebiete, vol. 3, Berlin, Springer, 1935; Classics in mathematics (second supplemented ed.), Berlin, New York, Springer-Verlag, 1995.

索　引

A
アフィン座標系 11
Albanese 写像 24
Albanese 多様体 24
アンプル 16, 33, 116
　　──因子 16
　　非常に── 16
安定 114, 128
　　不── 114, 128
　　半── 114, 128, 167

B
Bertini の定理 14
部分曲線 30
分解列 32
分岐因子 144
分岐跡 172
分岐指数 145
ブローアップ 45
ブローダウン 45

C
Cartier 因子 7
Castelnuovo の種数上限 240
Castelnuovo の補題 93
Chern 類 18
超楕円曲線 243
　　──束 173
　　非── 243
超楕円的 126
　　──堀川指数 187

　　──対合 173
　　非── 126
超平面 11
　　──束 12
Clifford の定理 242
Clifford plus 241
Clifford 指数 206, 208

D
台 30
第 1 種例外曲線 44
第 m 種例外曲線 49
代数曲線束 58
　　対合付き── 216
デルタ不等式 69
同義可逆層 17

E
Euler 標数 140

F
ファイバー曲面 58
　　小平── 156
Free pencil trick 234
不安定 114, 128
符号数 189
　　局所── 190
不正則数 49

G
Galois 群 117

Galois 被覆 · 117
擬半正 · 249
擬有効 · 10
ゴナリティー · 205
Green 予想 · 207
偶解消 · · · · · · · · · · · · · · · · · · · 174, 179

H

半安定 · · · · · · · · · · · · · · · 114, 128, 167
反射層 · 3
Harder-Narashimhan フィルトレーション · · · · · · · · · · · · · · · · · · · 115, 151
偏極曲面 · 128
非超楕円曲線 · · · · · · · · · · · · · · · · · · 243
非超楕円的 · 126
非常にアンプル · · · · · · · · · · · · · · · · · 16
非交和 · 142
Hirzebruch 曲面 · · · · · · · · · · · · · · · · 63
Hodge 指数定理 · · · · · · · · · · · · · · · · 38
本質的特異点の偶解消 · · · · · · · · · · 179
堀川指数 · 188
　　　超楕円的—— · · · · · · · · · · · · 187
　　　プレ—— · · · · · · · · · · · · · · · · 204
飽和部分層 · · · · · · · · · · · · · · · · · 3, 110
飽和化 · 111
Hurwitz の公式 · · · · · · · · · · · · · · · · 144
標準因子 · 8
標準環 · 99
標準サイクル · · · · · · · · · · · · · · · · · · · 43
標準束 · 3
　　　——公式 · · · · · · · · · · · · · · · · 148
標準特異点解消 · · · · · · · · · · · · · · · · 175

J

次元 · 2
自己交点数 · 29
次数 · 12

自由 · 14
重複度 · 43, 46
重複ファイバー · · · · · · · · · · · · · · · · · 43

K

可動部分 · 14
可逆層 · 3
階数 · 3
　　　—— r の局所自由層 · · · · · · · · 3
完備線形系 · 13
傾き · 111, 128
基本変換 · 64
基本種数 · 43
幾何種数 · · · · · · · · · · · · · · · · · · · 49, 224
基点 · 230
　　　——集合 · · · · · · · · · · · · · · · · · 14
既約 Gorenstein 曲線 · · · · · · · · · · 223
既約成分 · 9
小平ファイバー曲面 · · · · · · · · · · · 156
コンダクター · · · · · · · · · · · · · 144, 227
　　　——・イデアル層 · · · · · · · · 225
Koszul 複体 · 95
Koszul コホモロジー群 · · · · · · · · · 95
固定部分 · 14
交点行列 · 40
交点形式 · 38
交点数 · 10, 28
　　　自己—— · · · · · · · · · · · · · · · · · 29
　　　局所—— · · · · · · · · · · · · · · · · · 28
固有変換 · 46
極大不安定化部分層 · · · · · · · · · · · · 115
曲線 · 30
局所符号数 · 190
局所交点数 · 28
極小 · 56
極小モデル · · · · · · · · · · · · · · · · · · 56, 78

索引

M

$(-m)_D$ 曲線 78
$(-n)$ 曲線 45
$(-1)_D$ 楕円曲線尾 100
(-1) 曲線 44
Max Noether の定理 246
無視できる特異点 179

N

ネフ 33, 116
　　　——因子 16
捩れのない層 3, 109
Néron-Severi 群 9
$(2k+1 \to 2k+1)$ 型の特異点 181
Noether の公式 21, 140

P

Picard 群 7
Picard 数 9
プレ堀川指数 204

Q

$\mathbb{Q}$ ツイスト 119

R

連結鎖 65
連接層 2
連接的 2
Riemann-Roch 定理 21, 32

S

鎖非連結分割 65
算術種数 31, 44, 223
サポート 30
鎖連結曲線 66
鎖連結成分 68
　　　——分解 69

斉次座標系 11
正規 4
　　　——化 4
正則点 1
正凸錐 39
線形同値 8
線形系 13
　　　完備—— 13
　　　特殊—— 241
接層 3
射影空間 11
　　　——束 17
射影曲面 2
射影曲線 2
支配的 4
主因子 8
周期行列 23
相対不正則数 161
相対標準写像 150
相対標準束 139
相対極小 60
　　　——モデル 61
双対グラフ 73
双対化層 22, 223
双対層 3
双対定理 22, 95
　　　Koszul コホモロジーの—— .. 95
　　　Serre—— 22
　　　相対—— 139
双有理写像 4
Stein 分解 7
垂直 145
　　　——部分 145
水平 145
　　　——部分 145
スロープ 156
　　　——不等式 156, 159

268　索　　引

――等式・・・・・・・・・・・・・・・・・・ 188
数値的 k 連結・・・・・・・・・・・・・・・・・・ 72
数値的基本サイクル ・・・・・・・・・ 42, 74
数値的に同値・・・・・・・・・・・・・・ 10, 33
数値的に自明・・・・・・・・・・・・・・・・・・ 10
数値的連結曲線・・・・・・・・・・・・・・・ 72

T
対合付き代数曲線束 ・・・・・・・・・・・・ 216
多重種数・・・・・・・・・・・・・・・・・・・・・ 49
添加公式・・・・・・・・・・・・・・・・・・・・・ 23
特異点・・・・・・・・・・・・・・・・・・・・・・・ 2
　　本質的―― ・・・・・・・・・・・・・ 179
　　標準―― ・・・・・・・・・・・・・・・ 175
　　無視できる―― ・・・・・・・・・ 179
　　$(2k+1 \to 2k+1)$ 型の―― ・・ 181
　　――指数 ・・・・・・・・・・・・・・・ 184
特殊直線束・・・・・・・・・・・・・・・・・・ 241

特殊線形系・・・・・・・・・・・・・・・・・・ 241

W
Weil 因子・・・・・・・・・・・・・・・・・・・・ 8

Y
余接層・・・・・・・・・・・・・・・・・・・・・・・ 3
有効分解・・・・・・・・・・・・・・・・・・・・・ 31
有効因子・・・・・・・・・・・・・・・・・・・・・・ 9
有効錐・・・・・・・・・・・・・・・・・・・・・・ 10
有理正規曲線・・・・・・・・・・・・・・・・ 243
有理写像・・・・・・・・・・・・・・・・・・・・・・ 4
有理的な曲線・・・・・・・・・・・・・・・・・ 35

Z
Zariski の主定理 ・・・・・・・・・・・・・・・ 5
全変換・・・・・・・・・・・・・・・・・・・・・・ 46

著者紹介

今野　一宏（こんの　かずひろ）
　1959年　宮城県生れ
　1982年　京都大学理学部卒業
　1984年　東北大学大学院理学研究科修士課程修了
　現　在　大阪大学教授，理学博士

Geography of Fibred Algebraic Surfaces

2013 年 2 月 25 日　第 1 版発行

著者の了解により検印を省略いたします

代数曲線束の地誌学

著　者 © 今　野　一　宏
発行者　内　田　　　学
印刷者　山　岡　景　仁

発行所　株式会社　内田老鶴圃　〒112-0012 東京都文京区大塚3丁目34番3号
　　　　　　　　電話 03(3945)6781(代)・FAX 03(3945)6782
http://www.rokakuho.co.jp
　　　　　　印刷/三美印刷 K.K.・製本/榎本製本 K.K.

Published by UCHIDA ROKAKUHO PUBLISHING CO., LTD.
3-34-3 Otsuka, Bunkyo-ku, Tokyo, Japan
ISBN 978-4-7536-0201-8 C3041　　　U. R. No. 597-1

藤原松三郎 著

代 数 学　全2巻
I巻　A5・664頁・本体6000円
II巻　A5・765頁・本体9000円

第一巻 有理数体 (4節) ― 有理数体の数論 (10節) ― 無理数 (5節) ― 有理数による無理数の近似 (8節) ― 複素数 (2節) ― 整函数 (8節) ― 行列式 (10節) ― 方程式 (6節) ― 方程式と二次形式 (5節)
第二巻 群論 (8節) ― ガロアの方程式論 (7節) ― 方列の理論 (10節) ― 二元二次形式の数論 (3節) ― 一次変換群 (4節) ― 不変式論 (5節) ― 代数体の数論 (6節) ― 超越数 (2節)

数学解析 第 一 編　微分積分学　全2巻
I巻　A5・688頁・本体9000円
II巻　A5・655頁・本体5800円

第一巻 基本概念 (8節) ― 微分 (6節) ― 積分 (6節) ― 二変数の函数 (7節)
第二巻 多変数の函数 (5節) ― 曲線と曲面 (3節) ― 多重積分 (5節) ― 常微分方程式 (6節) ― 偏微分方程式 (5節)

リーマン面上のハーディ族
荷見守助 著　A5・436頁・本体5300円

第 I 章 正値調和函数　第 II 章 乗法的解析函数　第 III 章 Martin コンパクト化　第 IV 章 Hardy 族　第 V 章 Parreau-Widom 型 Riemann 面　第 VI 章 Green 線　第 VII 章 Cauchy 定理　第 VIII 章 Widom 群　第 IX 章 Forelli の条件つき平均作用素　第 X 章 等質 Denjoy 領域 の Jacobi 逆問題　第 XI 章 Hardy 族による平面領域の分類　付録　§A. Riemann 面の基本事項／§B. 古典的ポテンシャル論／§C. 主作用素の構成／§D. 若干の古典函数論／§E. Jacobi 行列　参考文献一覧／著者索引／記号索引／事項索引

ルベーグ積分論
柴田良弘 著　A5・392頁・本体4700円

§1 準備　§2 n 次元ユークリッド空間上のルベーグ測度と外測度　§3 一般集合上での測度と外測度　§4 ルベーグ積分　§5 フビニの定理　§6 測度の分解と微分　§7 ルベーグ空間　§8 Fourier 変換と Fourier Multiplier Theorem

関数解析入門
荷見守助 著　A5・192頁・本体2500円

第1章 距離空間とベールの定理　第2章 ノルム空間の定義と例　第3章 線型作用素　第4章 バナッハ空間続論　第5章 ヒルベルト空間の構造　第6章 関数空間 L^2　第7章 ルベーグ積分論への応用　第8章 連続関数の空間　付録 A 測度と積分　付録 B 商空間の構成

関数解析の基礎
堀内利郎・下村勝孝 共著　A5・296頁・本体3800円

第1章 ベクトル空間からノルム空間へ　第2章 ルベーグ積分：A Quick Review　第3章 ヒルベルト空間　第4章 ヒルベルト空間上の線形作用素　第5章 フーリエ変換とラプラス変換　第6章 プロローグ：線形常微分方程式　第7章 超関数　第8章 偏微分方程式とその解について　第9章 基本解とグリーン関数の例　第10章 楕円型境界値問題への応用　第11章 フーリエ変換の初等的偏微分方程式への適用例　第12章 変分問題　第13章 ウェーブレット　エピローグ

数 理 論 理 学
江田勝哉 著　A5・168頁・本体2900円

第1章 論理式　第2章 論理式の解釈と構造　第3章 定義可能集合　第4章 冠頭標準形と否定命題　第5章 証明と推論規則　第6章 完全性定理　第7章 1階述語論理の表現可能性の限界について　第8章 初等部分構造について　第9章 簡単な超準解析の導入　第10章 数理論理学と数学　11章 超準解析の応用　Asymptotic Cone について／超離散について／トロピカル代数幾何について

表示価格は税別の本体価格です．　　　　http://www.rokakuho.co.jp